J. C. POGGENDORFF

BIOGRAPHISCH-LITERARISCHES HANDWÖRTERBUCH DER EXAKTEN NATURWISSENSCHAFTEN

Unter Mitwirkung der Akademien der Wissenschaften zu Berlin, Göttingen, Heidelberg, München und Wien

herausgegeben von der

Sächsischen Akademie der Wissenschaften zu Leipzig

Redigiert von

PROF. DR. RUDOLPH ZAUNICK
und PROF. DR. HANS SALIÉ

BAND VIIa · TEIL 4: S–Z

Sechste Lieferung

AKADEMIE-VERLAG · BERLIN

1961

Redaktionsschluß: 30. 9. 1960

Erschienen im Akademie-Verlag GmbH, Berlin W 8, Leipziger Straße 3—4
Lizenznummer 202 · 100/485/61

Gesamtherstellung: (III/18/203) VEB Leipziger Druckhaus, Leipzig
Bestellnummer: 3013/IV/6
Preis: DM 16,—
Printed in Germany
ES 18 A

Futtermitteln versch. Betriebe u. seine physiol. Bedeutg. f. d. Milchvieh: **4** ('51) 39-50.

Tierernährung. Nährstoffgehalt d. Puppen d. Seidenspinners u. ihre Verdaulichk. b. Geflügel[4])[1]): **8** ('36) 267-75.

Tierzucht. Das Eiweiß u. d. wasserlösl. Stickstoffverbb. d. Futtermittel im Stoffwechsel d. landwirtsch. Nutztiere: **3** ('49) 7-11.

Wiss. Arch. Landwirtsch. (B). Vereinfachtes Verf. z. Calciumbest. im pflanzl.-tier. Material b. Gegenw. v. Phosphorsäure, Magnesium u. Eisen: **2** ('30) 273-78. — Aufnahme u. Ausnutzg. v. Roggenschrot b. d. Schweinemast[4]): **4** ('30) 347-68.

Z. Tierernähr. u. Futtermittelkunde. Ergebnisse üb. d. Verdaulichk. d. Rohproteins d. Körner versch. Arten u. Sorten unserer Feldfrüchte sowie einiger Blutmehlproben, nach Versuchen m. d. künstl. peptischen Verdauung[1]): **2** ('39) 2-14. — Untersuchungen üb. d. Verwendbark. d. v. Blankenburgschen Trockenschlempe b. d. Schweinemast[4])[7])[3])[6]): **3** ('39) 147-55.

Mit: [1]) Arno Columbus; [2]) O. Fischer; [3]) Joachim Kliesch; [4]) Ernst Mangold; [5]) Kurt Nehring; [6]) H. Schmalenbach; [7]) Jonas Schmidt; [8]) W. Schramm; [9]) G. Schwarz; [10]) Hans Brüggemann; [11]) M. Steuber; [12]) P. Zelenyj.

Stoy, Wilhelm. Bauingenieurwes. — 1907-14 stud. U Bonn, TH Darmstadt, Danzig, Braunschweig; '26 Dr.-Ing. TH Braunschweig (W. Schlink); '12 Ing. Fa Wayss u. Freytag, Neustadt a. H.; '18 Vorst. Konstruktionsbüro Tiefbau-Abt. Fa Dyckerhoff u. Widmann AG, Wiesbaden-Biebrich; '20 Lehrer Baugewerkschule Holzminden; '27 PDoz., '38 apl. ao. Prof. TH Braunschweig. — '45 Gast-Vorlesg. TH Istanbul; '54 Dr.-Ing. e. h. (TH Hannover). [Eig. Mitt.]

*1887, Aug. 26, Klein-Fischbach/Kr. Oberberg, Bez. Köln;
†1958, Nov. 23, Braunschweig (▭ Wiehl/Kr. Oberberg).

Zum 60. Geb.tag. F. Fonrobert, Neue Bauwelt **2** ('47) 722. — [R.] v. Halasz, Bautechnik **24** ('47) 42. — F., Bauhelfer **2** ('47) H. 21, S. 28; Baumeister **44** ('47) 404. — Bauwirtschaft (A) **1** ('47) H. 3, S. 22; Holz-Zbl. **73** ('47) 309.

Zum 65. Geb.tag. Bauingenieur **27** ('52) 312.

Zum 70. Geb.tag. H. W. Mehlau, Bau u. Bauind. **10** ('57) 496. — A. Troche, Bautechnik **34** ('57) 322. — Architekt u. Ing. (A) **8** ('57) 250; Bauingenieur **32** ('57) 367; VDI-Nachr. **11** ('57) Nr. 17, 7 (m. Bildn.); Zbl. Industriebau **3** ('57) 300.

Biogr. G. Dröge, Holz Roh- u. Werkstoff **12** ('54) 443f. (m. Bildn. u. Schr.verz. 59 Nr.).

Nekr. [G.] Dröge, Bautechnik (B) **36** ('59) 38f. (m. Bildn.); VDI-Nachr. **12** ('58) Nr. 25, 10 (m. Bildn.).

S. ● Holzprobleme d. Gegenw. Ber. üb. d. Fachsitzungen d. Holztagg. 1936 (Bln '37) 30-39: Gütesteigerg. durch Normg. a): Ber. üb. abgeschlossene u. laufende Normungsarbeiten. — ● 10. Holztagg. 1941 (Bln '42) 45-66: Das Holz im Kriegsbrückenbau. — ● Holzbau-Taschenb. (R. v. Halasz) (Bln '43), [2]('44) 100-14, [3]('48) 110-24, [4]('52) 120-34, [5]('57) 122-36: Holznagelbau (m. F. Fonrobert). — ● Taschenb. f. Bauingenieure (F. Schleicher) (Bln '43) 1735-1804, Neudr. (Bln-G.-H. '49), [2]('55) 503-58: Holzbau.

W. ● Holz-Nagelbau (m. E. Seidel) (Bln '33) 38 S. (Schr.-Reihe d. Reichsarbeitsgemeinsch. Holz, 6); [2]('38) (m. F. Fonrobert); franz. (Paris-Liège '39, Paris '51); [3]('41); [4]('42); [5]('43); [5](Zürich '47); [6](Bln '49) 64 S. — ● Tragfähigkeit v. Nagelverbb. im Holzbau (Bln '35) 46 S. (Mitt. d. Fachausschusses f. Holzfragen b. VDI u. Dtsch. Forstver. 11). — ● Ingenieurholzbau (Bln '39) 136 S.; ab 2. Aufl. u. d. T.: Der Holzbau [2]('41); [3]('42); [4]('44); [5]('50) 203 S. — (Bearb.) ● F. Fonrobert, Grundzüge d. Holzbaues im Hochbau (m. G. Dröge) [6](Bln '53) 276 S.

Aus Schule u. Praxis. Baustoffkunde an d. Baugewerkschulen: **4** ('28) 59-61.

Bauhelfer. Stoßausbildg. im Holzbau: **4** ('49) 74-78.

Bauingenieur. Leim als Holzverbindungsmittel: **14** ('33) 583f. — Neue Best. f. genagelte Holzverbb.: **16** ('35) 475-77. — Holz im Behelfsbrückenbau: **22** ('42) 129, 136.

Baumeister. Ingenieurmäßig durchgebildete Holztragwerke: **48** ('51) 461-67.

Bauplanung u. Bautechn. Verwendg. v. Rundholz im Bauwes.: **3** ('49) 25-28.

Bau-Schule u. Praxis. Ber. üb. Belastungsversuche m. einer kreuzweise bewehrten Steineisendecke, Syst. Wenko: **5** ('29) 13-19. — Verwendg. v. Naturzement im Beton- u. Eisenbetonbau: 66f. — Z. Frage d. Standfestigk. v. fliegenden Bauten: 78-81. — Einiges üb. Versuche im Baustoff-Prüfraum: 105-07. — Druckversuche m. Solling-Fichtenholz: **6** ('30) 133. — Die Wenko-Holzbalkendecke: **7** ('31) 27-30.

Bautechnik. Massenermittlg. d. Lehrbogen v. Wölb- u. Bogentragwerken unt. bes. Berücks. d. Strebenwerke: **4** ('26) 810-22 [Diss.]. — ω-Verf. d. Dtsch. Reichsbahnges. z. Berechng. gedrückter Stäbe aus Holz: **5** ('27) 625f. [auch in: Aus Schule u. Praxis **4** ('28) 21]. — Druckvers. m. gegliederten Holzstäben unt. Verwendg. v. Drahtstiften als Holzverbindungsmittel: **11** ('33) 586f. — Einfräs- u. Einpreßdübel im Ingenieurholzbau[3]): **29** ('52) 241-46.

Bauwelt. Verwendg. v. Drahtstiften im Dach- u. Hallenbau: **26** ('35) 189-92. — Genagelte Dachbinder: **27** ('36) 710.

Bauwerk (B). Holznagelbau: **9** ('35) 125-28. — Möglichk. z. Holzersparnis: **11** ('37) 249-54.

Beton u. Eisen. Normfestigk. u. Betonfestigk.: **34** ('35) H. 2, 1-3.

Brückenbau. Beitr. z. wirtsch. Ausbildg. v. Lehrgerüsten: **16** ('27/28) 44f., 70f. [Hab.schr.].

Byggnadsvärlden. Användande av rundvirke för byggnadsändamål: **39** ('48) 153-55, 193-96. — Transportabla föreställningslokale av trä: **40** ('49) 379-82.

Dtsch. Bau-Ztg. Versuche m. Drahtstiften als Holzverbindungsmittel: **64** ('30) 141-46. — Verwendg. v. Drahtstiften als Holzverbindungsmittel: **67** ('33) 934-36.

Dtsch. Zimmermeister. Drahtstifte als Holzverbindungsmittel: **34** ('32) 224-27, 234-37. — Vers. m. Schraubennägeln: **36** ('34) 456-58. — Stoßausbildg. im Holzbau: **51** ('49) 42-47.

Hoch- u. Tiefbau. Ingenieurholzbauten aus neuerer Zeit[2]): **50** ('51) 378-80, 384-88.

Holz Roh- u. Werkstoff. Beeinflussg. d. Tragfähigk. v. Geka-Holzverbindern durch Verwendg. dünner Schraubenbolzen u. Unterlegscheiben[1]): **12** ('54) 64-67. — Beitr. z. Tragfähigk. v. Holznagelverbb. b. Verwendg. v. hochwert. Stahl u. versch. Holzarten[3]): 391-402. — Die Holzaufbauten d. Mehrzweck-Meßtürme d. Physik.-Techn. Bundesanst. in Braunschweig: **15** ('57) 141-44. — Die Wellstegträger: **16** ('58) 274-76.

Industriebau. Über d. Verwendg. verleimter Holztragwerke im Industriebau: **3** ('57) 320-26 [auch in: Hoch- u. Tiefbau **57** ('58) 196-99].

Planen u. Bauen. Tragfähigk. v. Nagelverbb.: **5** ('51) 289-91.

Schweiz. Bau-Ztg. Tragfähigk. v. Nagelverbb. im Holzbau: **106** ('35) 75f.

Stein, Holz, Eisen. Wenko-Hohlbalkendecke: **45** ('31) 76.

Technik. Hartholzringdübel u. ihre Eigng. als Holzverbindungsmittel: **1** ('46) 67-71.

Tonind.-Ztg. Neue schalungslose Steineisen-Hohlbalken-Decken: **56** ('32) 21f.

Verpackung. Wie werden Nägel richtig umgeschlagen?: **7** ('32) 94f.

Zbl. Bauverwalt. Tragfähigk. v. Holzverbindungsmitteln in Abhängigk. v. Feuchtigkeitsgehalt d. Holzes: **55** ('35) 478-82.

Zement. Unterr. im Beton- u. Eisenbetonbau an d. preuß. staatl. Baugewerkschulen: **17** ('28) 160-63, 636f. [auch in: Aus Schule u. Praxis **4** ('28) 17-19, 58f.]. — Normenfestigk. u. Betonfestigk. - Vergleichende Vers.: **20** ('31) 194-97.

Zimmermeister. Turmstützen in genagelter Bauweise: **14** ('47) H. 7, 1-3. — Genagelte Dachstühle u. prakt. Anweisungen f. d. Nagelverbb.: 20-27. — Verwendg. v. Rundholz im Bauwes.: **15** ('48) 4-18.

Z. VDI. Vers. m. Drahtstiften als Holzverbindungsmittel: **75** ('31) 1337-41 [auch in: Dtsch. Zimmermeister **34** ('32) 272-75, 283-85]. — Bretterfachwerkbrücke v. 22 m Spannweite: **76** ('32) 682. — Instandsetzg. u. Verstärkg. v. Ingenieurholzbauten: **81** ('37) 1417-19. — Brückenbauten dtsch. Eisenbahnpioniere in Norwegen: **85** ('41) 349-56. — Brückenbauten dtsch. Eisenbahnpioniere in Frankreich: 891-94. — Z. Frage d. Nagelverbb. im Holzbau: **87** ('43) 755-60.

Mit: [1]) Hans Löhr; [2]) Hans-Werner Mehlau; [3]) Fr. Mlynek.

Strack, Erich Martin Emil. Physiol. Chem. — 1919-23 stud. med. U Greifswald, Berlin, Würzburg; '24 Dr. med. U Greifswald (F. Pels-Leusden); '23-27 stud. chem. U Greifswald, Berlin; '28 Dr. phil. U Greifswald (F. Wrede); '24-39 Ass. U Greifswald, Leipzig; '31 PDoz., '38 apl. Prof., '39 ao. Prof., seit '48 Prof. m. LStuhl U Leipzig. — '60 Nationalpreis 3. Kl. (DDR). [Eig. Mitt.]

*1897, Nov. 20, Wollin.

S. ● Proc. 7th Colloquium on the Protides of the biol. Fluids, Bruges 1959 (Amsterdam '60) 235-38: Biol. Bedeutg. d. Carnitins im Tierkörper (m. W. Rotzsch, I. Lorenz); 248-51: Aufbau u. Abbau d. Carnitins im Tierkörper (m. H. Aurich, I. Lorenz, W. Rotzsch); 263-67: Einfl. d. Carnitins auf d. Stoffwechselgröße im Organismus (m. W. Rotzsch).

W. ● Nachuntersuchungen üb. Basedowfälle. Med. Diss. (Greifsw. '24) 28 S. — ● Über d. Reakt. v. Schwefelkohlenstoff m. einigen Diaminen u. Guanidinen. Phil. Diss. (Greifsw. '28) 23 S.

Acta biol. med. German. Reizwirkg. einiger Nitrile u. Amine v. Typ d. Carnitins auf d. Froschmuskel[18]): **1** ('58) 556-64. — Üb. d. Toxizität d. Carnitins u. einiger verwandter Stoffe[25])[18]): **3** ('59) 28-35.

Ärztl. Forsch. Die enterale Dauerinfus. im tier. Stoffwechsel: **1** ('47) 171-80.

Angew. Chem. Studien im Kohlehydrat-Haushalt m. intravenöser Dauerinfusion: **60** ('48) 52-68.

Arch. Gynäkol. Cholin in d. Placenta als wehenerregender Stoff[31])[6]): **140** ('30) 367-72. — Gehalt an Cholin u. Acetylcholin in d. unreifen menschl. Placenta[12]): **160** ('36) 544-49.

Ber. Dtsch. chem. Ges. Z. Synth. d. Pyocyanins u. einiger seiner Homologen[31]): **62** ('29) 2051-57. — Katalyt. Hydrierg. v. Amino-nitrilen[26]): **65** ('32) 710-13. — Z. Darst. d. Diaminobutane[26]), 1: **66** ('33) 1330-33; ~ 2: **67** ('34) 39-45; ~ 3: 1006-11; ~ 4: **68** ('35) 1638-51. — Z. Darst. v. Estern d. Carnitins u. Crotonsäurebetains[8]): **71** ('38) 1143-50. — Z. Kenntn. einiger Ester tiereigener Betaine[8]): **76** ('43) 14-22.

Ber. ges. Physiol. Fütterg. v. Glycerin u. seine Wirkg. auf d. Stoffwechsel: **61** ('31) 376. — Stoffwechselunters. m. Hilfe v. Dauerinfusionen[3]): **81** ('34) 391f. — Biol. Wirkg. v. Betainestern: **136** ('49) 156f.

Ber. Sächs. Akad. Wiss. Vers. üb. ganz einseit. Ernährg.: **84** ('32) 129-208 [Hab.schr.]. — Stoffwechselunters. am narkotisierten Hund, 1[29])[4]): **88** ('36) 47-60; ~ 2[29]): Verf. z. kontinuierl. Dauerinfusion f. d. Studium d. Gasstoffwechsels: **92** ('40) 119-26; ~ 3[29]): Gleichgewichtseinstellg. d. Stoffwechsels unt. d. Dauerinfusion: 127-32. — Anordng. z. intravenösen Dauerinfusion[2]): **89** ('37) 105-12. — Dauerinfusion v. Insulin[2]): 113-32. — Quantitat. Beziehungen zw. Insulin u. Traubenzucker[2])[13]): 349-68. — Ausnützungsvermögen d. Hundes f. Fett[10]): **93** ('41) 115-44. — Beob. üb. d. endogenen Anteil d. Kotstickstoffes: **97** ('49) H. 1, 21 S. — Dauerinfusion als Verf. z. Erforschg. d. Kohlenhydratstoffwechsels d. Tierkörpers: **98** ('52) H. 5, 20 S.

Chem. Ber. Notiz üb. einige Ester d. β-Homobetains[15]): **84** ('51) 125-31. — Darst. v. d.l-Carnitin[24])[18]): **86** ('53) 525-29.

Endokrinologie. Wirkungen v. Carnitin b. Überfunkt. d. Schilddrüse[33])[25]): **38** ('59) 218-25.

Fortschr. Therap. Erfolge d. Glycerinbehandlg. b. Nierensteinen: **8** ('32) 79f.

Hoppe-Seylers Z. physiol. Chem. Üb. d. Pyocyanin, d. blauen Farbstoff d. Bacillus Pyocyaneus[31]), 1: **140** ('24) 1-15; ~ 2: **142** ('25) 103-19; ~ 3: Konstitut. d. Hemipyocyanins: **177** ('28) 177-86; ~ 4: Konstitut. u. Synth. d. Pyocyanins: **181** ('29) 58-76. — Z. Kenntn. d. Spermins, 4[31]): **153** ('26) 291-313; ~ 5[31])[7]): **161** ('26) 66-73; ~ 6[31])[7]): **163** ('27) 219-28;

~ 7[31])[7]): **173** ('28) 61-71. — Z. Kenntn. d. Diaminobutane[7]): **180** ('29) 153-60. — Reakt. v. Schwefelkohlenstoff m. einigen Diaminen u. Guanidinen: 198-211. — Z. Frage d. Cholins in d. Placenta u. seiner Beziehg. z. Wehentätigk.[31])[6]): **183** ('29) 123-32. — Cholin im Uterus u. seine Beziehg. z. Wehentätigk.[17]): **194** ('31) 259-76. — Cholin- bzw. Acetylcholingehalt tier. Gewebe[22])[12]): **220** ('33) 217-28. — Cholin- bzw. Acetylcholingehalt d. menschl. Placenta[12])[22]): **229** ('34) 25-36. — Gehalt v. Cholin, Acetylcholin u. Carnitin im Muskel[30])[12]): **233** ('35) 189-203. — Bedeutg. d. Carnitins im Muskel[30])[26]): **238** ('36) 183-96. — Best. v. Basen im tier. Gewebe[26]): **245** ('36) 11-18. — Bas. Bestandteile aus Neunaugen[26])[29]): **247** ('37) 52-62. — Biol. Wirkungen v. Estern d. Crotonsäurebetains[8]): **257** ('38) 1-11. — Verf. z. biol. Best. v. Betainen[8]): **277** ('42) 74-86. — Reizkraft d. Methylester einiger Betaine[8]): **285** ('50) 207-15. — Hydrolyt. u. fermentat. Spaltg. einiger Ester v. Betainen[11]): **286** ('50) 51-58. — Reizwirkungen v. Estern d. l-Carnitins auf isolierte Organe[8]): **295** ('53) 377-87. — Wirkg. v. β-Homobetain, Glykokollbetain u. einiger ihrer Ester auf d. Tierkörper[15])[19]): **296** ('54) 256-61. — Best. d. Carnitins[18]): **298** ('54) 27-33. — Glykokollbetain u. Sarkosin als C_1-Donatoren[9]): **304** ('56) 82-90. — Best. v. kleinen Mengen Methionin im Gewebe[9])[14]): **305** ('56) 237-47. — Papierchromatogr. Nachw. v. Homocystein neben verwandten schwefelhalt. Aminosäuren[9])[14]): 166-69. — Wirkg. v. Äthylendiamin-tetraessigsäure auf isolierte Lebermitochondrien[16])[9])[21])[27]): **310** ('58) 265-74. — Best. v. Glycerin im Blut[5]): **311** ('58) 115-20. — Best. v. 4-Carboxy-1,3-thiazan u. v. Methionin[16])[32]): **313** ('58) 201-11.

Naturwiss. Wirkg. d. Carnitins im Stoffwechsel[25]): **46** ('59) 328.

Naunyn-Schmiedebergs Arch. exp. Pathol. Pharmakol. Biol. Wirkg. d. Carnitins u. Acetylcarnitins[8]): **185** ('37) 612-21.

Scand. J. clin. Labor. Invest. Wirkungen d. Carnitins auf d. Stoffwechsel d. Ratte[25]): **10** ('57) Suppl. 31, 312-14.

Städtehygiene. Aminosäuregehalt d. Leipziger Abwassers[1])[20]): **1958**, 128-33.

Z. ges. exp. Med. Blutzuckerspiegel in versch. Gefäßgebieten b. Kaninchen[28])[23]): **130** ('58) 24-33. — Umsatz u. Blutspiegel d. Glycerins b. Kaninchen[5]): **130** ('59) 547-55. — Üb. d. Einfl. v. Glycerin auf d. Blutzucker u. v. Glucose auf d. Glycerinumsatz[28])[5]): **131** ('59) 105-17. — Z. Kinetik u. Verteilg. v. zugeführtem Glycerin b. Kaninchen[28])[5]): 419-29. — Üb. d. Umsatz u. d. Verteilg. v. 1,2-Propandiol, 1,2-Butandiol u. 1,2,4-Butantriol b. Kaninchen[5])[28]): **132** ('60) 522-37.

Mit: [1]) Harald Aurich; [2]) Erich Balzer; [3]) Erich Bauer; [4]) Walther Bergfeld; [5]) Dietmar Biesold; [6]) Else Bornhofen; [7]) Helmut Fanselow; [8]) Kurt Försterling; [9]) Wolfgang Friedel; [10]) Günter Friedrich; [11]) Horst Frunder; [12]) Heinrich Geissendörfer; [13]) Ernst Gminder; [14]) Kurt Hambsch; [15]) Fritz Hentsch; [16]) Wolfgang Kunz; [17]) Adalbert Loeschke; [18]) Irmgard Lorenz; [19]) Werner Mischel; [20]) Dietrich Mücke; [21]) Fritz Müller; [22]) Ernst Neubaur; [23]) Horst Richter; [24]) Helmut Röhnert; [25]) Wolfgang Rotzsch; [26]) Herbert Schwaneberg; [27]) Phan van So; [28]) Herbert Theile; [29]) Georg Wannschaff; [30]) Philipp Wördehoff; [31]) Fritz Wrede; [32]) Rudolf Noack; [33]) G. Woratz.

VI **Stracke,** Gustav. Astron. — Observator u. Prof. am Astron. Rechen-Inst. Berlin.

*1887, Juli 2, Haßlinghausen; †1943, Aug. 12, Berlin.

Kurzbiogr. • Porträtgalerie Astron. Ges. (Budap. '31) 64 (m. Bildn.).

Nekr. A. Kopff, Astron. Nachr. **274** ('43) 143. — A. Kahrstedt, Vjschr. astron. Ges. **79** ('44) 1-10 (m. Bildn. u. Schr.verz.).

H. • J. Bauschinger, Tafeln z. theoret. Astron. ^{2}(Lpz. '34).

W. (Bearb.) • Tafeln z. Berechng. d. Mittelpunktgleichg. u. d. Radiusvektors in ellipt. Bahnen f. Exzentrizitätswinkel v. 0° bis 26° ^{2}(Bln '33) 107 S. (Veröff. astron. Rechen-Inst. Berlin-Dahlem 41).

Abh. Preuß. Akad. Wiss. Identifizierungsnachw. d. Kleinen Planeten 1. 1. 1801-1. 4. 1938: **1938**, Nr. 4, 109 S. — Die Eros-Bewegg. v. 1930-1940: **1940**, Nr. 7, 29 S.

Astron. Nachr. Bahn d. Reinmuthschen Planeten 1932 HA: **245** ('32) 371-74; **247** ('32) 289f. — Bahn d. Planeten 887 Alinda: **250** ('33) 145-54; ~ 2: **259** ('36) 285-94. — Beob. d. Kleinen Planeten: **250** ('33) 277f. — Beob. d. numerierten Kleinen Planeten: **251** ('34) 127f. — Genäherte Bahnverbesserg. d. Kleinen Planeten, 2: 225-30. — 25 Jahre genäherte Bearbeitg. d. Bahnen d. Kleinen Planeten im Astron. Rechen-Inst.: **255** ('35) 189-210. — Eros-Opposit. 1937-38: **256** ('35) 19f. — Einfl. d. Fehler d. Erdbahn auf die Bahn eines erdnahen Planeten: **260** ('36) 1-4. — Ephemeride v. 887 Alinda: **263** ('37) 443-46; **264** ('37) 183f. — Neue Grundlagen z. Berechng. ausführl. Ephemeriden v. 1 Ceres, 2 Pallas, 3 Juno[1])[2]): 247f. — Wilhelm Luther†: **265** ('38) 15f. — Elem. u. Numerierg. v. Kleinen Planeten: **268** ('39) 261-74; **270** ('40) 93-98; **271** ('41) 186-90; **272** ('42) 82-86. — P. V. Neugebauer†: **270** ('40) 151f. — Abnahme d. Helligkeiten d. Kleinen Planeten: **271** ('41) 280-83. — Die Eros-Bewegg. v. 1940-1942 u. d. Eros-Ephemeride f. 1942: **272** ('41) 27-33; ~ 1943: **274** ('43) 22-29. — Geometr. Größen u. Masse d. Kleinen Planeten: **273** ('42) 24-28.

Monthly Not. Roy. astron. Soc. J. Bauschinger†: **95** ('34) 366f.

Naturwiss. Entdeckg. eines interessanten Planeten [1932 HA]: **20** ('32) 478.

Scientia [Bologna]. Best. d. Bahnen d. Kleinen Planeten: **59** ('36) 5-14.

Sterne. Sollen alle erreichbaren Kleinen Planeten beobachtet werden?: **14** ('34) 113-17. — Entdeckg. eines neuen Trojaners: **16** ('36) 274f. — Das Astron. Rechen-Inst. in Berlin-Dahlem: **17** ('37) 97-101.

Vjschr. astron. Ges. Leipzig. Zusammenstellg. d. Planetenentdeckungen im Jahre 1931: **67** ('32) 117-27; ~ 1932: **68** ('33) 85-96; ~ 1933: **69** ('34) 129-43; ~ 1934: **70** ('35) 51-64. — Julius Bauschinger†: **69** ('34) 146-63. — H. Osten†: **71** ('36) 255-62. — P. V. Neugebauer: **75** ('40) 185-96.

Weltall. Erdnahe Planeten: **36** ('36) 1-5.

Mit: [1]) Friedrich Gondolatsch; [2]) Albrecht Kahrstedt.

Strahringer, Wilhelm Karl. Elektrizitätswirtsch. — 1916-21 stud. TH Wien; '22-45 Angest., '38 Ob.Ing. u. Prokurist Fa Goebel AG, Darmstadt; '45 Dir., seit '50 Vors. Hess. Elektr. AG

Darmstadt; dazu '47 LAuftr., '52 Hon.-Prof. TH Darmstadt; '59 Präs. Vereinigg. dtsch. Elektrizitätswerke. [Eig. Mitt.]
*1898, Febr. 25, Wien.

Zum 60. Geb.tag. Österr. Z. Elektrizitätswirtsch. **11** ('58) 232.

Biogr. Österr. Z. Elektrizitätswirtsch. **12** ('59) 414 (m. Bildn.).

W. • Die Stromtarife d. Dreiraum-Wohng. (Frkf./M. '52) 39 S. – • Gleitende Strompreise (Frkf./M. '52) 46 S. – • Zauberwelt d. Normzahlen (Frkf./M. '52) 95 S. – • Die Strom-Gas-Relation b. d. dtsch. Großstadt-Beleuchtg. 1939 bis 1953 (Frkf./M. '53) 33 S.; ~ 1939 bis 1954 ('55) 39 S. – • Straßenbeleuchtung (Frkf./M. '54) 161 S. – • Der Elektroherd u. d. Belastungsspitze (Frkf./M. '55) 58 S. – • Kommt d. Gaslaterne wieder? (Frkf./M. '55) 31 S. – • Verkehrsunfall u. Rechenstift (Essen '55) 26 S. (Schr.-R. Verband öff. Verkehrsbetriebe 9). – • Laternen u. Leuchten (Frkf./M. '56) 35 S. – • Querverbund u. Energiepreis (Frkf./M. '58) 48 S.

Elektrizitätswirtschaft. Stromzuteilg. nach Normzahlen: **48** ('49) 7-10. – Futterdämpfer nach Normzahlen: 284f. – In n Jahren x-facher Strombedarf: **50** ('51) 113f.

Papier-Ztg. Rollenschneider: **59** ('34) 380f. – Rollenberechng.: 428. – Laufzeit b. Umrollen v. Papier: 530-32. – Neue Tafeln f. d. Rollenberechng.: **65** ('40) 926-30, 976f.; **66** ('41) 56-58, 216-18, 698-702.

Verkehr u. Techn. Holzmastberechng. auf d. Grundlage d. Normzahlen nach Din 323: **2** ('49) 278-81. – Fragwürdiges Vorfahrtsrecht: **3** ('50) 61-64.

Wbl. Papierfabrikat. Warmeinziehen v. Walzenböden: **65** ('34) 6-9. – Tafel f. d. Zusammenhang zw. Rollendurchmesser u. Papierbahnlänge: 226f. – Laufzeit b. Umrollen v. Papier: 514-16. – Druck- oder Kreisscheren-Schneideverf.: **68** ('37) 142f. – Rollenberechng. auf d. Grundlage d. Normungszahlen: **71** ('40) 278-80, 293-95.

Werkstattstechnik. Breite d. Freifläche b. d. Umfangzähnen v. Fräsern: **38** ('44) 119-22.

VI **Stranski,** Iwan N. Physikal. Chem., Elektrochem. — 1937 o. Prof. U Sofia; '44 wiss. Mitgl., seit '53 stellv. Dir. KWInst. f. Physikal. Chem. u. Elektrochem. (jetzt Fritz-Haber-Inst. d. Max-Planck-Ges.), Berlin-Dahlem; dazu seit '45 o. Prof. u. Dir. Inst. f. Physikal. Chem. u. Elektrochem. TH (jetzt TU) Berlin-Charlottenburg. — '38 Galvani-Medaille (U Bologna); '39 Hofmann-Medaille (Dtsch. Chem. Ges.); '40 Kyrillus-Methodius-Preis f. Wiss. (Bulgar. Akad. Wiss.); '40 Dr. rer. nat. h. c. (U Breslau); '54 Dr. rer. nat. h. c. (FU Berlin). [Eig. Mitt.]
*1897, Jan. 2, Sofia.

Zum 60. Geb.tag. M. Volmer, Z. Elektrochem. **61** ('57) 1f. (m. Bildn.). – Pharmaz. Ztg. **102** ('57) 67.

S. • Atti 9. Congr. int. Chim., Roma 1938 **2** (Roma '39) 514-25: Kristallwachstumstheorie u. Möglichk., die zw. d. Gitterbausteinen in homöopolaren Kristallen wirksamen Kräfte auf Grund v. Kristallwachstumsformen zu bestimmen. – • Bulgaria. Jahrb. d. Dtsch.-Bulgar. Ges. (L. Steeg) (Bln '40/41) 72-77: Die Entwicklg. d. Naturwiss. in Bulgarien in d. letzten 50 Jahren, eine naturwiss.-hist. Studie. – • Mineral. Symposium, Frankfurt/M. 1952 (Bln-G.-H. '52) 34-55: Die Verdampfg. v. Kristallen (m. O. Knacke u. G. Wolff). – • Proc. Int. Symposium Reactivity of Solids, Göteborg 1952 **1** (Göteborg '54) 97-110: Das abnorme Verhalten d. Modifikationen d. Arseniks. – • De los Solidos (Madrid '56) 657-70: Die Gleichgewichtsform v. Kristallen unt. bes. Berücks. v. Adsorptionsschichten fremder Moleküle. – • Growth and Perfection of Crystals (New York '58) 427-40: The effect of adsorption of impurities on the equilibrium and growth forms of crystals (m. R. Lacmann).

Advances in Catalysis. Thermal decomposit. of hexamethylenetetramine[43][41][42][44]: **9** ('57) 406-14.

Ann. Physik. Gleichgewichtsform u. Wachstumsform d. Kristalle[11]: (5) **23** ('35) 330-38. – Elektronenemission kristalliner Metalloberflächen u. ihre Beziehungen zu d. Gesetzmäßigkeiten d. Kristallbaus[34], 1: Reine Einkristalloberflächen: (6) **1** ('47) 153-68; ~ 2: Einkristalloberflächen m. absorbierten Fremdatomen: 169-80. – Gültigkeitsbereich d. Thomson-Gibbsschen Gleichg.[10][21]: 181-89; **2** ('48) 182.

Annu. Univ. Sofia. Berechng. d. spezif. Oberflächen-, Kanten- u. Eckenenergien an kleinen Kristallen: **33** ('37) 367-78. – Die Thomson-Gibbssche Gleichg. b. Kristallen[11]: 379-87. – Best. d. Reichweite der zw. d. Gitterbausteinen in homöopolaren Kristallen wirksamen Kräfte auf Grund v. Kristallwachstumsformen: **34** ('38) 285-301. – Messg. d. Keimbildungsgeschwindigk. in unterkühlten Schmelzen: 303-05. – Theorie d. orientierten Ausscheidg. v. Ionenkristallen aufeinander[18]: **35** ('38/39) 169-88. – Kristallisat. v. Alkalihalogenidkristallen auf Fluorit[18]: 191-200. – Gleichgewichtsform d. Fluoritkristalls[5]: **36** ('40) 175-210.

Arch. Eisenhüttenwes. Kinetik d. Stahlherst.[4][6]: **29** ('58) 329-37.

Ber. Dtsch. chem. Ges. Wachstumserscheinungen an Cd-Einkristallen u. deren Bedeutg. f. d. Ermittlg. der zw. d. Gitteratomen wirksamen Kräfte: **72** ('39) 141-48. – Z. Deutg. d. Ätzfiguren an Aluminiumkristallflächen: **75** ('42) 105-13. – Reißfestigk. abgelöster Steinsalzkristalle: 1667-72.

Bull. Soc. chim. Yougoslavie. Theorie d. Kristallwachstums u. d. Kristallbildg.: **9** ('38) 25-38.

Bull. Soc. Franç. Minéral. Cristallogr. Propriétés des surfaces des cristaux: **79** ('56) 360-82.

Chalmers Tekn. Högskolas Handl. Vorgänge an Kristalloberflächen: **1951**, Nr. 114, 1-21.

Chem. u. Ind. [russ.]. Prof. Pentscho P. Raikoff†[37] u. a.: **19** ('41) 329-95.

Discuss. Faraday Soc. Crystal growth: **5** ('49) 13. – Surface structures of ionic crystals[21][28]: 21-29.

Erfolge physik. Wiss. [russ.]. Theorie d. Kristallwachstums u. d. Kristallkeimbildg.[11][26]: **21** ('39) 408-65.

Ergebn. exakt. Naturwiss. Theorie d. Kristallwachstums[16]: **26** ('52) 383-427.

J. physic. Chem. [russ.]. Änderg. d. Bildungsgeschwindigk. v. Keimen in unterkühlten Schmelzen: **8** ('36) 955.

Mh. Chem. Berechng. d. spezif. Oberflächen-, Kanten- u. Eckenenergien an kleinen Kristallen: **69** ('36) 234-42. – Theorie d. orientierten Ausscheidg. v. Ionenkristallen aufeinander[18]): **71** ('38) 351-64; **72** ('38) 76.

Naturwiss. Die Ostwaldsche Stufenregel[36]): **20** ('32) 905. – Verhalten nichtpolarer Kristalle dicht unterh. d. Schmelzpunktes u. b. Schmelzpunkt selbst: **29** ('41) 743. – Schmelzvorgang b. nichtpolaren Kristallen, 1: **30** ('42) 425-33; ~ 2: Deutg. d. Hg-Ätzzeichnungen an Kupferkristallkugeln: **31** ('43) 144f. – Beobachtungen an schmelzenden W-Einkristallen[34]): **30** ('42) 662. – Verhalten d. Aluminiums b. d. Kristallfigurenätzg.[20]): **31** ('43) 12-17. – Kondensationsvorgänge aus überhitztem Arsenikdampf[17]): **33** ('46) 220. – Spontane Einstellg. v. Gleichgewichtsformen[10]): **35** ('48) 156f. – Energieschwellen b. Kristallwachstum: **37** ('50) 289-96. – Entstehg. nadelförm. Kaliumkristalle[8]): **43** ('56) 79.

Neues Jahrb. Mineral., Geol. Paläontol., Beil.-Bd (A). Orientierte Ausscheidg. v. Ionenkristallen aufeinander v. Standpunkte d. Kristallwachstumstheorie[18]): **74** ('38) 305-16.

Österr. Chemiker-Ztg. Wachstumsversuche an metall. Einkristallen: **45** ('42) 145-48.

Optik. Zur Entstehg. v. Mosaik- u. Blockstrukturen b. Kristallen: **3** ('48) 17-23.

Physik. Z. Kristallwachstum u. Kristallkeimbildg.[11]): **36** ('35) 393-403.

Physik. Z. Sowjetunion. Messg. d. Keimbildungshäufigk. in unterkühlten Schmelzen: **10** ('36) 694f.

Progr. Metal Physics. Mechanism of evaporation[16]): **6** ('56) 181-235.

Research. Vapour pressure and rate of evaporation[38]): **4** ('51) 15-24.

Tekn. Samfund. Handl. Wachstumserscheinungen an Cd-Einkristallen: **1941**, 131-37.

Trav. Congr. jubil. Mendeléev. Neue Erkenntnisse üb. d. Vorgänge b. Kristallwachstum u. b. d. Kristallbildg.: **2** ('37) 185-96.

Z. anorg. allg. Chem. Adsorption an festen Körpern: **252** ('44) 241-48. – Theorie d. Wachstums v. Ionenkristallen m. NaCl-Gittern. Relat. Bildungsfähigkeiten v. Flächen-, Kanten- u. Eckenkeimen am Null-Kristallwürfel[39]): **255** ('48) 269-76. – Beitr. z. erzwungenen Kondensat. Röntgenogr. Unters. d. erzwungenen Arsenikkondensates[19])[25]): **258** ('49) 238-46. – Strukturunters. d. monoklinen Arsenikmodifikat. Claudetit[2])[25]), 1: **266** ('51) 293-301; **269** ('52) 92; ~ 2: **275** ('54) 297-300. – Röntgenogr. Strukturunters. d. Arsenikglases[3])[25])[29]): **266** ('51) 302-12. – Strukturunters. d. Arsenikglases. Fourier-Analyse[25])[29]): **280** ('55) 205-10. – Verdampfg. v. Arsenolith u. Claudetit[12]): **292** ('57) 330-42. – Reakt. zw. Arsenik, Wasser u. Thür. Glas b. niedr. Temperaturen[25])[40]): 343-46. – Therm. Zersetzg. v. Hexamethylentetramin, 1[43]): **297** ('58) 23-31; ~ 2: Analyt. Untersuchungen[41])[43]): **299** ('59) 69-77. – Tribolumineszenz d. Arsenoliths[31])[32]): **298** ('59) 115-20.

Z. Elektrochem. Erzwungene Kondensat. b. Arsenik[38]): **53** ('49) 1-4. – Tribolumineszenz b. Arsenik[33])[38]), 1: 633-36; ~ 2: **59** ('55) 341-46. – Trachtänderg. v. Hexamethylentetraminkristallen b. konst. Temp. u. unt. d. Einfl. v. Temperaturschwankungen[10]): **56** ('52) 338-42. – Elektronenemission einer Silberoberfläche unt. Einwirkg. v. Joddampf[24])[28]): 409-14. – Neuere Untersuchungen üb. d. Tribolumineszenz[38])[9]), 1: 420-28; ~ 2: **59** ('55) 346-50. – Probleme d. Verdampfung[16])[38]): **56** ('52) 476-79. – Sinterg. d. Kupfers[13])[16]): **57** ('53) 924-27. – Max Volmer z. 70. Geb.tag: **59** ('55) Sonderbl. vor 333. – Kristalltracht u. Adsorpt.[16]): **60** ('56) 816-22. – Verdampfungsgeschwindigk. d. weißen Phosphors[27]): **61** ('57) 819-26. – Umwandlg. d. kub. Arseniks (Arsenolith) in seine monokline Modifikat. Claudetit[25])[40]): **62** ('58) 362-66. – Auflösg., Löslichk. u. Umwandlg. d. beiden Arsenikmodifikationen Arsenolith u. Claudetit in Wasser u. wäßr. Lösungen[25])[40]): 366-72. – Georg Maria Schwab z. 60. Geb.tag: **63** ('59) 1f.

Z. Kristallogr. (A). Notiz z. Frage d. Gleichgewichtsform homöopolarer Kristalle[18]): **83** ('32) 155f. – Beitr. z. Frage d. Gleichgewichtsform homöopolarer Kristalle[11])[18]): **88** ('34) 325-29. – Kristallisat. v. Alkalihalogenidkristallen auf Fluorit[18]): **99** ('38) 444-48. – Notiz zu d. Arb. v. G. Bradistilov üb. d. Berechng. elektrostat. Potentiale im Fluoritgitter: **102** ('39) 47. – Gleichgewichtsform d. Fluoritkristalls[5]): **103** ('40) 1-29. – Definit. d. spezif. freien Kanten- u. Eckenenergien d. Kristalle: **105** ('44) 287-90. – Die Thomson-Gibbssche Gleichg. u. d. sog. Theorie d. Verwachsungskonglomerate: 364-70. – Gleichgewichtsformen d. Kristalle m. kubisch raumzentriertem Gitter[34]): 481-87. – Triboluminescenz. Versuche z. Aufklärg. d. Natur d. permanenten u. temporären Triboluminescenz[38])[31]): **106** ('54) 146-71. – Thermodynam. Unters. d. Syst. d. kub. u. monoklinen Arsenikmodifikationen[15])[25]): 172-82. – Verdampfungsgeschwindigk. v. Kaliumchlorid u. -jodid[16])[30]): **109** ('57) 184-97.

Z. Metallkunde. Wachstumsvorgänge an Cadmium- u. Zinkkristallen u. deren Bedeutg. f. d. Ermittlg. der zw. d. Gitteratomen wirksamen Kräfte[11])[14]): **34** ('42) 201-05. – Blockstrukt. v. Cadmiumeinkristallen[20]): **35** ('43) 147-51. – Wachstumsvorgänge an Zink- u. Cadmiumeinkristallen[7]): **41** ('50) 10-13. – Kristallisat. v. Kupfer in Berührg. m. Qecksilber[22])[35]): 226f.

Z. Naturforsch. Kondensat. aus überhitztem Arsenikdampf[17])[2]): **2a** ('47) 173-76. – Erzwungene Kondensat. b. Arsenik[38]): **4a** ('49) 21-27.

Z. Physik. Das Verhalten nichtpolarer Kristalle dicht unterhalb d. Schmelzpunktes u. b. Schmelzpunkt selbst: **119** ('42) 22-34. – Strukturabweichungen in d. Oberflächen v. Ionenkristallen, 1[21]): **124** ('48) 421-28; ~ 2[21]): 429-40; ~ 4[21])[28]): **127** ('50) 178-86. – Polymorphie d. Arseniks[25]): **156** ('59) 360-81.

Z. physik. Chem. (A). Keimbildungsgeschwindigk. u. Ostwaldsche Stufenregel[36]): **163** ('33) 399-408. – Theorie d. linearen Kristallisationsgeschwindigk.[11]): **170** ('34) 295-99. – Spontane Einstellg. v. Gleichgewichtsformen an Hexamethylentetraminkristallen[10]): **194** ('50) 180-92. – Max Volmer zu seinem 65. Geb.tag: **196** ('50) 1-5. – Wachstumsform d. Wolframs u. d. Gleichgewichtsform kub. raumzentrierter Kristalle[10])[22]): 7-11. – Theorie d. Verdampfungsgeschwindigk.[16])[38]): **198** ('51) 157-85.

Z. physik. Chem. (B). Mechanismus d. Gleichgewichtes kleiner Kriställchen[11]), 1: **26** ('34) 100-13; ~ 2: 114-16; ~ 3: 312-16. – Kinet. Ableitg. d. Keimbildungsgeschwindigk.[11]): 317-26. – Die Thomson-Gibbssche Gleichg. b. Kristallen[11]): **35** ('37) 427-32. — Best. d. Reichweite der zw. d. Gitterbausteinen in homöopolaren Kristallen wirksamen Kräfte auf Grund v. Kristallwachstumsformen[23]): **38** ('38) 451-60. — Ätzfiguren an Al-Kristalloberflächen[20]), 1: **51** ('42) 319-46; ~ 2: **52** ('42) 257-62.

Z. VDI, Beih. Verfahrenstechn. Das Wesen d. Keimbildg. neuer Phasen: **1941**, 39-43.

Zahlreiche weitere Veröff. in bulgar. u. jugoslaw. Zeitschriften.

Mit: [1]) E. Albrecht; [2]) Kurt A. Becker; [3]) Horst Bötticher; [4]) L. v. Bogdandy; [5]) G. Bradistilov; [6]) Walter Dick; [7]) Arend Eisenloeffel; [8]) Wolfgang Friemel; [9]) Gunter Gross; [10]) Bertold Honigmann; [11]) Rostislaw Kaischew; [12]) I. Karutz; [13]) Otto Kayser; [14]) Ljuben Keremidtschiew; [15]) Hans Joachim Kirschning; [16]) Ottmar Knacke; [17]) Alfons Korb; [18]) L. Krastanow; [19]) Ellen Kürbs; [20]) Hans Mahl; [21]) Kurt Molière; [22]) Erwin Wilhelm Müller; [23]) E. K. Paped; [24]) Hans-Helmut Paproth; [25]) Karl Plieth; [26]) W. Radtschenko; [27]) H. Ramthun; [28]) Werner Rathje; [29]) Ellen Reuber-Kürbs; [30]) R. Schmolke; [31]) Irmgard Schönewald; [32]) B. Stein; [33]) Edmar Strauss; [34]) Rudolf Suhrmann; [35]) Eugen Szabo de Bucs; [36]) D. Totomanow; [37]) J. Tscholakoff; [38]) Günther Wolff; [39]) Anna Wurster; [40]) I. Zoll; [41]) A. F. Bogenschuetz; [42]) H. J. Heinrich; [43]) G. Klipping; [44]) H. Maennig.

Stranz, Hubert Dietrich. Geophysik, Meteorol. — 1935-40 stud., '40 Dr. rer. nat. (L. Weickmann), '40, '42, '43-45 Ass. U Leipzig; '41-42 wiss. Mitarb. Luftwaffenerprobungsstelle Rechlin (W. Dieminger); '46-47 Hilfsass. U Göttingen (J. Bartels); '48-49 Ass. TH Göteborg (O. E. H. Rydbeck); '49-52 wiss. Mitarb. AB. Elektrisk Malmletning, Stockholm; '52-53 wiss. Ass. U Mainz (F. Möller); '53-57 Geophysiker PRAKLA, Hannover, u. C. Deilmann Bergbau GmbH, Bentheim; '58 Meteorologe Service météorol. du Congo Belge, Léopoldville. [Eig. Mitt.]

*1916, Febr. 11, Leipzig.

Erf. Magnet. Feldwaage (ABEM-Magnetometer), schwed. Pat. angemeldet ('51).

S. ● Nat. u. Med. in Dtschl. 1939-46, **19** (Wiesb. '48) 217-45: Meteorol. d. hohen Atmosph. — ● Socker, Handlingar 2 **11**,1 (Malmö '55) 1-30: Das Zuckerrübenwachstum in Skåne in Abhängigk. v. meteorol. Faktoren.

W. ● Aufbau d. hohen Atmosph. bis 400 km (Bad Voeslau '44) 14 S.

Ann. Meteorol. Zwei auffällige meteorol.-opt. Erscheinungen: **1** ('48) 347f.

Arch. elektr. Übertr. Engbegrenzte Ionisationswolken in 125 km Höhe während einer Nordlichtstörg.: **4** ('50) 213-16. — Ergebn. einer Fade-out-Statistik: 217f.

Ber. Dtsch. Wetterdienst US-Zone. Entwicklg. d. Ozonradiosonde: **11** ('49) 44-46. — Die D-Schicht: **14** ('50) 31 S.

Chalmers Tekn. Högskolas Handl. Ozonradiosonde: **72** ('48) 1-48.

Gerlands Beitr. Geophysik. Wärmeverteilg. u. Luftzirkulat. in einem „temperaturkonstanten" Raum: **59** ('42) 214-23. — Temperaturverhältnisse im erdmagnet. Variationshaus am Observat. Collmberg[2]): 224-36.

Himmelswelt. Die Helligk. d. Himmels in d. Umgebg. d. Sonne: **51** ('41) 129-40.

J. atmospheric terrestr. Physics. Weitere Ergebn. d. Fade-out-Statistik: **2** ('51) 79-82. — Solar activity and the altitude of the tropopause near the equator: **16** ('59) 180-82.

Med.-meteorol. H. Meteorotropie d. Tuberkulose b. Kindern[1]): **9** ('53) 90-94.

Meteorol. Rdsch. Sonnenflecken u. Wetter: **1** ('48) 339-42. — Meteorol. u. Mikrowellenausbreitg.: **3** ('50) 199-202.

Meteorol. Z. Himmelshelligk. in unmittelbarer Nähe d. Sonne: **59** ('42) 120-28.

Tellus. Ionospheric effects of solar flares[3]): **1** ('49) 6. — The lowest of the ionized layers of the upper atmosphere: **2** ('50) 150-57.

Veröff. geophysik. Inst. Univ. Leipzig. Unters. d. Himmelshelligk. in d. Umgebg. d. Sonne: **12** ('40) 227-302 [Diss.]. — Kuriositäten im Wettergeschehen: **15** ('49) 191-206. — Strahlungsmessungen am Geophysik. Observat. Collm d. Univ. Leipzig: 207-27.

Z. angew. Meteorol. Beob. einer Lichtsäule üb. d. Sonne: **58** ('41) 295f. — Hebg. einer Dunstschicht nach Sonnenaufgang[2]): 315-20. — Lichtsäule unt. d. Sonne: **59** ('42) 59. — Frontgewitter m. Kugelblitz: 200-02. — Beitr. z. konvekt. Aufgleiten: **60** ('43) 76-88. — Beob. v. Beugungskränzen um Sonne u. Mond[2]): 239. — Ausgeprägte Wellenbildg. in d. Atmosph.: 359-61.

Z. Meteorol. Zu A. Schmauss, Sichtbare Druckwellen: **2** ('48) 314. — Auslösg. v. Schneefall üb. einer Großstadt: **3** ('49) 359f. — Ein lichtstarker Beugungskranz: 360f. — Freier Föhn im Flachland: **4** ('50) 149-51.

Z. Naturforsch. Die Ionosphäre während d. partiellen Sonnenfinsternis am 28. Apr. 1949: **5a** ('50) 172f.

Mit: [1]) Wolfgang Menger; [2]) Rudolf Penndorf; [3]) Olof Erik H. Rydbeck.

V, VI **Strasser,** Bruno. Physik. — 1910-39 Leiter physik. Labor. IG Farbenindustr. AG, Werk Ludwigshafen/Rh.

*1879, Jan. 17, Berlin;
†1959, Dez. 3, München*.

*Mitt. d. Witwe: Frau Elisabeth Strasser.

Straßl, Hans Ludwig. Astron. — 1924 stud. U Marburg, '26 U Göttingen; '32 Dr. phil. (H. Kienle), '28-37 wiss. Hilfsarb. bzw. Ass. U Göttingen (F. Bernstein, H. Kienle); '37-45 wiss. Mitarb. Aerodyn. Versuchsanst. Göttingen; '48 habil. U Göttingen; '48 Doz. u. Observator Sternwarte, '54 apl. Prof. U Bonn; seit '58 pl. ao. Prof. u. Dir. Inst. f. Astronomie U Münster. [Eig. Mitt.]

*1907, Jan. 10, Holzhausen (jetzt [Rauischholzhausen)/Bez. Kassel.

MHZ. Himmelswelt **55** ('47)-**56** ('49). — Sterne **24** ('48) ff.

S. ● Festschr. f. A. Betz (Gött. '45) 6 S.: Wölbungskorrekturen f. Schiffsschraubenprofile. — ● Zahlenwerte u. Funkt. (Landolt-Börnstein) **3** ^{6}(Bln-G.-H. '52) 129: Nomogramm: Größenklassen u. Intensitäten; 163: Nomogr.: Näherungswerte d. Präzession; 173: Nomogr.: Entfernungsmodul u. Entferng.; 177: Nomogr.: Beziehg. zw. scheinbarer u. absol. Helligk. u. Entferng. b. gleichförm. interstellarer Absorpt.; 219: Nomogr. z. Best. d. galakt. Länge; 221: Nomogr. z. Best. d. galakt. Breite; 222: Nomogr.: Kreisteilg.; 223-30: Kinematik u. Dyn. d. Sternsyst. — ● Arbeitsgemeinsch. f. Forschg. d. Landes Nordrhein-Westf. **26** (Köln-Opladen '54) 29-57: Bemerkenswerte Doppelsterne u. d. Probl. d. Sternentwicklg. — ● Vistas in Astronomy (A. Beer) [Festschr. f. Prof. Stratton, Cambridge] (Lond. '55) 451-67: Nomograms in astronomy.

W. ● Nomogramme z. Lösg. astron. Aufgaben, 1. Folge (Bonn '49) 14 S. u. 7 Nomogramme (Veröff. Univ.-Sternw. Bonn 36); ~ 4. Folge: Intensitäten, Größenklassen, Intensitätslogarithmen (m. M. Sauer) ('57) 21 S. (~ 46). — ● Azimut-Nomogramme f. alle Stundenwinkel u. Deklinationen im Bereich d. geogr. Breiten v. $-80°$ bis $+80°$. Als Ms. gedr. (Köln-Opladen '59) 32 S. (Forschungsber. Wirtsch.- u. Verkehrs-Min. Nordrhein-Westf. 512).

Astron. Nachr. Nomogramme z. Auflösg. d. Keplerschen Gleichg.: **279** ('50) 25-43 [Hab.-schr.].

Ber. aerodynam. Vers.-Anst. Göttingen. 29 Ber. betr. Auswertg. v. Modellvers. in Hochgeschwindigkeitswindkanälen: **1939-44**. — Berechng. d. Wölbungskorrekturen v. Schiffsschraubenprofilen: **1945**.

Jahrb. Dtsch. Luftfahrtforsch. Ebene Potentialströmg. um ein Flügelprofil m. Vorflügel: **1939**, 67-71.

Math.-physik. Semester-Ber. Nomogramme f. Höhe u. Azimut v. Gestirnen: **2** ('52) 279-88.

Nachr. Ges. Wiss. Göttingen. Dynamik d. Sternsyst.[2]): **1** ('34) 91-106, 153-70. — J. Hartmanns Potsdamer Radialgeschwindigkeitsbest.[1]): **3** ('38) 117-41.

Naturwiss. Die erste Best. einer Fixsternentferng. (Fr. W. Bessel zum 100. Geb.tag): **33** ('46) 65-71. — Astron. Ges. in d. brit. Zone: 375f.

Planetary and Space Sci. The thermal radiat. of the moon at 1420 Mc/s[5]): **1** ('59) 213-26.

Polarforschung. Nomogramm f. d. Dauer v. Polartag u. Polarnacht b. belieb. Ekliptikschiefe: **21** ('51) 40-43.

Sterne. Energieverteilg. im kontinuierl. Spektrum d. Sterne: **19** ('39) 49-58, 73-81, 103-08, 130-34, 155.

Vjschr. astron. Ges., Leipzig. Kurzfrist. Änderungen d. Empfindlichk. photogr. Platten: **68** ('33) 325-28.

Z. Astrophysik. Intensitätsverteilg. in d. Spektren d. helleren Plejadensterne: **5** ('32) 205-59 [Diss.]. — Relative Energieverteilg. im kontinuierl. Spektr. v. 30 Fundamentalsternen[3])[4]): **16** ('38) 201-75. — Die therm. Radiostrahlg. d. Mondes b. 1420 MHz[5]): **48** ('59) 72-76.

Außerdem Veröff. weiterer astron. Nomogramme in Büchern u. Zeitschriften.

Mit: 1) Alfred Behr; 2) Otto Heckmann; 3) Hans Kienle; 4) Johannes Wempe; 5) Peter Mezger.

Straßmann, Fritz. Chem. (anorg.). — 1920-25 stud., '29 Dr.-Ing. (H. Braune), Ass. Physik.-Chem. Inst. TH Hannover; '29 Stipendiat d. Notgemeinsch., '35 wiss. Mitarb., '45-53 Dir. chem. Abt. KWInst. f. Chem., Berlin; dazu seit '46 o. Prof., Dir. Inst. anorg. Chem. u. Kernchem. U Mainz. [Eig. Mitt.]

*1902, Febr. 22, Boppard/Rh.

Biogr. ● H. Hartmann, Schöpfer d. neuen Weltbildes (Bonn '52) 210-39 (m. Bildn.).

S. ● Handbuch d. analyt. Chem. (R. Fresenius, G. Jander) **3**, 2a (Bln '40) 365-402: Barium (m. M. Straßmann-Heckter). — ● Proc. Int. Conf. Radioisotopes in scientific Res. **1** (Paris '57) 516-27: Investigations on the U_3O_8—ZrO_2—O_2-and U_3O_8—TiO_2—O_2-systems by the emanation method (m. G. Wolf, L. Ochs). — ● Epoche Atom u. Automation (Enzykl. d. techn. Jhdt.) **3** (Frkf./M. '58) 8-12: Experimente, d. z. Entdeckg. d. Uranspaltg. führten.

W. ● Über d. Zerplatzen d. Urankernes durch langsame Neutronen (m. O. Hahn) (Bln '39) 20 S. (Abh. Preuß. Akad. Wiss. 1939, H. 12). — ● Einiges üb. exp. Entwirrg. der b. d. Spaltg. d. Urans auftretenden Elemente u. Atomarten (m. O. Hahn, H. Götte) (Bln '42) 30 S. (~ 1942, H. 3). — ● Die chem. Abscheidg. der b. d. Spaltg. d. Urans entstehenden Elemente u. Atomarten (Allg. Tl) (m. O. Hahn) (Bln '44) 14 S. (~ 1944, H. 12). — ● Friedliche Chem. d. Atomkerne (Mainz '49) 14 S. (Mainzer Univ.-Reden 14).

Angew. Chem. Künstl. radioakt. Atomarten aus Uran u. Thor[7])[13]): **49** ('36) 127-29. — Spaltg. schwerer Kerne: **54** ('41) 249-52. — Z. Erforschg. d. Radioaktivität. Lise Meitner z. 75. Geb.tag: **66** ('54) 93-95. — Einige Methoden z. Unters. kurzleb. Radioisotope[18])[2])[9]): **69** ('57) 737. — Untersuchungen üb. d. Systeme TiO_2—U_3O_8—O_2 u. ZrO_2—U_3O_8—O_2 m. d. Emaniermeth.[21])[15]): 737. — Studien z. Kinetik d. elektrochem. Abscheidg. radioakt. Ionenarten auf Metalloberflächen[4])[9]): 737. — Polarogr. Best. kleiner Uran-Mengen[14])[9]): 737f. — Krit. Betrachtungen z. Messg. d. radioakt. Verseuchg. d. Atmosphäre[8])[17])[9]): 738.

Ber. Dtsch. chem. Ges. Neue Umwandlungsprozesse b. Neutronen-Bestrahlg. d. Urans; Elemente jenseits Uran[7])[13]): **69** ('36) 905-19. — Trans-Urane u. ihr chem. Verhalten[7])[13]): **70** ('37) 1374-92. — Abscheidg. d. reinen Strontium-Isotops 87 aus einem alten Lepidolith u. d. Halbwertszeit d. Rubidiums[20]): **71** ('38) 1-9.

Forsch. u. Fortschr. Üb. d. durch Neutronen erfolgte Spaltg. d. Urans in leichtere Atome[7]): **16** ('40) 31. — Geol. Altersbestimmungen nach d. Strontium-Meth.[7])[3])[12]): **18** ('42) 353-55.

J. inorg. nuclear Chem. Darst. von strontium-90-freiem Yttrium-90 durch Elektrolyse[11])[9]): **4** ('57) 146-54. — Kinetik d. elektrochem. Abscheidg. radioakt. Ionenarten auf Metalloberflächen[4])[9]): **7** ('58) 201-09.

Mitt. Max-Planck-Ges. Erklärg. v. 18 Atomforschern[7])[12])[u.a.]): **1957**, 62-65.

Naturwiss. Einige neue Anwendungsmöglichkeiten d. „Emaniermethode": **19** ('31) 502-04. — Künstl. Umwandlungsprodukte b. Uran[7])[13]): **23** ('35) 544f. — Herst. wägbarer Mengen d. Strontiumisotops 87 als Umwandlungsprod. d. Rubidiums aus einem kanad. Glimmer[7])[20]): **25** ('37) 189. – Erzeugg. d. Silberisotops v. 24 Minuten Halbwertszeit durch Be-Neutronen[16]): 458f. – Neues radioakt. Silberisotop v. langer Halbwertszeit[16]): **26** ('38) 187f. – Neues langleb. Umwandlungsprod. in d. Trans-Uranreihen[7])[13]): 475f. – Entstehg. v. Radiumisotopen aus Uran durch Bestrahlen m. schnellen u. verlangsamten Neutronen[7]): 755f. – Nachw. u. Verhalten der b. d. Bestrahlg. d. Urans mittels Neutronen entstehenden Erdalkalimetalle[7]): **27** ('39) 11-15. – Nachw. d. Entstehg. akt. Bariumisotope aus Uran u. Thorium durch Neutronenbestrahlg. Nachw. weiterer akt. Bruchstücke[7]): 89-95. – Bruchstücke b. Zerplatzen d. Urans[7]): 163f. – Z. Frage nach d. Existenz d. „Trans-Urane", 1: Endgült. Streichg. v. Eka-Platin u. Eka-Iridium[7]): 451-53. – Spaltprodukte aus d. Bestrahlg. d. Urans m. Neutronen[7]): 529-34. – Bruchstücke b. Zerplatzen d. Thoriums[7])[5]): 544-47. – Verwendg. d. „Emanierfähigk." v. Uranverbb. z. Gewinng. v. Spaltprodukten d. Urans; zwei kurzleb. Alkalimetalle[7]): **28** ('40) 54-61. – Verwendg. d. „Emanierfähigk." v. Thoriumhydroxyd z. Gewinng. v. Spaltprodukten d. Thoriums[7]): 61. – Getrennte Abscheidg. der b. d. Uranspaltg. entstehenden Krypton- u. Xenon-Isotope[7]): 455-58. – Weitere Prod. d. Uranspaltg.[7]): 543-50. – Kurzleb. Brom- u. Jod-Isotope b. d. Uranspaltg.[7]): 817-20. – Bildg. v. Zirkon u. Protactinium b. d. Bestrahlg. d. Thoriums m. Neutronen[7]): **29** ('41) 285f. – Die b. d. Uranspaltg. auftretenden Molybdän-Isotope[7]): 369f. – Auffüllg. u. Erweiterg. d. period. Syst.: 492-96. – Isolierg. u. einige Eigenschaften d. Elements 93[7]): **30** ('42) 256-60. – Üb. die b. d. Uranspaltg. auftretenden kurzleb. Barium- u. Lanthan-Isotope[7]): 324-28. – Hat in früheren Erdperioden ein radioakt. Caesium existiert? Barium u. Strontium aus Pollucit[7])[12])[3]): 541f. – Bem. zu d. Mitt. v. W. Wahl: Verklungene Radioaktivität d. Caesiums[7])[12])[3]): **31** ('43) 19. – Die b. d. Uranspaltg. auftretenden akt. Strontium- u. Yttrium-Isotope[7]): 249f. – Einige weitere Spaltprod. d. Urans[7]): 499-501. – Geol. Altersbest. nach d. Kalium-Argon-Meth.[6]): **39** ('52) 522f.

Physik. Z. Üb. d. Zerplatzen d. Uran- u. d. Thor-Kerns in leichtere Atome[7]): **40** ('39) 673-80.

Verh. Dtsch. physik. Ges. Weitere Umwandlungsprod. d. Uranspaltg.[7]): (3) **23** ('42) 70f.

Z. Elektrochem. Hochemanierende Ba-Ra-Salze: **38** ('32) 544.

Z. Naturforsch. Chem. Abscheidg. der b. d. Spaltg. d. Urans entstehenden Elemente u. Atomarten, 1[7])[19]): **1** ('46) 545-56. – Die b. d. Uranspaltg. noch zu erwartenden Bruchstücke[19]): **2a** ('47) 80-86. – Hermann Braune z. 60. Geb.-tag[10]): 183f. – Darst., Schmelzpunkt u. spezif. Leitfähigk. v. UO_2Cl_2[15]): **7b** ('52) 637-39. – Suche nach 6-10 d Sr → > 100 d Y in d. Uranspaltg.[9]): **10a** ('55) 146-51. – Indirekte Best. d. Halbwertszeit d. Rubidiums[6]): **11a** ('56) 277-80. – Einige Strontium- u. Yttriumisotope b. d. Uranspaltg.[9]): 946-54.

Z. Physik. Umwandlungsreihen d. Urans, die durch Neutronenbestrahlg. erzeugt werden[13])[7]): **106** ('37) 249-70. – Künstl. Umwandlungsprozesse b. Bestrahlg. d. Thoriums m. Neutronen[18])[7]): **109** ('38) 538-52. – Üb. die b. d. Uranspaltg. auftretenden Molybdän-Isotope[7]): **117** ('41) 789-800. – Hat ein Caesium-Isotop langer Halbwertszeit existiert?[12])[3])[7]): **120** ('42) 598-617. – Üb. die b. d. Uranspaltg. auftretenden Strontium- u. Yttrium-Isotope[7]): **121** ('43) 729-45.

Z. physik. Chem. (A). Löslichk. v. Jod in gasförm. Kohlensäure[1]): **143** ('29) 225-43 [Diss.].

Z. physik. Chem. (B). Oberflächengröße u. Gitteränderungen kristallisierter Salze nach d. Emaniermeth. v. Hahn: **26** ('34) 353-61. – Untersuchungen üb. d. Zusammenhang zw. Gitterstrukt. u. Gasdurchlässigk. org. Salze nach d. Emaniermeth. v. Hahn: 362-73.

Mit: 1) Hermann Braune; 2) Karl-Heinz Brod; 3) Heinz Ewald; 4) Jochen Fahland; 5) Siegfried Flügge; 6) Klaus Fritze; 7) Otto Hahn; 8) Hubert Hauser; 9) Günter Herrmann; 10) S. Knoke; 11) Gerald Lange; 12) Josef Mattauch; 13) Lise Meitner; 14) Helmut Menke; 15) Leonhard Ochs; 16) Hermann Reddemann; 17) H. Jürgen Riedel; 18) Heinz Rodenbusch; 19) Walter Seelmann-Eggebert; 20) Ernst Walling; 21) Günter Wolf.

Stratil-Sauer, Gustav. Geogr. – 1913, '18-22 stud. U Wien, Breslau; '22 Dr. phil. U Breslau (W. Volz, '22-31 dess. Ass. U Leipzig); '37 Dr. phil. habil. U Leipzig; '39 PDoz., '40 Doz., '55 titl. Prof. U Wien; seit '49 Generalsekretär „Notring d. wiss. Verbände Österr.". [Eig. Mitt.]
*1894, Mai 26, Fulnek/Mähren.

HZ. Mitt. Ver. Geographen Univ. Leipzig **7** ('27)-**9** ('30). – Notring-Almanach (ab '55 u. d. T.: Notring-Jahrb.) [Wien] **1953** ('52)ff.

S. • Oberschlesien u. d. Genfer Schiedsspruch (Bln '25) 9-52: Land, Gesch. u. Leute. – • Geographische Studien. Festschr. Johann Sölch (Wien '51) 145-66: Transporterleichterg. – • Skizzen z. Antlitz d. Erde [Festschr. z. 70. Geb.-tag v. L. Kober] (H. Küpper, Ch. Exner, H. Grubinger) (Wien '53) 387-99: Der Geröllquotient. – • Spreitzer-Festschr. (Wien '58) 161-70: Flug über die Gobi; 460-84: Pleistozäne Ablagerungen im Inneren d. Wüste Lut. – • Bechkov-Festschr. Acad. Sci. Bulgarie (Sofia '59) 149-62: Bedeutg. d. geogr. Lage u. der Wasserversorgg. f. d. Stadtgeogr. v. Peking. – • Fischer-Lexikon **14** (Frkf./M. '59) 152-76: Hydrogr.; 204-36: Klimatol.

W. • Der Erdschlipf im Lewiner Ländchen. Diss. (Breslau '22) 120 S. Masch.schr. – • Fahrt u. Fessel (Bln '27) 280 S. – • Längs russ. Landstraßen (Lpz. '30) 188 S. – • Kampf um d. Wüste (Bln '34) 176 S. – • Umbruch im Morgenland (Lpz. '35) 128 S. – • Mesched (Lpz. '37) 168 S. – • Geographische Untersuchungen z. Stadtlandschaft, durchgeführt am Beisp. v. Trapezunt. Hab.schr. (o. O. '38) 328 gez. Bl. Masch.schr. – • Geographische Forschungen in Ostpersien, **1**: Die ostpers. Meridionalstraße (Wien '53) 96 S.; **2**: Routen durch d. Wüste Lut u. ihre Randgebiete ('56) 184 S.

Arch. Meteorol. Die Sommerstürme Ostirans: **4** ('52) 133-53.

Arch. Wanderungswes. Wandlungen u. Wanderungen d. Bevölkerg. Vorderasiens, vornehml. aber Ostpersiens: **7** ('34) 71-78. – Stadtentwicklg. im heut. Vorderasien: **8** ('35) 46-55. – Bevölkerungsverschiebungen in d. Türkei: **9** ('36) 133f.

Atlantis. Die Völker Afghanistans: **3** ('31) 326-31. – Sterbender Nomadismus im Orient: **9** ('37) 407-10.

Dtsch. Arbeit. Die geogr. Lage d. Tschecho-Slovakei: **21** ('24) 243-47.

Dtsch. Kultur in d. Welt. Auswirkungen d. geogr. Lage Afghanistans: **11** ('29) 74-77.

Economic Geogr. Cereal product. in Turkey: **9** ('33) 325-36.

Erde u. Wirtsch. Grundzüge d. Verkehrs- u. Wirtschaftsgeogr. v. Nordostanatolien: **2** ('28) 93-110.

Geogr. Anzeiger. Nachkriegsgeogr. in Breslau: **24** ('23) 65-67. — Der Gang z. Orient: **35** ('34) 193-205. — Z. „Lehrb. d. org. Geogr.": **39** ('38) 174-79.

Geographical J. Journey from Baiburt via Ispir to Lazistan: **86** ('35) 402-10.

Geogr. Z. Der östl. Pontus: **33** ('27) 497-520.

Geol. u. Bauwes. Vorbem. z. Theorie d. Erosion: **18** ('50) 30-43. — D. Lesedecke: **18** ('51) 125-42.

Gerlands Beitr. Geophysik. Beob. z. Sommerwitterg. einer südiran. Höhenstat.: **57** ('41) 193-225.

Mitt. geogr. Ges. Wien. Iran: **85** ('42) 165-83. — Birdjand, eine ostpers. Stadt: **92** ('50) 106-22. — Forschungen in Nordost-Anatolien: **100** ('58) 280.

Mitt. Ver. Geographen Univ. Leipzig. Das Lewiner Ländchen im Rahmen d. Mittelsudeten: **7** ('27) 14-31. — Exkurs. d. Geogr. Inst. Leipzig in d. östl. Erzgebirge: **8** ('29) 1-22. — Die Geogr. u. ihre Methoden an d. Univ. Leipzig: **9** ('30) 1-7. — Flußanzapfungen in d. Mittelsudeten: 16-21.

Österr. Hochschul-Ztg. Erosion u. Transportarb. im Flußbett: **1959**, Nr. 10, S. 3.

Osteuropa. Bei d. dtsch. Bauern in Wolhynien: **6** ('30) 203-09.

Petermanns Mitt. Eine Route im Kuh-e-hezar (Südpersien): **83** ('37) 309-13, 353-56. — Zur Stadtgeogr. v. Peking: **103** ('59) 180-89.

S.-Ber. Österr. Akad. Wiss. (I). Stellungnahme zu einigen Auffassungen üb. d. Flußlängsprofil: **160** ('51) 17-36. — Studien z. Klima d. Wüste Lut: **161** ('52) 19-78.

Schr. Ver. Verbreit. naturwiss. Kenntn. Der Reis als wirtschaftsgeogr. Faktor: **94** ('54) 1-20.

Umschau. Kanate, Persiens künstl. Bewässerungsanlage: **41** ('37) 271-74. — Der Hitzepol d. Erde: 755-59.

Universum. Selbstregulierg. im Kräftespiel d. Flußlaufes: **4** ('53) 328-32. — Ein Grabmal in Indien (F. Stolicka): **7** ('56) 203-05.

Wiss. Z. Univ. Halle. Forschungen in d. Wüste Lut: **5** ('56) 569-74.

Z. Geomorphol. Die Tilke: **6** ('31) 255-85.

Weiterhin zahlreiche Artikel, Reisebeschreibungen u. kulturpolit. Beiträge in Zeitschriften u. Tageszeitungen.

VI **Straub,** Walther. Pharmakol. — 1923-39 o. Prof. u. Dir. Pharmakol. Inst. med. Fak. U München, '40 em., '40-44 m. Vertretg. d. LStuhls beauftr. — '37 Dr. jur. h. c. (U Kalkutta).
*1874, Mai 8, Augsburg;
†1944, Okt. 22, Bad Tölz.
Schwiegersohn v. Sophus Lie III-VI.

Nekr. Hans Gremels, Naunyn-Schmiedebergs Arch. exp. Pathol. Pharmakol. **204** ('47) 2-12 (m. Bildn., Faks. u. Schr.verz. 191 Nr.). — Benno Romeis, Jahrb. Bayer. Akad. Wiss. **1944/48**, 199-202. — Eugen Rost, Med. Klinik **42** ('47) 202-04.

MHZ. Naunyn-Schmiedebergs Arch. exp. Pathol. Pharmakol. **91** ('21)-**203** ('44).

S. ● Handbuch d. exp. Pharmakol. (A. Heffter) **2**,2 (Bln '24) 1355-1452: Die Digitalisgruppe; 1548-62: Die Filixgruppe. — ● 6. Fortbildungskurs in Bad Nauheim, 18.-20. Sept. 1929 (Lpz. '29) 33-41: Neuere Digitalisforschg. Pathol. u. Therap. d. Zirkulationsstörungen. — ● Festschrift E. C. Barell am 40. Jahrestag seiner Tätigk. im Hause „Roche" (Basel '36) 151-57: Analyse d. Darmwirkg. d. Folia Sennae.

W. ● Lane Lectures on Pharmacology (Stanford '31) 87 S. (Stanford Univ. Publ., Med. Sci. 3, 1).

Arch. Ital. Sci. farmacol., Suppl. Wirkungsbedingungen d. Acetylcholins am Darm: **6** ('37) 447-51.

Biochem. Z. Ein Laboratoriumsappar. z. schonenden Schnelltrockng. leicht zersetzl. Lösungen[7]): **165** ('25) 247-49. — Bem. zu Hans J. Fuchs: Zwei neue Laboratoriumsapparate: **206** ('29) 505.

Dtsch. Forschung. Hormone, Vitamine u. Volksgesundh.: H. **16** ('31) 40-50.

Dtsch. med. Wschr. Naturwissenschaften u. Pharmakol. im med. Unterr.: **46** ('20) 246f., 270f., 300f. — Wertbest. v. Schilddrüsenpräparaten: **51** ('25) 4f.

Genußgifte. Herz, Kreislauf u. Nikotin: **37** ('41) 18-21.

Hoppe-Seylers Z. physiol. Chem. Untersuchungen üb. d. weibl. Sexualhormon[19])[6]): **186** ('29) 97-103.

J. Pharmacol. exp. Therapeut. Adstringierwirkg. d. Aluminium-Acetates: **29** ('26) 83-93.

Klin. Wschr. Therapeut. Beherrschg. d. Oleum Chenopodii: **3** ('24) 1993. — Klinisches u. Pharmakologisches z. Avertinnarkose: **7** ('28) 2346f. — Wirkg. d. Nicotins u. d. Diätik d. Tabakgenusses[1]): **19** ('40) 169-71. — Grundsätzliches z. Darreichungsform d. Ovarialhormons[13]): 911f.

Med. Klinik. Verstopfg. u. Abführmittel: **32** ('36) 1029-36.

Med. Z. Narcotin als Codeinersatz[18]): **1** ('44) 14-16.

Münchener med. Wschr. Rudolf Magnus†: **74** ('27) 1676. — Bayerischer Haschisch: **75** ('28) 49-51. — Rektalnarkose m. Avertin, 1: Resorpt. u. Dosierg.: 593-95; ∼ 2: Ausscheidg. u. Nebenwirkungen: 1279-81. — Phosgen als Gift: 1108f. — Massenvergiftg. durch verbrennende Röntgenfilme: **76** ('29) 1049. — Alkaloidgehalt v. Mutterkornspezialitäten[16]): 2039f. — Pharmakologisches z. Therap. m. Phosphorlebertran: **77** ('30) 577f. — Mutterkorn im Wandel d. Zeiten: **81** ('34) 349-51. — Vorsicht m. Atophan: **83** ('36) 169f. — Convallaria u. Convallan: 386f. — Phosphorvergiftg. u. Phosphorbrandwunden: **90** ('43) 507-09, 629. — Phosphorbrandwundenbehandlg.: 748f. — Pharmakologisch-Toxikologisches üb. Kupfersulfat: **91** ('44) 8f., 30.

Naturwiss. Genußgifte: **14** ('26) 1091-99.

Naunyn-Schmiedebergs Arch. exp. Pathol. Pharmakol. Pharmakol. d. hinteren Lymphherzen d. Frosches: **85** ('20) 123-36. — Bernhard Naunyn †: **107** ('25) 128a. — Urannephritis u. Uranverteilg.: **138** ('28) 134f. — Resorpt. v. Wasser u. v. Wasser aus Salzlösungen im Darm[11]): **170** ('33) 534-45. — Wirkg. d. Senna-Infuses auf d. Dickdarm d. Katze[18]): **175** ('34) 528-35. — Sennesblätter: **181** ('36) 171f. — Wirksame Inhaltsstoffe d. Folia Sennae[8]): 399-407. — Vers. üb. d. Vagusstoff[14]): **182** ('36) 331-39. — Vers. zu einer Wertbest. d. Folia Sennae[2]): **183** ('36) 697-99. — Theorie d. Abführwirkg. d. Folia Sennae u. ihrer wirksamen Inhaltsstoffe[18]): **185** ('37) 1-19. — Wirkungsbedingungen d. Acetylcholins am Darm[17]): 435-49. — Kaffee u. Coffein: **190** ('38) 118-22. — Umrechnungsfaktor v. gefundenem Meerschweinchentiter auf gesuchten Froschtiter in d. Auswertg. v. Digitalisdrogen[9])[20]): **194** ('40) 1-15. — Akute Ferroeisenwirkungen[17]): 269-76. — Nicotin u. d. Diätetik d. Tabakrauchens[1]): 429-39. — Messg. analget.-sedat. Wirkungen am Tier u. d. Übertragbark. d. Messungsresultate auf d. Menschen[18]): **195** ('40) 481-90. — Eine Meth. d. biol. Auswertg. v. Coffein[10]): **197** ('41) 457-68. — Weitere Untersuchungen üb. d. Coffeinstarre am ausgeschnittenen Muskel d. Frosches[4]): **198** ('41) 79-86. — Zeit/Menge-Beziehungen b. d. Digitalisauswertg. nach Knaffl-Lenz am Meerschweinchen, 1: 189-94; ~ 2: Vers. m. Reinsubstanzen[18])[3]): **199** ('42) 427-34. — Biol. Auswertg. v. Theobromin u. Kakao[5]): **200** ('42) 129-34.

Office int. Hyg. publ. Bull. mens. Recherches comparatives sur l'activité de la morphine et de la dihydrodésoxymorphine: **30** ('38) 2569-81.

Proc. Roy. Soc. [London] (B). Discussion on the chem. and physic. basis of pharmacol. action, 12 Nov., 1936: Mode of action of stimulating alkaloids: **121** ('37) 584-87.

Rdsch. techn. Arb. Behandlg. d. Phosphorbrandwunden: **24** ('44) 6.

Samml. Vergiftungsfällen (A). Phosphorwasserstoff-Vergiftg., tödliche?: **1** ('30) 115. — Tollkirschenvergiftg., tödliche? (Giftmord?)[12])[16]): **2** ('31) 129-32. — Nitrose-Gase-, Kohlenoxyd- u. Blausäure-Vergiftungen durch Filmbrand: **3** ('32) 225f. — Opiatwirkg. od. fahrläss. Kindestötg.?: **4** ('33) 105-08.

Schweiz. med. Wschr. Der Tod Alexanders VI. u. d. Borgia-Geheimnis. Eine toxikol. Studie: **65** ('35) 389-92. — 150 Jahre Digitalis: 888-94. — Entbittertes Bitterwasser: **68** ('38) 1341f. — Kaffeenöte einst u. jetzt: **73** ('43) 1215-17.

Verh. Dtsch. pharmakol. Ges. Kaffee u. Coffein: **14** ('38) 118.

Z. ärztl. Fortbild. Vom Schlafen, Rauchen u. Kaffeetrinken: **17** ('20) 136-38. — Effektivdosis d. Digitalisstoffe: **28** ('31) 1-3.

Z. Volksernähr. Vitamine, Hormone u. Volksgesundheit: **6** ('31) 133-37.

Mit: [1]) August Amann; [2]) F. v. Bergmann; [3]) J. Bode; [4]) R. Domenjoz; [5]) Franco Dordoni; [6]) Theodor Dorfmüller; [7]) W. Gaede; [8]) H. Gebhardt; [9]) Zengo Kanda; [10]) D. N. Kesarbani; [11]) E. Leo; [12]) H. Merkel; [13]) Mario Reiser; [14]) J. Scholz; [15]) K. Schübel; [16]) J. Sedlmeyer; [17]) Kristinn Stefánsson; [18]) E. Triendl; [19]) Heinrich Wieland; [20]) Fritz Zinnitz.

Straubel, Harald. Techn. Physik. — 1925-30 stud. TH München, U Jena; '30 Dr. phil. nat. U Jena (A. Esau); '45-46 u. '52 wiss. Mitarb. Zeiss, Jena; '46-52 in d. Sowjetunion tätig; '46 u. '52 LBeauftr., '53 Doz., '54-56 Prof. m. voll. LAuftr. U Jena; '56-57 Prof. m. LStuhl BA Freiberg/Sa.; '58 wiss. Leiter d. VEB Keram. Werke Hermsdorf, Hermsdorf/Thür.; seit '60 wiss. Beirat Battelle-Inst., Frankfurt/Main. [Eig. Mitt.]
*1905, Okt. 3, Jena.

Sohn v. Rudolf Straubel IV-VIIa.

Erf. Mehrere Patente auf d. Geb. d. Quarzoszillatoren.

S. ● 1. Int. Kolloquium Hochsch. f. Elektrotechnik Ilmenau 1956 (Ilmenau '57) 267-69: Modellversuche z. Elektronenbewegg.

Exp. Techn. d. Physik. Neue Anwendungen f. Halbleiterwiderstände: **1** ('53) 105-09. — Ein einf. Drehzahlregler f. Otto-Motoren: **3** ('55) 20-24. — Ein neuer Zerstäuber f. d. Flammenphotometer: 89-93.

Hochfrequenztechn. u. Elektroakust. Schwingungsform u. Temperaturkoeffizient v. Quarzoszillatoren: **38** ('31) 14-27 [Diss.]. — Kristallsteuerg. f. ultrakurze Wellen: **46** ('35) 4-6. — Kristallsteuerg. f. Dezimeterwellen: **47** ('36) 152-54. — Ein neuer Hochfrequenz-Strommesser: **50** ('37) 183-85. — Ein direkt-anzeigender Wellenmesser: **54** ('39) 94-96.

Naturwiss. Zum Öltröpfchenvers. v. Millikan: **42** ('55) 506f.

Physik. Z. Piëzoelektr. Quarzoszillatoren: **32** ('31) 222. — Versuche m. Ultraschall: 379-81. — Piëzoelektr. Oszillatoren: 586f. — Direkte Kristallsteuerg. f. ultrakurze Wellen: 937-41. — Schwingungsformen piëzoelektr. Kristalle: **34** ('33) 894-96. — Temperaturkoeffizient, Schwingungsform u. Amplitude piëzoelektr. Oszillatoren: **35** ('34) 179-81. — Temperaturkoeffizient v. Quarzoszillatoren: 657f.

Research Film. Modellversuche z. Elektronenbewegg.: **2** ('57) 220-24.

Z. angew. Physik. Neue Anwendungen f. Halbleiterwiderstände: **1** ('49) 506-09. — Sonnen-Schmelzspiegel: 542-45. — Elektrostat. Zerstäubg. v. Flüssigkeiten: **6** ('54) 264-67. — Ein einf. lichtelektr. Verstärker[1]): **9** ('57) 438-42.

Z. Elektrochem. Dosierg. v. Substanzmengen unt. 10^{-8} g mittels elektrostat. Aufladg. f. Zwecke d. Mikroanalyse: **60** ('56) 1033-36.

Z. Naturforsch. Abhängigk. d. elektr. Widerstandes dünner Zinnoxydschichten v. mech. Vorspannungen[2]): **12a** ('57) 524.

Z. techn. Physik. Temperaturkoeffizient v. Quarzoszillatoren: **15** ('34) 607f. — Kristallsteuerg. f. Dezimeterwellen: **16** ('35) 627-29. — Neuer Hochfrequenz-Strommesser: **18** ('37) 434-37. — Kontinuierl. arbeitende Brennpunkteinstellg. f. Bogenlampen: **22** ('41) 283-87.

Einige weitere Arbeiten in versch. wiss. Zeitschriften.

Mit: [1]) H. Oswald; [2]) M. Teichgräber.

IV-VI **Straubel,** Constantin Rudolf. Optik. — 1901 wiss. Berater, '03-33 Mitgl. d. Geschäftsleitg. d. Zeiss-Werke.
*1864, Juni 16, Klein-Schmalkalden; †1943, Dez. 2, Jena.

Kurzbiogr. ● Deutsche Senioren d. Physik (Lpz. '36) 8 (m. Bildn. u. Faks.).

Biogr. ● F. Schomerus, Gesch. d. Jenaer Zeisswerkes 1846-1946 (Stuttg. '52) 171, 220f., 312-18 (m. Bildn.).

Zum 70. Geb.tag. H. Boegehold, Naturwiss. **22** ('34) 421-24 (m. Bildn. u. Faks.). – F. Jentzsch, Z. techn. Physik **15** ('34) 215-21 (m. Bildn. u. Schr.verz. 25 Nr.). – Opt. Rdsch. **25** ('34) 302.

Nekr. F. Schomerus, Zeiss-Werkztg. N. F. **19** ('44) 1-3 (m. Bildn.). – Z. angew. Physik **1** ('49) 542f.

S. ● Ber. 8. Int. Kongr. f. wiss. u. angew. Photogr., Dresden 1931 (Lpz. '32) 353-55: Üb. Bildgüte. – ● Pieter Zeeman 1865-1935, Verhandelingen ('s-Gravenhage '35) 302-11: Üb. Bildgüte.

W. ● Wissenschaftliche Arbeiten insb. auf d. Geb. d. Optik. 1864-1943 (Jena '43) 200 S. (Zusammenfassg. mehrerer Zeitschr.-Sonderabdrucke).

Ingenieur-Arch. Unbestimmte Integrale m. Produkten v. Zylinderfunktionen, 1: **12** ('41) 325-36; ~ 2: **13** ('42) 14-20.

Kolloid-Z. Geom. d. Kugelpackungen: **104** ('43) 167-80; **105** ('43) 227-41; **106** ('43) 81-94.

Zeiss-Nachr. Sammelnde Einzellinsen m. einer asphär. Fläche: **5** ('44) 53-64.

Z. Instrumentenkunde. Vollkommene Einzellinsen, 1: **61** ('41) 240-46; ~ 2: **63** ('43) 153-66.

Z. techn. Physik. Beleuchtg. v. Schirmen durch Linsensyst.: **12** ('31) 129-33.

VI **Straumanis,** Martin Eduard. Chem. (anorg.). – 1937 ao. Prof., '42 o. Prof. U Lettland, Riga; '44-47 wiss. Mitarb. U Marburg; seit '47 Res.Prof. U of Missouri, School of Mines and Metallurgy, Dept. of Metallurgy, Rolla, Mo./USA; '57-58 Gast-Prof. TH Wien. [Eig. Mitt.]

*1898, Nov. 23, Krettingen/Litauen.

Autobiogr. in: 20 Jahre U Lettland, Latvijas Univ. Raksti (Riga '38).

Erf. Titanüberzüge auf Metallen (m. C. B. Gill u. A. W. Schlechten).

S. ● Handbuch d. Katalyse (G.-M. Schwab) **4** (Wien '43) 269-94: Keimbildg., Kristallwachstum u. Katalyse; **6** ('43) 132-75: Wasserstoffüberspanng. u. Katalyse; 176-97: Katalyt. Gesichtspunkte u. Vorgänge b. d. Korros. – ● Handb. d. analyt. Chem. (Fresenius-Jander) **2**,9 (Bln-G.-H. '56) 1-59: Bedeutg. u. Ausmaße d. Vorprobe; 60-140: Inlösungbringen v. Substanzen einschl. Aufschlußverf. (m. A. Ieviņš).

W. ● Die elektrochem. Theorie d. Korros. d. Metalle (Bln '33) 2 + 18 S. (Monogr. Reichsausschuß f. Metallschutz 4). – ● Kurze Einführg. in d. Theorie d. Komplexverbb. [lett.] (Riga '35) 60 S. Priv.dr. – ● Die Präzisionsbest. v. Gitterkonst. nach d. asymmetr. Meth. (m. A. Ieviņš) (Bln '40) 106 S.; Nachdr. (Ann Arbor '48); Ausz. engl. (Portsmouth/Ohio, USA '59) 51 S. – ● Kurzes Lehrb. d. Kolloidchem. (m. B. Jirgensons) (Bln-G.-H. '49) 8 + 282 S.; engl. (Lond.-NewYork '54) 16 + 420 S.

Acta crystallogr. Exp. determination of soundness of crystals from X-ray and density measurements: **2** ('49) 82-84. – Lattice constant and expansion coefficient of chromium[32]): **8** ('55) 367-71. – Refraction correction for lattice constants: 654-56. – Lattice parameter and coefficient of thermal expansion of thorium[19]): **9** ('56) 376-78.

Amer. Mineralogist. Graphical indexing of powder patterns of cubic substances and the choice of radiation for precision measurements of lattice constants: **37** ('52) 48-52. – Density determination by a modified suspension method. X-ray molecular weight and soundness of sodium chloride: **38** ('53) 662-70. – Absorption and refraction corrections and the lattice constant of chromium[32]): **41** ('56) 437-48.

Analytic. Chem. Lattice parameters, expansion coefficients, atomic and molecular weights; X-ray techniques for precision determination: **25** ('53) 700-04. – Indirect determination of free titanium and of oxygen in titanium-oxygen alloys by the hydrogen evolution method[6])[26]): **28** ('56) 1883f.

Ber. Dtsch. chem. Ges. Komplexverbb. d. Kupfer(II)-azids, 5: Kuproate m. org. Kationen[8]): **76** ('43) 825-30.

Chimia. Fehlordnungen im Aufbau kristalliner Stoffe, bestimmt aus Gitterkonstanten u. Dichtemessungen: **12** ('58) 136-43.

Corrosion [Houston]. Corrosion of titanium in acids. The rate of dissolution in sulfuric, hydrochloric, hydrobromic and hydroiodic acids[5]): **7** ('51) 229-37. – Effect of cold work and of heat treatment on the rate of dissolution of pure and impure aluminium in acids and bases[30]): **12** ('56) 177-82. – Rates of dissolution and passivation of hafnium-free zirconium in hydrofluoric acid[19]) [23]): **15** ('59) 286-90.

J. Amer. chem. Soc. Sodium tungsten bronzes, 1: Chem. properties and structure: **71** ('49) 679-83; ~ 2: Electrical conductivity of the bronzes[11]): 683-87. – Lithium tungsten bronzes [15]): **72** ('50) 4027-30. – The system sodium tungsten bronze - lithium tungsten bronze - tungsten(VI)-oxide[10]): **73** ('51) 3492-96. – Precision determination of lattice parameter and atomic weight of carbon in diamond[1]): 5643-46. – Reaction of sodium tungsten bronze with molybdenum(VI)-oxide[18]): **74** ('52) 2114f.

J. appl. Physics. Precision determination of lattice constants by the powder and rotating crystal methods and applications: **20** ('49) 726-34. – Thermal expansion coefficient and the melting point of cubic elements: **21** ('50) 936. – Lattice parameters, coefficients of thermal expansion and atomic weight of purest silicon and germanium[1]): **23** ('52) 330-34. – Absorpt. correct. in precis. determinat. of lattice parameters: **30** ('59) 1965-69.

J. electrochem. Soc. Rate of solution of highest purity aluminium in sodium hydroxide solution[3]): **95** ('49) 98-106. – Rate of solution of high purity aluminium in various bases[3]): **96** ('49) 21-26. – Effect of minor alloying elements on the rate of dissolution of aluminium in bases[3]): 310-17. – Structure of metal deposits obtained by electrochemical displacement upon zinc[13]): **98** ('51) 9-13. – Mechanism and rate of dissolut. of titanium in hydrofluoric acid[5]): 234-40. – Difference effect on titanium dissolving in hydrofluoric acid[5]): 351-55. – Rate of dissolution and passivation of titanium in acids with ammonium fluoride added[14]): **101** ('54) 10-15. – Corrosion of titanium in fused chlorides. Formation of pyrosols[14])[26]): **102** ('55) 42-45. – Deposition of titanium coatings from pyrosols[14])[26]): 81-85. – Electrochemical behavior of a titanium-fused salt-platinum cell[26]): 131–36. — Difference effect on aluminium dissolving in hydrochloric and hydrofluoric acids[30]): 304–10. — Rate and mechanism of dissolution of purest aluminium in hydrofluoric acid[30]): 382–86. — Effect of fluorides and other addition agents on the cathodic potential of titanium in hydrofluoric acid[27][26]): 573–76. — Deposition of titanium from titanium-oxygen alloys on copper, iron and mild steel[27][26]): **103** ('56) 395–400. — Hydrogen evolution from dissolving titanium-oxygen alloys in hydrofluoric acid and the constitution of Ti-O alloys[6][26]): 439–41. — Mechanism of deposition of titanium coatings from fused salt baths[27][26]): **104** ('57) 17–20. — Uncommon valency ions and the difference effect: **105** ('58) 284–86; **106** ('59) 536. — Formation of hydride films on Ti, Zr, Hf and Th dissolving in hydrofluoric acid[19]): 631f.

J. physic. Chem. Hydrogen overvoltage (cathodic potential) on titanium in acidic and basic solutions[27][26]): **59** ('55) 317–21.

J. prakt. Chem. (N. F.). Azide d. org. Basen[8]): **161** ('42) 65–76. — Komplexverbb. d. Kupfer(II)-azids, 3[8]): **162** ('43) 307–28.

Korrosion u. Metallschutz. Elektrochem. Theorie d. Korros. d. Metalle: **9** ('33) 1–11, 29–36. — Korrosionsschutz auf elektrochem. Grundlage: 229–31. — Betrachtungen üb. d. Möglichk. d. Korrosionsschutzes v. Metallen: **11** ('35) 49–53. — Einfl. d. Sauerstoffs auf d. Potential d. Lokalkathoden: **12** ('36) 148–54. — Einfl. metall. Beimengungen auf d. Lösungsgeschwindigk. d. Al in Salzsäure: **14** ('38) 1–7. — Z. Theorie d. Metallauflösg., 4: 67–77; ~ 5: 81–83; ~ 6: **18** ('42) 271–74; ~ 7: Auflösungsgeschwindigk. u. Abbau d. Aluminiumgitters nach I. N. Stranski: **19** ('43) 157–60. — Lösungsgeschwindigk. d. Aluminiums in Natronlauge[3]): **15** ('39) 5–11. — Potential d. Zn-Cd-Eutektikums[3]): **16** ('40) 27–33.

Korrozija. Chem. u. elektrochem. Reaktionen b. d. Auflösg. v. Metallen: **7** ('41) 12–14 [russ.].

Latvijas farm. Ž. Metallkorros. u. deren Verhütg.: **1936**, 1–38.

Metall. Auflösungsgeschwindigk. d. reinsten Aluminiums u. dessen binärer Legierungen in Basen[3]): **3** ('49) 41–47. — D. korrosionschem. Verhalten d. Titans[5]): **7** ('53) 85–93. — Titan-Überzüge auf Metallen u. keram. Objekten[26]): **10** ('56) 901–09. — Korros. d. Titans in geschmolzenen Salzbädern[16]): **11** ('57) 1029–32. — Versuche z. Verbesserg. d. Titanüberzüge auf Eisen, erhalten durch deren stromlose Abscheidg.[16]): **12** ('58) 501–03.

Metallwirtsch., Metallwiss., Metalltechn. Löslichk. v. Cadmium in Zink b. Raumtemp.: **12** ('33) 175f.

Naturwiss. Präzisionsbest. v. Glanzwinkeln u. Gitterkonst. nach d. Meth. v. Debye u. Scherrer[17]): **23** ('35) 833.

Physic. Rev. Absolute value of Avogadro's number and the soundness of crystals: **92** ('53) 1155–57. — Remark concerning the absolute value of Avogadro's number: **95** ('54) 1157.

Rev. sci. Instruments. Scanning device for precision determination of lattice parameters at constant temperatures[1]): **22** ('51) 843f.

Wiener Chemiker-Ztg. Kampf um d. Genauigk.: **43** ('40) 1–14. — Die neuesten Kristallwachstumstheorien u. der Vers.: **46** ('43) 241.

Z. analyt. Chem. Die Methoden d. Zinnbest. im Weißblech: **110** ('37) 411–21. — Z. gravimetr. Best. d. Molybdäns als Molybdäntrioxyd[24]): **117** ('39) 30–47. — Polarogr. Analyse d. Kalkspates[11]): **120** ('40) 168–77. — Beitr. z. polarogr. Arbeitstechn.[11]): **124** ('42) 31–34. — Bemerkungen zu d. Reaktionen m. Quecksilberrhodanid-Ion[28]): **128** ('47) 60–71.

Z. anorg. allg. Chem. Zinn(2)-Oxyd[29]): **213** ('33) 301–09. — Üb. d. gelbe Kupfer(1)-Oxyd[8]): **224** ('35) 107–12. — Syst. $Zn[Hg(CNS)_4]$–$Cu[Hg(CNS)_4]$[12]): **228** ('36) 334–40. — Einige neue Komplexverbb. d. Quecksilber- u. d. Kupferhalogenide m. aliphat. Aminen[8]): **230** ('36) 65–87. — Löslichk. v. Cu-Ionen im Cadmiumquecksilberrhodanid: **233** ('37) 201–08. — Einige neue Komplexverbb. d. Quecksilberhalogenide m. d. Halogeniden d. aliphat. Amine[8]): **234** ('37) 17–32. — Best. v. Ausdehnungskoeffizienten nach d. Pulver- u. Drehkristallmeth.[17]): **238** ('38) 175. — Kupfer(II)-azid, Darstellungsmeth., Bildg. u. Eigensch.[8]): **251** ('43) 315–31. — D. bas. Kupfer(II)-azide[8]): 332–34. — Komplexverbb. d. Kupfer(II)-azids[8]), 1: Einlagerungsverbb.: 335–40; ~ 2: Nichtelektrolyte: 341–54; ~ 4: Anlagerungsverbb. (Cuprate): **252** ('43) 9–23; ~ 6: Azidokuprate d. Elem. d. 1. u. 2. Gruppe d. period. Syst.: 121–25. — Kalium-Wolframbronzen u. Natrium-Kalium-Wolframbronzen[9][21]): **265** ('51) 209–19. — Reaktion d. metall. Titans, Zirkons, Hafniums u. Thoriums m. Säuren, insbes. m. Flußsäure[2]): **278** ('55) 33–41.

Z. Elektrochem. Zur Theorie d. Differenzeffektes: **43** ('37) 406f. — Geschwindigk. d. Oxydat. (Korros.) d. Titans in geschmolzenem Salz u. Zusammensetzg. d. Oxydationsprodukte[7]): **62** ('58) 201–09.

Z. Kristallogr. Über d. Gleiten u. Verfestigen v. Zinkeinkristallen: **83** ('32) 29–34. — Wachsende Magnesiumkristalle: **89** ('34) 487–93. — Diskussionsbeitr. z. Thema: Ideal- u. Realkristall: **93** ('36) 220. — Rechner. od. exp. Fehlereliminat. b. Debye-Scherrer-Aufnahmen[17]): **94** ('36) 40–52. — Bem. z. Arb. v. M. U. Cohen: Eliminat. of systematic errors in powder photographs[17]): **95** ('36) 451–54. — Gitterkonstanten u. Ausdehnungskoeffizienten d. Tellurs u. Selens: **102** ('40) 432–54. — Verwendg. d. räuml. reziproken Gitters z. Translations- u. Raumgruppenbest.: **104** ('42) 18–27. — Konstrukt. d. räuml. reziproken Gitters aus Debye-Scherrer-Aufnahmen: 167–77. — Konstrukt. d. räuml. reziproken Gitters monokliner Kristalle[12]): 375–84. — Konstrukt. d. räuml. reziproken Gitters trikliner u. rhomboedr. Kristalle[12]): **105** ('43) 1–9. — Cubic titanium pseudomorphs[33]): **111** ('59) 342–49.

Z. Physik. Ausscheidg. d. α-Phase im β-Messing[31]): **78** ('32) 1–16. — Präzisionsaufnahmen nach d. Verf. v. Debye u. Scherrer[22]): **94** ('35) 184–91; ~ 2[17]): **98** ('36) 461–75. — Gitterkonst. d. NaCl u. d. Steinsalzes[17]): **102** ('36) 353–59. — Drehkristallmeth. als Präzisionsverf. u. deren Vergl. m. d. Pulvermeth.[17]): **109** ('38) 728–43. — Gitterkonst. d. Kalkspates, best. nach d. Drehkristallmeth.[17]): **116** ('40) 194–206. — Steigerg. d. Intensität offener Röntgenröhren durch bewegl. Anoden: **120** ('42) 47–55. — Atom- u. Molekulargewichtsbest. auf röntgenogr. Wege: **126** ('49) 49–64. — Weitere Fehlerquelle b. d. röntgenogr. Best. d. Avogadroschen Zahl: 65f.

Z. physik. Chem. (A). Geschwindigk. d. Auflösg. d. Carbonyleisens in Salz- u. Schwefelsäure[4]): **162** ('32) 94-102. — Lösungsgeschwindigk. d. elektrolyt. Zinks in Säuren[4]): **167** ('33) 421-30. — Wasserstoffüberspanng. am Cadmium b. Luftzutritt[3]): **185** ('39) 37-44. — Gegenseit. Löslichk. im ternären Syst. Cadmium-, Kobalt-, Zinkquecksilberrhodanid[28]), 1: Das binäre Syst. Cd[Hg(CNS)$_4$]-Co[Hg(CNS)$_4$]: **193** ('43) 97-111; ∼ 2: Die binären Syst. Zn(Hg[CNS)$_4$]-Co[Hg(CNS)$_4$] u. Zn[Hg(CNS)$_4$]-Cd[Hg(CNS)$_4$]: **193** ('44) 121-31; ∼ 3: **194** ('44) 129-39.

Z. physik. Chem. (B). Wachstum v. Metallkristallen im Metalldampf, 2: **19** ('32) 63-75; ∼ 3: **26** ('34) 246-54; ∼ 4: **30** ('35) 132-38. — Aufbau d. Zink-Cadmium-Eutektikums[3]): 117-31. — Gitterkonst. d. reinsten Aluminiums[17]): **33** ('36) 265-74; **34** ('36) 402f. — Aufbau d. Bi-Cd-, Sn-Zn-, Sn-Cd- u. Al-Si-Eutektika[3]): **38** ('37) 140-55. — Präzisionsbest. v. Gitterkonst. hygroskop. Stoffe[17])[20]): **40** ('38) 146-50. — Präzisionsbest. v. Gitterkonst. nichtkub. Stoffe nach d. asymmetr. Meth.[17]): 347-56. — Hängt d. Gitterkonst. v. d. Wellenlänge ab?[17]): **42** ('39) 143-52. — Präzisionsbest. d. Gitterkonstanten u. Ausdehnungskoeffizienten rhomb. Kristalle am Beisp. d. Bleichlorids[25]): **51** ('42) 219-28. — Gitterkonst. d. Mennige: **52** ('42) 127-30. — Gitterkonst. u. Ausdehnungskoeffizienten d. Jodes[26]): **53** ('43) 320-30.

Mit: [1]) Esref Zeki Aka; [2]) John Thomas Ballass; [3]) Nikolajs Brakšs; [4]) Mestislaw Centnerszwer; [5]) Ping-Chao Chen; [6]) Chin-Huan Cheng; [7]) Charles Chiou; [8]) Arvids Cirulis; [9]) Sabodh C. Das Gupta; [10]) Godrow F. Doctor; [11]) Andrejs Dravnieks; [12]) Elmars Ence; [13]) Cheng Chih Fang; [14]) Charles Burroughs Gill; [15]) Sun-Sheng Hsu; [16]) Yu-Pu Huang; [17]) Alfreds Ieviņš; [18]) Keki K. Irani; [19]) William J. James; [20]) Karlis Karlsons; [21]) Ching-Hou Ma; [22]) Otto Mellis; [23]) Alfred S. Neiman; [24]) Bruno Ogriņš; [25]) Janis Sauka; [26]) Albert Wilbur Schlechten; [27]) Sheng-Tai Shih; [28]) Woldemar Stahl; [29]) Carl Strenk; [30]) Yen-Ngen Wang; [31]) Johannes Weerts; [32]) Chao-Ching Weng; [33]) Daniel Snell Eppelsheimer.

V, VI **Straus,** Fritz. Chem. (org.). — 1923-33 o. Prof. TH Breslau, '34-36 U Berlin; seit '39 Dir. of Research Ecusta Paper Corporation, Pisgah, N.C./USA. [Mitt.: W. Voss VIIa]
*1877, März 24, Mannheim;
†1942, April 8, Hollywood/Florida.

Biobibliogr. niedergelegt in University Microfilms, Ann Arbor, Michigan/USA.

Nekr. H. Hauptmann, Chem. Ber. **83** ('50) I-V (m. Bildn., Faks. u. Schr.verz. 57 Nr.).

Erf. Halogenäthinylcarbonyle (m. L. Kollek), Amer. Pat. 1841768.

Ber. Dtsch. chem. Ges. Spektrochem. d. Acetylenderiv.[3]): **65** ('32) 154-58. — Ricinolsäure u. 12-Oxystearinsäure[2])[5]): **66** ('33) 631-39. — Ersatz stark posit. Wasserstoffs durch Halogen, 3: Neuart. Umsetzungen d. Hypohalogenite[3]): 1834-46; ∼ 4: Umsetzungen d. 1,1,3-Trihalogenindene[3])[1]): 1847-62.

Liebigs Ann. Chem. Dibenzalaceton u. Triphenylmethan, 14: α-Methoxybenzylchlorid u. ω-Methoxycinnamylchlorid[2]): **493** ('32) 191-217; ∼ 15: Therm. Zerfall v. α-Alkoxyalkylchloriden[7]): **498** ('32) 101-28. — Anlagerg. v. Alkylhalogeniden an d. Äthylenbindg.[6]): **525** ('36) 151-82.

Paper Trade J. Cupri-ethylene-diamine viscosity of cellulose[8]): **114** ('42) 31. — Cupri-ethylene-diamine as a solvent for cellulose fractionation[8]): 33.

Verh. Dtsch. Ges. inn. Med. Weitere Untersuchungen üb. d. Blutgiftwirkg. synthet. N-Oxyamine[4]): **42** ('30) 511-16.

Mit: [1]) Ruth Haensel; [2]) Heinz Heinze; [3]) Ruth Kühnel; [4]) F. Rosenthal; [5]) Leo Salzmann; [6]) Walter Thiel; [7]) Hans-Joachim Weber; [8]) R. M. Levy.

VI **Strauss,** Benno. Chem. (angew.).— 1921-34 Abt.Dir. Friedr. Krupp AG, Essen. — '27 Bunsen-Gedenkmünze (Dtsch. Bunsenges. d. angew. physik. Chem.).
*1873, Jan. 30, Fürth/Bayern;
†1944, Sept. 27, Essen*.
*Mitt.: Friedr. Krupp, Essen.

Techn. Mitt. Krupp. Magnet. weiche Legierungen[2])[1]): **2** ('34) 98-101.

Mit: [1]) Hans Heinz Meyer; [2]) Fritz Stäblein.

VI **Strauss,** Eduard. Biochem. — 1922-36 Georg-Speyer-Haus Frankfurt/M.; '36 i. R.; '40-50 an wiss. Institutionen in New York tätig. [Mitt. d. Schwiegersohnes: Julius Weiler, Jackson Heights, N.Y./USA]
*1876, Febr. 18, Kreuznach;
†1952, Aug. 23, New York.

Nekr. Aufbau [New York] **1952,** Nr. 10, 29. Aug.

S. ● Enzykl. d. techn. Chem. (F. Ullmann) **9** ²(Bln-Wien '32) 410-22: Serumherst. — ● Handb. d. Biochem. d. Menschen u. d. Tiere (C. Oppenheimer) Erg.-W. **1,**1 (Jena '33) 347-59: Spezielle Chem. d. Proteine (m. K. Burschkies); 360-64: Abbau- u. Umwandlungsprodukte d. Proteine (m. K. Burschkies).

Arch. Biochemistry. Convenient meth. for deproteinizat.[7])[5]): **4** ('44) 101-04. — Serum albumin as a protective colloid for euglobulin in formol-gel reaction[2]): 159-62. — Microdeterminat. of dicarbonyl compounds. Coloring of nitro compounds in alkaline solut.[7]): **7** ('45) 211-30. — Quantitat. format. of osazones[7]): **11** ('46) 457-65.

Ber. Dtsch. chem. Ges. Nitroindole[1]): **65** ('32) 308-15. — Substitutionen am Tyrosin u. am Histidin[1]): **68** ('35) 1108-15. — Jodierg. d. Nitrotyrosins[1]): **69** ('36) 245f.

Biochem. Z. Reakt. d. Proteine m. Jodsäure[1]): **255** ('32) 287f. — Beitr. z. Kenntn. substituierter Proteine, 2: Jodierungen d. Hämoglobins u. d. Globins[1]): **284** ('36) 197-230; ∼ 3: Jodierg. d. Nitroglobins: 231-37.

Exp. Med. and Surgery. Procaine esterase[3])[4]): **1** ('43) 51-70. — Hematocrit readings in normal dogs[3]): 250f. — New experiments with procaine esterase, 1[3]): 367-70; ∼ 2: Locus of procaine esterase in human serum[3]): 371-79. — Deproteinizat. by perchloric acid[7]): **3** ('44) 39-43. — Deproteinizat. with perchloric acid[7]): **8** ('50) 301-07.

Kolloid-Z. Probl. d. Konzentrierg. u. Reindarst. immunbiol. Wirkstoffe: **76** ('36) 123-28.

Mit: [1]) Hugo Bauer; [2]) Julius Kaunitz; [3]) Bruno Kisch; [4]) Harry Koster; [5]) L. E. Lipkin; [7]) Carl Neuberg.

VI **Strauß,** Siegmund. Physik. — 1925 Gründung d. Labor. Strauß, Wien. Weitere Daten nicht bekannt.
*1875, Jan. 4, Znaim.

Meteorol. Z. Messungen m. d. Licht-Mekapion: **48** ('31) 502.

Strahlentherapie. Fehlerquellen b. Grenzstrahlmessungen[1]): **43** ('32) 196-98. — Das Dositron: **49** ('34) 712-14. — Ein neues integrierendes Meßgerät f. Grenz- u. Lichtstrahlen: 715-17. — Z. Gesch. d. Mekapions u. dess. heut. Entwicklungsstand: **58** ('37) 713-17.

Mit: [1]) Heinz-Theodor Meyer.

VI **Strebel,** Hermann Friedrich Wilhelm. Astrophysik. — 1932-43 Sternwarte Herrsching, z. Univ.-Sternwarte München gehörig.
*1868, Febr. 11, München;
†1943, Apr. 26, München.

Astron. Nachr. Vorgänge in Reiberöhren u. Beziehungen derselben z. Chromosphärenphysik: **245** ('32) 203-06. — Studien üb. Sonnenfleckenbrücken: **246** ('32) 189-202. — Zusammenhänge zw. Sonnenfackeln u. Sonnenflecken: **249** ('33) 325-34. — Probleme betr. d. reale Photosphäre: **251** ('34) 289-302. — Auswirkg. d. Erkenntnis d. Dichotomie d. Photosphäre auf versch. Sonnenprobleme: **253** ('34) 141-54. — Realer Sonnenfleck im Gegensatz z. theoret. Fleckmodell: 409-24. — Das Sonnenfleckspektr.: **254** ('34) 49-64. — Neue Strahlungsmessungen auf d. Sonnenphotosphäre: 169-74. — Helligk. u. Durchmesser d. Granulationselemente d. Sonnenoberfläche[1]): **258** ('36) 17-26. — D. Granulationsprobl. d. Sonne: **260** ('36) 241-58. — Diskuss. d. versch. Methoden z. Best. d. Temp. v. Sonnenflecken: **263** ('37) 233-50. — Temperaturleuchten u. Lumineszenzleuchten auf d. Sonne: **265** ('38) 241-56.

Weltall. Tiefe d. Sonnenflecken u. die in ihnen auftretenden Brücken: **33** ('34) 121-29.

Z. Astrophysik. Sonnenphotogr. Dokumente: **5** ('32) 36-49. — Der innere helle Rand d. Penumbra v. Sonnenflecken: **5** ('32) 96-100. — Untersuchungen zu einer photometr. Statistik d. Granulat. d. Sonnenoberfläche[1]): 348-58. — Beitr. z. Probl. d. Sonnengranulat.: **6** ('33) 313-29.

Mit: [1]) Bruno Thüring.

Strebel, Kurt. Math. — 1943-53 stud., '50 Dr. phil. (R. Nevanlinna), '52 PDoz. U Zürich; '53-55 Inst. for Advanced Study, Princeton/USA; '55 ao. Prof. U Fribourg/Schweiz. [Eig. Mitt.]
*1921, Apr. 20, Wohlen/Aargau.

Ann. Acad. Sci. Fennicae (AI). Eine Ungleichg. f. extremale Längen: Nr. **90** ('51) 8 S. — Üb. d. Kreisnormierungsprobl. d. konformen Abb.: **101** ('51) 21 S. [Diss.]. — Die extremale Distanz zweier Enden einer Riemannschen Fläche: **179** ('55) 21 S. — Eine Abschätzung d. Länge gewisser Kurven b. quasikonformer Abb.: **243** ('57) 10 S.

Comment. math. Helvet. Eine Bem. z. Hebbark. d. Randes einer Riemannschen Fläche: **23** ('49) 350-52. — Üb. d. konforme Abb. v. Gebieten unendl. hohen Zusammenhangs: **27** ('53) 101-27 [Hab.schr.].

Math. Ann. Asymptot. Entwicklg. einer Summe, die b. Probl. d. zwei Stichproben auftritt: **127** ('54) 401-05.

Proc. Amer. math. Soc. On the maximal dilation of quasiconformal mappings: **6** ('55) 903-09.

Proc. nat. Acad. Sci. USA. A remark on the extremal distance of two boundary components: **40** ('54) 842-44.

VI **Strebinger,** Robert. Chem. (anorg., analyt.). — 1936 ao. Prof., '46-57 o. Prof. u. Vorst. Inst. anorg. u. analyt. Chem. TH Wien; '57 em. — '59 Goldenes Ing.-Dipl. (TH Wien). [Eig. Mitt.]
*1886, März 31, Wien.

Zum 65. Geb.tag. G. Wagner, Österr. Chemiker-Ztg. **52** ('51) 61.

Zum 70. Geb.tag. W. Reif, G. Wagner, Österr. Chemiker-Ztg. **57** ('56) 61-63 (m. Bildn. u. Schr.verz. 64 Nr.). — Chemiker-Ztg. **80** ('56) 210.

Erf. Verf. z. Entzinng. v. Weißblechabfällen. — Vorrichtg. z. Best. d. Zuckers im Harn.

S. • Techn. Hochsch. Wien. Ber. üb. d. feierl. Inaugurat. Stud.-Jahr 1932/33 (Wien '33) 65-71: Georg Vortmann †.

W. • Praktikum d. quantitat. chem. Analyse **1:** Gewichtsanalyse, Elektroanalyse, Gasanalyse (Wien '36) 120 S.; [2]('37); [6]('46) 8 + 120 S.; **2:** Maßanalyse, Elementaranalyse, Kolorimetrie (Wien '37) 114 S.; [2]('37); [5]('46) 8 + 114 S.; holl. (Antwerpen '43). — • Praktikum d. qualitat. chem. Analyse einschl. Mikro- u. Tüpfelreaktionen (Wien '39) 6 + 154 S.; span. (Madrid '41); holl. (Antwerpen '43); chines. ('43); [3]('44); [4]('44) 8 + 160 S.

J. chem. Educat. Chem. study of an antique art object[2]): **30** ('53) 291-95.

Mh. Chem. Neue Verwendg. d. Elektronen-Mikroskops in d. analyt. Chem.[3]): **81** ('50) 1254-59.

Mikrochem. verein. Mikrochim. Acta. Interessante Beispiele d. angew. Mikrochem.: **36/37** ('51) 805-12.

Mitt. chem. Forsch.-Inst. Wirtsch. Österreichs. Chem. Veränderungen an d. Oberfläche v. Zinn-Blei-Kupfer-Legierungen[2]): **6** ('52) 8-10.

Mitt. numismat. Ges. Wien. Das alchemist. Medaillon Kaiser Leopold I.[5]): **16** ('27/36) 209-13.

Natur u. Techn. Der Naturforscher u. Techniker Leonardo da Vinci: **6** ('52) 277-83.

Österr. Z. Denkmalpflege. Schäden an d. Sarkophagen d. Kapuzinergruft[6]): **5** ('51) 67-75.

Z. analyt. Chem. Eine neue Fehlerquelle b. d. Abscheidg. v. K_2PtCl_6 [1]): **90** ('32) 81-96. — Maßanalyt. Sulfatbest. unt. Anwendg. v. rhodizonsaurem Natrium[7]): **105** ('36) 346-50. — Trenng. d. Wismuts v. Cadmium[4]): **107** ('36) 14-17.

Mit: [1]) H. Holzer; [2]) Rudolf Niederhuemer; [3]) E. Orth; [4]) Gustav Ortner; [5]) W. Reif; [6]) H. Weisz; [7]) L. v. Zombory.

Streck, Alfred Heinrich. Bodenmech., Wasserkraftanlagen. — 1919-21 stud. TH Darmstadt; '23-54 Ass. u. Ob.Ing. am LStuhl f. Grund- u. Wasserbau, '26 Dr.-Ing. (O. Franzius), '32 PDoz., '38 n. beamt. ao. Prof., '39 apl.

Prof., seit '54 ao. Prof. TH Hannover. [Ohne eig. Mitt.]
*1896, Aug. 31, Koburg.

Kurzbiogr. • Catalogus Professorum TH Hannover 1831–1956 (Hannov. '56) 135 (m. Bildn.).

S. • Grundbau-Taschenbuch **1** (Bln '55) 37–106: Erddruck u. Erdwiderstand.

Bauingenieur. Beitr. z. Frage d. Erdwiderstandes (Passiver Erddruck): **7** ('26) 32–37 [Diss.].

Bautechnik. Grundwerte b. d. Erddruckberechng.: **4** ('26) 431f.

Straße u. Autobahn. Bodenverdichtungsversuche m. Schwingungs- u. Rüttelverdichtern[1]): **5** ('54) 400–06.

Zbl. Bauverwalt. Erddruckvers. in Amer. u. ihre Bedeutg. f. d. Erddrucktheorie: **46** ('26) 231–33.

Mit: [1]) Schmidbauer.

Streckeisen, Albert. Petrogr. — 1920–27 stud. U Basel, Göttingen, Zürich; '28 Dr. phil. U Basel (M. Reinhard); '28–34 o. Prof. TH Bukarest; '42 PDoz., '54 Hon.-Prof. m. LAuftr. U Bern. [Eig. Mitt.]
*1901, Nov. 8, Basel.

S. • Int. geol. Congr., Gold Resources of the World (Pretoria '31) 295–303: Les ressources d'or de Roumanie (m. P. T. Ghitulescu). — • Geologischer Atlas d. Schweiz (Bern '35) Bl. 423: Scaletta (m. P. Bearth, H. Eugster, F. Spaenhauer, W. Leupold).

W. (Bearb.) • Geologisches Panorama v. d. Weißfluh b. Davos u. v. Cotschnagrat (m. J. Cadisch, R. Gees) (Bern '50) 12 S.

Anu. Inst. geol. României. Sur la tectonique des Carpates Méridionales: **16**.1931 ('32). — Pliozäne Andesittuffe am Außenrand d. rumän. Karpathen[3]): **19**.1937 ('38) 409–48.

Bul. Labor. Mineral. [Bucuresti]. Differentiation im Nephelinsyenitmassiv v. Ditro (Rumänien): **1** ('35) 65–71.

Bull. volcanol. Observations sur le Stromboli[5]): **7/8** ('26) 74–82.

Geol. Jber. Das Magma: **1** ('38) 33–49.

Geol. en Mijnbouw. Tektonik d. Karpathenbogens: **13** ('34/35) 74–78, 86–88.

Inst. geol. României, C. R. Observaţiuni geologice în Carpaţii Meridionali între Valea Oltului şi Valea Jiului (Geol. Beob. in d. Südkarpathen zw. Olt- u. Jiutal): **17**.1928/29 ('30) 69–80. — Profilul dela Vai de Ei (Carp. Mer. Jud. Gorj): 93–97. — Tufuri daciene în Jud. Prahova: 150f. — Asupra petrografiei Dobrogei (Üb. d. Petrogr. d. Dobrogea): **18**.1929/30 ('31) 66–83. — Cercetari geologice în Podisul Mehedinti (Geol. Unters. auf d. Hochplateau v. Mehedinti): 103–16. — Recherches géol. dans les Carpates Méridionales entre la Vallée du Jiu, Caranşebeş et les Portes de Fer[1]): **19**.1930/31 ('33) 148–60. — Recherches géol. dans la partie orientale des Carpates Méridionales: **20**.1931/32 ('35) 22–24. — Le Mésozoïque de Tomeşti: **24** ('40) 85–89.

Neues Jahrb. Mineral., Geol. Paläontol., Beil.-Bd (A). Nephelinsyenitmassiv v. Ditro (Rumänien): **64** ('31) 615–28.

Schweiz. mineral. petrogr. Mitt. Geol. u. Petrogr. d. Flüelagruppe (Graubünden): **8** ('28) 85–239 [Diss.]. — Petrogr. d. Dobrogea: **9** ('29) 461–63. — Geol. u. petrogr. Probleme in d. Südkarpathen: 463–65. — Üb. Migmatite in d. Ostkarpathen: **20** ('40) 299–302. — Der Gabbrozug Klosters-Davos-Arosa: **28** ('48) 195–214. — Das Nephelinsyenit-Massiv v. Ditro (Siebenbürgen), 1: **32** ('52) 251–308; ~ 2: **34** ('54) 336–409. — Üb. einige neue Vork. v. Stilpnomelan in d. Schweizer Alpen[4]): **38** ('58) 76–82.

Verh. Schweiz. naturforsch. Ges. Nephelin-Cancrinit-Syenit v. Orşova (Rumänien): **113** ('32) 357f. — Pliozäne Tuffe am Außenrand d. Karpathen u. ihre Beziehungen zum Vulkangeb. Calimani-Hărghita[3]): **117** ('36) 294–96. — Nephelinsyenit-Massiv v. Ditro in Rumänien als Beisp. einer kombinierten Differentiat. u. Assimilat.: **119** ('38) 159–61.

Z. Rumän. geol. Ges. (B). Junge Eruptivgesteine im östl. Banat m. bes. Berücks. ihrer Feldspäte: **1** ('32) 18–56. — Nephelin-Cancrinit-Syenit v. Orşova (Rumänien)[2]): 176–92.

Mit: [1]) Niculae Gherasi; [2]) Dan Giusca; [3]) Paul Kelterborn; [4]) Ernst Niggli; [5]) Francis de Quervain.

II,III **Strecker,** Adolph Friedrich Ludwig → VIIa/Suppl.

VI **Strecker,** Felix Alexander Philipp. Physik. — Seit 1937 Bevollmächt. d. Siemens & Halske AG, Berlin-Siemensstadt.
*1892, Febr. 27, Dembno/Kr. Jarotschin;
†1951, Nov. 10, München.

Nekr. R. Feldtkeller, Arch. elektr. Übertr. **6** ('52) 46 (m. Bildn.). — K. Küpfmüller, Elektrotechn. Z. **73** ('52) 251 (m. Bildn.).

W. • Die elektr. Selbsterregg. (Stuttg. '47) 142 S. — • Praktische Stabilitätsprüfg. mittels Ortskurven u. numer. Verf. (Bln-G.-H. '50) 11 + 189 S.

Akust. Z. Verständlichk. u. Lautstärke b. Frequenz- u. Amplitudenbegrenzg.: **1** ('36) 174–78.

Arch. Elektrotechn. Matrizenrechng. in d. Elektrotechn.: **34** ('40) 167–75.

Arch. elektr. Übertr. Stabilitätsprüfg. durch geschlossene u. offene Ortskurven: **4** ('50) 199–206.

Bull. Informat. Techn. des Télécommunicat. Etude de limiteurs d'amplitudes pour circuits téléphon.: **1937**, 39–51.

Elektr. Nachr.-Techn. Versuche üb. Amplitudenbegrenzer f. Fernsprechverbb.: **13** ('36) 341–57. — Einfl. kleiner Phasenverzerrungen auf d. Übertragg. v. Fernsehsignalen: **17** ('40) 51–56. — Beeinflussg. d. Kurvenform v. Vorgängen durch Dämpfungs- u. Phasenverzerrg.: 93–107. — Nichtlineare Verzerrungen mehrerer sinusförm. Schwingungen im Eisen: **18** ('41) 226–38. — Günst. Bereich d. Bezugsdämpfg. im Fernsprechverkehr[4]): **19** ('42) 241–52.

Elektrotechn. Z. Fernsprechen, Fernschreiben u. Fernsehen üb. Leitungen: **60** ('39) 214–22.

Europ. Fernsprechdienst. Elektr. Übertragungseigensch. d. dtsch. Rundfunkleitungsnetzes[3]): **46** ('37) 108–17. — Streckenvers. m. d. U-Syst., einem 12fach-Syst. m. unbelasteten Leitungen[1]): **60** ('42) 3–22. — Neue Gestaltg. d.

Fernsprechnetze durch vermehrte Anwendg. v. Zweiwegkreisen u. durch Fernwahl[2]): **62** ('43) 9-25.

Hochfrequenztechn. u. Elektroakust. Nichtlineares Nebensprechen b. d. gemeinsamen Übertragg. mehrerer modulierter Trägerwellen: **49** ('37) 165-71.

Siemens Rep. Commun. Engng. Investigat. of amplitude limiters for telephone communications: **1** ('37) 67-78.

Telegr.-, Fernsprech-, Funk- u. Fernseh-Techn. Unters. an Unterwegs- u. Gabelechosperren f. Fernverbb.: **26** ('37) 171-78. — Pupin-Kabel u. Freileitungen: **31** ('42) 31-40.

Z. techn. Physik. Verständlichk. u. Lautstärke b. Frequenz- u. Amplitudenbegrenzg.: **17** ('36) 568-72.

Mit: [1]) H. Düll; [2]) Fritz Pfleiderer; [3]) H. Ribbeck; [4]) G. v. Susani.

Strecker, Heinrich. Statistik. — 1941-48 stud., '49 Dr. rer. nat. U München (O. Anderson); '48-57 Referent Bayer. Statist. Landesamt; '53-56 LAuftr., '56 habil., '56-57 PDoz. U München; '57-59 ao. Prof. Wirtsch. H Mannheim; seit '59 o. Prof. U Tübingen. [Eig. Mitt.]
*1922, Sept. 13, Coburg.

S. ● Handwörterbuch d. Sozialwiss. **5** (Gött. '60) 93-95: Verhältniszahlen.

W. ● Moderne Methoden in d. Agrarstatistik (Würzb. '57) 134 + 7 S. (Einzelschr. Dtsch. Statist. Ges. 8). — ● Los Metodos modernos en la Estadistica agraria (Madrid '60) 220 + 6 S.

Allg. statist. Arch. Math.-statist. Bemerkungen z. repräsentat. Vorwegaufbereitg. d. landwirtsch. Betriebszählg. 1949: **34** ('50) 236-39. — Stichprobenverf. in d. amtl. Agrarstatistik: **38** ('54) 17-27. — Meth. Untersuchungen üb. d. Anwendg. v. Probeschnitten b. d. Besonderen Ernteermittlg.[1]): **42** ('58) 241-48.

Bayern in Zahlen. Die landwirtsch. Genossenschaften in Bayern 1947 u. 1948: **3** ('49) 281f. — Repräsentat. Vorwegaufbereitg. d. landwirtsch. Betriebszählg. 1949: **4** ('50) 103-05. — Ergebnisse d. repräsentat. Vorwegaufbereitg. d. landwirtsch. Betriebszählg. 1949: 153-55. — Die repräsentat. Schweinezählg. v. 3. März 1952 in Bayern: **6** ('52) 204-06. — Neue Wege b. d. Erfassg. d. Viehbestände. Die repräsentat. Schweinezählg. am 3. Sept. 1954 in Bayern: **8** ('54) 374-76. — Die repräsentat. Erhebg. d. familieneigenen Arbeitskräfte in d. land- u. forstwirtsch. Betrieben Bayerns: **9** ('55) 279-81.

Mitt.-Bl. math. Statistik. Die Quotientenmeth., eine Variante d. „variate difference"-Meth.: **1** ('49) 115-30 [Diss.]. — Anwendg. v. Stichprobenverf. z. Erfassg. d. Schweinebestände in Bayern: **4** ('52) 258-67.

Z. Bayer. Statist. Landesamt. Die repräsentat. Vorwegaufbereitg. d. landwirtsch. Betriebszählg. v. 22. Mai 1949: **82** ('50) 157-67.

Mit: [1]) Josef Raab.

III-VI **Strecker,** Karl Georg Christian Bernhard. Elektrotechn. — 1920-23 Präs. Telegraphentechn. Reichsamt; dann i. R. in Heidelberg.
*1858, März 26, Mainz;
†1934, Aug. 24, Heidelberg.

Zum Ausscheiden aus d. Schriftleitg. d. Telegr.- u. Fernsprech-Techn. Telegr.- u. Fernsprech-Techn. **22** ('33) 52f. (m. Bildn.).

Zum 75. Geb.tag. K. W. Wagner, Forsch. u. Fortschr. **9** ('33) 136. — Telegr.- u. Fernsprech-Techn. **22** ('33) 80.

Nekr. A. Lang, Telegr.- u. Fernsprech-Techn. **23** ('34) 213-15 (m. Bildn.). — Elektr. Nachr.-Techn. **11** ('34) 337 (m. Bildn.); Elektrotechn. u. Maschinenbau **52** ('34) 487; Elektrotechn. Z. **55** ('34) 874, 949 (m. Bildn.).

V, VI **Strecker,** Wilhelm Georg Karl Ludwig. Chem. — Seit 1922 o. Prof. U Marburg.
*1877, Aug. 25, Offenbach/M.;
†1947, Juli 2, Marburg.

S. ● Handwörterbuch d. Naturwiss. (Dittler-Joos) **4** [2](Jena '34) 182-214: Fluorgruppe (m. F. Sommer).

W. ● Chemische Übungen f. Mediziner [8](Heidelb. '40) 8 + 126 S.; [9]('48) (Bearb. v. C. Mahr) 184 S.

J. prakt. Chem. (N. F.). Einführg. d. Azidgruppe in Komplexsalze[4]): **152** ('39) 205-18.

Z. anorg. allg. Chem. Einführg. d. Azidgruppe in Komplexsalze d. Kobalts[2]): **218** ('34) 151-60. — Selenstickstoff[3]): **221** ('34) 193-98. — Tellurstickstoff[1]): 199-208.

Mit: [1]) Carl Mahr; [2]) H. Oxenius; [3]) H. E. Schwarzkopf; [4]) Ernst Schwinn.

IV-VI **Strehl,** Karl Wilhelm Andreas. Optik, Naturphilos. — Seit 1923 i. R. in Hof/S. [Mitt. d. Töchter: H. u. L. Strehl, Hof/S.]
*1864, Apr. 30, Bayreuth;
†1940, Juni 14, Hof/S.

Nekr. H. Boegehold, Z. ophthalmol. Optik **29** ('41) 170-72 (m. Bildn.). — Dtsch. opt. Wschr. Zentr.-Ztg. Opt. u. Mech. **61** ('40) 118.

Autobibliogr. Zentr.-Ztg. Opt. u. Mech. **48** ('27) 75-77.

W. ● Kritik d. Elektronentheorie (o. O. u. J.) 12 S. (Priv.dr.). — ● Seelenlehre (o. O. u. J.) 1 S. (~). — ● [Pseud.: W. Andreas] Früchte v. Baum d. Erkenntnis (o. O. '29) 8 S. (~). — ● Struktur u. Quanten (o. O. '36) 9 S.; Nachtr. ('36) 4 S. (~). — ● Kontrast — Struktur — Quanten. Krit. Streiflichter (Hof '38) 16 S. (~).

Astron. Nachr. Scheinbare Durchmesser: **264** ('38) Sp. 321f.

Z. Instrumentenkunde. Kreise u. Streifen: **52** ('32) 19-25.

Z. Physik. Lösg. v. Gittern: **88** ('34) 676. — Gitterbilder: **89** ('34) 254f.

Strehlow, Hans. Physikal. Chem. — 1937-39 u. '47-49 stud. U Bonn, München; '49 Dr. rer. nat. U Bonn (M. v. Stackelberg); '56 PDoz. U Göttingen; dazu seit '58 wiss. Mitgl. MPInst. f. physikal. Chem., Göttingen. [Eig. Mitt.]
*1919, Juli 29, Oberhausen/Rhld.

W. ● Zur Theorie d. polarogr. Stromstärke. Diss. (o. O. '49) 44 S. — ● Über d. Einfl. der

Lösungsmittel auf d. elektrochem. Spannungsreihe. Ein Beitr. z. Kenntn. d. Ionensolvatat. Hab.schr. (o. O. '56) 86 S. Masch.schr. vervielf.

Naturwiss. Ladungsfreie Elektroden in d. Elektrochem.[9]): **39** ('52) 478.

Polarogr. Ber. Tastpolarogr.[7])[3]): **5** ('57) 62-77.

Z. Elektrochem. Zur Theorie d. polarogr. Kurve, 1[11]): **54** ('50) 51-62; ~ 2: Best. d. Diffusionskoeffizienten v. Ionen in Elektrolytlösungen[8])[11]): **55** ('51) 244-50; ~ 3: Mittelwert d. polarogr. Stromstärke: 420-24. — Probl. d. Einzelelektrodenpotentials: **56** ('52) 119-29. — Vergl. d. Spannungsreihen in versch. Solventien: 827-33. — Elektrochem. Analogien zw. nichtwässer. Elektrolytlösungen u. Ionenaustauschern[1])[5]): **57** ('53) 614f. — Elektr. Potentialdifferenzen an d. Phasengrenze nicht mischbarer Flüssigk.[5]): **58** ('54) 658-65. — Elektrokapillarität d. unpolarisierten Quecksilberelektrode[9]): 665-67. — Elektrokapillarität an d. Phasengrenze Ligroin-Wasser: **59** ('55) 744-48. — Auswählende Solvatat. v. Ionen in Lösungsmittelgemischen[6]): **62** ('58) 373-78. — Strukt. d. elektrochem. Doppelschicht[13]): **63** ('59) 262-69. — Drucksprung-Verf. z. Messg. d. Geschwindigk. v. Ionenreaktionen[12]): 457-61.

Z. physik. Chem. (A). Löslichkeiten d. Alkalihalogenide in Methylalkohol, Acetonitril u. Ameisensäure[10]): **202** ('53) 474-79.

Z. physik. Chem. (N. F.). Wäßrige Konzentrationsketten m. nichtwäßr. Zwischenphasen[1])[5]): **1** ('54) 21-41; ~ 2[5])[4]): **4** ('55) 212-19. — Ausbildg. d. elektrochem. Doppelschicht an Gleichgewichtselektroden[9]): **1** ('54) 241-55. — Spannungsreihe in Formamid[10]): **2** ('54) 89-103. — Ladungsfreie Elektroden in d. Elektrochem.[9]): **4** ('55) 89-115. — Einfl. d. Korros. auf d. Elektrodenpotential v. Alkaliamalgamelektroden[2]): **17** ('58) 336-45. — Normalpotentiale d. Kaliums u. Rubidiums in Methanol[2]): 346-49.

Mit: [1]) Karl-Friedrich Bonhoeffer; [2]) Klaus Bräuer; [3]) Adolf Werner Elbel; [4]) Colin Stanley Hocking; [5]) Manfred Kahlweit; [6]) Hans-Martin Koepp; [7]) K. Kronenberger; [8]) Otto Mädrich; [9]) Heribert J. Oel; [10]) Theodor Pavlopoulos; [11]) Mark v. Stackelberg; [12]) M. Becker; [13]) H. Brodowsky.

Strell, Martin (sen.). Hydrogr., chem. Technol., Hyg. — 1901-07 stud. TH u. U München; '07 Ass. (Fr. W. Muthmann), '08 Dr.-Ing. (K. Lintner), '18 PDoz., '24 ao. Prof., '25 apl. Prof. m. LAuftr. Technol. u. Hyg. d. Wassers TH München; '08-48 Reg.-Chemierat Biol. Versuchsanst. München; seit '48 i. R., in München lebend. [Eig. Mitt.]
*1881, Nov. 12, Gronsdorf b. München.

Biogr. Gas- u. Wasserfach **97** ('56) 1057.

Zum 70. Geb.tag. Chemiker-Ztg. **75** ('51) 676.

Erf. Verf. u. Anlage z. Erzeugg. v. brennbarem Gas auf biol. Wege.

W. ● Die Abwasserfrage in ihrer geschichtl. Entwicklg. v. d. ältesten Zeiten bis z. Gegenw. (Lpz. '13) 6 + 232 S. — ● Abwasserkläranlagen dtsch. Städte (Gött. '17) 48 + 14 S. — ● Die Beseitigung d. Abwässer d. Stadt München, ihre hyg. u. wirtsch. Bedeutg. (Gött. '18) 24 S. — ● Wirtschaftliche Verwertung städt. Abwässer (Münch. '18) 75 S. — ● Wasser u. Abwasser, Reinhaltg. d. Gewässer (Münch. '55) 16 + 352 S.

Angew. Chem. Wesen, Zweck u. Verf. d. Abwasserchlorg.: **53** ('40) 391-93.

Gesundheits-Ing. Abwasserreinigg. m. aktiviertem Schlamm nach Versuchen m. Münchener Kanalwasser: **50** ('27) 179-82. — Abwässer d. Nahrungs- u. Genußmittelind.: **57** ('34) 664-66. — Wasser- u. Abwasserdispersoide, ihre raummäß. u. gewichtsmäß. Best.: **58** ('35) 533-35, 750f. — Behandlg. d. Schwimmbeckenwassers im städt. Freibad zu Kempten im Allgäu: **61** ('38) 247-50. — Cyanverbb. im Wasser u. Abwasser: **62** ('39) 546-50; **63** ('40) 192f. — Entgiftg. cyanhalt. Abwässer: 319f. — Chlorg. v. Trink- u. Brauchwasser, Badewasser u. Abwasser: **68** ('47) 58f. — Biogaserzeugg. aus Abfallstoffen m. natürl. Feuchtigkeitsgehalt[1]): **73** ('52) 229-32.

Mitt. Dtsch. Landwirtschafts-Ges. Abwasserbeseitigg. u. Landwirtsch. m. bes. Berücks. d. Siedlungen: **48** ('33) 900f., 942f.

Schiff u. Hafen. Süßwasser aus Meer- u. Brackwasser: **10** ('58) 685-89.

Städtereinigung. Vergasg. v. Klärschlamm aus Gerbereien m. Gewinng. v. brennbarem Gas: **34** ('42) 79-83, 90-96.

Vom Wasser. Abwässer d. Gärungsgewerbes, ihre Eigenschaften, Reinigg. u. Verwertg.: **11** ('36) 150-63 [auch in: Wschr. Brauerei **53** ('36) 284-86]. — Einwirkg. v. Aktivchlor auf d. Hauptbestandteile v. Milch- u. Molkereiabwässern: **14** ('40) 187-215. — Eisenchlorid als Fällungsmittel b. d. Abwässerreinigg.: **15** ('42) 223-38.

Wasser u. Gas. Gasgewinng. aus d. Klärschlamm städt. Abwässer[2]): **17** ('26/27) 1077-1109.

Wschr. Brauerei. Biologische Verbesserg. v. Wasser f. Brauereizwecke: **44** ('27) 607-13.

Mit: [1]) G. Götz; [2]) Franz Riedel.

Strell, Martin (jun.). Chem. (org.). — 1931-39 stud., '39 Dr.-Ing. (H. Fischer, '38-45 dess. Ass.), '44 PDoz., '47 Ass. (St. Goldschmidt), '55 apl. Prof. TH München. [Eig. Mitt.]
*1912, Febr. 5, München.

Sohn v. Martin Strell sen.[VIIa].

S. ● Nat. u. Med. in Dtschl. 1939-46, **39** (Wiesb. '48) 141-86: Chlorophyll (m. H. Fischer).

W. ● Über Iso- u. Neopurpurine sowie üb. Teilsynth. in d. Chlorinreihe. Diss. (Münch. '39) 41 S. Masch.schr. — ● Über ein neues, d. Chlorinsyst. annelliertes Ringsyst. Hab.schr. (Münch. '43) 21 S.

Arzneimittel-Forsch. Reaktionen in d. Chlorophyllreihe, 3: Zur Analytik v. Chlorophyllpräparaten[7])[14]), 1: **5** ('55) 640-42; ~ 4: ≈ 2: **6** ('56) 8-11.

Chem. Ber. Polymethinfarbstoffe, 3: Vinylenhomologe Aldehyde d. Pyrrolreihe[10]): **87** ('54) 1011-18; ~ 4: Furylpyrryl- u. Furylindolmethinfarbstoffe[7])[2]): 1019-24; ~ 5: Eine Erweiterg. d. Ehrlichschen Reakt.[7]): 1025-32; ~ 6: Azacyanomethine[12]): **90** ('57) 1905-18. — Reaktionen in d. Pyridinreihe, 1: Umsetzg. v. Pyridin- u. Chinolinaldehyden m. Pyrrolen u. Indolen[13])[8]): **90** ('57) 1798-1808; ~ 2: Einige Umsetzungen m. Pyridinaldehyden u. Cyanpyridinen[9]): **91** ('58) 1621-31; ~ 3[9]): Darst. v. 2-[Pyridyl-(3)]-chinoninsäure u. β-[Pyridyl-(3)]-acrolein: 2854-57.

Dtsch. Apotheker-Ztg. Die Gewinng. v. Chlorophyil u. seine pharmaz. Verwendg.[3]): **92** ('52) 270 f.

Liebigs Ann. Chem. Z. Kenntn. d. Chlorophylle, 88: Neopurpurine[15]): **538** ('39) 157-71; ~ 91: Isopurpurine u. Neopurpurine[15]): **540** ('39) 232-49; ~ 95: Teilsynthesen in d. Chlorin- u. Purpurin-Reihe[15]): **543** ('40) 143-61; ~ 103: Zur Kenntn. d. Purpurine: Üb. Purpurin 4: **546** ('41) 252-72; ~ 111: ≈: Üb. 10-Oxymesophäophorbida u. seine direkte Überführg. in Mesopurpurin 7: **550** ('41) 50-66; ~ 115: Chlorovioline[6]): **553** ('42) 53-66; ~ 124: Totalsynth. d. Meso-pyrrochlorin-γ-glykolsäure-dimethylesters[15]): **556** ('44) 224-33; ~ 127: Partielle Verseifg. v. Estern d. Chlorin- u. Porphyrin-Reihe[6]): **557** ('44) 175-86; ~ 128: Partielle Veresterg. in d. Chlorin- u. Porphyrinreihe[6]): 186-92. — Reaktionen in d. Chlorophyllreihe, 1: Synthet. Arbeiten auf d. Chlorophyllgeb. Üb. 2-Desvinyl-purpurin 3[7]): **577** ('52) 97-104; ~ 5: Veränderungen v. Phorbiden u. Chlorinen durch komplexbildende Metalle[14]): **612** ('58) 264-71; ~ 6: Glaukorhodine[7])[8]): **614** ('58) 205-11. — Polymethinfarbstoffe, 1: Cyanomethine[1])[4])[5]): **587** ('54) 177-94; ~ 2: Malocyanine[1])[11]): 195-206.

Mit: [1]) Wambola B. Braunbruck; [2]) Luzie Brem-Rupp; [3]) Hans Henning v. Dobeneck; [4]) Wolfgang F. Fühler; [5]) Otto Huber; [6]) Ekrem Iscimenler; [7]) Anton Kalojanoff; [8]) Max Königer; [9]) Erwin Kopp; [10]) Fritz Kreis; [11]) Lutz Reithmayr; [12]) Kurt Rost; [13]) Anneliese Zocher; [14]) Franz Zuther; [15]) Hans Fischer.

Stremme, Helmut Erhard Heinrich. Bodenkunde. — 1934-39 stud. U Freiburg/Br., TH Danzig, U Münster; '39 Dr. rer. nat. U Münster (F. Schuh); '41-51 Ass. Geol. Inst. U Heidelberg; '51 PDoz. U Münster; '51 Bezirksgeologe, seit '55 Landesgeologe Geol. Landesamt Schleswig-Holstein, Kiel. [Eig. Mitt.]
*1916, Febr. 26, Danzig-Langfuhr.

Sohn v. Hermann Stremme[VI, VIIa].

S. ● Schriften d. landeskundl. Forschungsstelle, Reihe 3, **1** (Danzig '42) 29-40: Einfl. d. Grundwassers auf d. Bodenbildg. d. Heubuder Dünengeb. — ● Nat. u. Med. in Dtschl. 1939-46, **44** (Wiesb. '48) 111-24: Geogr. d. Böden; **48** ('48) 89-109: Bodenkunde.

W. ● Bodenentstehung u. Mineralbildg. im Neckarschwemmlehm d. Rheinebene (Wiesb. '55) 79 S. (Abh. Hess. Landesamt f. Bodenforsch. 11). — ● Bodentypen u. Bodenarten in Schleswig-Holstein. Mit Karte 1:500000 (Kiel '55) 19 S. (Übersichtskarten z. Geol. v. Schlesw.-Holst. 1). — ● Bodenkarte d. Insel Fehmarn 1:50000, m. Erläuterungen (Kiel '58) 52 S.

Decheniana. Gebirgsbildungsvorgänge im Eggegeb. vor u. nach d. Neokom (Ergebnisse v. Kluftuntersuchungen): **102 A** ('43) 1-38 [Diss.].

Forstwirtsch., Holzwirtsch. Bleichhorizonte v. Waldbodentypen: **3** ('49) 362-70.

Z. Dtsch. geol. Ges. Illite im Tonanteil d. Böden: **103** ('52) 416-18.

Z. Pflanzenernähr., Düng., Bodenkunde. Schwefelsäure im Säurehaushalt d. Waldböden: **50** ('50) 89-99. — Quantitat. Untersuchungen üb. d. Zersetzg. u. Bildg. v. Mineralien im braunen Waldboden: **53** ('51) 193-203. — Vork. brauner Steppenböden im Oberrheingeb.: **60** ('53) 273-78. — Charakterist. Tonminerale einiger Hauptbodentypen: **65** ('54) 1-9 (Festschr. Hermann Stremme). — Plaggenböden auf Föhr[1]): 170-80 (~). — Merkmale d. Bodenbildg. auf d. jungpleistozänen Geschiebemergel in Schleswig-Holstein: **88** ('60) 148-55.

Mit: [1]) Alfred Johannsen.

VI **Stremme,** Hermann Gustav Andreas. Geol., Mineral., Bodenkunde. — 1914-45 o. Prof. TH Danzig; '47 Leiter Inst. f. Bodenkartierg. Dtsch. Verwaltg. d. Land- u. Forstwirtsch. d. sowjet. Besatzungszone (seit '50 Ministerium f. Land- u. Forstwirtsch. DDR) Berlin; seit '59 i. R. [Eig. Mitt.]
*1879, Mai 17, Krefeld.

Bildn. Dtsch. Landwirtsch. **1** ('47) 9.

Zum 65. Geb.tag. ● Festschr. (E. Ostendorff) (Danzig '44) 129 S. Masch.schr. vervielf. (Schr. d. landeskundl. Forschungsstelle R. 3,4).

Zum 75. Geb.tag. ● Festschr. (Weinh./Bergstr.-Bln '54) 7 + 286 S. (Z. Pflanzenernähr., Düng., Bodenkunde 65); darin F. Scheffer: 1-4 (m. Bildn. vor S. 1).

Zum 80. Geb.tag. K. Knott, Petermanns Mitt. **103** ('59) 115f.

Bibliogr. ● Festschr. (zum 65. Geb.tag) (Danzig '44) 7-11 (Schr.verz. 1903-42).

H. ● Int. Bodenkarte v. Europa 1:2500000 (Bln '37). — ● Schriften d. landeskundl. Forschungsstelle, Reihe 3, **1** (Danzig '42)-**4** ('44). — ● Bodenkunde u. Bodenkultur **1** (Dsdn '52) ff.

S. ● Handbuch d. Bodenlehre (E. Blanck) **5** (Bln '30) 271-429: Die Böden Dtschl.; **10** ('32) 259-428: Bodenkartierung. — ● Handwörterb. d. Naturwiss. (Dittler-Joos) **2** ²(Jena '33) 127-35: Bodentypen u. Bodenkarten. — ● P. Krische, Mensch u. Scholle **2** (Bln '39) nach S. 62: Bodenübersichtskarte d. Dtsch. Reiches u. d. Freien Stadt Danzig 1:2000000 (verkleinert nach d. bunten Bodenkarte 1:1000000). — ● Atlas d. dtsch. Lebensraumes in Mitteleuropa (N. Krebs) (Lpz. '39) Karte Nr. 4, S. 1f.: Die Böden 1:300000 (m. W. Hollstein). — ● Schr. d. landeskundl. Forschungsstelle, Reihe 3, **1** (Danzig '42) 9-17: Gegenwärt. Stand d. Bodenerforschg. d. Reichsgaues Danzig-Westpreußen.

W. ● Bodenkarte d. Dtsch. Reiches u. d. Freien Stadt Danzig. Unt. Leitg. v. H. Stremme aufgen. 1927-34 durch O. Diehl u. a. 1:1000000: Die Böden d. Dtsch. Reiches (Gotha '36) 1 Karte, 74 S., 14 Taf. (Petermanns Mitt., Erg.-H. 226). — ● Die bäuerl. Siedlungskapazität d. Dtsch. Reiches (m. E. Ostendorff) (Gotha '37) 38 S. (~ 228). — ● Bodenkarte d. Kaliningrader Geb. d. UdSSR u. eines Teils d. Territoriums d. Republik Polen 1:1000000 (Gotha '47). — ● Die Böden d. Dtsch. Demokrat. Republik. Einführg. in d. biogenet. Bodenkunde u. ihre Nutzanwendg. (m. Mitarbeitern) (Bln '50) 175 S. — ● Bodenkarte d. Dtsch. Demokrat. Republik (m. Mitarb.) (Dsdn '51) 1 Karte + 28 S.; ²('52) (Bodenkunde u. Bodenkultur 1).

Bodenkundl. Forsch. Ber. d. Untersuchungskommiss. f. d. Bodenkarte in Europa: **4** ('34) 147f. — Friedrich Schuchts wiss. Wirksamk.: **5** ('36) 172-75.

Dtsch. Landwirtsch. Bodenübersichtskarte d. sowjet. Zone Dtschl. 1:2400000: **1** ('47) 8-10, 29-31.

Ernähr. d. Pflanze. Jahreszeitl. Bewegg. d. wasserlösl. Pflanzennährstoffe in d. Böden¹): **29** ('33) 333-38. — Bodenkarte d. Dtsch. Reiches: **35** ('39) 161-66.

Forsch. u. Fortschr. Neue Wege d. geol. u. bodenkundl. Landesaufnahme: **8** ('32) 46f. — Bodenkundl. Mitarb. an d. Siedlungsplänen: **10** ('34) 196-98. — Bodenkarte d. Dtsch. Reiches: **13** ('37) 149f. — Int. Bodenkarte v. Europa: **15** ('39) 12-14. — Bodenkundl. Vorarbeiten f. Siedlg. u. Städtebau: **20** ('44) 155f.

Geol. Jber. Bodenkunde: **1** ('38) 174-85; **3** ('41) 239-50.

Mitt. int. bodenkundl. Ges. B. Aarnio z. 60. Geb.tag: N. F. **11** ('36) 27.

Pedology [russ.]. Morphol. oder morphol.-genet. Benenng. d. Bodens?: N.S. **31** ('36) 444-50 [auch dtsch.].

Planungswiss. Arbeitsgemeinsch. Bodenkundl. Siedlungskartierg.: **1934/35**, H. 3, 18-26.

Siedlung u. Wirtsch. Bodenverhältnisse in Hessen-Nassau u. im Volksstaat Hessen: **15** ('33) 446-48.

Zbl. Bauverwalt. Bodenarten d. Dtsch. Reiches u. d. europ. Kontinents: **56** ('36) 176-82.

Z. Dtsch. geol. Ges. Wasserkarten: **85** ('33) 597-601. — Geol. u. bodenkundl. Landesaufnahme d. Freien Stadt Danzig: **89** ('37) 343-57. — Biogenet. Bodenauffassg.: **91** ('39) 565-75. — Bodenlehre u. Bodenschätzg.: 624-34.

Mit: ¹) Eduard Schrödter.

Streuli, Johann (Hans) Heinrich. Lebensmittelchem. — Seit 1959 PDoz. U Zürich. [Eig. Mitt.]
*1923, Juni 17.

W. ● Zur Kenntnis d. „Brotkrankheit". Diss. (Zürich '56) 69 S.

Mitt. Lebensmitteluntꞏers. u. Hyg. Fehlerquellen b. polarimetr. Messungen: **42** ('51) 79-91. — Aldosenbest. m. Jod in alkal. Lösg.¹): **43** ('52) 413-17. — Klären b. Zuckerbestimmungen in Schokolade⁴): 417-44. — Nachw. einer Solubilisierg. v. Kakaopulver: **44** ('53) 73-78. — Best. d. Schalengehaltes in gebrochenem Kakaokern²): 270-75. — Erreger d. „Brotkrankh."³): **46** ('55) 312-39. — Elution farb. Flecken v. Papierchromatogrammen: 340. — Chem. Veränderungen v. Zuckern durch Kathodenstrahlen, 1: Reakt. bestrahlter Lactose m. Thiobarbitursäure: **47** ('56) 221-31; ~ 2: Bräung. v. Milch nach Radiosterilisat.: 232-36; ~ 3: Bräung. bestrahlter Zucker: 236-52; ~ 4: **48** ('57) 224-34; ~ 5: Zersetzg. bestrahlter Zucker durch Wasser unt. Gasbildg.: 234-37. — Polysaccharide im Boden⁵)⁶)⁷): **49** ('58) 396f.

Z. Lebensmittel-Unters. u. Forsch. Üb. d. Einfl. v. Fadenzieher-Organismen: **103** ('56) 342-50.

Zucker- u. Süßwaren-Wirtsch. Best. d. Feuchtigk. u. d. Fettgehaltes in Kakao u. Schokoladeprodukten: **5** ('52) 799. — Aufgabenkreis d. Labor. in d. Schokolade-Ind.: **7** ('54) 569. — Festigk. v. Schokolade: **9** ('56) 146.

Ferner 11 Arbeiten in: Int. Fachschr. Schokolade-Ind.

Mit: ¹) A. Fasler; ²) J. Schär; ³) Maximilian Staub; ⁴) Marianne Stesel; ⁵) N. C. Mehta; ⁶) M. Müller; ⁷) H. Deuel.

Strigel, Adolf. Geol. — 1896-1902 stud. U Freiburg/Br., München, Heidelberg; '11 Dr. phil. nat. (W. Salomon), '27 PDoz., seit '33 ao. Prof. U Heidelberg. — '27 Geologiepreis (U Heidelberg). [Eig. Mitt.] [Kr. Konstanz; *1877, Aug. 12, Baitenhausen/ †1954, Febr. 19, Heidelberg*.

*Mitt.: Naturwiss.-Math. Fakultät U Heidelberg.

S. ● Mannheim (H. E. Busse) (Karlsr. '27) 13-28: Geol. Gestaltg. d. Landsch. um Mannheim. — ● Festschr. z. Jahrhundertfeier d. Ver. f. Naturkunde Mannheim (Mannh. '34) 7-25: 100 Jahre Mannheimer Ver. f. Naturkunde; 25-62: Geol. Untergrund u. Landschaftsgestaltg. v. Mannheim u. Umgebg. — ● Nat. u. Med. in Dtschl. 1939-46, **48** (Wiesb. '48) 27-31: Tektogenese d. europäischen u. nordafrikan. Varisciden (Hercyniden); 125-37: Karbon u. Perm.

W. ● Zur Paläogeogr. d. Schwarzwaldes. Die Abrasionsfläche als klimat.-tekton. Probl. d. oberen Perms (Frkf./M. '22) 155 S.

Bad. geol. Abh. Granite d. südöstl. Schwarzwaldes: **4** ('32) 127-52.

Geol. Rdsch. Granite d. südöstl. Schwarzwaldes: **23** ('32) 147f. — Z. Morphol. d. südöstl. Schwarzwaldes: **23a** ('33) 218-32 (Salomon-Calvi-Festschr.). — Südgrenze d. Varisziden in Europa u. Nordafrika: **36** ('48) 75f. — Saxon. Schichtenaufbiegg. u. kretazisch-alttertiäre Landoberfl. in Südwestdtschl.: **37** ('49) 42-50.

Jahrb. Bad. Lehrer. Entwicklg. d. bad. Landsch.: **2** ('26) 246-59.

Jber. u. Mitt. Oberrhein. geol. Ver. (N. F.). Prätriadische Einebng. im Schwarzwalde: **8** ('19) 119-25. — Üb. d. Fortsetzg. d. Verwerfungen im Bonndorf-Lenzkircher Graben: **9** ('20) 59f.

Mannheimer Geschichtsbl. Ein altes Rheinbett im Stadtgeb.: **23** ('22) 62-66. — Z. Landschaftsgesch. b. Mannheim: **36** ('35) 159-77.

Mitt.-Bl. Bad. geol. Landesanst. Intrusionsraum d. jüngeren Granite im Südostschwarzwald: **1948**, 17-19. — Perm u. Trias am Südrande d. Schwarzwaldes: **1949**, 1-4. — Quartäre Hebg. im Südschwarzwald: **1950**, 111-15.

Neues Jahrb. Mineral., Geol. Paläontol. (B). Südlichste Randverwerfg. d. Bonndorf-Lenzkircher Grabens im südl. Schwarzwald: **1943**, 184-92.

S.-Ber. Heidelberger Akad. Wiss. Zur Tektonik d. Umgebg. v. Eberbach: **1939**, Abh. 6, 73-89.

Verh. naturhist.-med. Ver. Heidelberg (N. F.). Geol. Unters. d. perm. Abtragungsfläche im Odenwald u. in d. übr. dtsch. Mittelgebirgen, 1: **12** ('12) 63-172 [Diss.]; ~ 2: **13** ('14) 1-243. — Das süddtsch. Buntsandsteinbecken: **16** ('29) 80-465 [Hab.schr.].

Zbl. Mineral. Variskisches Gebirge u. Primärrumpf im Schwarzwald: **1924**, 557-70. — Paläogeographisches v. süddtsch. Triasbecken: **1926** (B), 492-506.

Strigel, Robert. Hochspannungstechn. — 1919-26 stud., '26 Dr.-Ing. TH München (J. Zenneck, O. Knoblauch); '26-39 Physiker Siemens-Schuk-

kert-Werke AG, Berlin-Siemensstadt; '39-54 Abt.Leiter Siemens-Schuckert-Werke AG, Nürnberg; '54 o. Prof. TU Berlin. [Eig. Mitt.]
*1900, Sept. 19, Augsburg.

W. ● Elektrische Stoßfestigk. (Bln '39) 10 + 317 S.; ²(Bln-G.-H. '55) 10 + 397 S. — ● Ausmessung v. elektr. Feldern (Karlsr. '49) 99 S. (Bücher d. Meßtechn. Abt. 5, J 7 = Wiss. Bücherei).

Arch. Elektrotechn. Kathodenmaterial u. Entladeverzug: **26** ('32) 803-06. — Ein Zeittransformator z. automat. Registrierg. kurzer Zeiten³): 831-40. — Z. Frage d. Materialabhängigkeit d. Entladeverzuges im homogenen elektr. Feld b. kleinen Schlagweiten: **27** ('33) 137-43. — Entladeverzug im inhomogenen elektr. Feld b. kleinen Schlagweiten: 377-83. — Spaltfunkenstrecke als Schaltorgan: **28** ('34) 586-93. — Entladeverzug in Öl b. kleinen Schlagweiten: 671-88. — Verlauf v. Wanderwellen in elektr. Maschinen u. deren Schutz b. Anschluß an Freileitungen²): **29** ('35) 702-21. — Z. Frage d. Koronadämpfg. v. Wanderwellen: **31** ('37) 338-42.

Arch. techn. Messen. Elektr. Kurzzeitmessg.³): V 142-2 ('33) 1-4. — Elektrodenformen f. Durchschlagsprüfungen: J 831-3 ('35) 1-4. — Aufnahme v. Potentialfeldern im elektrolyt. Trog: V 312-1 ('43) 1-4. — Ausmessg. elektrostat. Felder: V 312-2 ('43) 1-4. — Ausmessg. elektrostat. Felder m. Hilfe v. Sonden: V 312-3 ('43) 1-4. — Opt. Untersuchungen b. Durchschlagsvorgang in Gasen, 1: V 63-3 ('48) 1-4; ~ 2: V 63-4 ('48) 1-4.

Elektrotechn. Z. Üb. d. Aufbauzeit innerhalb d. Entladeverzugs: **59** ('38) 1-7. — Grundlagen d. Stoßspannungstechn.: **63** ('42) 165-69. — Neuere Entwicklg. d. Stoßspannungstechn.: **69** ('48) 110-16. — Die Methoden d. elektr. Feldmessg.: **71** ('50) 229-32. — Best. d. elektr. Durchschlagsspanng. u. Durchschlagsfestigk. v. Isolierstoffen: **74** ('53) 626f.

Jahrb. drahtl. Telegr. Über Steuerung m. Eisendrosseln: **29** ('27) 10-20 [Diss.-Ausz.].

Naturwiss. Grundlagen d. elektr. Gasreinigg.: **19** ('31) 626-34. — Entladeverzug in homogenen elektr. Feldern u. Luft v. Atmosphärendruck: **20** ('32) 205f.

Siemens-Z. Ein Glühkathodengleichrichter f. hohe Spannungen: **9** ('29) 448-52, 487-93. — Neuere Messungen an Elektrofiltern: **10** ('30) 286-96.

VDE-Fachber. Üb. einen Wattmeter-Oszillographen: **32** ('27) 116-18. — Fortschritte im Bau v. Hochspannungs-Glühventilröhren: **34** ('29) 119-21.

Wiss. Veröff. Siemens-Konzern. Entladeverzug in homogenen elektr. Feldern u. in Luft v. Atmosphärendruck: **11** ('32) 52-74. — Entladeverzug im gleichförm. Feld b. größeren Schlagweiten: **15** ('36) 1-12. — Aufbauzeit d. Entladeverzugs im Spitzenfelde: 13-31. — Modellversuche z. Wanderwellenübertragg. auf d. Unterspannungswicklg. v. Transformatoren²): 51-67. — Vergleichende Untersuchungen üb. Gleich- u. Wechselspannungskorona an Doppelleitungen: 68-91. — Schlagweitenabhängigk. d. Entladeverzugs in Öl im gleichförm. Feld: **16** ('37) 38-50. — Schlagweitenabhängigk. d. Entladeverzugs in Öl im ungleichförm. Felde: **17** ('38) 38-47. — Entladeverzug in festen Isolierstoffen: **18** ('39) 101-19.

Z. angew. Physik. Über eine Möglichk., die Stoßspannungskennlinienbänder v. Transformatorenöl zu beeinflussen: **3** ('51) 156-59.

Z. Elektrotechn. Einfl. v. Oberwellen in d. Spannungskurve auf d. Koronaverlustleistg. an Drähten: **2** ('49) 73-82. — Stoßspannungsverhalten unterteilter Funkenstrecken im ungleichförm. Feld: **3** ('50) 1-7.

Z. Instrumentenkunde. Der Zeittransformator als Meßgerät d. Hochspannungstechn.: **57** ('37) 65-73.

Z. VDI. Anlagen z. Erzeugg. v. Beschleunigungsfeldern f. atomphysik. Untersuchungen¹): **83** ('39) 939-93, 1061-64, 1083-88.

Mit: ¹) Richard Elsner; ²) Hermann Neuhaus; ³) Max Steenbeck.

Ströher, Wolfgang. Math. — 1945-48 stud., '49 Ass. 2. Inst. f. Geom., '50 Dr. techn. (R. Inzinger), '56 Doz. TH Wien. [Eig. Mitt.] [N.-Österr.
*1925, Febr. 2, Wiener Neustadt/

Elemente Math. Der Kreidekreis: **7** ('52) 132-35.

Mh. Math. [Wien]. Darst. d. Linienelementes sechster Ordng. durch W-Kurven: **56** ('52) 288-303. — Z. projekt. Geom. d. Linienelemente fünfter u. vierter Ordng.: **57** ('53) 19-28.

S.-Ber. Österr. Akad. Wiss. (IIa). Zur projekt. Differentialgeom. ebener Kurven: **160** ('51) 199-207. — Ein gewisser Typus v. Differentialinvarianten d. projektiven u. d. apollon. Gruppe d. Ebene: **164** ('55) 189-216.

Strohbusch, Erwin. Prakt. Schiffbau. — 1923-29 stud., '32 Dr.-Ing. TH Berlin-Charlottenburg (F. Horn); '50 ao. Prof., '57 o. Prof. TU Berlin. [Eig. Mitt.]
*1904, Sept. 8, Berlin.

Schiffbau, Schiffahrt, Hafenbau. Untersuchungen üb. d. Mitstrom v. Schiffsmodellen im Propellerbereich: **33** ('32) 247-51, 266-70, 284-87 [Diss.].

Technik. W. Laas z. 80. Geb.tag: **5** ('50) 114.

Werft, Reederei, Hafen. Plattenreibg.¹): **13** ('32) 125.

Z. VDI. Allg. Tendenzen im Bau v. Handelsschiffen in u. nach d. zweiten Weltkrieg: **93** ('51) 751-55. — Neuere Entwicklungsrichtungen im Entwurf v. Schiffen: 824-30.

Mit: ¹) W. Schmidt.

VI **Strohecker,** Robert. Lebensmittelchem. — 1917-40 Lebensmittelchemiker Städt. Nahrungsmitteluntersu.-Amt Frankf./M., Ass. Inst. Nahrungsmittelchem. U Frankf., '35-37 komm. Dir. u. stellvertr. o. Prof.; '35 Dr. phil. habil. U Frankf.; seit '40 Dir. Städt. Lebensmitteluntersuchungsamt, Inst. f. Lebensmittelchem. Gelsenkirchen-Buer; dazu '43 LAuftr., seit '54 Hon.-Prof. U Münster. [Eig. Mitt.]
*1892, Juli 24, Frankfurt/M.

S. ● Handbuch d. Lebensmittelchem. (Bömer-Juckenack-Tillmans) **1** (Bln '33) 657-77: Anorg. Bestandteile (Mineralstoffe) (m. J. Tillmans); **2**,1 ('33) 111-21: Gefrierpunkt; **3** ('36) 89-115:

Milch; 212-37: Milcherzeugnisse; 423-28: Milchzucker; **5** ('38) 261-97: Teigwaren (m. R. Vaubel); **6** ('34) 110-20: Tee, Tee-Ersatz, Mate u. Colanuß (m. J. Tillmans). — • Chemisch-techn. Untersuchungsmeth. (Jean d'Ans) Erg.-W. **2** [3](Bln '39) 216-50: Trink- u. Brauchwasser.

W. • Taschenbuch f. d. Lebensmittelchem. (m. A. Thiel) (Bln '38) 11 + 173 S.; [2]('47) 15 + 183 S. (Arbeitsmeth. d. modernen Naturwiss.). — • Methoden d. Lebensmittelchem. (Bln '41) 11 + 199 S.; [2]('43); [3]('49) 15 + 208 S. (~).

Angew. Chem. Best. d. Ascorbinsäure (C-Vitamin) nach J. Tillmans durch Titrat. m. 2,6-Dichlorphenolindophenol[18]): **49** ('36) 666-68.

Brot u. Gebäck. Lebensmittelrechtl. Fragen b. Dauerbackwaren: **7** ('53) 109f.

Dtsch. Lebensmittel-Rdsch. Ein neuer Weg z. Ermittlg. d. Angriffslust (Aggressivität) v. Wässern: **1937**, 42f. — Eine auf neuer Grundlage beruhende Meth. z. Best. d. Verdorbenh. v. Fleisch, Fisch u. Fett: 245f. — Gips als saurer Bestandteil v. Backpulver: **44** ('48) 103-05.

Dtsch. Nahrungsmittel-Rdsch. Braune Milch: **1934**, 130.

Fette u. Seifen. Best. d. akt. Sauerstoffs u. d. Anwendg. dieser Meth. f. d. Unters. v. Fetten[18])[17]): **44** ('37) 246-50. — Üb. d. Haltbark. d. l-Ascorbinsäure, insonderheit üb. d. Einwirkg. d. Ascorbinsäure auf Fette u. Fettsäuren[2]): **49** ('42) 351-53. — Vitamin C im Rahmen d. Lebensmittelchem.: **55** ('53) 797-800. — Gedanken z. Lebensmittel-Kontrolle: **59** ('57) 131f.

Gas- u. Wasserfach. Ermittlg. d. kalkaggress. Kohlensäure aus d. Werten f. d. Wasserstoffionenkonzentrat. u. f. d. gebundene Kohlensäure: **80** ('37) 524-26.

Getreide, Mehl Brot. Erfahrungen m. d. Trifructosanmeth. z. Nachw. v. Roggenmehl in Mehlmischungen u. Mischbroten: **3** ('49) 139f.

Milchwissenschaft. Physik. Strukt. d. Trockenmilch: **12** ('57) 227f.

Vorratspflege u. Lebensmittelforsch. Stufenphotometr. Best. d. Milchsäure[13])[6]): **1** ('38) 93-98. — Schnellbest. d. Eigehaltes in Teigwaren durch ein titrimetr. Verf.[18])[8]): 248-54.

Z. analyt. Chem. Stufenphotometr. Best. d. Kieselsäure u. ihre Anwendg. auf Wasser u. Mineralwasser[18])[1]): **103** ('35) 1-12. — Ein neuer Weg z. Ermittlg. d. Angriffslust (Aggressivität) v. Wässern: **107** ('36) 321-28. — Eine auf neuer Grundlage beruhende Meth. z. Best. d. Verdorbenh. v. Fleisch, Fisch u. Fett[18])[10]): **110** ('37) 1-11. — Beitr. z. Kenntn. flücht. Schwefelverbb.[5])[9]): **116** ('39) 385-403. — Löslichk. u. Flüchtigk. v. Aluminium in wäßr. Lösungen bzw. im Wasserdampfstrom: **131** ('50) 334-41. — Oxydat. d. Ascorbinsäure[11]): **133** ('51) 342-46. — Quantitat. Best. d. Ascorbinsäure auf papierchromatogr. Weg[7])[11]): **145** ('55) 401-17.

Z. ges. Getreide-, Mühlen- u. Bäckereiwes. Gehalt d. einzelnen Getreidearten, d. Mehle u. d. Stärke an Kieselsäure[18])[1]): **22** ('35) 131-33.

Z. Lebensmittel-Unters. u. -Forsch. Versuche z. Ausschaltg. fremder reduzierender Stoffe b. d. Best. d. Ascorbinsäure nach Tillmans: **88** ('48) 12-14. — Neue, einf. Meth. z. Best. d. Ascorbinsäure durch Titrat.[16]): **90** ('50) 93-98. — Nachw. v. Stechapfelsamen als gift. Bestandteil in Buchweizenmehl[12]): **95** ('52) 17-23. — Z. Best. d. Ascorbinsäure auf papierchromatogr. Weg[7])[11]): **97** ('53) 263-70.

Z. Unters. Lebensmittel. Best. d. Roggenmehlgehaltes in Mahlprodukten u. Backwaren: **63** ('32) 514-22. — Prüfg. auf Cocos- u. Butterfett: **64** ('32) 392f. — Nachw. d. Dauerpasteurisierg. d. Milch[15]): **65** ('33) 85-95. — Reaktionsverlauf d. Fettverseifg. in alkohol. Lösungen u. seine Bedeutg. f. d. analyt. Beurteilg. d. Fette: **69** ('35) 521-41. — Bildg., Entstehg. u. d. örtl. Vork. v. Vitamin C in pflanzl. Geweben: **70** ('35) 76-81. — Vork. u. Nachw. d. Kieselsäure in versch. Lebensmitteln[18])[1]): 345-53. — Grundlagen d. Best. d. Angriffslust (Aggressivität) v. Wässern[14])[3]): **72** ('36) 299-307. — Stufenphotometr. Best. v. Blei, Kupfer u. Zink mittels Dithizon in Wässern u. Lebensmitteln: **74** ('37) 155-69; ~ [13]): **75** ('38) 43f. — Entsäuern d. Trinkwassers mittels Magnesit: **78** ('39) 184-86. — Haltbark. v. l-Ascorbinsäure (Vitamin C)[4])[19]): **81** ('41) 126-34. — Haltbark. d. l-Ascorbinsäure (Vitamin C)[2]): **83** ('42) 122-31.

Mit: [1]) Kurt Breiwieser; [2]) Edith Buchholz; [3]) Ernst Budenbender; [4]) Anita Busse; [5]) Willibald Diemair; [6]) Julius Haberstock; [7]) Werner Heimann; [8]) Otto Heuser; [9]) Hans Keller; [10]) Helmut Kirchberg; [11]) Franz Matt; [12]) Hans Müller; [13]) Hans Riffart; [14]) Karl Schilling; [15]) Julius Schnerb; [16]) Elmar Sierp; [17]) Alfons Tenner; [18]) Reinhold Vaubel; [19]) Artur Weinreich.

Strohmeier, Walter. Physikal. Chem. — 1943-47 stud. U Würzburg; '48 Dr. rer. nat. U Heidelberg (K. Schäfer); '55 PDoz. U Würzburg; '57-58 wiss. Arb. Radiation Labor. Berkeley, Cal./USA; seit '58 wieder PDoz. U Würzburg. [Eig. Mitt.]
*1919, Dez. 13, Würzburg.

W. • Über d. Zusammenhang zw. Akkomodationskoeffizienten, Relaxationszeit u. Adsorptionsisotherme v. Gasen an festen Oberflächen. Diss. (o. O. '48) 40 S. Masch.schr. autogr. — • Physikalisch-chem. Untersuchungen üb. d. Bindungszustand in metallorg. Verbb. unt. Einbeziehg. d. Lösungsmitteleinfl. Hab.schr. (Würzb. '54) 4 + 137 S. Masch.schr.

Angew. Chem. Keto-Enol-Tautomerie im Gaszustand, 6: Prinzipielle krit. Bemerkungen z. Theorie d. Keto-Enol-Umwandlg. Ergebn. neuerer Messungen üb. Keto-Enol-Gleichgewichte v. β-Diketonen u. deren Temperaturabhängigk. im Gaszustand[1]): **64** ('52) 409-17.

Chem. Ber. Reindarst., Isolierg. u. Löslichkeiten v. Cadmium-, Zink- u. Magnesiumdiphenyl u. v. Magnesiumdiäthyl: **88** ('55) 1218-23. — Löslichkeiten v. Triphenylthallium, -gallium, -indium, -aluminium u. -bor sowie Diphenylquecksilber u. Biphenyl in org. Lösungsmitteln[4]): **90** ('57) 2339-41. — Notiz üb. d. Löslichk. v. Tetraphenylmethan, Tetraphenylsilicium, -germanium, -zinn u. -blei in org. Lösungsmitteln[5]): **91** ('58) 1357f.

Naturwiss. Einfl. einer Wasserstoff-Brückenbindg. auf d. Lichtabsorpt. d. COOH-Gruppe[1]): **33** ('46) 344f.

Z. Elektrochem. Keto-Enol-Tautomerie im Gaszustand, 5: Keto-Enol-Gleichgewichte alkylsubstituierter Azetessigester v. Typus $CH_3COCH[R]COOC_2H_5$ u. $CH_3COOCH_2COO[R]$ im Gaszustand im T-Intervall v. 0°-200°[1])[3]): **56** ('52) 240-48. — Assoziationszustand des HF im Gaszustand, 1: Neue exp. Messungen[1]): **57** ('53) 662-67; ~ 2[1]): 668-73. — Dipolmoment v.

Zinkdiäthyl in Heptan, Benzol u. Dioxan[6]): **59** ('55) 538–42. — Dipolmomente v. Quecksilber-, Cadmium-, Zink- u. Magnesiumdiphenyl in Benzol u. Dioxan: **60** ('56) 58–61. — Elektrolyt. Leitfähigk. v. Quecksilber-, Cadmium-, Zink- u. Magnesiumdiphenyl, gelöst in Heptan, Benzol, Dioxan u. Äther: 396–400. — Dipolmoment zw. gelösten metallorg. Verbb. u. org. Lösungsmittelmolekülen m. Elektronendonatoreigenschaften[4]): 1111–14. — Löslichk. v. Chlorwasserstoff in org. Verbb. D. relat. Stärke d. bas. Eigenschaften v. aromat. Verbb. u. Äthern[2]): **61** ('57) 549–55. — Dipolmoment u. Elektronenakzeptorstärke d. Metalle d. 3. Gruppe in metallorg. Verbb.[4]): 1010–14. — Einfl. d. Substituenten R auf d. Elektronenakzeptorstärke d. Metalles Me in Verbb. MeR_x[6]): **62** ('58) 188–91.

Z. Naturforsch. Keto-Enol-Tautomerie im Gaszustand, 2: Best. v. Keto-Enol-Gleichgewichten im Gaszustand b. versch. Temperaturen durch isotherme Destillat. im Hochvakuum[1]): **6b** ('51) 1–6; ∼3: Absorptionsmessungen an Keto-Enol-Gleichgewichten im Gaszustand[1]): 6–8; ∼4: Keto-Enol-Umwandlg. d. Acetylacetons im Gaszustand[3]): **7b** ('52) 184–87; ∼7: Keto-Enol-Gleichgewichte cycl. β-Ketocarbonsäureester im Gaszustand am Beisp. d. Cyclopentanon-, Cyclohexanon- u. Cycloheptanon-carbonsäureäthylesters[3]): **8b** ('53) 53–57; ∼8: Temperaturabhängigk. d. Keto-Enol-Gleichgewichte v. α-Chlor- u. α-Brom-acetessigester im Gaszustand[1])[3]): 219–24.

Z. physik. Chem. Ist Hydrazin im Gaszustand assoziiert?[1])[7]): **199** ('52) 15–21.

Mit: [1]) Günther Briegleb; [2]) Adolf Echte; [3]) Irmtraud Höhne; [4]) Karlheinz Hümpfner; [5]) Karlheinz Miltenberger; [6]) Karl Nützel; [7]) Horst Scholze.

Strohmeier, Wolfgang Paul. Astron., Geodäsie, Geophysik. — 1932–38 stud., '38 Dr. rer. nat. U Berlin (P. Guthnick); '38–40 Stipendiat Dtsch. Notgemeinsch. am Astrophysik. Observat. Potsdam (H. Ludendorff); '42–48 Ass. Univ.-Sternw. Göttingen (P. ten Bruggencate); '49–53 Observator Bayer. Erdmessungskomm., München; seit '54 Dir. Remeis-Sternw., Bamberg. [Eig. Mitt.]

*1913, Jan. 16, Kassel.

Astron. Nachr. Zwei weitere diffuse Nebel im Monoceros[5]): **275** ('47) 167f. — Doppelfernrohr f. visuelle Photometr.: **279** ('51) 183–85. — Z. Frage d. Existenz d. Baxendell-Nebels NGC 7088[8]): **280** ('52) 254–58.

Kleine Veröff. Remeis-Sternw. Bamberg. Neue veränderl. Sterne[4])[7]): H. **9** ('55) 1–7; ∼[4])[7]): **11** ('55) 1–7; ∼[4]): **13** ('55) 1–8; ∼[4])[7]): **15** ('56) 1–4; ∼[4])[7]): **18** ('57) 1–4; **21** ('58) 1–4; **22** ('58) 1–4; **23** ('58) 1–4.

Mitt. astron. Ges. Wellenlängengesetz d. interstellaren Verfärbg.: **1952**, 23 [auch in: Physik. Verh. **3** ('52) 166].

Naturwiss. Mitte-Rand-Variat. d. Balmerlinien H_α-H_δ auf d. Sonnenscheibe[3])[5])[6]): **35** ('49) 312f.

Veröff. Dtsch. geodät. Komm. Verf. u. Ergebnisse d. Azimutmessungen auf d. Wendelstein: **1952**, H. 3, S. 47f.

Veröff. Erdmessungskomm. (Bayer. Akad. Wiss.). Astron.-geodät. Arb., Polhöhen: H. **13** ('39) 1–48; ∼, Längen: H. **14** ('49) 1–50.

Z. Astrophysik. Spektralphotometr. Unters. an δ-Cephei-Sternen, 1[2]): **13** ('36) 13–24; ∼2[1]): 317–32; ∼3[1]): **14** ('37) 218–26; ∼4: **15** ('38) 85–96; ∼5[1]): **16** ('38) 1–10; ∼6[1]): **17** ('38) 137–47; ∼7[1]): 182–90; ∼8[1]): **19** ('40) 249–68; ∼8a[1]): **21** ('42) 295–306; ∼12: **20** ('41) 278–87; ∼13[1]): **23** ('44) 98f. — Spektralphotometr. Unters. an rotverfärbten Sternen: **17** ('38) 83–128 [Diss.]. — Spektr. d. Super-Nova 144, 1937 CVn v. 31. Aug. bis 7. Sept. 1937: **14** ('37) 227f. — Mitte-Rand-Variat. d. Balmerlinien H_α-H_δ auf d. Sonnenscheibe[3])[5])[6]): **26** ('49) 51–78. — Rote Nebel in d. Wintermilchstraße: **27** ('50) 49–55. — Photometrie d. Präsepe-Umgebg. m. kurzbrennweit. Schmidt-Spiegeln: **31** ('52) 207–17.

Außerdem zahlreiche Veröffentlichungen in: Himmelswelt, Sterne, Sternenwelt.

Mit: [1]) Wilhelm Becker; [2]) Hermann Brück; [3]) Paul ten Bruggencate; [4]) Edward Geyer; [5]) Heinz Gollnow; [6]) Siegfried Günther; [7]) Rudolf Kippenhahn.

II–IV **von Strombeck,** August → VII a/Suppl.

Stromer (von Reichenbach), Karl Heinrich Ernst Wolfgang, Freiherr. Geol. — 1890–92 stud. med. U München, Straßburg; '93–95 stud. rer. nat. U München, Berlin; '95 Dr. rer. nat. U München (K. v. Zittel); '97 Konservator Geol.-Mineral. Reichsmus. Leiden; 1901 PDoz., '08 ao. Prof., '21 Hon.-Prof. U München; zugl. '19 Ass., '20 Hauptkonservator, '28 Abt.Leiter, '30 Abt.Dir. Staatssammlg. f. Paläontol. u. hist. Geol., München; '37 i. R. in München, seit '43 in Grünberg b. Nürnberg. — '42 Eiserne Medaille (Senckenberg. Naturforsch. Ges. Frankfurt/M.).

*1871, Juni 12, Nürnberg;
†1952, Dez. 18, Erlangen.

Biogr. R. Dehm, Paläontol. Z. **30** ('56) 218–20.

Nekr. R. Richter, Natur u. Volk **83** ('53) 136f. (m. Bildn.). — A. Wurm, Jahrb. Bayer. Akad. Wiss. **1953**, 181–85 (m. Bildn.).

S. ● Sammlungen d. Geol. Reichsmus. in Leiden N. F. (K. Martin) **2**, 2 (Leiden 1899) 65–93: Üb. Rhinoceros-Reste im Mus. zu Leiden. — ● Festschr. z. 70. Geb.tag v. R. Hertwig **2** (Jena '10) 613–24: Über d. Gebiß d. Lepidosirenidae u. d. Verbreitg. tertiärer u. mesozoischer Lungenfische. — ● E. Kaiser, Die Diamantenwüste Südwest-Afrikas **2** (Bln '26) 107–53: Reste Land u. Süßwasser bewohnender Wirbeltiere aus d. Diamantfeldern Dtsch.-Südwestafrikas.

W. ● Die Geol. d. dtsch. Schutzgebiete in Afrika. Diss. (Münch. 1896) 8 + 203 S. — ● Die Wirbel d. Landraubtiere. Hab.schr. (Stuttg. 1902) 276 S. (Zoologica 36). — ● Lehrbuch d. Paläozool. **1**: Wirbellose Tiere (Lpz. '09) 10 + 342 S.; **2**: Wirbeltiere ('12) 8 + 325 S. (Naturwiss. u. Techn. in Lehre u. Forschg.). — ● Ergebnisse d. Forschungsreisen Prof. E. Stromers in d. Wüsten Ägyptens **1**: Die Topogr. u. Geol. d. Strecke Gharaq-Baharîje nebst Ausführungen üb. d. geol. Gesch. Ägyptens (Münch. '14) 78 S. (Abh. Bayer. Akad. Wiss.

26, 11); **2**: Wirbeltier-Reste d. Baharîje-Stufe (unterstes Cenoman), 1: Einleitg., ~ 2: Libycosuchus ('14) 16 S. (~ 27, 3); ~ 3: Das Original d. Theropoden Spinosaurus aegyptiacus nov. gen., nov. spec. ('15) 32 S. (~ 28, 3); ~ 4: Die Säge d. Pristiden Onchopristis numidus Haug sp. u. üb. d. Sägen d. Sägehaie ('17) 28 S. (~ 28, 8); ~ 7: Stomatosuchus inermis Stromer, ein schwach bezahnter Krokodilier ('25) S. 1-9 (~ 30, 6); ~ 8: Ein Skelettrest d. Pristiden Onchopristis numidus Haug sp. ('25) S. 10-22 (~ 30, 6); ~ 9: Die Plagiostomen, m. einem Anhang üb. käno- u. mesozoische Rückenflossenstacheln v. Elasmobranchiern ('27) 64 S. (~ 31, 5); ~ 10: Ein Skelett-Rest v. Carcharodontosaurus nov. gen. ('31) 23 S. (N. F. 9); ~ 11: Sauropoda ('32) 21 S. (~ N. F. 10); ~ 12: Die procölen Crocodilia ('33) 55 S. (~ N. F. 15); ~ 13: Dinosauria ('34) 79 S. (~ N. F. 22); ~ 14: Testudinata ('34) 26 S. (~ N. F. 25); ~ 15: Plesiosauria ('35) 55 S. (~ N. F. 26); **4**: Die fossilen Floren Ägyptens, 1-3 (m. R. Kräusel) ('25) 48 S. (~ 30, 2 u. 3); ~ 4: Der Erhaltungszustand u. d. Entstehg. d. Kieselhölzer Ägyptens (m. H. Kraut, M. Storz) ('33) 52 S. (~ N. F. 16); **6**: Beschreibg. v. Wirbeltier-Resten aus d. nub. Sandsteine Oberägyptens u. aus ägypt. Phosphaten nebst Bemerkungen üb. d. Geol. d. Umgegend v. Mahamîd in Oberägypten (m. W. Weiler) ('30) 42 S. (~ N. F. 7); **7**: Baharîje-Kessel u. -Stufe m. deren Fauna u. Flora ('36) 102 S. (~ N. F. 33). — ● Das Leben u. seine Entwicklg. (m. C. Schäffer, W. Gothan) (Bln '26) 11 + 563 S. (Natur u. Mensch 2). — ● Wirbeltiere im obermiocänen Flinz Münchens (Münch. '28) 71 S. (Abh. Bayer. Akad. Wiss. 32, 1). — ● Der Nachw. fossilführenden, untersten Pliocäns in München nebst Ausführungen üb. d. Abgrenzg. d. Pliocänstufe (Münch. '37) 20 S. (~ N. F. 42). — ● Huftier-Reste aus d. unterstpliocänen Flinzsande Münchens (Münch. '38) 40 S. (~ N. F. 44). — ● Die jungtertiäre Fauna d. Flinzes u. d. Schweiß-Sandes v. München (Münch. '40) 102 S. (~ N. F. 48). — ● Gesicherte Ergebnisse d. Paläozool. (Münch. '44) **114** S. (~ N. F. 54).

Abh. naturhist. Ges. Nürnberg. Die Pflege d. Naturwissenschaften in Nürnberg v. Ausgang d. Mittelalters an bis z. Gegenwart: **22** ('27) 231-40.

Abh. Senckenberg. naturforsch. Ges. Geogr. u. geol. Beobachtungen im Uadi Natrûn u. Uadi Fâregh in Ägypten: **29**, 2 ('07) 67-96. — Fossile Wirbeltierreste aus d. Uadi Fâregh u. Uadi Natrûn in Ägypten: 97-132. — Geol. Beobachtungen im Fajûm u. am unteren Niltale in Ägypten: 133-48.

Anthropol. Anz. Das geol. Alter d. Gattg. Homo im Vergl. zu dem anderer mitteleurop. Säugetiergattungen: **15** ('39) 282-84.

Beitr. Paläontol. u. Geol. Österr.-Ungarn u. Orient. Fischreste d. mittleren u. oberen Eocäns v. Ägypten, 1: Selachier, A: Myliobatiden u. Pristiden: **18** ('05) 37-58; 2 A: Ganoidei: 163-92.

Fortschr. naturwiss. Forsch. Neue Forschungen üb. fossile lungenatmende Meeresbewohner: **2** ('11) 83-114.

Geognost. Jh. Ein Aceratherium-Schädel aus d. Dinotheriensand v. Niederbayern: **15** ('02) 57-63.

Geogr. Z. Methoden paläogeogr. Forschg., erläutert an d. Beisp. einstiger Landverbindungen d. afrikan. Festlandes: **26** ('20) 287-95.

Naturwiss. Wschr. Die Rückbildg. d. Hüftbeine b. Seekühen: N. F. **20** ('21) 411-13.

Neues Jahrb. Mineral., Geol. Paläontol., Beil.-Bd (B). Krit. Betrachtungen, 1: D. „Wüstenfisch" Ceratodus Ag. 1838 u. seine meso- u. känozoischen Verwandten: **80** ('38) 248-63.

Paläontol. Z. Üb. d. nord. Entstehungszentrum nichtmariner Wirbeltiere: **17** ('35) 9-20. — Methodologisches z. Paläontol.: 21-27.

S.-Ber. Bayer. Akad. Wiss. Bemerkungen üb. d. ältesten bekannten Wirbeltier-Reste: **1920** ('21) 9-20. — Mitteilungen üb. Wirbeltierreste aus d. Mittelpliocän d. Natrontales (Ägypten): 345-70. — Unters. d. Hüftbeine u. Hüftgelenke v. Sirenia u. Archaeoceti: **1921**, 41-59. — Erste Mitt. üb. tertiäre Wirbeltier-Reste aus Dtsch.-Südwestafrika: 331-40. — Ergebnisse d. Bearbeitg. mitteltertiärer Wirbeltier-Reste aus Dtsch.-Südwestafrika: **1923**, 253-70. — Üb. d. ältesten bekannten Wirbeltier-Reste, bes. üb. d. Anaspida: **1926**, 83-104. — Neues üb. d. ältesten u. primitivsten Wirbeltiere, bes. d. Anaspida: **1930**, 107-21. — Palaeothentoides africanus, nov. gen., nov. spec., ein erstes Beuteltier aus Afrika: **1931** ('32) 177-90. — Reste Süßwasser u. Land bewohnender Wirbeltiere aus d. Diamantfeldern Klein-Namaqualandes: **1932**, 17-47.

Verh. Dtsch. zool. Ges. Über d. Bedeutg. d. fossilen Wirbeltiere Afrikas f. d. Tiergeogr.: **16** ('06) 204-18.

Zbl. Mineral. Ein Beitr. zu d. Gesetzen d. Wüstenbildg.: **1903**, 1-5. — Bemerkungen üb. Protozoen: **1906**, 225-31. — Üb. Relikten im indopacif. Geb.: **1910**, 798-802. — Die ersten fossilen Reptilreste aus Dtsch.-Südwestafrika u. ihre geol. Bedeutg.: **1914**, 530-41. — R. Markgraf†. Seine Bedeutg. f. d. Erforschg. d. Wirbeltierpaläontol. Ägyptens: **1916**, 287f.

Zbl. Mineral. (B). Fossilführendes Pliocän in Südbayern[1]): **1929**, 307-14. — Beachtenswerte Lücken in d. Kenntnis mesozoischer u. tertiärer Land u. Süßwasser bewohnender Wirbeltiere: **1931**, 288-96. — D. Zähne d. Compsognathus u. Bemerkungen üb. d. Gebiß d. Theropoda: **1934**, 74-85. — Krit. Betrachtungen, 2: Der Urvogel Archaeopteryx u. d. Schädlichk. d. strengen Durchführg. d. Priorität in d. Nomenklatur: **1939**, 191-200; ~ 3: D. Lückenhaftigk. d. Fossilüberlieferg. u. unserer derzeit. Kenntnisse sowie d. Folgerungen daraus, 1: Dauernde Wissenslücken: **1940**, 262-76; ≈ 2: Derzeit. Wissenslücken: **1941**, 1-23. — Paläozool.: **1942**, 97-104.

Z. Dtsch. geol. Ges. (A). Wirbeltierreste aus d. Mittelpliocän d. Natrontales (Ägypten): **65** ('13) 350-72. — D. Entdeckg. u. d. Bedeutg. d. Land u. Süßwasser bewohnenden Wirbeltiere im Tertiär u. in d. Kreide Ägyptens: **68** ('16) 397-425. — Üb. rezente u. triass. Gebisse v. Ceratodontidae[2]): **69** ('17) 1-17. — D. Rückgang d. Ganoidfische v. d. Kreidezeit an: **77** ('25) 348-71. — Üb. Wüsten u. Urwüsten nebst Bemerkungen üb. Aktualismus: **85** ('33) 151-55.

Z. Dtsch. geol. Ges. Molukkenkrebse: **59** ('07) Mber., 187-89. — Reptilien- u. Fischreste aus d. marinen Alttertiär v. Südtogo (Westafrika): **62** ('10) Mber., 478-507. — Mitteilungen üb. Wirbeltierreste aus d. Mittelpliozän d. Natrontales (Ägypten): **65** ('13) Abh., 350-72; **66** ('14) Abh., 1-33; Mber., 420-25.

Weitere Veröff. in geol. u. paläontol. Fachzeitschriften.

Mit: [1]) Clemens Lebling; [2]) Bernhard Peyer.

II **Stromeyer**, Friedrich → VIIa/Suppl.

VI **Strubecker,** Karl Georg. Math. — 1935 PDoz. U Wien; '39 pl. ao. Prof. TH u. U Wien; '42–45 o. Prof. U Straßburg; seit '47 o. Prof. TH Karlsruhe. [Eig. Mitt.] [Ybbs/N.-Österr. *1904, Aug. 8, Groß-Hollenstein a. d.

Bildn. in: ● Techn. Hochsch. Fridericiana Karlsruhe (Karlsr. '50) 101.

S. ● Verh. Int. Math.-Kongr., Zürich 1932 **2** (Zürich '32) 174f.: Dreiecksnetze aus Kreisen u. Parabeln gleicher Achsenrichtg. — ● Ber. Math.-Tagg., Tübingen 1946 (Tüb. '47) 136–39: Flächen, deren Asymptotenlinien beider Scharen linearen Komplexen angehören. — ● Atti 4. Congr. Unione mat. Ital., Taormina 1951 **2** (Roma '53) 441–45: Le superficie, le cui asintotiche dei due sistemi appartengono a complessi lineari. — ● Atti Convegno Geom. differenziale (Roma '54) 10 S.: Alcune applicazioni della geom. differenziale dello spazio isotropo. — ● Proc. Int. Congr. Math., Amsterdam 1954 (Amsterdam '56) 258–60: Minimalflächen d. isotropen Raumes.

W. ● Differentialgeometrie **1**: Kurventheorie d. Ebene u. d. Raumes (Bln '55) 150 S. (Slg. Göschen 1113/1113a); **2**: Theorie d. Flächenmetrik ('58) 192 S. (~ 1179/1179a); **3**: Theorie d. Flächenkrümmg. ('59) 254 S. (~ 1180/1180a). — (Bearb.) ● G. Scheffers, Wie findet u. zeichnet man Gradnetze v. Land- u. Sternkarten? ²(Stuttgart '56) 114 S. (Math.-physik. Bibl. R. 1, 85/86). — ● Einführung in d. Höhere Math. **1**: Grundlagen (Münch. '56) 15 + 821 S. — ● Vorlesungen üb. darst. Geom. (Gött. '58) 9 + 324 S. (Studia math. 12). — ● Casi limiti di Geometrie Non-Euclidee (Roma '58) 60 S. (Istit. Mat. Univ. Roma).

Abh. math. Sem. Univ. Hamburg. Uneigentl. Affinsphären: **21** ('57) 99–103.

Anz. Akad. Wiss. Wien. Liesche Abbildungen d. Linienelem. d. Ebene auf d. Punkte d. Raumes: **71** ('34) 316–18. — Flächen, deren Asymptotenlinien beider Scharen linearen Komplexen angehören: **78** ('41) 90–94.

Arch. Math. Graph. Integrat. d. linearen Differentialgleichg. n. Ordng. $(a_n D+1)(a_{n-1} D+1) \ldots (a_1 D+1) y = s(x)$: **1** ('48) 65–72. — Äquiforme Geom. d. isotropen Ebene: **3** ('52) 145–53. — Üb. Potentialflächen: **5** ('54) 32–38. — Vektoranalysis auf Flächen: **9** ('58) 123–27.

Bull. math. Soc. Roumaine Sci. Flächentreue Abbildungen d. Ebene: **44** ('42) 59–70.

C. R. Inst. Sci. Roumanie. Eulersche Transformat.: **3** ('39) 1–6.

Dtsch. Math. Z. Cauchyschen Probl. d. Differentialgleichg. $rt - s^2 = K.$: **6** ('42) 507–24. — Ernst Aug. Weiss†: **7** ('43) 254–98.

Dtsch. Univ.-Ztg. [Göttingen]. Die Entwicklg. d. Zahlenrechnens: **13** ('58) 457–63.

Elemente Math. Kinematik, Liesche Kreisgeom. u. Geraden-Kugel-Transformat.: **8** ('53) 4–13. — Üb. d. Hüllkurven v. Keplerbahnen fester Energie, welche eine feste Keplerbahn berühren: **10** ('55) 81–86.

Jber. Dtsch. Math. Ver. Lösg. einer Aufg. v. H. Liebmann: **43** ('33) *29*f. — Geom. sphär. Kurvenscharen: **44** ('34) 184–98 [Hab.schr.]. — Stellg. d. Aufg. 263 üb. eine Konstrukt. d. Asymptotenlinien auf Regelflächen 3. Ordng.: **48** ('38) *1*. — Eine Anwendg. d. Studyschen Übertragungsprinzips auf Mech.: *16–18*. — Die Geom. d. isotropen Raumes u. einige seiner Anwendungen: 236–57. — Komplexe Geom. u. aufrechte Ellipsenbewegg.: **50** ('40) 43–58. — Überblick üb. d. Differentialgeom. d. isotropen Raumes: **54** ('51) *34*. — Kinematik, Liesche Kreisgeom. u. Geraden-Kugel-Transformat.: **56** ('52) *13*.

J. reine u. angew. Math. Über eine Kreisfigur: **169** ('32) 79–86. — Geom. d. isotropen Raumes: **178** ('38) 135–73. — Paratakt. Abbildungen d. Flächenelem. d. isotropen Raumes auf Punktepaare d. Ebene: **186** ('45) 129–64. — Transformationstheorie d. quadrat. Linienkomplexe [(11) (22)], 1: **193** ('54) 209–38; ~ 2: **194** ('55) 1–20.

Mathematica [Cluj]. Transformationstheorie d. Komplexe [(11) (112)]: **15** ('39) 135–56.

Math. Nachr. Monofokale Kegelschnitte: **4** ('50) 36–46. — Schraubflächen m. sphär. oder ebenen Krümmungslinien: **19** ('58) 176–81.

Math. u. naturwiss. Unterr. Rechnen m. ungenauen Zahlen: **11** ('58) 226.

Math.-physik. Semester-Ber. Erlanger Programm u. Differentialgeom.: **2** ('52) 263–78.

Math. Z. Studysches Übertragungsprinzip u. Motorrechng.: **44** ('38) 1–19. — Differentialgeom. d. isotropen Raumes, 2: **47** ('42) 743–77; ~ 3: **48** ('42) 369–427; ~ 4: **50** ('44) 1–92; ~ 5: **51** ('49) 525–73. — Flächen, deren Asymptotenlinien beider Scharen linearen Komplexen angehören: **52** ('49) 401–35.

Mat. T. (B). Ellipt. Schraubungen u. nichteuklid. Loxodromen: **1951,** 71–76.

Mh. Math. u. Physik [Wien]. Eine Klasse spezieller Dreiecksnetze aus Kreisen: **39** ('32) 395–98. — Z. Möbius-Involut. d. Ebene: **41** ('34) 439–44. — Liesche Abbildungen d. Linienelem. d. Ebene auf d. Punkte d. Raumes: **42** ('35) 309–76. — Flächen m. zweigliedr. nichteuklid. Bewegungsgruppe: **44** ('36) 51–59. — Gruppentheoret. Begründg. d. Lieschen Deutg. d. Flächenelem. (x, y, z, p, q) d. R_3 als Punkte d. R_5: 295–306. — Z. Infinitesimalgeom. Pfaffscher Mannigfaltigkeiten: **46** ('38) 233–47. — Direkte Herleitg. d. Darst. d. Bewegungen d. Ebene durch Studysche Quaternionen: **47** ('39) 213–16. — Üb. Komplexflächen b. euklid. Schraubungen: **62** ('58) 297–323.

Mitt. math. Labor. TH Wien. Prof. Dr. Th. Pöschl†: **1955,** 133f.

Nachr. Österr. math. Ges. Einige Anwendungen d. Differentialgeom. d. isotropen Raumes: **3** ('49) H. 8/9, 30f. — Äquiforme Geometrie d. isotropen Ebene: **6** ('52) H. 21/22, S. 50. — Euklid. Schraubg. u. Liniengeom.: **8** ('54) H. 33/34, 69f.

Naturwiss. Rdsch. Entwicklungslinien d. Elementargeom.: **5** ('52) 177–80. — Math. Denken u. exakte Naturbeschreibg.: **9** ('56) 261–66.

Physik. Bl. Bernh. Riemanns Habilitationsvorlesg.: **10** ('54) 296–313. — Carl Friedrich Gauß z. 100. Todestag: **11** ('55) 241–50. — Adam Riese (1492–1559): **15** ('59) 112–20. — Math. als Hilfsmittel d. modernen Erfahrungswissenschaften: **16** ('60) 156–63.

Pyramide. Math. u. Wirklichk.: **4** ('55) 122–31. — Quadratur d. Kreises: **5** ('56) 108–10.

S.-Ber. Akad. Wiss. Wien (IIa). Rhomb. Netze aus Geraden u. Kreisen: **141** ('32) 33–39. — Konstruktionen in d. Laguerre-Geom.: **143** ('34)

233-65. — Zirkulare quadrat. Komplexe: **145** ('36) 657-80. — Z. Theorie d. zirkularen quadrat. Komplexe: **147** ('38) 37-47. — Beitr. z. Pohlke-Satz: **148** ('39) 107-10. — Differentialgeom. d. isotropen Raumes, 1: **150** ('41) 1-53.

S.-Ber. Bayer. Akad. Wiss. Über d. Flächen, deren Asymptotenlinien ein Quasi-Rückungsnetz bilden: **1952**, Abh. 12, 103-10.

Schr.-R. Inst. Math. Dtsch. Akad. Wiss. Differentialgeom. isotroper Mannigfaltigk.: H. **1** ('57) 143-55.

Scientia [Asso]. Einige neuere Entwicklungen in d. Math.: **54** ('60) 1-8.

Universitas. Wahrh. u. Irrtum in d. Math.: **8** ('53) 47-54. — D. Unendliche in math. Sicht: **9** ('54) 665-72. — Was ist ein vierdimensionaler Raum?: **14** ('59) 961-70.

Z. angew. Math. u. Mech. Geom. d. Korbbögen: **18** ('38) 148f. — Satz üb. perspektiv.-konjugierte Krümmungsradien: 150.

Strughold, Hubertus. Physiol. — 1919-23 stud. U Münster, Göttingen, München, Würzburg; '23 Dr. phil. U Münster (R. Rosemann); '25 Dr. med., '27 PDoz., '33 ao. Prof. U Würzburg; '36 ao. Prof. U Berlin; '46 o. Prof. U Heidelberg; '49 U. S. Air Force Air Univ., Maxwell Air Force Base Ala, U. S. Air Force School of Aviation Med., Randolph Field, Texas. [Ohne eig. Mitt.]
*1898, Juni 15, Westtünnen/Westf.

Kurzbiogr. Jahrb. Dtsch. Akad. Luftfahrtforsch. **1.** 1937/38 ('38) 144; **2.** 1938/39 ('39) 48.

Zum 60. Geb.tag. H. Oberdorf, Westfalenspiegel **1958**, H. 6, 33.

Bibliogr. Jahrb. Dtsch. Akad. Luftfahrtforsch. **2.** 1938/39 ('39) 130-32.

MHZ. Luftfahrtmedizin **1** ('36/37)-**9** ('44/45).

S. ● Sportmedizin u. Olymp. Spiele (Lpz. '36) 58-60: Luftfahrtmed. — ● 2. Int. Sportärztekongr., Berlin 1936, Verh.-Ber. (Bln '37) 212-15: Luftfahrtmed. Forschg. — ● Schr. Dtsch. Akad. Luftfahrtforsch. **28** (Münch.-Bln '40): Erscheinungen d. Höhenwirkg. im Filmbild; N. F. **7**, 2 ('43): Röntgenkinematogr. im Dienste d. physiol. Beschleunigungsforschungen (m. O. Gauer).

W. ● Grundriß d. Luftfahrtmed. (m. S. Ruff) (Lpz. '39) 8 + 190 S.; [2]('44); [3](Münch. '57) 263 S. — ● Atlas d. Luftfahrtmed. (m. S. Ruff) (Lpz. '42) 8 + 100 Taf.

Aeronaut. Engng. Rev. Interrelations of space medicine with other fields of science: **17** ('58) 30-32, 37.

Amer. J. Physiol. Direkteffekt v. temporärer Anoxämie auf d. systol. u. diastol. Herzgröße b. konst. Rhythmus: **90** ('29) 532f. — Mech. threshold of the cornea-reflex of the usual laboratory animals: **94** ('30) 235-40. — Cinematogr. study of systolic and diastolic heart size with special reference to the effects of anoxemia[16]): 641-55.

Ber. ges. Physiol. Kopfstellg. u. Patellarreflex: **81** ('34/35) 385f.

Dtsch. med. Wschr. Med. Probleme in d. Substratosphäre: **65** ('39) 281-85.

Dtsch. Militärarzt. Aufgaben d. Luftfahrtmed. im Lichte d. techn. Entwicklg. d. Luftfahrt: **1** ('36) 29-36. — D. animal. Nervensyst. in großen Höhen: **2** ('37) 71-78. — Gliederg. d. biol. Höhenwirkg. nach prakt. quantitat. Richtlinien: 376-78.

Hoppe-Seylers Z. physiol. Chem. Ist d. Thrombin ein proteolyt. Ferment?[17]): **223** ('34) 267-80.

Int. Rec. Med. Gen. Practice Clin. Physiologic day-night cycle after long distance flights: **168** ('55) 576-79.

J. Aviat. Med. Human time factor in flight, 2: Chains of latencies in vision: **22** ('51) 100-08. — Motoric responses of the eyes when exposed to light flashes of high intensities and short duration[3]): **24** ('53) 200-07. — Comparative ecological study of the chem. of the planetary atmospheres: 393-99. — Time consumpt. of eye movements and high-speed flying[3]): **25** ('54) 38-45. — Hypoxia, hypoxidosis, hypoxidation, hibernation, apparent death, and suspended animation: 113-22. — Atmospheric space equivalence: 420-24. — The ecosphere of the sun: **26** ('55) 323-28. — Sensomotor performance during weightlessness. Eye-hand coordinat.[3])[18]): **28** ('57) 7-12.

Klin. Wschr. Ableitg. d. Gehirnaktionsströme, eine Meth. z. Unters. d. Höhenkrankh.[9])[12]): **21** ('42) 5-8.

Luftfahrtmed. Abh. Geschichtliches z. Luftfahrtmed.: **1** ('36) 16-22. — Das Zentralnervensyst. u. d. Sinnesorgane in großen Höhen: 58-64. — Z. Frage d. Höhenkrämpfe: 181f. — Z. Frage d. Vereinheitlichg. v. Benennungen u. Meth. in d. Luftfahrtmed.: 286-90. — Das Herz b. Sauerstoffmangel unt. kontrollierten Kreislaufbedingungen: **2** ('38) 36-43. — Atmg. u. Wirkstoffe: 192-97.

Luftfahrtmedizin. Friedr. Nolteniusᵻ: **1** ('36/37) 49. — Höhenwirkg. im Lichte nervenphysiol. Betrachtg.: **2** ('37/38) 210-22. — Zeitreserve nach Unterbrechg. d. Sauerstoffatmg. in großen Höhen: **3** ('38/39) 55-63; ~ 2: **5** ('41) 66-75. — Chem. u. mech. Seite d. Höhenwirkg., gezeigt am Verhalten d. Flamme: **4** ('39/40) 25-30. — Üb. Veränderungen d. Gehirnaktionsströme im akuten Sauerstoffmangel[9])[12]): **5** ('40/41) 161-83. — Fallschirmabsprung u. Zeitreserve in großen Höhen[2])[11])[12]): **6** ('41/42) 340-55.

Luftwissen. Modellvers. d. Höhenwirkg.: **6** ('39) 278f. — Physiol. Wirkg. großer Höhen: **7** ('40) 269-76. — Neue Ergebn. u. Probleme d. med. Stratosphärenforschg.: **9** ('42) 177-81.

Med. Welt. Aufgaben d. Luftfahrtmed. innerhalb d. dtsch. Luftwaffe: **9** ('35) 1599-1601. — Z. Frage d. Höhenumstellg.: **11** ('37) 1712-15.

Nervenarzt. Reflexe, betrachtet nach ihrer funktionellen Bedeutg.: **1** ('28) 470-78.

Schr. Univ. Heidelberg. Bedeutg. d. Sauerstoffs f. d. Leben: **3** ('48) 86-95.

Verh. physik.-med. Ges. Würzburg. Spezif. Empfänger d. Kaltempfindg.: **51** ('26) 31-44. — Refraktärphasen d. Patellarreflexes: 94-101. — Kinokardiogramm: **55** ('31) 195-205.

Vjschr. Zahnheilkunde. Üb. die v. d. Zähnen auslösb. Reflexe, 1: Störungen d. Atmg.[10]): **44** ('28) 472-77.

Wiener klin. Wschr. Biol. Höhenwirkg. v. Standpunkte d. Luftfahrt: **52** ('39) 857-60.

Z. Biol. Wirkg. d. Kampfstoffe „Diphenylarsinchlorid (Blaukreuzstoff) u. Äthylarsin-dichlorid" auf d. Haut d. Menschen: **78** ('23) 195-230 [Phil. Diss.]. — Dichte u. Schwellen d. Schmerzpunkte

d. Epidermis in d. versch. Körperregionen: **80** ('24) 367-80 [Med. Diss.]. — Beziehungen zw. d. Raumschwellen u. d. Verteilg. d. Druckpunkte auf d. Haut d. Menschen: **82** ('24) 249-64. — Z. Frage d. tiefen Drucksinns[14])[1]): 359-77. — Untersuchungen üb. d. Raumschwellen d. Warmempfindg.[14]): 553-68. — Topogr. d. Kältesinnes auf Cornea u. Conjunctiva[8]): **83** ('25) 189-200. — Schwellen d. Kältesinnes am Auge, best. m. Reizen v. kleiner Fläche u. geringer Wärmekapazität: 201-06. — Dichte d. Kaltpunkte im Lidspaltenbereiche d. Auges[8]): 207-12. — Vitale Färbg. d. Auges u. exp. Unters. d. gefärbten Nervenelemente[8]): 297-308. — Topogr. d. Kältesinnes in d. Mundhöhle: 515-34. — Üb. die d. Nasen- u. Rachenschleimhaut eigentüml. Empfindungsqualitäten[15]): **84** ('26) 193-206. — Verhalten d. Horn- u. Bindehaut d. menschl. Auges gegen Wärmereize: 311-20. — Weitere Unters. üb. d. Verhalten v. Hornhaut u. Bindehaut d. menschl. Auges gegen Berührungsreize[1]): 321-34. — Z. Kenntn. d. Refraktärphasen d. menschl. Rückenmarkes: **85** ('26) 453-70 [Hab.schr.]. — Z. Frage d. Oscillationsfrequenz d. willkürl. Innervat.[6]): 599-603. — Ist d. Drucksinn einheitl. od. zwiespält.?[1]): **86** ('27) 181-86. — Z. Frage d. tiefen Drucksinnes[1])[4]): 227-30. — Simultanschwellen d. Kaltempfindg.[14]): **87** ('28) 599-609. — Z. Kenntn. d. Refraktärphasen d. Eigenreflexe b. gesunden Menschen, 1: Einfl. d. Atembewegg. auf d. Patellar- u. Achillesreflex: **88** ('28) 346-62; ∼ 2: Patellar- u. Achillesreflex b. willkürl. Hyperventilat. d. Lungen[7]): **94** ('33) 150-58; ∼ 3: Patellar- u. Achillesreflex b. akuter exp. Dyspnoe[5]): **95** ('34) 588-98. — Dichte d. Kaltpunkte auf d. Haut d. menschl. Körpers[13]): **91** ('31) 563-71.

Zbl. ges. Ophthalmol. Sensibilität d. Horn- u. Bindehaut d. norm. menschl. Auges: **19** ('28) 353-68.

Z. Flugtechn. u. Motorluftsch. Flugphysiol. Studien, 1: Tastsinn b. niedr. Sauerstoffdruck: **20** ('29) 387-90; ∼ 2: Sauerstoffmangel u. d. Feinh. d. Wahrnehmg. d. Gliederbewegg.: **21** ('30) 226-28; ∼ 3: Kinematogr. Studie d. Herzgrößen b. Sauerstoffmangel: 645-48.

Mit: [1]) Max v. Frey; [2]) Otto Gauer; [3]) S. J. Gerathewohl; [4]) J. Grundig; [5]) Fr. Hangen; [6]) Paul Hoffmann; [7]) H. Jörg; [8]) M. Karbe; [9]) A. E. Kornmüller; [10]) Münch; [11]) Erich Opitz; [12]) Franz Palme; [13]) R. Porz; [14]) Hermann Rein; [15]) Hans Schriever; [16]) H. D. B. Shaw; [17]) Edgar Wöhlisch; [18]) H. D. Stallings.

V, VI **Strunz,** Franz. Gesch. d. Naturwiss. — 1914-38 ao. Prof. TH Wien; '38 i. R.; '47 ao. Prof. m. LKanzel i. R.— '42 Paracelsus-Plakette (Stadt Villach); '50 Preis d. Stadt Wien f. Volksbildg.; '52 Ehrenpräsident d. Int. Paracelsus-Ges. (Salzburg). [Eig. Mitt.]
*1875, Nov. 15, Eger;
†1953, März 28, Wien.

Zur Biogr. ● Paul Rudolf Strunz, Familiengesch. Strunz (Eisenberg/Thür. '41) 72 S.

Nekr. G. Wagner, Österr. Chemiker-Ztg. **54** ('53) 188f.

MH. ● Theophrastus Paracelsus 1493-1541. Festschr. (Salzb. '41).

S. ● Die Techn. Hochschule Wien (Küssnacht-Düsseld. '31) 55-57: Lehrkanzel f. Gesch. d. Naturwiss. — ● Von deutscher Art in Sprache u. Dichtg. (G. Fricke, F. Koch, K. Lugowski) **3** (Stuttg.-Bln '41) 97-146: Theophrast v. Hohenheim, genannt Paracelsus. — ● Festschr. anläßl. d. 950-Jahr-Feier d. Geltg. d. Namens Österreich, 996-1946 (Amstetten '46) 35-48: Österreichs Wiss.

W. ● Theophrastus Paracelsus (Salzb.-Lpz. '37) 240 S. (Dtsch. Geistesgesch. in Einzeldarst. 2).

Ann. Guébhard-Séverine. Les sciences naturelles dans l'œuvre d'Albert le Grand: **8** ('32) 245-63.

Archeion [Rom]. Die Alchemie u. d. alchemist. Weltbild b. Theophrastus: **14** ('32) 76-87, 183-97.

Austria. Dämonen: **8** ('48) 326-32.

Bl. Dtsch. Philos. Zur Lebensgesch. d. Theophrast v. Hohenheim gen. Paracelsus: **6** ('32/33) 337-50.

Chemiker-Ztg. Paracelsus als Naturforscher: **65** ('41) 421-26. — D. Stein d. Weisen. Seine Idee u. seine Gesch.: **66** ('42) 430-61 [auch in: Forsch. u. Fortschr. **20** ('44) 252-55]. — D. alchemist. Idee: **68** ('44) 81-83. — D. legendar. u. d. echte Raymundus Lullus: **69** ('45) 28-32.

Dtsch. Techn. Der Erfinder: **9** ('41) 122-24.

Europa [Salzburg]. Theophrast v. Hohenheim gen. Paracelsus: **1951**, H. 16, 11-17.

Forsch. u. Fortschr. Beda Venerabilis in d. Gesch. d. Naturforschg.: **17** ('41) 23-26. — Friedrich Nietzsche u. seine Stellg. z. Gesch. d. Naturforschg.: 96-98.

Ind. u. Techn. [Wien]. Leonardo da Vinci als Naturforscher u. Techniker: **3** ('48) 1-4. — Techn. als Kultur: 201-04.

Mitt. Gesch. Med., Naturwiss. Techn. Der Erfinder. Seine Idee u. Gesch.: **40** ('41/42) 199-212.

Österr. Chemiker-Ztg. Goethes Beziehungen z. Technol. u. Technik: **35** ('32) 88f. — Theophrastus Paracelsus in d. Gesch. d. Chem.: **37** ('34) 12-14. — Alchem. u. Techn.: **39** ('36) 29. — Edmund O. v. Lippmann. Zu seinem 80. Geb.tage am 9. Jan. 1937: **40** ('37) 61-63.

Österr. Rdsch. Die Biogr. d. Brotes: **1946**, 254-56. — Naturgefühl: 320-23. — Paracelsus in Salzburg: **1947**, 116-21. — 50 Jahre Wiener Urania: 322-24. — Der Schicksalsvogel Kuckuck: **1949**, 50-53.

Pause. Theophrast v. Hohenheim: **6** ('41) H. 9, 4-10, 37-39.

Pflug [Wien]. Aus d. Gesch. d. menschl. Irrtums: D. Astrol.: **1926**, 43-58.

Prakt. Chem. [Wien]. Alchemie u. Techn.: **1** ('50) 126. — Was hat Paracelsus gewollt? Z. Gesch. d. großen chem. Reformen: 246-49.

Scientia [Milano]. Theophrastus Paracelsus: **52** ('33) 149-58. — La technique, problème de culture: **55** ('36) 62-67. — Beda Venerabilis in d. Gesch. d. Naturbetrachtg.: **58** ('39) 57-70.

Sudhoffs Arch. Gesch. Med. u. Naturwiss. Das Heimweh. Zur Psychol. u. Gesch. d. german. Naturgefühls: **32** ('39) 137-54. — Zaubersteine: **33** ('41) 233-48. — Nietzsche u. Paracelsus: **34** ('41) 243-50.

Z. ges. Naturwiss. Alchemie u. Techn. Ein Beitr. z. Gesch. d. Naturwiss.: **1** ('36) 401-10.

Strunz, Karl Hugo. Mineral., Kristallchem. — 1929-37 stud. U München, Manchester, Zürich; '33 Dr. phil.

U München (B. Goßner); '35 Dr. sc. techn. TH München (H. Steinmetz); '35 Vol.Ass. ETH Zürich (P. Niggli); '37 Ass. (P. Ramdohr), '39 Doz. Mineral. u. Petrogr. U Berlin; '46 Doz. Phil.-Theol. H Regensburg; seit '51 o. Prof. TU Berlin. [Eig. Mitt.]

*1910, Febr. 24, Weiden/Bayern.

Nach ihm benannt: Strunzit (Neues Jahrb. Mineral., Mh. **1957**, 223).

HZ. (Schriftl.) Acta Albertina (Regensburger Naturwiss.) **20** ('51) ff.

S. ● Wirtschaft u. Wiss. (Rgsb. '49) 61-69: Kristalle u. ihre Bedeutg. in Natur u. Techn. — ● Das große Bildungswerk (W. Westphal) (Brschw. '54) 509-39: Kristalle, Mineralien, Gesteine.

W. ● Chemische Zusammensetzg. u. Strukt. v. Rhodozit u. Jeremejewit. Kristallchem. u. Geochem. d. Bors. Hab.schr. (Bln '39) 36 S. Priv.dr. — ● Mineralogische Tabellen (Lpz. '41) 9 + 287 S.; ²('49); ³('57) 7 + 448 S. — ● Geologische Übersichtstaf. f. Mitteleuropa (Münch. '47); ²('48). — ● Struktur u. Gestalt (Münch. '48) 16 S. (Ernst-Reinhardt-Bücherreihe). — ● Karte d. nutzbaren Mineralien, Gesteine u. Erden in Bayern (m. Ch. Tennyson) (Essen '52). — ● Mineralien u. Lagerstätten in Ostbayern (Rgsb. '53) 128 S.

Acta Albertina (Regensburger Naturwiss.). Die Mineral. b. Albertus Magnus: **20** ('51/52) 19-39. — Entwurf einer Lagerstättenkarte v. Nordostbayern: 78-80. — Mineralien u. Lagerstätten in Ostbayern. Mineral.-geol. Übersichtsführer: 81-203. — Oberpfälzer Granite u. ihre Zusammensetzg.: **21** ('53/55) 63-69. — Johannes Kepler: Üb. d. hexagonalen Schnee[15]): **22** ('56/58) 7-35. — Zinnober, HgS, und Wölsendorfit, $2[UO_2|(OH)_2]\cdot(Pb, Ca)O$, von Wölsendorf, Opf.: 144.

Acta crystallogr. [Copenhagen]. Ferrokarpholith — Karpholith: **10** ('57) 238.

Aufschluß. Die Phosphat-Paragenese im Hagendorfer Pegmatit: Sonderh. „Die Oberpfalz" ('57) 41-54. — Als Mineraliensammler in Südwestafrika: **9** ('58) 245-47.

Forsch. u. Fortschr. Paul v. Groth zum 100. Geb.tag: **19** ('43) 187f.

Fortschr. Mineral. Kristallstrukt. u. Zwillingsbildg.: **20** ('36) 63. — Klassifikat. d. Silikate: **22** ('37) LIIIf. — Scholzit, eine neue Mineralart: **27** ('48) 31. — Z. Klassifizierg. d. Mineralien auf kristallchem. Grundlage: 32. — Elektronenoptische Unters. v. ZnO, $CaCO_3$, SiO_2, SnO_2, TiO_2 u. MnO_2[7]): 41. — Üb. drei bisher wenig bekannte Phyllosilikate u. üb. d. Klassifizierg. d. silikat. Tonmineralien: **34** ('56) 48. — Tsumeb, seine Erze u. Sekundärmineralien, insb. d. neu aufgeschlossenen zweiten Oxydationszone: **37** ('59) 87-90.

Heidelberger Beitr. Mineral. Petrogr. Übermikroskop. Unters. b. Zinkoxyden[7]): **2** ('49/50) 216-34.

Naturwiss. Gitterkonst. u. Raumgruppe v. Rhodizit u. Jeremejewit: **26** ('38) 217. — Eusynchit, Aräoxen, Pyrobelonit u. Descloizit: **27** ('39) 423. — Identität v. Monit, Zeugit, Spodiosit u. Apatit: 423. — Isotypie zw. $YPO_4\cdot2H_2O$ u. $CaSO_4\cdot2H_2O$: **30** ('42) 64. — Steenstrupin, ein Silikat v. Formeltypus Apatit: 65. — Formel u. syst. Stellg. v. Ekdemit u. Heliophyllit: 89. — Isotypie d. Verbb. $PbK_2(SO_4)_2$ u. $Ca_3(PO_4)_2$: 242. — Plan einer kristallchem. Klassifikat. d. anorg. Verbb.: 243. — Isotypie u. Isomorphie: 526-31. — Isotypie unt. Besetzg. vakanter Gitterorte. $Fe_2^{\cdot\cdot\cdot}(PO_4)_2\cdot4H_2O$ u. $Fe_3^{\cdot\cdot}(PO_4)_2\cdot4H_2O$: 531. — Strukt. v. Rhodizit: **31** ('43) 68. — Beitr. z. Pyrolusitprobl.: 89-91. — Laueit, $MnFe_2^{\cdot\cdot\cdot}[OH|PO_4]_2\cdot8H_2O$, ein neues Mineral: **41** ('54) 256. — Z. Kristallchem. d. wasserreichsten Zeolithes Faujasit: **42** ('55) 485. — Pseudolaueit, ein neues Mineral: **43** ('56) 128. — Bellit, ein Chromat-Apatit: **45** ('58) 127f. — Calcium-Phyllosilikate[18]): 515. — Ein Hexahydroxogermanat[21]): **46** ('59) 489f.

Neues Jahrb. Mineral., Geol. Paläontol. (A). Wahrscheinl. Dimorphie zw. Braunit u. Långbanit: **1944,** 241-43. — Kristallogr. v. Steenstrupin: 244.

Neues Jahrb. Mineral., Abh. Die Phosphat-Quarz-Feldspat-Pegmatite v. Hagendorf-Pleystein: **84** ('52) 77-92.

Neues Jahrb. Mineral., Mh. Identität v. Wenzelit u. Baldaufit m. Huréaulith: **1954,** 166-77. — Hagendorfit, eine neues Mineral d. Varulith-Hühnerkobelit-Reihe: 252-55. — Polymorphie in d. Gruppe d. Blätterzeolithe: **1956,** 1-9. — Identität v. Avelinoit u. Cyrilovit: 187-89. — Die Zeolithe Gmelinit, Chabasit, Levyn (Phakolith, Herschelit, Seebachit, Offretit): 250-59. — Gunnbjarnit, ein Ferri-Sepiolith: **1957,** 75-77. — Childro-Eosphorit, Tavorit u. Fairfieldit v. Hagendorf[16]): 78-88. — Laubanit, ein Natrolith: 116-18. — Isotypie Leifit — Karpinskiit: 119f. — Stottit, ein neues Germanium-Mineral, u. seine Paragenese in Tsumeb[20])[17]): **1958,** 85-96. — Kristallogr. v. D'Ansit, ein auf marin-sedimentären Lagerstätten zu erwartendes Salz: 152-55. — Gallit, $CuGaS_2$, d. erste selbständ. Galliummineral, u. seine Verbreitg. in d. Erzen d. Tsumeb- u. Kipushi-Mine[17])[19]): 241-64.

Rend. Soc. min. Ital. Carobbiit, ein neues Mineral: **12** ('56) 212f. — Isotypie Laurionit — Cotunnit[22]): 214f. — Bor u. Beryllium in Phyllosilikaten: **13** ('57) 372. — Die einf. wasserfreien Halogen-Mineralien: **14** ('58) 326-28.

Schweiz. mineral. petrogr. Mitt. Hydroxylapatit v. d. Kemmleten b. Hospenthal (Kt. Uri)[1])[6])[8]): **15** ('35) 327-39. — Anwendg. d. winkeltreuen Dreiecksprojekt.: **16** ('36) 328-34.

Zbl. Mineral. (A). Isomorphie zw. Tilasit, Durangit u. Cryphiolith: **1938,** 59f. — Pulverdiagramme v. Amblygonit, Fremontit, Graftonit, Repossit u. Karyinit: **1939,** 248-51. — Isodimorphie zw. Metavariscit, Variscit, Phosphosiderit u. Strengit[12]): 272-78. — Identität v. Kreuzbergit m. Fluellit[10]): **1940,** 133-37. — Isomorphie v. Otavit m. Kalkspat[9]): **1941,** 97f. — Kristallogr. u. chem. Formel v. Långbanit: **1942,** 133-36.

Z. ges. Naturwiss. Stereochem. d. Silikatmineralien: **4** ('38) 181-89.

Z. Kristallogr. (A). Chem. Zusammensetzg. v. Narsarsukit[3]): **82** ('32) 150f. — Strukturelle Beziehungen zw. Phosphaten u. Silikaten u. chem. Zusammensetzg. v. Ardennit[3]): **83** ('32) 415-21 [Diss.-Ausz.]. — X-ray investigat. of the felspars[2])[13]): **87** ('34) 464-98. — Strukturelle u. morphol. Beziehungen zw. Epidot u. Zoisit u. zw. Epidot u. Ardennit: **92** ('35) 402-07. — Datolith

u. Herderit: **93** ('36) 146-50 [Diss.-Ausz.]. — Vergleichende röntgenogr. u. morphol. Unters. v. Andalusit, Libethenit u. Adamin: **94** ('36) 60-73 [Diss.-Ausz.]. — Chem. Zusammensetzg. v. Pollucit: **95** ('36) 1-8. — Titanit u. Tilasit. Üb. d. Verwandtsch. d. Silikate m. d. Phosphaten u. Arsenaten: **96** ('37) 7-14 [Diss.-Ausz.]. — Kristallogr. u. chem. Zusammensetzg. v. Lawsonit u. Lievrit: 504-06. — Systematik u. Strukt. d. Silikate: **98** ('37) 60-83. — Isotypie zw. Skorodit u. Norbergit: **99** ('38) 513f. — Barsowit: 515. — Mineralien d. Descloizitgruppe: **101** ('39) 496-506. — Plan einer Klassifikat. d. natürl. Phosphate, Arsenate u. Vanadate[11]): **102** ('39) 71-78. — Isotypie v. Berlinit m. Quarz: **103** ('41) 228f. — Salesit, $CuJO_3OH$, u. Olivin, Mg_2SiO_4: 359f. — Kristallogr. v. Scholzit, $CaZn_2[PO_4]_2 \cdot 2H_2O$[14]): **107** ('56) 318-24. — Bityit, ein Berylliumglimmer: 325-30.

Z. physik. Chem. (B). Strukt. d. festen Fluorwasserstoffes[4])[5]): **43** ('39) 229-39; **44** ('39) 474.

Mit: [1]) Conrad Burri; [2]) J. A. Darbyshire; [3]) Balthasar Goßner; [4]) Paul Günther; [5]) Kurt Holm; [6]) Johann Jakob; [7]) Robert Meldau; [8]) Robert L. Parker; [9]) Paul Ramdohr; [10]) Adolf Scholz; [11]) Joachim Schroeter; [12]) Karel v. Strokay; [13]) William Henry Taylor; [14]) Christel Tennyson; [15]) Henning Borm; [16]) Margarete Fischer; [17]) Bruno H. Geier; [18]) Harry Micheelsen; [19]) Erich Seeliger; [20]) G. Söhnge; [21]) Martin Giglio; [22]) Ch. Tennyson.

Struss, Fritz. Angew. Physik, Biophysik. — 1931-36 stud. TH Hannover, München; '36-45 Siemens u. Halske, Berlin; '45 Ass., '49 Ob.Ass. u. Leiter Abt. Biophysik 2. Physik. Inst., '50 Dr. rer. nat. (G. Ch. Mönch), LAuftr., '56 habil., '57 Doz., '61 Prof. m. LAuftr. U Halle. [Eig. Mitt.]
*1912, Mai 2, Lübeck.

S. ● Publ. 1. Sympos. Energy Metabolism, Kopenhagen 1958 (Europ. Associat. for animal Product.) **8**: (Kopenhagen '60) 137-54: Automat. Messg. d. Gaswechsels b. langfrist. Respirationsversuchen.

W. ● Die oszillogr. Erfassg. einmaliger schnell ablaufender Vorgänge (Schaltanordnungen u. Gerät z. Messg. v. Stoßspannungen). Diss. (o. O. '50) 55 S. Masch.schr. — ● Kritische Unters. u. Verbesserg. d. Methodik d. biol. Gaswechselmessg. Hab.schr. (Halle '56) 80 S. Masch.schr.

Arch. Tierernähr. Neuart. Prinzip d. Luftführg. f. langfrist. Respirationsversuche: **4** ('54) 76-78. — Doppelkammersyst. f. langdauernde Respirationsversuche an Albino-Ratten[1])[5]): **6** ('56) 178-85. — Apparat z. Analyse v. Respirationsgasen u. seine Handhabg.[2]): **8** ('58) 433-46.

Naturwiss. Elektrophoreseanordng. hoher Auflösg. b. gleichzeit. Trenng.[4]): **39** ('52) 300f. — Reaktionen d. Honigbiene (Apis mellifica L.) gegenüb. starken elektr. Feldern[6])[7]): **47** ('60) 22f.

Wiss. Z. Univ. Halle. Schaltanordnungen z. oszillogr. Erfassg. einmaliger schnell ablaufender Vorgänge: **2** ('52/53) 707-26. — Aufgaben u. Ziel d. Biol.-Physik. Labor.: **4** ('55) 339f. — Entwicklg. einer präparat. Makroelektrophoreseapparatur[4]): 347-58. — Konstrukt. u. Bau einer Mikroelektrophoreseapparatur[4]): 359-70. — Elektr. Registrierg. v. Pupillenreflexen[3]): 385-91.

Mit: [1]) Arnold Columbus; [2]) Thilo Quasdorf; [3]) Horst Schrader; [4]) Günter Urban; [5]) Manfred Zausch; [6]) Johannes Otto Hüsing; [7]) Winfried Weide.

VI **Strutt,** Maximilian Julius Otto. Elektronik, Gasentladungen u. Lichttechn. — 1927-48 wiss. Mitarb. u. Gruppenleiter Philipswerke, Eindhoven; seit '48 o. Prof., Vorst. Inst. f. höhere Elektrotechn. ETH Zürich. — '50 Dr.-Ing. e. h. (TH Karlsruhe); '54 Carl-Friedr.-Gauß-Medaille (Wiss. Ges. Braunschweig). [Eig. Mitt.]
*1903, Okt. 2, Soerakarta/Java.

Erf. 4 DR-Patente. — 76 USA-Patente. — 14 Niederländ. Patente. [Liste im Poggendorff-Arch.].

S. ● Handbuch d. Experimentalphysik (Wien-Harms) **17**, 2 (Lpz. '34) 443-512: Raumakustik. — ● Atti Congr. int. Cinquantenario della Scoperta Marconiana della Radio, Roma 1947 (Roma '47) 412-47: Present limits of V. H. F., U. H. F. and S. H. F. reception; 448-62: Ferro magnetism at ultra-high-frequencies; 655-67: Limits of tube-gain and power output at extreme-high-frequencies. — ● Eidgenöss. Techn. Hochschule. Ecole polytechn. fédérale 1855-1955 (Zürich '55) 432-34: Höhere Elektrotechnik.

W. ● Lamésche, Mathieusche u. verwandte Funktionen in Physik u. Techn. (Bln '32) 8 + 116 S. (Ergebn. d. Math. u. ihrer Grenzgeb. 1,3). — ● Moderne Mehrgitter-Elektronenröhren **1** (Bln '37) 7 + 131 S.; **2** ('38) 6 + 144 S.; [2]('40); 3. Aufl. u. d. T.: Elektronenröhren [3](Bln-G.-H. '57) 15 + 391 S. (Lehrb. d. drahtl. Nachrichtentechn. 3). — ● Verstärker u. Empfänger (Bln '43) 14 + 384 S.; [2]('51) 15 + 422 S. (~ 4). — ● Moderne Kurzwellen-Empfangstechn. (Bln '39) 6 + 245 S. — ● Ultra- and extreme-short Wave Reception (New York '47) 387 S. — ● Streiflichter auf einige Entwicklungen d. Starkstromtechn. während d. letzten zehn Jahre. D. heut. unteren Schwellen d. elektr. Nachrichtenempfangs (m. Th. Boveri) (Karlsr. '52) 30 S. (Karlsruher akad. Reden, N. F. Sonderh. 2). — ● Transistoren (Zürich '54) 166 S.

Ann. Physik. Stromverdrängg. in rechteck. Leitern: (4) **83** ('27) 979-1000. — Skineffekt: (5) **8** ('31) 777-93. — Schallstrahlg. einer nach Knotenlinien schwingenden Kreismembran: **12** ('32) 528. — Strahlg. v. Antennen unt. d. Einfl. d. Erdbodeneigenschaften: **17** ('33) 376-84. — Eigenschwingungen einer Kegelschale: 729-35.

Arch. Elektrotechn. Das magnet. Feld im Innern ferromagnet. Leiter v. rechteck., dreieck. u. ellipt. Querschnitt: **18** ('27) 190-94. — D. magnet. Feld eines rechteck., v. Gleichstrom durchflossenen Leiters (Berichtigg.): 282. — Erweiterg. d. Siebkettentheorie: **26** ('32) 273-78. — Eindeut. Wahl d. Pfeilsinnes f. Ströme u. Spannungen b. Vierpolen, m. Anwendungen auf Richtvierpole u. Gyratoren: **42** ('55) 1-5. — Leistungsmessg. u. Leistungsregulierg. in Mehrphasennetzen mittels Halbleitern[8]): 155-64. — Prakt. Anwendungen eines Widerstandsnetzes z. Best. eines ebenen Potential- oder Raumladungsfeldes[2]): **43** ('57) 177-86.

Arch. elektr. Übertr. Bestätigg. d. Schottkyschen Rauschformeln an neueren Halbleiter-Flächendioden im Bereich d. weißen Rauschspektrums[3]): **9** ('55) 103-08. — Exp. Unters. u. Trenng. d. Rauschursachen in Flächentransistoren[3]): 259-69. — Messungen d. Gaußeffektes versch. Halbleiter b. 10,300 u. 600 MHz[5])[9]): **11**

('57) 1-7. — Best. d. Raumladungsfeldes, d. Raumladungskapazitäten u. d. Kennlinie einer ebenen Triode m. Hilfe eines Widerstandsnetzmodells m. Stromquellen[2]): 63-75. — Exp. u. theoret. Unters. v. Halbleiter-Halleffektoszillatoren[8]): 261-65. — Theoret. u. exp. Unters. d. Verzerrungen in Niederfrequenz-Flächentransistor-Vierpolen[15]): 307-20. — Exp. u. theoret. Unters. eines frequenzstabilisierten Transistoroszillators f. 8 MHz[14]): 455-60. — Üb. d. Kennlinien u. d. Rauschen v. Silizium-p-n-Dioden u. Siliziumtransistoren[7]): **12** ('58) 429-40. — Lösg. d. Diffusionsgleichg. einer rotationssymmetr. Halbleiterdiode unt. bes. Berücks. v. Raum- u. Oberflächenrekombinat. m. Hilfe eines Analogienetzwerkes u. Vergleich m. Diodenmessungen[12]): **13** ('59) 199-210. — Nichtlineare Verzerrungen einschl. Kreuzmodulat. in Hochfrequenz-Transistorstufen[11]): 227-42. — Rauschen v. Germanium- u. Siliziumtransistoren im Hochstrombereich[7]): 495-502. — Durchführg. u. Diskuss. v. Lebensdauer-Vergleichsmessungen an europ. NF-Transistortypen[16]): **14** ('60) 121-31.

Arch. techn. Messen. Hochfrequenz-Strommessg.: V 324-4 ('41) 1-4. — Neuere Verf. z. Hochfrequenz-Spannungsmessg. bis etwa 10000 MHz: V 335-3 ('51) 1-4.

Bull. Schweiz. elektrotechn. Ver. Empfindlichkeitssteigerg. v. Verstärker- u. Mischstufen im Meter- u. Dezimeterwellengeb.: **38** ('47) 363-71. — Moderne Verf. z. elektr. Leistungsverstärkg.: **41** ('50) 479-87. — Wirkungsgrad b. d. therm. Elektronenemiss.: **43** ('52) 350-53. — Universalkurven f. elektr. Schwingungskreise in dimensionsloser Darst.[12]): **48** ('57) 233-35. — Üb. d. Farbe „weißer" Leuchtstofflampen[13]): **49** ('58) 523-29. — Mehrphasenwattmeter, beruhend auf d. magnet. Widerstandsänderg. v. Halbleitern[8]): **50** ('59) 452-58.

C. R. Acad. Sci. Paris. L'équation différentielle de Hill dans le domaine complexe: **198** ('34) 1008-11.

Electronique. Limites du gain et de la puissance de sortie des tubes électroniques en hyperfréquences: **1951**, Nr. 50, 5-9.

Electron. Radio Engr. Transistors in H. F. amplifiers[3]): **34** ('57) 258-67. — Hall effect in semiconductor compounds: **36** ('59) 2-10. — Electroluminescent cell applications[13]): 398-406.

Elektr. Nachr.-Techn. Akust. Nachhallmessungen m. einem vollautomat. Gerät: **9** ('32) 202-12. — Messungen d. charakterist. Eigenschaften v. Hochfrequenz-Empfangsröhren zw. 1,5 u. 60 MHz: **12** ('35) 347-54. — Einf. Schaltmaßnahmen z. Verbesserg. d. Eigenschaften v. Hochfrequenz-Verstärkerröhren[10]): **13** ('36) 260-68. — Erweiterg. d. bisher. Messungen d. Admittanzen v. Hochfrequenzverstärkerröhren bis 300 MHz[10]): **14** ('37) 75-80. — Ursachen f. d. Zunahme d. Admittanzen moderner Hochfrequenzverstärkerröhren im Kurzwellengeb.[10]): 281-93. — Charakterist. Admittanzen v. Mischröhren f. Frequenzen bis 70 MHz: **15** ('38) 10-17. — Messungen d. komplexen Steilh. moderner Mehrgitterröhren im Kurzwellengeb.[10]): 103-11. — Dyn. Messungen d. Elektronenbewegg. in Mehrgitterröhren[10]): 277-83. — Kurzwellen-Breitband-Verstärkg.[10]): **16** ('39) 229-40.

Elektrotechn. Z. Neuzeitl. Mehrgitterelektronenröhren: **58** ('37) 113-17, 149-53. — Verf. z. Verringerg. d. Störungen im Vergl. z. Signal am Ausgang v. Verstärkern: **73** ('52) 649-53.

Fernmeldetechn. Z. Ferromagnet. Materialien u. Ferrite: **6** ('53) 94f.

Funktechn. Mh. Moderne Kurzwellen-Empfangstechn.: **1938**, 309-13, 331-39.

Helvet. physica Acta. Messungen d. spontanen Schwankungen b. Strömen m. versch. Trägern in Halbleitersperrschichten[3]): **28** ('55) 694-704. — Theoret. Überlegungen z. exp. Best. d. spontanen Photonenschwankungen[15]): **33** ('60) 53-68. — Exp. Best. d. spontanen Photonenschwankungen[15]): 69-88.

Hochfrequenztechn. u. Elektroakust. Einfl. d. Erdbodeneigensch. auf d. Ausbreitg. elektromagnet. Wellen: **39** ('32) 220-25. — Skineffekt in einem geschichteten Kreiszylinder: **41** ('33) 62f., 219. — Einf. Meth. z. Best. d. Dämpfg. v. Übertragungsleitungen: 98-100. — Gleichrichtg.: **42** ('33) 206-08. — Radioempfangsröhren m. großem innerem Widerstand, A: Hochfrequenzverstärkerröhren m. einem Steuergitter; ~ B: Modulator-(Detektor-)Röhren m. einem Steuergitter: **43** ('34) 15-22. — Berechng. d. hochfrequenten Feldes einer Kreiszylinderspule in einer konzentrischen, leitenden Schirmhülle m. ebenen Deckeln: 121-23. — Verzerrungseffekte b. Mischröhren: **49** ('37) 20-23. — Messungen v. Strömen, Spannungen u. Impedanzen bis herab zu 20 cm Wellenlänge[4]): **53** ('39) 187-95.

Ingenieur ['s-Gravenhage]. Reflectie metingen m. zeer korte electr. en m. acoust. golven: **44** ('29) 1-4. — Equivalente massa van aangedreven luidsprekerconussen: **47** ('32) E 10-E 15. — Acoust. nagalmmetingen m. een geheel automat. werkenden nagalmmeter: E 20-E 29. — Skineffect in een cylindr. geleider, bestaande uit twee lagen: **48** ('33) 31-33. — Dielectr. verliezen in licht- en krachtstroomkabels bij gebruik voor sterkstroomgeluidsdistributie: 35-38.

I. R. E. Trans. Electron Devices. Cross modulat. and nonlinear distort. in RF transistor amplifiers[11]): ED-6 ('59) 457-67.

J. acoust. Soc. America. Physiological effect of several sources of sound on the ear and its consequences in architectural acoustics[1]): **6** ('35) 155-59.

Kon. Akad. Wetensch. Amsterdam, Versl. Afd. Nat. Grenzen voor de eigenwaarden bij problemen van Hill, 1: Eigenwaarden m. de kleinste moduli: **52** ('43) 83-90; ~ 2: Eigenwaarden van willekeurige orde: 97-103. — Eigenwaarde-krommen bij problemen van Hill, 1: Algemeen verlop der krommen: 153-61; ~ 2: Asymptot. verlop der krommen: 212-22. — Eigenfuncties bij problemen van Hill, 1: Volledigheid van de stelsels der periodieke en bijna periodieke eigenfuncties: 488-96; ~ 2: Ontwikkelingsformules in reeksen van periodieke en van bijna periodieke eigenfuncties: 584-91.

Math. Z. Reelle Eigenwerte verallgemeinerter Hillscher Eigenwertaufgaben 2. Ordng.: **49** ('44) 593-643.

Nachrichtentechn. Fachber. Rauschen v. Transistoren: **1** ('55) 25-29. — Rauschursachen u. Rauschspektren in Elektronenröhren, Halbleiterdioden u. Transistoren: **2** ('55, Nachdr. '57) 49-55. — Theorie d. Hochfrequenzrauschens v. Transistoren b. kleinen Stromdichten[3]): **5** ('56) 30-33. — Messungen üb. d. Hochfrequenzrauschen v. Transistoren[3])[7]): 34-36.

Onde électrique. Les performances de certains types de lampes changeuses de fréquence dans les récepteurs toutes ondes: **16** ('37) 29–44. — Mesures des constantes caractéristiques de quelques penthodes haute fréquence pour des fréquences de 1,5 à 300 mégacycles par seconde: **16** ('37) 553–77. — Etages à haute fréquence, étages changeur de fréquence et détecteur des récepteurs de télévision: **19** ('39) 83–91. — Gain et sensibilité des étages amplificateur et changeur de fréquence pour les ondes métriques et décimétriques: **27** ('47) 184–92.

Philips techn. Rdsch. Verhalten v. Verstärkerröhren b. sehr hohen Frequenzen[10]): **3** ('38) 104–12. — Regelbare Meterwellenverstärkerröhre m. doppelter Kathodenleitg.[10]): **5** ('40) 365–70. — Rauschen v. Empfangsapparaten b. sehr hohen Frequenzen[10]): **6** ('41) 175–82. — Diode als Mischröhre[10]): 289–98.

Philips techn. T. Nieuwe balansversterkerbuis voor decimetergolven[10]): **5** ('40) 171–81. — Diode voor het meten van spanningen bij decimetergolven[4]): **7** ('42) 124–28.

Physica [Eindhoven]. Enkele hydrodyn. vraagstukken en hun electromagnet. betseekenis: **8** ('28) 273–78.

Physica. Absolute measurement of alternating currents[4]): **5** ('38) 205–14. — Motion of electrons in an alternating electr. field[4])[10]): 325–34. — Electronic space charge with homogeneous initial electron velocity between plane electrodes[10]): 705–17. — Elektronenraumladg. zw. ebenen Elektroden[10]): **6** ('39) 977–96. — Widerstandsmessungen v. Eisendrähten im Frequenzgeb. 10^7 bis 3.10^8 Hz[4]): **7** ('40) 145–54. — Best. d. magnet. Permeabilität aus Widerstandsmessungen an Eisendrähten versch. Strukt. b. Frequenzen d. Größenordng. 10^8 Hz: 635–51. — Kompensierg. d. Wirkungen versch. Arten v. Schroteffekt in Elektronenröhren u. angeschlossenen Stromkreisen[10]): **8** ('41) 1–22. — Elektronenträgheitseffekte in Elektronenröhren[10]), 1: 81–108; ~ 2: **9** ('42) 65–83. — Verwendbark. einer Elektronenröhre z. Verstärkg. kleinster Signale[10]): **8** ('41) 424f. — Verringerg. u. Beseitigg. d. spontanen Schwankungen b. d. Verstärkg. kleinster Photoströme[10]): 576–90. — Suppression of spontaneous fluctuations in amplifiers and receivers for electr. communication and measuring devices[10]): **9** ('42) 513–27. — Suppression of spontaneous fluctuations in 2 N-terminal amplifiers and networks[10]): 528–38. — Verf. z. Messg. komplexer Leitwerte im Dezimeterwellengeb.[4]): 577–90. — Verringerg. d. Wirkg. spontaner Schwankungen in Verstärkern f. Meter- u. Dezimeterwellen, 1[10]): 1003–12; ~ 2: **10** ('43) 823–26. — Dielektr. Verluste versch. Gläser im Kurzwellengeb. in Abhängigk. v. d. Temp.[10]): 445–50.

Physik. Verh. D. Rauschen v. Transistoren: **5** ('54) 161.

Proc. Inst. Radio Engr. Conversion detectors: **22** ('34) 981–1008. — Anode bend detectors: **23** ('35) 945–57. — Causes for the increase of the admittances of modern high-frequency amplifier tubes on short waves[10]): **26** ('38) 1011–32. — Dynamic measurements of electronic motion in multigrid valves[10]): **27** ('39) 218–25. — Measurements of currents and voltages down to a wavelength of 20 centimeters[4]): 783–89. — Noise-figure reduction in mixer stages: **34** ('46) 942–50. — Application of velocity-modulation tubes for reception at U. H. F. and S. H. F.[10]): **36** ('48) 19–23. — Efficiency of thermal electron emission: **40** ('52) 601–03. — Theory and experiments on shot noise in semiconductor junction diodes and transistors[3]): **45** ('57) 839–54. — New applications of impedance networks as analog computers for electr. space charge and for semiconductor diffusion problems[2])[12]): **46** ('58) 868–77. — Theory and experiments on shot noise in silicon P-N junction diodes and transistors[7]): **47** ('59) 546–54. — Analog computer measurements on saturat. currents, admittances and transfer efficiencies of semiconductor junction diodes and transistors[12]): 1245–52.

Proc. Roy. Soc. Edinburgh (A). On Hill's problems with complex parameters and a real periodic function: **62** ('48) 278–96.

Rev. Acoustique. Réverbération des sons à l'aide d'un appareil automatique: **2** ('33) 1–26.

Rev. sci. Instruments. Automatic spectrometer using interference filters[6]): **28** ('57) 1074–78.

Schweiz. Arch. angew. Wiss. u. Techn. Moderne Mehrgitterelektronenröhren: **2** ('36) 183–99, 230. — Hochfrequenz-Misch- u. Gleichrichterstufen v. Fernsehempfängern: **4** ('38) 26–36.

Schweiz. Bau-Ztg. Berechng. d. elektrostat. Feldes moderner Elektronenröhren: **67** ('49) 36–38.

Schweiz. techn. Z. Verwendg. bestehender Elektrizitätsnetze f. elektron. Steuerg. u. f. Nachrichtenübermittlg.: **46** ('49) 565–72.

Scientia electrica. Transistoren in Endverstärkerstufen: **1** ('53) 2–17. — Transistoren in Niederfrequenz-Anfangsstufen[3]): **2** ('56) 47–57. — Transistoren in Hochfrequenzverstärkerstufen[3]): 99–115. — Ein automat. Filter-Spektrogr.[6]): **3** ('57) 1–15. — Neue Anwendungen v. Impedanznetzwerken als Analogierechengeräte[2])[12]): 37–53. — Neuere Anwendungen des Halleffektes in halbleitenden binären Verbb.: **4** ('58) 92–107. — Skineffekt in Halbleitern: **5** ('59) 51–60. — Anwendg. v. Elektrolumineszenzzellen als elektr. Schaltelemente[13]): 77–92. — Definit. u. Messungen d. Rauschzahl v. Halbleiter-Photodioden, einschl. Photonenrauschen[15]): 121–32.

T. Nederl. Radiogenootschap. Spontane spannings- en stroom fluctuaties (ruischen) in electronenbuizen en angesloten ketens: **9** ('41) 1–36. — Grenzen der energieversterking met electronenbuizen: **10** ('43) 99–111.

Wireless Engr. Amplitude of driven loud speaker cones: **8** ('31) 238–43. — Equivalent mass of driven loud speaker cones: **9** ('32) 143–50. — Attenuation of transmission lines: **10** ('33) 139f. — Mixing valves: **12** ('35) 59–64. — Whistling notes in superheterodyne receivers: 194–97. — Diode frequency changers: **13** ('36) 73–80. — Frequency changers in all-wave receivers. The performance of some types: **14** ('37) 184–92. — Characteristic constants of H. F. penthodes: 478–88. — Electron transit time effects in multigrid valves: **15** ('38) 315–21. — High frequency, mixing and detection stages of television receivers: **16** ('39) 174–87. — A new „all-glass" valve construction: 224–30. — Signal noise ratio at V. H. F.[10]): **23** ('46) 241–49. — Gain and noise figures at V. H. F. and U. H. F.: **25** ('48) 21–32. — Ferromagnetic materials and ferrites: **27** ('50) 277–84.

Z. angew. Math. u. Physik. Best. v. ebenen sowie v. kreis- u. kugelsymmetr. Raumladungsfeldern m. Hilfe einf. Widerstandsketten m. zusätzl. Stromquellen[2]): **8** ('57) 329–60.

Z. Physik. Eigenwertprobleme b. Differentialgleichungen m. absatzweise konst. Koeffizienten: **43** ('27) 47-55. — Hochfrequenzpermeabilität v. Eisen u. Nickel: **72** ('31) 557f.

Z. techn. Physik. Wirkg. einer endl. Schirmplatte auf d. Schallstrahlg. eines Dipols: **10** ('29) 124-29. — Physiol. Wirkg. mehrerer Schallquellen auf d. Ohr u. ihre Anwendg. auf d. Raumakustik [1]): **15** ('34) 355-60.

Mit: [1]) Franz Aigner; [2]) Gregor Čremošnik; [3]) Walter Guggenbühl; [4]) K. S. Knol; [5]) Paul Ramer; [6]) E. Rohner; [7]) B. Schneider; [8]) S. F. Sun; [9]) Friedrich K. v. Williser; [10]) A. v. d. Ziel; [11]) Metin Akgün; [12]) Armin H. Frei; [13]) Rolf B. Lochinger; [14]) Hans Schaffhauser; [15]) Gelli Spescha; [16]) Jakob S. Vogel.

II **Struve,** Christian August → VIIa/Suppl.

II **Struve,** Friedrich Adolph August → VIIa/Suppl.

II **Struve,** Gustav Adolph → VIIa/Suppl.

VI **Stuart,** Herbert Arthur. Physik.— 1939-45 o. Prof. TH Dresden; '48-55 berat. Physiker Farbenfabriken Bayer, Leverkusen; zugl. '52 Gastprof., seit '55 o. Prof. f. chem. Physik, Leiter d. Labor. f. Physik d. Hochpolymeren U Mainz. [Eig. Mitt.]

*1899, März 27, Zürich.

Erf. Atomkalotten z. Darst. v. Molekülmodellen.

Zum 60. Geb.tag. A. Peterlin, Physik. Bl. **15** ('59) 224.

H. ● Physik d. Hochpolymeren, **1-4** (Bln-G.-H. '51-56).

S. ● Hand- u. Jahrbuch d. chem. Physik (A. Eucken, K. L. Wolf) **8**,2 (Lpz. '36) 1-104: Lichtzerstreuung im Geb. d. sichtbaren Spektrums; **8**,1 ('43) 1-115: Doppelbrechg., insb. künstl. Doppelbrechg. (m. A. Peterlin); **10**,3 ('39) 27-104: Elektr. Kerr-Effekt (elektr. Doppelbrechg.). — ● Nat. u. Med. in Dtschl. 1939-46, **26** (Wiesb. '49) 1-9: Aufbau anorg. Stoffe. Bau v. Einzelmolekülen. — ● Zahlenwerte u. Funktionen (Landolt-Börnstein) **1**,1 [6](Bln-G.-H. '50) 399-404: Molekularrefrakt. u. elektr. Polarisierbark. v. Atomen u. Ionen (auch Molekelionen); **1**,2 ('51) 1-22: Atomabstände u. Strukturen, bestimmt durch Elektronenbeugg. (m. P. Debye jr.); **1**,3 ('51) 386-508: Elektr. Momente v. Molekeln; 509-17: Elektr. u. opt. Polarisierbark. v. Molekeln; 551-55: Atomabstände u. Strukturen, bestimmt durch Elektronenbeugg.; 712-21: Elektr. Momente v. Molekeln. — ● Methoden d. org. Chem. (Houben-Weyl) **3**,2 [4](Stuttg. '55) 443-76: Lichtzerstreuung.

W. ● Molekülstruktur (Bln '34) 10 + 389 S. (Strukt. u. Eigensch. d. Materie 14). — ● Kurzes Lehrb. d. Physik (Bln '43) 7 + 270 S.; [2](Bln-G.-H. '49); [3]('54) 7 + 304 S. — ● Struktur d. freien Moleküls (Bln-G.-H. '52) 20 + 609 S. — ● Lichtzerstreuungsmessungen an Lösungen hochpolymerer Stoffe (m. H. G. Fendler). Als Ms. gedr. (Köln-Opladen '56) 58 S. (Forsch.-Ber. Wirtsch.- u. Verkehrsministerium Nordrh.-Westf. 260).

Angew. Chem. Molekulare Strukt. d. Flüssigk. im Modellvers.[10]): **53** ('40) 12-15. — Bedeutg. d. Lichtzerstreuung f. d. makromolekulare Chem.: **62** ('50) 351-59.

Ann. Physik. Exp. Unters. d. elektr. Kerr-Effektes an Gasen u. Dämpfen b. höheren Temperaturen[16]): (5) **18** ('33) 121-49. — Kerr-Effekt u. opt. Anisotropie v. Kohlenwasserstoffen im Dampfzustande[16]): (6) **2** ('48) 321-29.

J. Polymer Sci. Opt. Anisotropie u. Form v. Fadenmolekülen[13]), 1: Depolarisationsgrad d. Lichtzerstreuung v. Lösungen m. Fadenmolekülen: **5** ('50) 543-49; ~ 2: Künstl. Doppelbrechg.: 551-63. — Beobachtungen üb. d. morphol. Strukt. in Hochpolymeren[9]): **18** ('55) 143-47. — Z. Kristallisationskinetik in Hochpolymeren[9]): **25** ('57) 485-88. — Morphol. Strukturen in Polyäthylen, Polyamiden u. anderen kristallisierenden Hochpolymeren[2])[21]): **34** ('59) 721-40.

Kolloid-Z. Molekulare Strukt. v. Flüssigkeiten: **96** ('41) 149-60. — Best. d. Größe u. Form v. submikroskop. Teilchen m. Hilfe d. künstl. Doppelbrechg. u. d. inneren Reibg.: 161-68. — Opt. Anisotropie — Orientierg. — kristalliner Anteil in hochpolymeren Körpern: **120** ('51) 57-75. — Z. Kristallisat. v. isotakt. Polypropylen[3]): **162** ('59) 138-40. — Kristallisationsbedingungen u. morphol. Strukturen b. Hochpolymeren: **165** ('59) 3-15.

Kunststoffe. Übermolekulare Ordnungszustände in hochpolymeren Körpern u. ihre Bedeutg. f. deren technol. Eigenschaften: **42** ('52) 266-72. — Verf. z. Beob. d. mikroskop. Textur[18]): **43** ('53) 179f. — Die Textur v. kristallinen Hochpolymeren: **44** ('54) 285-89.

Makromolekulare Chem. Physik. Methoden z. Best. d. Größe u. Form v. Fadenmolekülen in Lösg.: **3** ('49) 176-99. — Üb. Adsorptionseffekte b. d. Best. v. spezif. Viskositäten[4])[15]): **18/19** ('56) 383-96. — Adsorptionseffekte als Fehlerquellen b. Lichtzerstreuungsmessungen[4]): **21** ('56) 193-226. — Z. Molekulargewichtsbest. an Polyamiden durch Lichtzerstreuungsmessungen[4]): **25** ('58) 159-75.

Naturwiss. Form u. Beweglichk. v. Fadenmolekülen im Modellvers.: **31** ('43) 123-27. — Morphol. Strukt. b. festen Körpern m. Fadenmolekülen[18])[7]): **40** ('53) 339f. — Üb. anomal kleine Längen v. Fadenmolekülen in Lösg.[4])[8]): **41** ('54) 61f.

Physik. Z. Üb. eine opt. Meth. z. Best. v. Dampfdichten[20]): **33** ('32) 302-04. — Neue Molekülmodelle: **35** ('34) 110f. — Opt. Anisotropie v. Paraffinmolekülen[19]): 988-90. — Modellversuche z. Ordnungszustand d. Moleküle[14]): **38** ('37) 1027-31. — Die molekulare Strukt. d. Flüssigk. im Modellvers.[10]): **40** ('39) 714-18. — Kerr-Effekt u. molekularer Ordnungszustand in hochverdichteten Gasen u. Flüssigkeiten[11]): **42** ('41) 95-104.

Rec. Trav. chim. Pays-Bas. Stuarts Atomkalotten: **70** ('51) 17f.

Rev. stiintifică Adamachi. Determinarea constitutiei molecular cu metodelor fizice: **29** ('48) 227-42.

Veröff. Reichsstelle Unterrichtsfilm. Die molekulare Strukt. v. Flüssigkeiten im Modellvers.[10]): **3** ('39) 429.

Z. angew. Physik. Form u. Beweglichk. v. Fadenmolekülen: **4** ('52) 29-37.

Z. Elektrochem. Kerr-Effekt u. Molekülstrukt.: **40** ('34) 478-83. — Quasikristalline Strukt. v. Flüssigkeiten: **45** ('39) 180-82. — Molekulare

Strukt. d. Flüssigkeiten im Modellvers.: **47** ('41) 110. — Modellvers. an Fadenmolekülen: **50** ('44) 67-70.

Z. Naturforsch. Die molekulare Theorie d. Viskosität v. Lösungen m. kleinen Molekülen: **3a** ('48) 196-204. — Üb. d. Temperaturabhängigk. d. molekularen Streulichtes v. Lösungen m. Fadenmolekülen[4])[8]): **9a** ('54) 552-60. — Gitterstrukturen m. räuml. Wasserstoffbrückensystemen u. Gitterumwandlungen b. Polyamiden[17]): **13a** ('58) 222-25. — Lichtzerstreuung an kristallisierten Hochpolymeren. Untersuchungen an Sphärolithen m. Ringstrukt.[22])[21]): **15a** ('60) 116-22.

Z. Physik. Zusammenhang zw. d. Anisotropie d. opt. Polarisierbark. u. d. geom. Strukt. eines Moleküls[19]): **80** ('33) 107-24. — Elektr. Kerr-Effekt u. Assoziat. in Flüssigkeiten, 1: Kerreffekt in Flüssigkeiten u. Lösungen u. seine Temperaturabhängigk.[19]): **83** ('33) 444-60; ~ 2: Ordnungszustand in Flüssigkeiten u. dess. Einfl. auf d. Molekularrefrakt., d. Molekularpolarisat., d. Depolarisationsgrad b. d. molaren Lichtzerstreuung u. den Kerreffekt: 461-82. — Molekulare Lichtzerstreuung an binären Gemischen[6]): **86** ('33) 765-77. — Zusammenhang zw. Depolarisationsgrad u. Kerr-Konstante[1]): **111** ('38) 36-45. — Z. Theorie d. Strömungsdoppelbrechg.[13]): **112** ('39) 1-19. — Best. d. Größe u. Formen v. submikroskop. Teilchen[13]): 129-47. — Exp. Unters. d. Strömungsdoppelbrechg.[1]): 407-19. — Einfl. d. Rotationsbehinderg. u. d. Anisotropie d. inneren Feldes auf d. Polarisat. v. Flüssigkeiten[13]): **113** ('39) 663-96. — Verdampfg., Kondensat. u. krit. Punkt im Modellvers.: **124** ('48) 348-50.

Z. physik. Chem. (B). Kerr-Effekt, opt. Anisotropie u. Molekülstrukt. Strukt. d. Moleküle $SnCl_4$, C_3H_7Cl u. N_2O[19]): **17** ('32) 429-56. — Neue Molekülmodelle: **27** ('34) 350-58. — Valenzwinkel u. Wirkungsradius gebundener Atome: **36** ('37) 155-62.

Z. physik.-chem. Unterr. Neue Modelle z. Demonstrat. d. richt. Raumerfüllg. d. Moleküle: **48** ('35) 19f.

Z. techn. Physik. Opt. Anisotropie v. Paraffinmolekülen[19]): **15** ('34) 564-66. — Neue Molekülmodelle: 566f. — Kerr-Effekt, opt. Anisotropie u. Molekülstrukt.: **16** ('35) 28-38.

Mit: [1]) Wolfgang Buchheim; [2]) Rudolph Eppe; [3]) B. v. Falkei; [4]) Heinz Fendler; [5]) Richard Gans; [7]) M. Hartmann-Fahnenbrock; [8]) W. Husmann; [9]) B. Kahle; [10]) Wilhelm Kast; [11]) Eduard Kuss; [13]) Anton Peterlin; [14]) Hildegard Rehaag; [15]) Hans Rohleder; [16]) Sybille v. Schieszel; [17]) Günther Schmidt; [18]) Ulrich Veiel; [19]) Harald Volkmann; [20]) Max Weiss; [21]) E. W. Fischer; [22]) R. Dauscher.

V, VI **Stuchtey,** Karl. Physik. — 1923–34 Wiss. Referent f. Experimentalforschg. u. Geschäftsführer Notgemeinschaft Dtsch. Wiss.; '27 n.beamt. ao. Prof. U Marburg; '35–45 Generalsekret. d. Lilienthalges. f. Luftfahrtforschg.; wiss. Mitarb. Dtsch. Akad. Luftfahrtforschg., Leiter d. Zweigstelle Berlin d. Inst. f. Gesch. d. Luftfahrtwiss. u. -techn. München; '37 ao. Prof. im Reichsdienst; '45 wiss. Referent, später geschäftsführ. Mitgl. Präsidialaussch. Notgemeinsch. Dtsch. Wiss.; '47 wiss. Referent Dtsch. Akad. Wiss. Berlin.
*1880, Okt. 22, Rheda/Westf.;
†1950, Febr. 2, Berlin.

Nekr. Fr. Schmidt-Ott, Forsch. u. Fortschr. **26** ('50) 109.

MHZ. (Schriftl.) Forsch. u. Fortschr. **26** ('50). Versch. Veröff. in Fachzeitschriften.

VI **Stuckert,** Ludwig Jakob. Silikatchem. — Seit 1933 Leiter Unters.-Labor. f. Silikatchem. am Inst. f. chem. Technol. TH München.
*1883, Aug. 3, Weidenthal/Rhpf.;
†1949, Juni 15, München*.

*Mitt. Standesamt IV München.

Nekr. Glashütte **76** ('49/50) 27.

W. ● Die Emailfabrikation. Ein Lehr- u. Handb. f. d. Emailind. ²(Bln '41) 6 + 300 S.

Ber. Dtsch. keram. Ges. Kachelglasuren m. versch. Trübungsmitteln: **20** ('39) 215-26. — Beitr. z. Kenntn. d. Schlagbiegefestigk. u. Transparenz v. Porzellan[6]): **21** ('40) 150-67, 171-200.

Emailwaren-Ind. Schnellmethoden b. d. Analyse emailtechn. Rohstoffe: **12** ('35) 153-57. — Gastrübungsmittel: **13** ('36) 249-52. — Trübg. d. Emails als Zeitphänomen: **14** ('37) 59-61. — Best. d. Schlagfestigk. v. Email m. d. Härteprüfer Syst. Schwarz: 81-84. — Trübg. u. Auslaugbark. d. Deckemails als Funkt. d. Korngröße d. Trübungsmittels: **15** ('38) 63-65. — Verwendg. wasserhalt. Natriumantimonate als Mühlenzusätze f. Blechemail: **17** ('40) 23-25. — Gastrübungsmittel in borfreiem Email: **18** ('41) 80-84, 85-87, 89-91. — Stellungnahme gegenüb. d. Vorschlägen z. Normg. d. Säurewiderstandsfähigk. d. Emails: **19** ('42) 111-14, 117f. — Schmelzzustand einer Emailfritte u. sein Einfl. auf d. Auftragbark. d. Emailschlickers: **20** ('43) 39-42. — „Abkreidendes" Email[2]): 65f. — Ber. üb. d. Austausch v. Flußspat in Emails[7])[3]): **21** ('44) 39-41. — Beurteilg. d. Haftfestigk. v. Grundemails f. Stahlblech mittels einer photometr. Meßmeth.[2])[3]): 43-46. — Austausch v. Flußspat in Emails: 49f.

Forschungsarb. Metallkunde Röntgenmetallogr. Die Emailblase u. ihre Ursachen: **11** ('33) 25-46.

Foundry Trade J. Zinnoxyd als Trübungsmittel b. Naßemails: **57** ('37) 359-64.

Glashütte. Moderne Emailfarbkörper: **65** ('35) 139f. — Kann d. metall. Unterlage d. Ausfall d. Emaillierg. beeinflussen?: **66** ('36) 160-64. — Hochsäurefeste Emails m. Lithiumoxyd als Glasurkomponente u. versch. Trübungsmitteln: **69** ('39) 172-74.

Glastechn. Ber. Darst. hochtitanhalt. farbloser Gläser[7]): **22** ('48) 108.

Int. Tin Res. Development Council, techn. Publ. (A). Trübungsmittel b. Naß- u. Trockenemails: Nr. **42** ('36) 30 S. — Zinnoxyd als Trübungsmittel f. Naßemails: Nr. **65** ('37) 1-81.

Sprechsaal Keram., Glas, Email. Neapelgelb als feuerfester Unterglasurfarbkörper: **68** ('35) 321-24, 337-39, 353-55, 369-73. — D. Oxychinolatmeth. z. Best. d. Aluminiums, Eisens u. Titans[5]): 527-29. — Untersuchungen üb. d. Eigng. v. Pfahlquarz z. Herst. v. Silicatsteinen[4]): **70** ('37)

527-29, 541-43, 556f., 565-68. — Trübungsphänomen b. Naßemail u. d. Einfl. d. Trübungsmittels auf versch. Eigenschaften d. Emails: **71** ('38) 267-71, 281-85, 296-301, 308-10. — Porigk. techn. Emails: **72** ('39) 453f. — Zinnoxyd in keram. Glasuren: **73** ('40) 13-15, 21-23, 29-31, 37-39, 45f. — Beitr. z. Veredelg. dtsch. Tones[8])[1]): 185, 193-97, 203-05. — Verwendg. v. niedrigprozent. Braunstein in d. Glas- u. Emailindustr.: 265-67. — Auftragfähigk. borfreier, speziell gasgetrübter Emails: **75** ('42) 7-11. — A. W. Schmidt†: **76** ('43) 220. — Fortschritte in Wiss. u. Praxis d. Emailherst.: **77** ('44) 198f., 219-21.

Techn. Zbl. prakt. Metallbearb. Email als Korrosionsschutz u. Veredelg. v. Metalloberflächen: **44** ('34) 29-31, 72-74.

Z. analyt. Chem. Quantitat. Best. d. Kieselsäure in unlösl. Silicaten[5]): **101** ('35) 81-84.

Zement. Herst. v. Tonerdezement aus künstl. Bauxit[6])[2]): **31** ('42) 353-56.

Mit: [1]) H. Beck; [2]) Shu-Gee Feng; [3]) Irmgard Kästner; [4]) R. König; [5]) F. W. Meier; [6]) Oskar Paul; [7]) F.-J. Rauter; [8]) Albert Wolfgang Schmidt.

II, III **Studer,** Bernhard → VIIa/ Suppl.

von Studnitz, Gotthilft Benno Ernst Oswald Georg Michel. Physiol., Zool. — 1926-30 stud. U Kiel, Breslau; '30 Dr. phil. U Kiel (W. v. Buddenbrock-Hettersdorf, '34-42 dess. Ass. U Kiel u. Halle); '35-36 Doz. U Kiel, '36-42 U Halle; '42-45 o. Prof. Zool. U Halle; '41-45 wiss. Mitarb. Agfa Wolfen; '47-53 wiss. Mitarb. Farbenfabriken Bayer, Leverkusen; seit '51 Dir. Naturhistor. Mus., dazu '52 Dir. Volkshochsch. Lübeck; o. Prof. z. Wv. [Eig. Mitt.] *1908, Jan. 3, Kiel.

HZ. Ber. Ver. Natur u. Heimat, Naturhist. Mus. Lübeck **1959** ff.

S. ● Festschr. z. 250jähr. Jubil. d. Univ. Halle (Halle '44) 279-93: D. Zool. in 250 Jahren hallischer Universitätsgesch.

W. ● Was ich sah. Augenblicksbilder aus d. Freileben d. Tiere (Neudamm '28) 128 S. — ● Vergleichend-physiol. Praktikum, m. bes. Berücks. d. niederen Tiere (m. W. v. Buddenbrock) (Bln '36) 130 S. — ● Physiologie d. Sehens — retinale Primärprozesse (Lpz. '40) 367 S.; ²('52) 14 + 493 S. — ● Vom Sein u. Werden eines Organs (Halle '45) 15 S. — ● Biologisches Brevier (Bonn '48) 130 S. — ● Einführung in d. Zool. **1** (Bonn '50) 207 S.; **2** ('53) 125 S. — ● Naturwissenschaft u. Bildg. (Rendsburg '53) 19 S. — ● Wahn od. Wirklichk.? Eine Gesch. d. Naturforschg. (Frkf./M.-Hambg '55) 241 S.

Ber. Ver. Natur u. Heimat, Naturhist. Mus. Lübeck. Neuaufbau d. Lübecker Naturhist. Mus.: **1959**, H. 1, 5-19.

Dtsch. med. Wschr. Medikamentöse Beeinflussg. d. Helligkeits- u. Farbensehens: **76** ('51) 550-53.

Fortschr. Zool. (N. F.). Nerven- u. Sinnesphysiol.: **8** ('47) 135-58.

Klin. Mbl. Augenheilkunde. Neuere Unters. üb. d. Grundlagen d. Farbensehens: **109** ('43) 577-601. — Sehphysiol. Unters. an menschl. Netzhäuten, 1: Farbsubstanzen: **110** ('44) 617-20; ~ 3: Spektralabsorpt. d. Sehpurpura[4]): 622-24. — Beeinflussg. d. menschl. Dunkeladaptat. durch Vitamine: **111** ('46) 154-73. — Hebg. d. menschl. Dunkeladaptat. durch Karotinoide[4]): 193-210. — Sehvorgang u. Sehstoffe: **118** ('51) 1-15, 225-40.

Naturwiss. Energieumsatz in d. Netzhaut: **22** ('34) 193-96. — Pupillarreakt. u. Helligkeitswahrnehmg.: 627-33. — Duplizitätstheorie: **28** ('40) 129-37, 152-56. — Zapfensubst. u. Sehpurpur: **29** ('41) 65-77. — Z. Physiol. d. Farbensehens: 377-89. — Z. Pathol. d. Farbensinns: 614-22. — Bem. zu d. Theorie d. Farbensehens v. W. Franz: 767f. — Sehpurpurlöslichk. in Zephirol[1])[5]): 781. — Z. Charakteristik d. Zapfenölkugeln[4])[6]): **31** ('43) 568. — Medikamentöse Beeinflussg. d. Farbensinns[4]): **33** ('46) 189f.

Naturwiss. Rdsch. Die medikamentöse Steigerg. d. Dämmerungssehens: **5** ('52) 156f. — Farbenphotogr. u. Farbensehen: 324-28. — Museum od. Sammlg.?: **8** ('55) 355-57.

Pflügers Arch. ges. Physiol. Studien z. vergl. Physiol d. Iris, 1: Rana temporaria: **229** ('32) 492-537. — Lichtabsorpt. d. Retina u. d. photosensiblen Substanzen d. Stäbchen u. Zapfen: **230** ('32) 614-38. — Retinale Säurebildg.: **238** ('37) 802-13. — Weitere Studien an d. Zapfensubst.: **239** ('38) 515-25. — Ölkugeln d. Zapfen u. d. Pigmentepithels u. d. Regenerat. v. Zapfensubst. u. Sehpurpur: **243** ('40) 181-205. — Bleichg. u. Regenerat. v. Sehpurpur u. Zapfensubst. in Lösg.: 651-65. — Üb. d. Natur d. Ölkugeln u. Sehstoffe[5])[4]): **246** ('43) 650-63. — Wirkungsbereiche d. Farbsubst.[4])[6]): **247** ('44) 353-56.

Universitas. Physiol. d. Sehvorgangs: **6** ('51) 437-47.

Z. vergl. Physiol. Studien z. vergl. Physiol. d. Iris, 2: Beitr. z. Adaptat. d. Teleosteer: **18** ('32) 308-58; ~ 3: Selachier: **19** ('33) 619-31; ~ 4: Reptilien: 632-47. — Chem. Reakt. d. Selachier- u. Cephalopodenretina: 615-18. — Üb. d. Licht- u. Schattenreflex v. Mya Arenaria[2]): **20** ('34) 388-404. — Vers. z. Deutg. d. Querstreifg. d. Muskels, 1: **21** ('34) 440-49. — Absorptionsspektr. d. Zapfensubst.: **28** ('40) 153-64. — Ölkugeln, Zapfensubst. u. Farbensehen: 165-79. — Unters. üb. d. Natur d. Nerveneinflusses auf d. retinomotor. Erscheinungen: D. Wirkg. v. Eserin, Acetylcholin, Adrenalin, Atropin u. Nikotin auf d. Licht- u. Dunkelwanderg. d. Stäbchen u. Zäpfchen[3]): **29** ('42) 418-32; ~ : D. Wirkg. v. Histamin, Tyramin, Aneurin, Acetyl-Aneurin, Lactoflavin u. Vitamin A auf d. Licht- u. Dunkelwanderg. d. Stäbchen u. Zapfen: **30** ('42/43) 117-22. — Lichtbleiche u. Spektralabsorpt. d. Farbsubst.[4]): 167-80.

Weitere Aufsätze in: Forsch. u. Fortschr. (1941), Umschau (1938, 1939, 1941), Kosmos (1951), Strahlentherapie (1951) u. a.

Mit: [1]) Lothar Busch; [2]) Gottfried Koller; [3]) Georgi Kosaroff; [4]) Hans-Karl Loevenich; [5]) Hans Jürgen Neumann; [6]) Heinz Wigger.

Stübler, Eberhard. Gesch. d. Med. — 1909-14 stud. U Tübingen, Kiel, München, Berlin, Wien; '17 Dr. med. U Freiburg/Br. (L. Aschoff); '19 Ass. U Heidelberg (P. Ernst), '20 U Tübingen

(A. Mayer); '40 Dr. med. habil., '48 Doz., '51 apl. Prof. U Tübingen; dazu Chefarzt Kreiskrankenhaus Reutlingen. [Eig. Mitt.]

1891, Sept. 10, Münsingen/Württ.; †1960, Juli 5, Reutlingen.

*Mitt.: Standesamt Reutlingen.

Nekr. v. Brunn, Dtsch. med. Wschr. **85** ('60) 2297.

S. ● Schwäbische Lebensbilder (H. Haering, O. Hohenstatt) **1** (Stuttg. '40) 208-15: Leonhart Fuchs; **3** ('42) 226-35: Jakob Heine; **4** ('48) 43-53: Christian Friedr. Jäger; 54-66: Karl Christoph Jäger; 155-67: Friedr. Benjamin Osiander; **5** ('50) 149-60: Johann Heinr. Ferd. v. Autenrieth; 228-34: Wilh. Friedr. Ludwig. — ● Tübinger Hochschulführer 1949 (Reutlingen '49) 17-27: Tübingen u. d. Med. — ● Neue Dtsch. Biogr. **1** (Bln '53) 460: Herm. Friedr. Autenrieth; 460f.: Johann Heinr. Ferd. v. Autenrieth; 546: Karl Baisch. — ● Hand- u. Lehrb. d. Krankenpflege (L. Fischer, F. Groß) **1** [6](Stuttg. '57) 20-34: Die geschichtl. Entwicklg. d. Krankenpflege.

W. ● Geschichte d. med. Fak. d. Univ. Heidelberg 1386-1925 (Heidelb. '26) 18 + 339 S.— ● Leonhart Fuchs, Leben u. Werk (Münch. '28) 8 + 135 S. (Münchener Beiträge z. Gesch. u. Lit. d. Naturwiss. 13/14). — ● Johann Heinr. Ferd. von Autenrieth 1772-1835 (Stuttg. '48) 128 S. — ● Geburtshilfe u. Gynäkol. in Tübingen (Stuttg. '52) 62 S.

Ärztl. Praxis. Vom Werden d. med. Zeitschrift: **2** ('50) Nr. 12, S. 12; Nr. 13, S. 12. — Findelhäuser u. Findelkinder: Nr. 42, S. 12. — Die Eroberg. Konstantinopels u. ihre Bedeutg. f. d. Med.: **5** ('53) Nr. 35, S. 20.

Dtsch. Hebammen-Z. Die Hebammenausbildg. in Württ. im Wandel d. Zeiten: **2** ('50) 189-91.

Dtsch. med. Wschr. Ludw. Uhlands Krankh. u. Tod: **78** ('53) 1344f. — Schwäb. Ärzte: **80** ('55) 582f.

Geburtshilfe u. Frauenheilkunde. Erste Schrift üb. d. Kaiserschnitt an d. Lebenden: **11** ('51) 186-90. — Woher stammt d. geburtshilfl. Phantom?: **12** ('52) 634-37.

Hippokrates. Von Puerperalfieberepidemien früherer Zeiten: **22** ('51) 164f.

Sudhoffs Arch. Gesch. Med. u. Naturwiss. Das Nebelsche Steinkind u. d. Ärztefamilie Nebel in Heidelberg: **18** ('26) 103-06. — D. französ. Revolution u. d. Med.: **37** ('53) 130-39. — Die Oberrhein. Ges. f. Geburtshilfe u. Gynäkol.: 405-10.

Südwestdtsch. Ärztebl. Ärztl. Standesfragen in Württ. vor 100 Jahren: **1** ('46) 85-87. — Erstes Hebammenlehrb. f. Württ. v. Christoph Völter (1679): **5** ('50) 185f. — Tübingen u. d. Zeitströmungen in d. Med.: **6** ('51) 134-38. — Das Martyrium Carl L. Schleichs: **7** ('52) 27.

Ferner Arbeiten auf med. Geb. in versch. Fachzeitschriften.

VI **Stueckelberg von Breidenbach,** Ernst Carl Gerlach. Physik. — Seit 1939 o. Prof. U Genf; dazu '42 Chargé de cours U Lausanne; '50 Prof. hon. U Genf; '57 Prof. extraord. U Lausanne. [Eig. Mitt.]

*1905, Febr. 1, Basel.

Biobibliogr. ● Documents pour servir à l'Histoire de l'Univ. de Genève **8** (Genève '38) 123-25 (m. Schr. verz. 30 Nr.); **9** ('44) 61f. (~ 21 Nr.); **10** ('48) 51f. (~ 14 Nr.); **11** ('53) 58f. (~ 7 Nr.); **12** ('59) 64f. (~ 9 Nr.).

Ann. Physik. Relativist. invariante Störungstheorie d. Diracschen Elektrons, 1: Streustrahlg. u. Bremsstrahlg.: (5) **21** ('34) 367-89.

Arch. Sci. physiques natur. Une méth. nouvelle de la quantificat. des champs: **24** ('42) 261; **25** ('43) 1-70. — Transformat. de jauge et conservat. de la charge léptonique: **10** ('57) 243-47.

Bull. Inst. nat. Genevois. Découverte des rayons X et la nature du rayonnement: **52** ('46) 1-13.

C. R. Acad. Sci. Paris. A propos de l'interaction entre les particules élémentaires: **207** ('38) 387-89.

C. R. Soc. Physique Hist. natur. Genève. Remarque à propos des temps multiples dans la théorie d'interact. des charges entre elles: **52** ('35) 98-101. — Radioactivité γ avec un spectre continu. Essai d'une nouvelle théorie unitaire du champ: **53** ('36) 64-69. — Correspondance entre les potentiels retardés de la physique classique et de la physique quantique: **54** ('37) 44-47. — Etablissement de la formule des potentiels retardés dans la physique quantique: 47-50. — Sur l'intégrat. de l'équat. $\left(\sum_1^4 \frac{\partial^2}{\partial x_i^2} - l^2\right) Q = -\varrho$ en utilisant la méth. de Sommerfeld: **56** ('39) 43-45. — Solutions invariantes $D_\varkappa^2$ (x, y) de l'équat. $(\Box - \varkappa^2) D = 0$ (1) dans l'espace pseudo-euclidien: **59** ('42) 49-52. — Solutions invariantes $D_\varkappa^2$ (x, y) de l'équat. de Schrödinger relativiste: 53-55. — Principe de correspondance d'une mécanique asymptotique classique: **61** ('44) 155-58. — Principe de correspondance d'une mécanique asymptotique quantifiée: 159-61. — Le freinage de radiat. de l'électron de Dirac en mécanique asymptotique: 162-65.

Disquisit. math. et physicae [Bukarest]. La notion de temps: **2** ('42) 301-17.

Experientia. L'état actuel de la théorie des particules élémentaires et des quanta: **1** ('45) 33-36.

Feuille centr. Soc. Zofingue. Der heut. Stand d. exakten Naturwissenschaften: **8** ('37) 503-14.

Helvet. physica Acta. Theorie d. unelast. Stöße zw. Atomen: **5** ('32) 369-422. — Bem. zu d. Intensität d. Streustrahlg. bewegter freier Elektronen: **8** ('35) 197-204. — Remarque sur la product. des paires d'électrons: 324-26. — Feldtheorie d. Materie, 1: Austauschkräfte zw. Elementarteilchen u. Fermische Theorie d. β-Zerfalls als Konsequenzen einer mögl. Feldtheorie d. Materie: **9** ('36) 389-404; ~ 2: Invariante Störungstheorie d. Elektron-Neutrino-Teilchens unt. d. Einfl. v. elektromagnet. Feld u. Kernkraftfeld: 533-54. — D. Wechselwirkungskräfte in d. Elektrodyn. u. in d. Feldtheorie d. Kernkräfte, 1: **11** ('38) 225-44; ~ 2 u. 3: 299-328. — Energieverluste v. Elementarteilchen m. ganzzahl. Spin: 378-80. — Sur l'interact. entre les particules nucléaires[3]): **12** ('39) 300-03. — Théorie classique des forces d'échange[3]): **13** ('40) 167-92. — Influence du champ pseudo-scalaire sur la théorie classique des forces d'échange: 347-54. — Un nouveau modèle de l'électron ponctuel en théorie classique, 1: **14**

('41) 51-80. — La significat. du temps propre en mécanique ondulatoire: 322f. — Remarque à propos de la créat. de paires de particules en théorie de relativité: 588-94. — La mécanique du point matériel en théorie de relativité et en théorie des quanta: **15** ('42) 23-37. — Remarques à propos de la relat. entre spin et statistique: 327-29. — Le rôle de l'invariance spinorielle et l'invariance de jauge dans un nouveau principe fondamental: 513-15. — Un principe qui relie la théorie de la relativité et la théorie des quanta: **16** ('43) 173-202. — Le freinage du rayonnement en théorie des quanta: 427f. — Un modèle de l'électron ponctuel, 2: **17** ('44) 3-26. — Charge gravifique et le spin de l'électron classique: **18** ('45) 21-44. — Mécanique fonctionelle: 195-220. — Rayonnement d'accélérat. d'un électron dans l'effet Compton¹): **19** ('46) 237-39. — Opérateurs non linéaires en théorie de quanta⁵): 239-41. — Une propriété de l'opérateur S en mécanique asymptotique: 241f. — Causalité et structure de la matrice S⁵): **23** ('50) 215-22. — Eliminat. des constantes arbitraires dans la théorie relativiste des quanta²): **24** ('51) 153-74. — The normalization group in quantum theory⁴): 317-19. — Théorème H et unitarité de S: **25** ('52) 577-80. — Thermodynamique en relativité générale⁶): **26** ('53) 307-16. — Thermodynamique dans un continu, riemannien par domaines, et théorème sur le nombre de dimensions ($d \leqq 3$) de l'espace: 417-20. — Normalisat. des constantes dans la théorie des quanta⁴): 499-520. — Acausalité de l'interaction non-locale⁶): **27** ('54) 667-82. — Z. Deutg. d. relativist. Wellenfunktionen⁶): **28** ('55) 352-55. — Théorie de la radiat. de photons de masse arbitrairement petite: **30** ('57) 209-15. — Field quantizat. and time reversal in real Hilbert space: **32** ('59) 254-56. — Sign of absol. temp. T in phenomenol. thermodynamics: **33** (60) 605-08.

Ind. atom. Le théorème CPT, conjugat. particule antiparticule C, réflex. spatiale P et invers. du temps T: **2** ('58) 17-26.

J. Genève. Max Planck et la physique contemporaine: **1936**.

Nature [London]. Radioactive β-decay and nuclear exchange force as a consequence of a unitary field theory: **137** ('36) 1032. — Artificial radioactivity giving continuous γ-radiat.: 1070f. — Neutrino theory of light: **139** ('37) 198f. — Theory of mesons and nuclear forces: **143** ('39) 560f. — New model of the point charge electron and of other elementary particles: **144** ('39) 118. — An unambiguous method of avoiding divergence difficulties in quantum theory: **153** ('44) 143f.

Physic. Rev. Theory of inelastic collisions: (2) **40** ('32) 1036. — Theory of continuous absorpt. of O_2 at 1450 Å: **42** ('32) 518-24; **44** ('33) 234. — On the existence of heavy electrons: **52** ('37) 41f. — Rigorous theory of interact. between nuclear particles: **54** ('38) 889-92. — Possible new type of spin-spin interact.: **73** ('48) 808. — Convergent expression for the magnetic moment of the neutron⁵): **74** ('48) 218. — Relativistic quantum theory for finite time intervals: **81** ('51) 130-33. — Restrict. of possible interact. in quantum electrodynamics⁴): **82** ('51) 548f. — Violation of parity conservation and general relativity: **106** ('57) 388f.

Schweiz. Arch. angew. Wiss. u. Techn. Fragen aus d. Physik d. Atomkerne u. d. Elektrons: **2** ('36) 219-23.

Verh. naturforsch. Ges. Basel. Über d. Meth. d. physik. Naturbeschreibg.: **47** ('36) 181-205.

Z. techn. Physik. Die Schwierigkeiten in d. Feldtheorie d. Austauschkräfte: **21** ('40) 275f.

Mit: ¹) Pierre Bouvier; ²) T. A. Green; ³) J. F. C. Patry; ⁴) A. Petermann; ⁵) Dominique Rivier; ⁶) G. Wanders.

V, VI **Stücker,** Norbert Eduard Karl. Geophysik. — 1933-37 Dir. Steiermärk. Landesbibliothek Graz; '37-59 i. R. in Graz lebend. [Eig. Mitt.]
*1882, Juni 22, Graz;
†1959, Juni 14, Graz*.

*Mitt. d. Witwe: Frau Annie Stücker.

W. ● Katalog d. Bibliothek d. Landesbauernschaft Steiermark (Graz '44) 24 + 595 S.

Mitt. naturwiss. Ver. Steiermark. Bedingung d. Auftretens v. Nordföhn in Tragöß, Bruck u. Graz: **75** ('39) 168-78. — Beiträge zu einer geophysik. Bibliogr. d. Steiermark: **85** ('55) 139-55.

VI **Stücklen,** Hildegard. Physik. — 1931-32, '34-37 Research instr., '37-43 Assist. Prof. Mt. Holyoke Coll., South Hadley, Mass.; '32-37 PDoz. U Zürich; '43-54 Assoc. Prof., '54-56 Prof. Sweet Briar Coll., Sweet Briar, Virginia, USA; '56-59 Prof., seit '59 Lecturer Wilson Coll. Chambersburg, Pennsylvania. [Eig. Mitt.]
*1891, Mai 3, Berlin.

S. ● Proc. 7th Conf. on Spectroscopy and its Applications, Cambridge, Mass. 1939 (New York '40) 128-33: The extreme-ultraviolet absorpt. spectra of simple hydrocarbons (m. E. P. Carr).

Helvet. physica Acta. Absorptionsspektren einiger Kohlenwasserstoffverbb. im Schumann-Geb.¹): **6** ('33) 261-65.

J. Amer. chem. Soc. The ultraviolet absorpt. spectra of the isomers of butene-2 and pentene-2¹): **59** ('37) 2138-41. — Spectrographic study of the format. of 1,3-cyclohexadiene from cyclohexene⁴)⁵): **62** ('40) 1717-19.

J. chem. Physics. The ultraviolet absorpt. spectra of simple hydrocarbons, 3: In vapor phase in the Schumann region¹): **4** ('36) 760-68; ~ 4: Unsaturated cyclic hydrocarbons in the Schumann region¹): **6** ('38) 55-61. — An electron. transit. of the Rydberg series type in the absorpt. spectra of hydrocarbons¹): **7** ('39) 631. — Near ultraviolet absorpt. of pyridine vapor³): **14** ('46) 101-12.

J. opt. Soc. America. A simple method of the determinat. of extinct. coefficients using a hydrogen lamp as light source: **29** ('39) 37-39. — Reply to a communicat. by Dr. v. Halban: 305.

Naturwiss. Kältephysik u. Physik d. Atomkerns: **21** ('33) 772-76. — Absorpt. d. Funkenlinie $\lambda = 1854{,}7$ ÅE. des Al durch Quecksilberdampf: **22** ('34) 288 [auch in: Physik. Z. Sowjetunion **4** ('33) 637].

Physic. Rev. The metastable ²D-level of the nitrogen atom¹): (2) **43** ('33) 944f.

Popular Astron. The effect of cosmic rays on meteorites: **58** ('50) 186.

Rev. modern Physics. The absorpt. spectra of a series of dienes[1][2]: **14** ('42) 260-64.

Z. physik. Chem. (B). Absorptionsspektren einiger Kohlenwasserstoffverbb. im Schumann-Violett[1]): **25** ('34) 57-70.

Mit: [1]) Emma P. Carr; [2]) L. W. Pickett; [3]) Hertha Sponer; [4]) H. Thayer; [5]) Ph. Willis.

Stühmer, Werner Karl Helmuth Wilhelm. Chem. (org.). — 1930-37 stud., '37-50 Ass., '39 Dr.-Ing. (A. Skita), '42 Dr.-Ing. habil., '46-55 PDoz. TH Hannover; seit '51 Chemiker wiss.-pharmaz. Abt. Kali-Chemie AG, Hannover. [Eig. Mitt.]

*1910, Okt. 31, Hannover.

Kurzbiogr. ● Catalogus Professorum TH Hannover 1831-1956 (Hannov. '56) 45 (m. Bildn.).

W. ● Katalytische Druckhydrierungen. Hab.-schr. (o. O. '42) 53 S. Masch.schr.

Arch. Pharmaz. Ber. Dtsch. pharmaz. Ges. N-alkylierte 1,5-Diphenyl-3-aminopentane[4]): **285** ('52) 68-70. — N-monosubstituierte Cyclohexylamine[4]): 120-22. — Notiz üb. N-substituierte β-Acetylphenylhydrazine[1]): 161-65. — Acylderivierte diastereomere 1,3-Diphenyl-3-amino-propanole-(1)[2]): **286** ('53) 8-12. — N-substituierte 1,2-Diphenyl-2-amino-äthanole-(1)[6]): 19-22. — Diastereomere 1,3-Diphenyl-3-amino-propanole-(1) u. ihre opt. akt. Formen[2]): 22-26. — Konfigurat. diastereomerer 1,3-Diphenyl-3-amino-propanole-(1)[2]): 26-34. — 1,3-Diphenyl-propandiol-(1,3)[2]): 65-69. — Diastereomere N,N'-substituierte 1,2-Diphenyl-äthylendiamine[6]): 221-31. — Darst. v. 1-α-Brom-π-camphersulfonsäure[2]): 284f. — Konstitut. d. Kondensationsproduktes aus Benzoin u. Anilin[6])[5]): 418-24. — Dissoziationsgrad der am Stickstoff substituierten iso-α-Oxy-β-amino-α,β-diphenyläthane[7]): **287** ('54) 14-18. — N-substituierte Bis-(γ-phenylpropyl)-amine[1]): 139-47.

Ber. Dtsch. chem. Ges. 4-monoalkylierte Aminoantipyrine[8])[9]): **75** ('43) 1696-1702. — N,N-dialkylierte iso-α-Oxy-β-amino-α,β-diphenyläthane[7]): **83** ('50) 66-68. — Diastereomere 3-Amino-1,3-diphenyl-propanole-(1) u. ihre N-Monoalkylderiv.[3]): **84** ('51) 224-28.

Mit: [1]) Ernst-August Elbrächter; [2]) Hans Helmut Frey; [3]) Werner Heinrich; [4]) Wilhelm Kaupmann; [5]) Klaus-Dietrich Ledwoch; [6]) Günter Messwarb; [7]) Werner Neumann; [8]) Aladar Skita; [9]) Keil.

Stüper, Josef August Peter. Physik. — 1926-31 stud. U Münster, Marburg, Göttingen; '31 Dr. phil. U Göttingen (L. Prandtl, '32-34 dess. Ass.); '34-38 wiss. Mitarb. Aerodyn. Versuchsanst., '38-45 Leiter Inst. f. Flugforschg., Göttingen; '40 pl. ao. Prof. (Forsch.-Prof.) im Reichsdienst; '45-47 Royal Air Force, Göttingen; '48-49 Flugforschg. Council for scientific and industr. Res., Melbourne/Australien; '50 wiss. Mitarb. opt. Industr. Wetzlar; seit '51 Leiter Abt. wiss. Photogr. Zeiss-Ikon, Stuttgart. [Eig. Mitt.]

*1907, Febr. 23, Buer/Westf.

Erf. Anwendg. d. Luftschraube als Bremse (DRP '44). — Blitzlichtschaltung (BP '51).

HZ. (Schriftl.) Photogr. u. Forsch. **5** ('52/53) ff.

S. ● Council for scientific and industr. Research. Report of the aerodyn. Department A 59 (Melbourne '49): Influence of surface irregularities on transition with various pressure gradients. — ● Nat. u. Med. in Dtschl. 1939-46, **4** (Weinh. '55) 99-126: Flugmechanik.

W. ● Das Bremsen v. Flugzeugen durch d. Luftschraube (Bln '44) 103 S. (Dtsch. Akad. Luftfahrtforsch.). — (Bearb.) ● Flugversuchstechnik (Gött. '46) 246 S. (Monogr. aerodyn. Versuchsanst. Göttingen D 4). — (Bearb.) ● Luftschrauben (Gött. '46) 212 S. (~ H). — (Bearb.) ● Flugeigenschaften (Gött. '46) 317 S. (~ L). — ● Kleinstbildtechnik (Seebruck '50) 63 S.; [2]('53); [3]('57) 64 S. (Foto-Dienst 10). — ● Tips f. d. Contaflex (Seebruck '54) 63 S.; [2]('55); [3]('56); [4]('57) 64 S. (~ 32).

Allg. Automobil-Ztg. Die Regelg. d. Kühlwassertemp.: **41** ('40) 614f.

Fotografie. Neue Wege in d. Kameraopt.: **3** ('49) 57.

Foto-Kino-Techn. Neue Kleinstkameraopt.: **4** ('50) 14f. — Moderne Verschlüsse an Kleinbildkameras: 308-10. — Konstrukt. Maßnahmen im Kamerabau z. Verhinderg. v. Aufnahmefehlern: **5** ('51) 134-38.

Foto-Prisma. Grenzen d. Kleinstbildes: **2** ('51) 349-52.

Ingenieur-Arch. Der durch einen Freistrahl hindurchgesteckte Tragflügel: **3** ('32) 338-55 [Diss.].

Kleinfilm-Foto. Spiegeleinrichtung oder Entfernungsmesser?: **11** ('41/42) 4f.

Leistung. Die Photogr. im Dienste d. Wiss.: **2** ('51) 31-38.

Luftfahrt-Forsch. Unters. v. Reibungsschichten am fliegenden Flugzeug: **11** ('34) 1-7, 26-32. — Z. Probl. des durch einen Freistrahl hindurchgesteckten Tragflügels: **12** ('35) 267-82. — Relat. Sicherh. d. mehrmotor. Flugzeugs: **14** ('37) 363-67. — Einfl. d. Schraubenstrahls auf Flügel u. Leitwerk: **15** ('38) 181-205.

Luftwissen. Die heut. Aufgaben d. aerodyn. Forschg.: **4** ('37) 199f. — Wünsche z. Entwicklg. im Flugzeugbau: **5** ('38) 181f. — Meßtechn. b. Flugvers.: **8** ('41) 109-13.

Orion. Die automat. Uhr: **5** ('50) 666f.

Photogr. u. Forsch. Das Contax-Syst.: **5** ('52/53) 92-96, 126-28; **6** ('54/55) 93-96. — Nahaufnahmegeräte z. Contax: **5** ('52/53) 130-39. — Die Contaflex: 248-50. — Röntgendurchleuchtungskasten u. Büchertisch z. Contax-Reproduktionsgerät: **6** ('54/55) 31f. — Reihenbilder: **7** ('56/57) 1-11.

Photo-Techn. u. -Wirtsch. Moderne Verschlüsse an Kleinkameras: **1** ('50) 308-10. — Konstrukt. Maßnahmen im Kamerabau z. Verhinderg. v. Aufnahmefehlern: **2** ('51) 134f., 246f., 250. — Kamerabau, bewährte Zeiss-Ikon-Tradit.: 352f., 372. — D. Schmidtsche Spiegelopt.: **3** ('52) 58f. — Zeiss-Ikon erweitert Systemkamera durch Weitwinkel, Naheinstell- u. Stereo-Gerät: **5** ('54) 140f. — Eingebaute Belichtungsmesser — Fortschr. im Kamerabau: **6** ('55) 155f.

Rdsch. Dtsch. Techn. Die Bedeutg. v. Flugmessungen: **19** ('39) Nr. 3, S. 5.

Schr. Dtsch. Akad. Luftfahrtforsch. Anwendg. d. Luftschraube als Sturzflugbremse: **1943**, H. 1063/43 g.

VDI-Nachr. Vergütete Linsen: **4** ('50) März-H., S. 3. — Die Schmidt-Opt.: Nr. 11, S. 2.

Z. Flugtechn. u. Motorluftsch. Auftriebsverminderg. eines Flügels durch seinen Widerstand: **24** ('33) 439-41.

Z. Flugwiss. Einfl. eines Stolperdrahtes auf d. Umschlag d. Grenzschicht an einer ebenen Platte: **4** ('56) 30-34.

Stüssi, Fritz. Baustatik, Hoch- u. Brückenbau. — 1919-23 stud., '23-26 Ass. (A. Rohn), '30 Dr. sc. techn. ETH Zürich (L. Karner); '35 PDoz., '36 ao. Prof., seit '37 o. Prof. ETH Zürich. — Dr. h. c. (U Cambridge); Dr. h. c. (U Kairo). [Ohne eig. Mitt.]
*1901, Jan. 3, Wädenswil.

Zum 60. Geb.tag. Möhler, Bautechnik (B) **38** ('61) 35f. — O. Steinhardt, Bauingenieur **36** ('61) 36f. (m. Schr. verz. 6 Nr.); Stahlbau **30** ('61) 64 (m. Bildn.). — VDI-Nachr. **15** ('61) Nr. 1, S. 11.

MH. • Mitt. Inst. Baustatik ETH Zürich **10** ('39)ff. — • L. Euler, Opera omnia Ser. 2, **10** (Zürich-Lpz. '47).

MHZ. Z. angew. Math. u. Physik **1** ('50)ff.

S. • Eidgenöss. Techn. Hochschule. Ecole polytechn. fédérale 1855-1955 (Zürich '55) 384-409: Abt. f. Bauingenieurwes.

W. • Sicherheit statisch unbest. Fachwerke b. Veränderg. einzelner Stabquerschnitte. Diss. (Zürich '30) 77 S. — • Zur Theorie d. „Schienenatmung" (o. O. '40) 7 S. — • Ein neues Kriegsbrückensyst. (m. C. F. Kollbrunner u. M. Meister) (Zürich-Lpz. '45) 74 S. (Mitt. Forsch. u. Konstrukt. im Stahlbau 2). — • Schrumpfspannungen u. Dauerfestigk. geschweißter Trägerstöße (m. C. F. Kollbrunner) (Zürich '46) 47 S. (~ 4). — • Vorlesungen üb. Baustatik **1** (Basel '46) 12 + 368 S.; [2]('53) 370 S.; **2** ('54) 313 S. (Lehr- u. Handbücher d. Ing.-Wiss. 1.2); **3**: portug. (São Paulo '55) 154 S. [aus d. Ms. übersetzt]. — • Schweizerische Pioniere d. Brückenbaues (Zürich '50) 14 S. (Kultur- u. staatswiss. Schr. 74). — • Stahlbau (m. O. Wichser) (Zürich '51) 151 S. (Schr.-R. z. Frage d. Arbeitsbeschaffg. Bautechn. Schr.-R. 14). — • Versuchsbericht üb. d. Ausbeulen der auf einseit., gleichmäß. u. ungleichmäß. verteilten Druck beanspruchten Platten aus Avional M, hart vergütet (m. C. F. Kollbrunner u. M. Walt) (Zürich '51) 156 S. (Mitt. Inst. Baustatik ETH Zürich 25). — • Ausbeulen rechteck. Platten unter Druck, Biegg. u. Druck m. Biegg. (m. F. Kollbrunner u. H. Wanzenried) (Zürich '53) 35 S. (~ 26). — • Leonardo u. d. Wissenschaften (Zürich '52) 8 S. (Industr. Organisat. 1952, Juli-Beil.). — • Das Problem d. großen Spannweite (Zürich '54) 46 S. (Mitt. d. T. K. V. S. B. 10). — • Die Theorie d. Dauerfestigk. u. d. Versuche v. Aug. Wöhler (Zürich '55) 47 S. (~ 13). — • Tragwerke aus Aluminium (Bln-G.-H. '55) 7 + 198 S. — • Entwurf u. Berechng. v. Stahlbauten **1**: Grundlagen d. Stahlbaues (Bln-G.-H. '58) 9 + 577 S.

Abh. int. Vereinig. Brückenbau Hochbau. Stabilität d. auf Biegg. beanspruchten Trägers: **3** ('35) 401-20. — Zur Berechng. verankerter Hängebrücken: **4** ('37) 531-42. — Biegg. u. Verdrehg. d. dünnwand. schlanken Stahlstabes: **6** ('40/41) 277-87. — Statik d. Seilschiene: 289-306. — Berechng. d. Beulspannungen gedrückter Rechteckplatten: **8** ('47) 237-48. — Zusammengesetzter Vollwandträger: 249-69.

Schweiz. Bau-Ztg. Baustat. Methoden: **107** ('36) 68. — Verbesserte Formänderungstheorie verankerter Hängebrücken u. Stahlbogen[2]): **116** ('40) 1-3, 35. — Z. allg. Formänderungstheorie d. verankerten Hängebrücken: **117** ('41) 1-4, 18-22. — Einsturz d. Tacoma-Hängebrücke[1]): 137-40. — Leichtbau im Brückenbau u. Hochbau: **121** ('43) 1-4, 13. — Berechng. u. Ausbildg. zusammengesetzter Vollwandträger: 87-89. — Theorie d. Schienenatmung: 231-33. — Verdübelte Balken: **122** ('43) 271-74. — Entwicklungstendenzen im Stahlbrückenbau: **66** ('48) 1-5, 25f. — Karl Culmann u. d. graph. Statik: **69** ('51) 1-3.

Techn. Mitt. Sappeure. Bemerkungen z. Sprengg. v. Eisen: **1** ('36) Nr. 2. — Die Tränkitröglibrücke oberhalb Hütten: 102-08. — Militär. Bautechn.: **2** ('37) 1-4. — Theorie d. Tragseils b. Militärseilbahnen: 31-38. — Entwicklg. d. Kriegsbrückenbaues: **3** ('38) 45-57. — Stat. Wirkungsweise v. Sattelhölzern: **5** ('40) 58-64. — Grundlagen d. Zerstörungstechn. A: Allgemeines, Sprengg. v. Holz u. Stahl: 65-97. — Schwere Notbrücke m. verdübelten Balken: **6** ('41) 133-47.

Z. angew. Math. u. Physik. Numer. Lösg. v. Randwertproblemen m. Hilfe d. Seilpolygongleichg.: **1** ('50) 53-70. — D. Grundlagen d. math. Plastizitätstheorie u. d. Versuch: 254-67. — Stellungnahme z. Zuschr. v. Prof. P. P. Bijlaard: **2** ('51) 118f. — Z. Prandtlschen Membrananalogie d. Torsion: **9b** ('58) 661-67.

Mit: [1]) Jacob Ackeret; [2]) Eduard Amstutz.

VI **Stüve,** Georg Heinrich Friedrich. Meteorol. — 1924-35 Leiter Wetterdienststelle Frankfurt/M.; dazu '32-35 n. beamt. ao. Prof. U Frankfurt/M. [Mitt.: F. Baur VIIa] [burg;
*1888, Sept. 8, Gadebusch/Mecklen-
†1935, Febr. 21, Berlin.

Bibliogr. in: • Lindenberger Bibliogr. (Bln '60) 65f.

Nekr. F. Linke, Meteorol. Z. **52** ('35) 108-10 (m. Schr.verz. 26 Nr.). — R. Mügge, Beitr. Physik freien Atmosph. **22** ('35) 203-05.

Meteorol. Z. Vorschläge z. Vereinheitlichg. d. Vektorschreibweise in d. Meteorol.[1])[2]): **49** ('32) 309-11. — Bem. zu d. vorgeführten Cumulus-Film: **50** ('33) 462.

Mit: [1]) Franz Baur; [2]) Bernhard Haurwitz.

Stuhlmann, Walter. Werkstofftechn. — 1934-40 stud. TH Berlin-Charlottenburg; '48 Dr.-Ing. (P. Riebensahm, K. B. Matthes), seit '54 PDoz. TU Berlin; dazu Leiter d. ges. Prüfwesens d. Int. Büromaschinen-GmbH in Dtschl. [Eig. Mitt.]
*1915, Jan. 25, Mildenau.

S. • Betriebstechn. Taschenb. (H. Kotthaus) [5]('Münch. '53) 358-85; [6]('58) 398-428: Wärmebehandlg. d. Metalle.

W. • Härtereitechnik in USA (m. A. Braun u. a.) (Münch. '55) 88 S. (RKW-Auslandsdienst 27).

Fertigungstechnik. Einsatzhärtg. m. Gasaufkohlg.: **7** ('57) 153-60.

Härterei-techn. Mitt. Krit. Betrachtg. d. sogen. S-Kurve als Darst. d. Umwandlungsvorgänge b. d. Abkühlg. v. Stahl: **4** ('49) 13-26. — Die zweckmäß. Härtg. aufgekohlter Bauteile: **5.** 1950 ('52) 215-25. — Aussage d. Zeit-Temp.-Umwandlungs-Schaubilder f. d. Härterei-Ing.: **6.** 1950 ('52/54) 31-48. — Eindrücke u. Beobachtungen in amer. Härtereien: **7.** 1951 ('52/55) 9-24.

Handelsblatt. Zweckmäßige Verf. d. Oberflächenhärtg.: **10** ('55) Nr. 59, Beil. S. 1.

Industrie-Anz. Der Stand d. Gasaufkohlg. in Dtschl.: **1958,** H. 93, 1410f.

Industrieblatt. Härtbarkeitsprüfg. d. Vergütungsstähle: **52** ('52) 67-69. — Erfahrungen b. d. Messg. d. Einhärtetiefe m. d. Ritz-Verf.[3]: 342-45. — Ber. üb. d. 8. Härterei-Kolloquium: **53** ('53) 33. — D. moderne Oberflächenhärtg.: 288-91. — Betrachtungen zu einigen Problemen d. modernen Härtetechn.: 305-09. — P. Riebensahm z. 75. Geb.tag: **55** ('55) 453-55. — Eigenschaften u. Gefügeausbildungen v. CK 45 in versch. Wärmebehandlungszuständen[1]): 468-75. — Prakt. Erfahrungen m. d. Karbonitrieren: **58** ('58) 91.

Konstruktion. Neue Bezeichnungen f. Eisen u. Stahl durch Stoffnummern nach DIN 17007[2]): **4** ('52) 24f. — Voraussetzungen f. d. Reproduzierbark. b. d. Jominy-Prüfg. Stirn-Abschreckprüfg.: 159.

Progressus. Verf. u. Anlagen z. Härten, Vergüten u. Oberflächen-„Veredeln"[1]): **21** ('54) N. D 6, 34-40; [engl.] N. E 5, 35-41; [franz.] N. F 3, 48-53; [span.] N. S 3, 38-44.

Techn. Rdsch. Das 14. Härterei-Kolloquium: **1959,** 25.

Umschau. Gasaufkohlg.: **57** ('57) 690-92.

Z. VDI. Anlagen f. indukt. Erwärmg.: **94** ('52) 653f. — Industrieofenbau: **95** ('53) 586-89. — Härtereitechn.: **98** ('56) 1486-90; **99** ('57) 1202-05; **100** ('58) 1189-91; **101** ('59) 1148f.

Mit: [1]) Rudi Jonck; [2]) H. Niermeyer; [3]) D. Starke.

Stuke, Bernward. Physikal. Chem. — 1940, '44, '46-50 stud., '50 Dr. rer. nat. (G. M. Schwab, '50 dess. Ass.), '54 PDoz., '58 Ob.Ass., '61 apl. Prof. U München. [Eig. Mitt.]
*1921, Juni 6, Bremen.

S. ● Proc. 2nd Int. Congr. of Surface Activity, London 1957 (Lond. '57) 482-93: Die Abhängigk. d. „zweiten" Grenzflächenzähigk. kapillarinakt. wässeriger Lösungen v. d. Wasserstoffionenkonzentration (m. Wolfg. Schwindt).

W. ● Beitrag z. Systematik u. Theorie der Trennverf. Diss. (o. O. '49) 49 S. Masch.schr. vervielf. — ● Bewegungswiderstände in Flüssigkeitsgrenzflächen. Hab.schr. (o. O. '54) 45 S. Masch.schr.

Angew. Chem. (B). Berechng. d. Wärmeaustausches in Regeneratoren m. zylindr. u. kugelförm. Füllmaterial: **20** ('48) 262-68.

Chemie-Ing.-Techn. Zur Theorie d. azeotropen Gemische: **25** ('53) 133-36. — Rektifikat. in Füllkörperkolonnen: 677-82. — Rektifikat. in Füllkörperkolonnen m. Inertgaszumischg.[1]): **27** ('55) 669-75.

Naturwiss. Verhalten d. Oberfläche v. sich in Flüssigkeiten bewegenden Gasblasen: **39** ('52) 325f.

Z. Elektrochem. Zum chem. Austauschverf.: **57** ('53) 655-69. — Zur dyn. Oberflächenspanng. polarer Flüssigkeiten: **63** ('59) 140-45.

Z. Physik. Zur Bildg. v. Wirbelringen: **137** ('54) 376-79.

Mit: [1]) Rudolf Sizmann.

Stuloff, Nikolai. Gesch. d. Math. — 1934-41 stud. TH Berlin; '47 Dr. rer. nat. U Göttingen (Th. Kaluza sen.); '48-54 Ass., '54 habil., '55-57 PDoz. U München; '57 PDoz., '60 apl. Prof. U Mainz. [Eig. Mitt.]
*1914, Nov. 20 (7 a. St.), Moskau.

S. ● Neue Deutsche Biogr. **3** (Bln '57) 552f.: Dedekind; **4** ('59) 148: Du Bois-Reymond; 417: Eisenlohr.

Math. Ann. Die Differentiat. beliebiger reeller Ordng.: **122** ('51) 400-10 [Diss.-Ausz.].

Math. Z. Üb. d. Entwickelbark. v. Funktionen in verallgemeinerte Dirichletsche Reihen: **53** ('50) 273-84. — Absol. konvergente verallg. Dirichletsche Reihen im Reellen: **54** ('51) 329-38. — Ein Beitr. z. Theorie spezieller Dirichletscher Reihen: **59** ('54) 339-55.

Nachr.-Bl. Dtsch. Vereinig. Gesch. Med. Wandel in d. Entwicklg. d. Funktionsbegriffes im Zeitalter v. Descartes u. Fermat: **1958,** H. 10, S. 14f. — C. F. Gauß u. d. Existenzprobl. in d. Math.: H. 12, S. 12. — Zur Entstehg. d. Intuitionismus in d. Math.: **1959,** H. 14, S. 20.

Sudhoffs Arch. Gesch. Med. u. Naturwiss. Der Exaktheitsbegriff d. Math. u. sein Wandel in d. Neuzeit: **42** ('58) 245-59.

IV-VI **Stumpf,** Carl Friedrich. Philos., exp. Psychol., physik. u. physiol. Akustik. — 1894-1921 o. Prof. U Berlin; dann i. R. in Berlin.
*1848, Apr. 21, Wiesentheid/Unterfranken;
†1936, Dez. 25, Berlin-Lichterfelde.

Nekr. W. Köhler, Psychol. Forsch. **22** ('36) H. 1/2, I. — M. Schneider, Dtsch. Musikkultur **2** ('37) 44-47. — G. Schünemann, Arch. Musikforsch. **2** ('37) 1-7. — Ferd. Trendelenburg, Z. techn. Physik **18** ('37) 57f. (m. Bildn.).

Zum 100. Geb.tag. A. Kreichgauer, Musikblätter [Berlin] **1948,** Nr. 8, 1-5. — Fritz Winkel, Funk u. Ton **2** ('48) 211f.

VI **Stumpf,** Johannes. Kraftmaschinenbau. — 1896-1930 o. Prof. TH Berlin-Charlottenburg; '30 em.
*1862, Apr. 6, Mülheim/Ruhr;
†1936, Nov. 18, Berlin.

Nekr. E. Josse, Z. VDI **80** ('36) 1554 (m. Bildn.); Rdsch. techn. Arb. **16** ('36) Nr. 49, S. 7. — O. Schöne, Forsch. u. Fortschr. **13** ('37) 15f. — Jahrb. schiffbautechn. Ges. **38** ('37) 74 (m. Bildn. u. Faks.).

Stumpf, Karl Ernst. Chem. (anorg.). — 1927-33 stud. U u. TH Berlin; '33 Dr. phil. U Berlin (W. Traube, W.

Schlenk); '34–35 wiss. Mitarb. KWInst. f. physikal. u. Elektrochem., Berlin-Dahlem; '35–38 Ass. Chem. Inst. (G. Jander), '39–45 Ob.Ass. anorg. Abt. Chem. Inst., '43 Dr. phil. habil., Doz. U Greifswald; seit '45 Industrietätigk., seit '53 Chef-Chemiker Phoenix-Rheinrohr AG, Düsseldorf, Ver. Hütten- u. Röhrenwerke, Hauptlabor. Werk Ruhrort, Duisburg-Ruhrort. [Eig. Mitt.]
*1909, Febr. 24, Berlin.

MH. • W. Jander, Lehrbuch f. d. anorg.-chem. Praktikum [5](Lpz. '44).

S. • Handbuch d. analyt. Chem. (Fresenius-Jander) **3**,2a (Bln '40) 1–121: Beryllium. — • P. Wustrow, Das Cadmium in d. Prothetik (Bln '43) 70–78: Über d. Verdampfg. d. Cadmiums u. d. Best. kleinster Mengen v. Cadmium- bzw. Cadmiumoxydrauch. — • Wirtschaftsvereinigg. Eisen- u. Stahlindustr., Gruppe Roheisen, Kurzberichte, Essen, Nov. 1954 (Essen '54) 1–9: Auswertg. d. chem. Analyse v. sand- u. maschinevergossenem Roheisen. — • Proc. 6. Colloquium spectroscopicum int., Amsterdam 1956 (Lond. '57) 35–43: Üb. d. gegenseit. Beeinflussg. d. Emission v. Natrium u. Kalium bei ihrer flammenphotometr. Best. (m. Th. Gonsior).

W. • Über d. Konstitut. d. komplexen Kupferverbb. d. Biurets, Guanylharnstoffs, Biguanids u. Trimethyldioxypropylammoniumhydroxyds. Beitr. z. Kenntn. d. komplexen Biuret-, Biguanid- u. Methylbiguanidverbb. Diss. (Ohlau '33) 51 S. — • Untersuchungen üb. d. Bildungsmechanismus u. d. Eigenschaften v. Kondensationsaerosolen, insb. am Beisp. d. photochem. Zersetzg. v. Eisenpentacarbonyldampf in Gegenw. v. Sauerstoff u. der dabei entstehenden Eisenoxydaerosole. Hab.schr. (o. O. '43) 117 S. Masch.schr. — (Mitarb.) • Merkblatt f. d. Probenahme b. Roheisen (Essen '57) 16 S.

Ber. Dtsch. chem. Ges. Herst. kolloider Ferrihydroxydlösungen m. Hilfe v. Tetraalkylammoniumhydroxyden, die in einem Alkylrest mehrere benachbarte Hydroxylgruppen enthalten[2]): **68** ('35) 1394–98. — Z. Theorie d. alkal. Kupferlösungen u. d. Biuretreakt., 2[2]): 1399–1405.

Brennstoff-Chem. Best. d. Heizwertes fester Brennstoffe unt. Anwendg. v. Kapseln: **34** ('53) 341.

Kolloid-Z. Peptisat. v. Ferrihydroxyd m. quaternären Ammoniumbasen u. d. Verhalten versch. Eisenoxydsole gegenüb. alkal. Lösungen v. Polyoxyverbb.: **78** ('37) 193–200. — Best. d. Teilchenzahl aerokolloider Syst. m. d. Spaltultramikroskop u. d. Verlauf d. Aggregat. in Aerosolen: **86** ('39) 339–61.

Trans. Faraday Soc. Properties of aerocolloid systems, with regard to their dependence on the methods of formation[1]): **32** ('36) 1048–55.

Z. analyt. Chem. Mikrochem. Nachw. v. Beryllium m. Ammoniummolybdat: **123** ('41) 1–9. — Best. d. Aluminiums als Oxychinolat: **138** ('53) 30–41. — Best. v. Natriumkarbonat in Schwefelnatrium: **141** ('54) 190–97.

Z. anorg. allg. Chem. Untersuchungen üb. d. autokatalyt. u. photochem. Zersetzg. v. Eisenpentacarbonyldampf in Gegenw. v. Sauerstoff u. d. dabei entstehenden Eisenoxyde: **270** ('52) 114–44.

Z. Elektrochem. Methoden d. Diffus. u. Dialyse als Mittel z. Unters. d. Zustandes gelöster Stoffe: **51** ('45) 1–13.

Mit: [1]) Gerhart Jander; [2]) Wilhelm Traube.

Stumpf, Walter. Chem. — 1932–39 stud. U Frankfurt/M., Heidelberg; '41 Dr. rer. nat. (K. Freudenberg), '55 habil. u. PDoz. U Heidelberg. [Eig. Mitt.]
*1912, Aug. 10, Wiesbaden.

S. • Festskr. tillägnad Erik Hägglund (Stockholm '47) 164–66: Druckhydrierg. v. Sulfitablauge (Svensk Papperstidn. 50, 11B); engl. (Washington '47) (Fiat Report Nr. 1136).

W. • Beiträge z. Chemie d. hochpolymeren Naturstoffe. 1. Üb. Hemicellulosen d. Fichtenholzes. 2. Üb. d. gruppenspezif. Substanz A d. Menschen. Diss. (Heidelb. '41) 85 S. Masch.schr. — • Chemie u. Anwendungen d. Dioxans. Hab.schr. (o. O. '54) 2 + 151 S. Masch.schr. — • Chemie u. Anwendungen d. 1,4-Dioxans (Weinh./Bergstr. '56) 152 S. (Monogr. zu Angew. Chem. u. Chemie-Ing.-Techn. 68).

Angew. Chem. Druckhydrierg. v. Sulfitablauge: **61** ('49) 400–05. — Neue Ergebnisse auf d. Geb. d. Ligninchem.: **62** ('50) 447. — Lösl. Lignin aus Fichten- u. Buchenholz[1]): 537. — Chlorierungsprodukte d. Dioxans, eine neue Gruppe v. Insektiziden: **65** ('53) 268. — Eine neue Synth. d. Korksäure: **69** ('57) 727.

Balneologe. Unters. einer Solquelle[3]): **7** ('40) 11f.

Cellulosechemie. Zur Kenntn. d. Lignins, 41: Mikrochem. Best. d. Lignins in Holzmehl u. Hemicellulose d. Fichte[5]): **18** ('40) 103–06.

Liebigs Ann. Chem. Synth. u. Reaktionen d. Guajacylglycerins[4]): **599** ('56) 51–60.

Naturwiss. Chlorierungsprodukte d. Dioxans, eine neue Gruppe v. Insektiziden[2]): **40** ('53) 363f.

Z. analyt. Chem. Best. v. Jodid in Mineralwässern neben Bromid u. großen Mengen Chlorid[3]): **118** ('39) 90–93.

Mit: [1]) Karl Freudenberg; [2]) Manfred Lüdicke; [3]) Ernst Müller; [4]) Günther Rumpf; [5]) Ernst Wiesenberger.

VI **Stumpff,** Karl Johann Nikolaus. Astron., Geophysik. — 1935 apl. ao. Prof. U Berlin; '42–46 ao. Prof. u. Dir. d. Sternwarte U Graz; '48 i. R.; '52–59 LAuftr., seit '59 em. ao. Prof. U Göttingen. [Eig. Mitt.]
*1895, Mai 17, Schleswig.

Erf. Photomech. Periodograph, DRP 398658 ('23), 2. Art (z. Herst. v. Phasendiagr.) ('34).

S. • Handbuch d. Geophysik (B. Gutenberg) **10** (Bln '40) 1–117: Ermittlg. u. Realität v. Periodizitäten. Korrelationsrechng. — • Nat. u. Med. in Dtschl. 1939–46, **20** (Wiesb. '48) 43–74: Himmelsmech. — • Zahlenwerte u. Funktionen (Landolt-Börnstein) **3** [6](Bln-G.-H. '52) 76–86: Mech. Daten d. Planeten u. Monde.

W. • Über d. Zufallswahrscheinlichk. v. Periodizitäten in Beobachtungsreihen (Bln '36) 54 S. (Veröff. Meteorol. Inst. Univ. Berlin 1, 2). — • Untersuchungen üb. d. Symmetrie-Eigenschaften v. Luftdruckkurven (Bln '38) 40 S.

(~ 3, 1). — ● Trigonometrische Interpolat. u. Extrapolat. v. Beobachtungsreihen (Bln '41) 52 S. (~ 4, 3). — ● Grundlagen u. Meth. d. Periodenforschg. (Bln '37) 7 + 332 S. — ● Die Erde als Planet (Bln '39) 5 + 158 S.; [2]('55) 176 S.; engl. (Ann Arbor '59) 191 S. (Verständl. Wiss. 42). — ● Tafeln u. Aufg. z. harmon. Analyse u. Periodogrammrechng. (Bln '39) 7 + 174 S. — ● Das Uhrwerk d. Himmels (Stuttg. '42) 136 S.; [2]('43); [3]('52) 132 S.; niederländ. (Antwerpen '44) 174 S. — ● Neue Theorie u. Meth. d. Ephemeridenrechng. (Bln '49) 88 S. (Abh. Dtsch. Akad. Wiss. 1947, 1). — ● Geographische Ortsbestimmungen (Bln '55) 12 + 232 S. — ● Astronomie gegen Astrologie (Baden-Baden '55) 77 S. — ● Astronomie (Frkf./M.-Hambg '57) 344 S. (Fischer-Lexikon 4). — ● Himmelsmechanik **1**: Das Zweikörperprobl. u. d. Methoden d. Bahnbest. d. Planeten u. Kometen (Bln '59) 508 S. (Hochschulbücher f. Physik 32).

Astron. Nachr. Kurze Meth. d. Bahnbest., 2: **244** ('32) 433-64. — Mittlere Örter v. 375 Doppelsternen zw. 40° u. 50° nördl. Deklinat.: **246** ('32) 305-26. — Hauptperioden d. Lichtwechsels v. R. Scuti: **253** ('34) 109-36. — Unters. üb. d. Probl. d. speziellen Störungen in d. rechtwinkl. Koordinaten: **273** ('42) 105-12. — Üb. eine Eigensch. d. 2. Brennpunktes d. Keplerschen Bahnellipse: 179-88. — Reihenentwicklg. d. rechtwinkl. Bahnkoordinaten im Zweikörperprobl.: **274** ('44) 49-68; **275** ('47) 203-22. — Neue Formeln u. Hilfstafeln z. Ephemeridenrechng.: 108-28. — Albedo d. Planeten u. photometr. Best. v. Planetoidendurchmessern: **276** ('48) 118-26. — Die Eulersche Gleichg. u. verwandte Beziehungen in d. Theorie d. Parabelbewegg.: 164-68. — Beziehungen zw. d. Anomalien d. Keplerbewegg.: **277** ('49) 55-58. — Ortsbest. aus drei relat. Zenitdistanzen oder Azimuten: 145-52. — Wendepunkte d. Azimuts d. Fixsterne: 229-32. — Einf. symmetr. Ableitg. d. Lagrangeschen partikulären Lösungen d. Dreikörperprobl.: **280** ('52) 91-93. — Hauptgleichg. u. Entwicklungssätze in punktmech. Syst.: 97-112. — Rasch abklingende Reihen f. d. Mittelpunktsgleichg. u. andere Funktionen[1]): **284** ('58) 145-48.

Forsch. u. Fortschr. Perioden u. Symmetrien im Luftdruckgang: **14** ('38) 115-18.

Fortschr. Physik. Neue Wege z. Bahnberechng. d. Himmelskörper: **1** ('54) 557-96.

Gerlands Beitr. Geophysik. Neue algebr. Meth. z. Ermittlg. unbekannter Perioden: **57** ('41) 1-19.

Klein. Veröff. Univ.-Sternw. Breslau. Bahn eines am 17. Mai 1931 üb. Schlesien u. Sachsen beobachteten Meteors[2]): **1932**, H. 2, 1-11.

Meteorol. Z. Erweiterg. d. Expektanzbegriffs: **53** ('36) 321-27. — Unters. üb. Morphol. v. Luftdruckkurven: **55** ('38) 237-50. — Realität u. Singularität d. 24-täg. Luftdruckwelle: **58** ('41) 117-27.

Scientia. Probl. u. Meth. d. Periodenforschg. in Astron. u. Geophysik: **29** ('35) 257-69. — Anwendg. periodogr. Methoden auf Erforschg. d. Luftdruckschwankungen im europ. Wettergeb.: **34** ('40) 91-97, 133-38.

Veröff. Univ.-Sternw. Breslau. Beob. d. Anhaltssterne d. Katalogs d. Astron. Ges.: **11** ('40) 11-19.

Zbl. Geophysik, Meteorol. Geodäsie. Periodenforschg. in d. Geophysik: **4** ('39) 145-64.

Mit: [1]) Johann Gerhard Behrens; [2]) Wolfgang Gleißberg.

Stumpp, Ernst. Elektrotechn. — 1920-23 stud., '28 Dr.-Ing. TH Karlsruhe (R. Richter, K. v. Sanden, '23-26 deren Ass.); '27-55 leitende Tätigkeiten in d. elektrotechn. Ind. in Eisenach, Berlin u. Dessau; seit '55 Prof. m. voll. LAuftr. H f. Schwermaschinenbau Magdeburg. [Eig. Mitt.] *1897, März 25, Kappel/Kr. Offenburg.

S. ● Neuere Erkenntn. d. Elektrotechn. 5. Jahrestagg. d. Elektrotechniker, Weimar 1954 (Bln '54) 320-39: Perspektiven d. geschlossenen außenbelüfteten Motors.

W. ● Über d. Erwärmg. axial gelüfteter Turbo-Generatoren. Diss. (Bln '29) 77 S.

Arch. Elektrotechn. Über d. Einfl. blinder Spulen b. Wellenwicklungen auf d. Breite d. Wendezone: **14** ('25) 594-605; **16** ('26) 394.

Arch. techn. Messen. Messg. d. Außermittigk. v. Kreisen u. d. Neigg. v. Flächen in bezug auf d. Drehachse: V 8224-3 ('41) 1f.

Dtsch. Elektrotechn. Über einige prakt. Aufgaben d. Meß- u. Prüftechn. im Elektromaschinenbau u. neuere Gedankengänge f. ihre Lösg.: **5** ('51) 458-60. — Elast. Kupplungen als Erreger v. Schwingungen: **7** ('53) 448. — Üb. Nomogramme d. Durchmessergleichungen elektr. Maschinen u. ihren Gebrauchswert: 260-64. — Diskussionsbeitr. zu L. Zienkowsky: Probleme d. Einschränkg. d. Typen u. Größen elektr. Maschinen: 487. — Kriterien d. intermittierenden Betriebes elektr. Maschinen: 585-87. — Üb. d. Temperaturverhältnisse in Kühlermaschinen: **8** ('54) 206-10. — Einige Vorschläge z. Normierg. d. Lüfterberechng. elektr. Maschinen: 387-90. — Grundsätzl. Untersuchungen am symmetr. Temperaturbild moderner radial belüfteter elektr. Maschinen im Hinblick auf VDE 0530/7.55: **12** ('58) 121-27. — Grundsätzl. üb. Schaltmotoren: 445-49.

Elektrie. Beitr. z. Referat Zentrifugenmotoren: **13** ('59) 344f. — D. Stillstandserwärmg. v. Wicklungen: **14** ('60) 126-31.

Elektrotechn. u. Maschinenbau. Zur Clarkschen Start-Meth. f. asynchrone Maschinen[1]): **43** ('25) 97f. — Üb. d. Temperatur-Anlaufvorgang in stark umhüllten u. vollständ. eingebetteten Wicklungen: **59** ('41) 73-77.

Elektrotechn. Z. Selbständ. asynchrone Generatoren[1]): **46** ('25) 1688f. — Anfahrbelastg. u. Drehzahlabfall v. Elektromotoren b. Energieausgleichvorgängen in kupplungsgesteuerten Triebwerken: **61** ('40) 929-31.

Erfahrungsaustausch. Wahl d. Blechdurchmesser im Elektromaschinenbau: **1951**, 18-20.

Helios [Leipzig]. Über ein werkstattgerechtes Hilfsmittel z. Best. d. Drahtstärke beim Wickeln v. Spulen[2]): **37** ('31) 43f.

Maschinenbau-Techn. Das Anfahren u. Umsteuern v. Maschinen u. Triebwerken über Reibungskupplungen: **3** ('54) 41-45.

Motortechn. Z. Zur Berechng. drehfedernder Kupplungen: **4** ('42) 54-58.

Technik. Zehn Jahre Elektromaschinenbau in d. Dtsch. Demokrat. Republ.: **11** ('56) 81-84.

Werkstattstechn., Betrieb. Beurteilg. v. Elektrospannmagneten: **38/23** ('44) 19-21.

Wiss. Z. Hochsch. Schwermaschinenbau Magdeburg. Beispiele f. syst. Unters. v. Schaltungen z. Schnellerregg.: **1** ('57) 137-48. — Üb. Typencharakteristiken elektromotor. Antriebe: **2** ('58) 189-92. — Üb. theoret. u. exp. Untersuchungen v. Schaltungen z. Schnellerregg. v. Elektromagnet-Reversierkupplungen[3]): 193-203.

Mit: [1]) R. Brüderlin; [2]) W. Geppert; [3]) Reinhold Krampitz.

Stundl, Karl. Techn. Biol., Mikrobiol. — 1930-35 stud. U u. TH Wien; '35 Dr. phil. U Wien (J. Schiller); '35-37 Ass. Hydrobiol. Donaustat., '37-39 Hyg. Inst. d. Ruhrgeb., Gelsenkirchen, '39 U Wien, '39-44 H f. Bodenkultur Wien; '49 habil., '54 Ass., '56 titl. ao. Prof., '59 ao. Prof. TH Graz; dazu seit '55 PDoz. U Graz. [Eig. Mitt.]
*1911, März 11, Wien.

Gas, Wasser, Wärme [Wien]. Beurteilg. v. Hauskläranlagen: **2** ('48) 277-81.

Int. Rev. ges. Hydrobiol. Chem.-biol. Unters. d. neuentstandenen Sees b. Neufeld a. d. Leitha, Burgenland: **34** ('37) 24-42 [Diss.]. — Farbvergleichsrohr m. bewegl. Flüssigkeitshöhe: **37** ('37) 119-24.

Mikrochemie. Mikrochem. in d. Gewässerforschg.: **36/37** ('51) 927-32.

Naturwiss. Arbeitsweisen u. Ziele d. Gewässerforschg.: **27** ('38) 145-48.

Schweiz. Z. Hydrol. Kolorimeter f. Freilandunters.: **11** ('49) 519-26.

Z. Hyg. u. Infektionskrankh. Zur Methodik d. Best. d. Gesamtstickstoffs u. -phosphors im Wasser u. im Plankton: **120** ('37) 226-29. — Feststellungen an Wasserwerken m. stark verunreinigtem Rohwasser[1]): 633-39. — Unters. üb. Keimverminderg. u. chem. Umsetzungen in d. Sandfiltern v. Wassergewinnungsanlagen: **122** ('39) 1-15. — Einfl. versch. Abwässer auf d. bakteriellen Abbau v. Stickstoffverbb.: **133** ('51) 169-75.

Weitere Veröff. auf biol. Geb. in Fachzeitschriften.

Mit: [1]) M. Gundel.

II **Sturm,** Jacob Karl (Charles) Franz → VIIa/Suppl.

II **Sturm,** Johann Christoph → VIIa/Suppl.

VI **Stutzer,** Karl Otto. Brennstoff-Geol. — 1927-36 o. Prof. BA Freiberg. — '07 Silb. Carnegie-Medaille (Iron and Steel Inst., London). [Mitt. d. Witwe: Frau Martha Stutzer u. d. Tochter: Frau Dr. Faber]
*1881, Mai 20, Bonn/Rh.;
†1936, Sept. 29, Freiberg/Sa.

Benenng. d. höchsten Berges im Gebiet d. Nordenskjold River in Kanadisch-Alaska als „Stutzer-Mountain".

Nekr. K. A. Jurasky, Bl. Bergakad. Freiberg **16** ('37) 2-6 (m. Bildn. u. Faks). — R. Schreiter, Ber. Freiberger geol. Ges. **16** ('37) 5-9 (m. Bildn. u. Schr.verz., Auswahl); Bohrtechniker-Ztg. **1937**, Nr. 1.

Biogr. ● C. Schiffner, Aus d. Leben alter Freiberger Bergstudenten **3** (Freiberg '40) 130-32.

H. ● Schr. aus d. Geb. d. Brennstoff-Geol. **1** (Stuttg. '29) - **11** ('37); darin eig. Beitr.: **2** ('29) 1-22: Überblick üb. Eigenschaften, Vork. u. Entstehg. v. Fusit; **7** ('31) 1-4: Dtsch. Erdöl. Einleitende Worte; **9** ('34) 1-11: Chem. Unters. dtsch. Erdöle u. ihre Auswertg. nach Tiefenlage u. geol. Format. (m. H. Steinbrecher). — ● Die wichtigsten Lagerstätten d. Nicht-Erze **6**: D. Lagerstätten d. Edelsteine u. Schmucksteine (m. W. F. Eppler) (Bln '35); darin eig. Beitr.: 1-216: D. Lagerstätten d. Diamanten.

Braunkohle. Braunkohlenflöze u. geotherm. Tiefenstufe: **34** ('35) 862-65. — Gestauchtes Braunkohlenholz als Wachstumserscheinung: **35** ('36) 685f. — Bei lebenden Verwandten unserer Braunkohlenbäume. Eine amer. Reiseskizze: 695-702.

Econ. Geology. Carbon dioxide eruptions from coal seams in Lower Silesia: **31** ('36) 441-52.

Glückauf. Mutmaßl. Übereinstimmg. d. Neuflözes 3 im Lugau-Ölsnitzer Bez. m. d. Lehekohlenflöz im Zwickauer Bez.: **71** ('35) 1229-31.

Natur u. Volk. Der Meteorkrater v. Arizona: **66** ('36) 442-53.

Z. Dtsch. geol. Ges. Marahunit, eine Boghead-kohle im Braunkohlenstadium: **87** ('35) 616-20. — Meteor-Krater (Arizona) u. Nördlinger Ries: **88** ('36) 510-23. — D. Talweitg. v. Köfels im Ötztal (Tirol) als Meteorkrater: 523-25.

Suckstorff, Gustav-Adolf. Geophysik, Meteorol. — 1928-32 stud. U Tübingen, Berlin; '33 Dr. phil. U Berlin (W. Kolhörster); '33-37 Ass. (G. Angenheister), '36 Dr. phil. habil. U Göttingen; '37 Doz. Meteorol. U Göttingen u. FH Hannov. Münden; '38 Forschungsreise durch Afrika; '39 Meteorologe im Reichswetterdienst; wiss. Mitarb. Fa Lambrecht (meteorol. Apparate), Göttingen; Aug. '40 Ruf als o. Prof. Dtsch. U Prag an ein aufzubauendes meteorol. Inst.
*1909, Apr. 6, Hannover;
†1940, Aug. 28 (gef.; ▭ Lanveoc b. Brest/Frankr.).

Erf. Feindruckschreiber d. Fa Lambrecht, Göttingen (vgl. Z. Geophysik **12** ('36) 245-49).

Nekr. G. Angenheister, Z. Geophysik **17** ('41) 273-76 (m. Schr.verz. 14 Nr.). — H. Lettau, Gerlands Beitr. Geophysik **57** ('40) Vf.

W. ● Die Höhenverteilg. d. Erd-, Luft- u. Höhenstrahlg. Diss. (Jena '33) 48 S. — ● Beiträge z. Dyn. d. Regenschauer. Hab.schr. (Gött. '36) 49 S. (Nachr. Ges. Wiss. Göttingen, Fachgr. 2, N. F. 2,2).

Gerlands Beitr. Geophysik. Ergebnisse d. Untersuchungen an trop. Gewittern u. einigen anderen trop. Wettererscheinungen: **55** ('39) 138-85.

Glastechn. Ber. Unters. üb. d. kolloidale Natur d. Cadmiumsulfidglases: **8** ('30) 270-75.

Meteorol. Z. Strömungsvorgänge in Instabilitätsschauern: **52** ('35) 449-52. — Kaltlufterzeugg. durch Niederschlag: **55** ('38) 287-92.

Naturwiss. Absorptionskoeffizient d. Erdstrahlg. in Luft: **19** ('31) 87f. — Neue Messungen d. Höhenstrahlg. in größeren Höhen: **20** ('32) 506. — Strömungsvorgänge in Regenschauern: **25** ('37) 337-46.

Physik. Z. Ber. üb. d. Messungen d. Höhenstrahlg. während d. Fahrt d. Freiballons „Deutschland" am 24. 3. 1933: **35** ('34) 368-72.

Z. ges. Naturwiss. Meteorol. Ursachen u. Eigensch. d. Gewitters: **4** ('38) 165-80.

Z. Geophysik. Höhenverteilg. d. Erd-, Luft- u. Höhenstrahlg.: **10** ('34) 95-111 [Diss.-Ausz.]. — Transportable Zählrohrapparatur u. ihre Anwendg. im Gelände: **11** ('35) 95-101. — Unters. üb. d. Strukt. d. Richtungsschwankungen d. Windes: 378-88. — Ein mech. registrierender Barograph hoher Empfindlichk.: **12** ('36) 245-49. — Vergleich d. Aufzeichng. v. Luftdruckschreibern u. Luftdruckvariographen b. d. Schallsprengg. in Jüterbog: **17** ('41/42) 260-73.

Z. Instrumentenkunde. Einf. Herst. eines Keils m. linearer Absorptionsbeziehg. z. Unters. v. Absorptionsspektren: **49** ('29) 500-04.

V, VI **Sudhoff,** Karl Friedrich Jakob. Gesch. d. Med. — 1918-25 o. Prof. U Leipzig; '25 em.
*1853, Nov. 26, Frankfurt/M.;
†1938, Okt. 8, Salzwedel.

Ehrung. Seit 1938 Inst. d. Gesch. d. Med. u. Naturwiss. Univ. Leipzig umbenannt in Karl-Sudhoff-Inst.

Bibliogr. F. H. Garrison, A. N. Tasker, Bull. Soc. med. Hist. Chicago **3** ('23) Nr. 1, 33-50. — G. Herbrand-Hochmuth, Sudhoffs Arch. Gesch. Med. u. Naturwiss. **27** ('34) 131-86 (m. Bildn. u. Faks.); Nachtr. f. d. J. 1898-1933: G. Hochmuth, ~ **32** ('39) 279-84; Nachtr. f. d. J. 1933-1938: G. Hochmuth, R. Zaunick, ~ **31** ('38) 343f. — H. E. Sigerist, Essays on the Hist. of Med. ('24).

Biogr. P. Diepgen, K. S., Leben u. Wirken eines großen Meisters: Wiss. Z. Univ. Leipzig **5** ('55/56) 23-25. — B. de Telepnef, Nova Acta Paracelsica **3** ('46) 187-94. — Ärztl. Praxis **4** ('52) Nr. 4, S. 18.

Zum 70. Geb.tag. M. L. van Andel, Janus **28** ('24) 75-77 (m. Bildn.). — W. v. Brunn, Dtsch. med. Wschr. **49** ('23) 1449f. (m. Bildn.). — P. Diepgen, Münchener med. Wschr. **70** ('23) 1414-17. — E. Ebstein, Med. Life **30** ('23) Nr. 11. — F. H. Garrison, Bull. Soc. med. Hist. Chicago **3** ('23) Nr. 1. — F. Reitzenstein, Geschlecht u. Gesellsch. **12** ('23) Beibl., 81. — G. Sticker, Mitt. Gesch. Med., Naturwiss. Techn. **22** ('23) 305-07. — Festschr.: Sudhoffs Arch. Gesch. Med. Naturwiss. **15** ('23) 167 S.

Zum 80. Geb.tag. P. Diepgen, Chirurg **5** ('33) 862-64 (m. Bildn. u. Faks.). — Klemm, Z. Spagyrik verwandte Geb. **5** ('34) 14-16. — E. Seckendorf, Med. Welt **7** ('33) 1697. — H. E. Sigerist, K. S., the man and the historian, Bull. Inst. Hist. Med. **2** ('34) 3-6; K. S., the mediaevalist, ebda 22-25. — A. Seeliger, Ärztebl. Sachsen **104** ('33) 512. — VDI-Nachr. **13** ('33) Nr. 47, 4.

Zum 100. Geb.tag. P. Diepgen, Arch. int. Hist. Sci. **6** ('53) 260-65. — H. E. Sigerist, Sudhoffs Arch. Gesch. Med. u. Naturwiss. **37** ('53) 97-103. — Kosmos **49** ('53) 517-19 (m. Bildn.).

Nekr. W. Artelt, Janus **43** ('38) 84-91 (m. Bildn.). — W. v. Brunn, R. Zaunick, A. u. W. Meiner, Sudhoffs Arch. Gesch. Med. u. Naturwiss. **31** ('38) 337 (m. Bildn. u. Faks. auf Vorsatzbl.). — W. v. Brunn, Dtsch. med. Wschr. **64** ('38) 1552f.; Forsch. u. Fortschr. **14** ('38) 375; Hippokrates **9** ('38) 1129f. (m. Bildn.); Jber. Fortschr. klass. Altertumswiss. **271** ('40) 66-71; Mitt. Gesch. Med., Naturwiss. Techn. **37** ('38) 297-302 (m. Bildn. u. Faks.); Sudhoffs Arch. Gesch. Med. u. Naturwiss. **31** ('38) 338-42. — P. Capparoni, Atti Mem. Accad. Storia Arte sanit. (2) **4** ('38) 339-41. — W. Haberling, Ärztebl. Rheinland **1938**, 418f. (m. Bildn.). — J. D. R., Nature [London] **142** ('38) 823. — G. Korbuly, Orvosi Hetilap **82** ('38) Nr. 43 (ung.). — E. B. Krumbhaar, Trans. Coll. Physicians Philadelphia (4) **7** ('40) 189-91. — M. Müller, Klin. Wschr. N. F. **17** ('38) 1639. — O. Riedel, Zeitwende **17** ('40/41) 252f. — G. Sarton, H. E. Sigerist u. a., Speculum **14** ('38) 417. — J. Schuster, Med. Klinik **34** ('38) 1481f. — H. E. Sigerist, Bull. Inst. Hist. Med. **7** ('39) 801-04. — R. Tischner, Allg. homöopath. Ztg. **186** ('38) 382. — R. Zaunick, Dresdner Anz. **209** ('38) Nr. 281 v. 12. Okt., S. 3. — Bl. Dtsch. Landesgesch. **84** ('38) 261; Münchener med. Wschr. **85** ('38) 1717f. (m. Bildn. u. Faks.); Nordisk Med. **1** ('41) A 6; Wiener med. Wschr. **88** ('38) 1199.

Süchting, Fritz. Maschinenkunde u. Elektrotechn. — 1894-97 stud. TH Hannover; 1912 o. Prof., Dir. Inst. f. Maschinenkunde u. Elektrotechn. BA Clausthal-Zellerfeld; '38 em., jetzt in Kupferberg üb. Wipperfürth lebend. [Eig. Mitt.]
*1874, Nov. 12, Lütjenburg/Holstein.

W. [Dtsch. Mitbearb.] • J. Perry, Höhere Analysis f. Ing. (Lpz. '02) 423 S.; ²('10); 3. Aufl. u. d. T.: Höhere Math. f. Ing. ³('19) 16 + 450 S.; ⁴('23). — [Dtsch. Bearb.] • P. Janet, Allgemeine Elektrotechn. **1** (Lpz. '12) 6 + 296 S. — • Aufgaben aus d. Maschinenkunde u. Elektrotechn. (Bln '24) 16 + 235 S.; 2. Aufl. (m. A. Vierling) ²(Brschw. '52) 8 + 311 S.

Elektr. im Bergbau. Unterr. in d. Lehrfach „Elektrotechn." an d. BA Clausthal: **4** ('29) 1-14.

Elektrotechn. Z. Üb. einen neuen elektr. Zeigertelegraphen (Kommandoappar.): **32** ('11) 516-19, 543-46. — Neue Verlegungsart f. Freileitungsnetze in städt. Straßen: **33** ('12) 316-18.

Schillings J. Gasbeleucht. u. Wasserversorg. Elektrizitätswerke Bremen: **48** ('06) 929-36.

Siemens-Z. Elektr. Experimentieranlage im Inst. f. Maschinenkunde u. Elektrotechn. d. BA Clausthal: **11** ('31) 377-84.

Z. Berg-, Hütten- u. Salinenwes. Ausbildungswes. d. Berg- u. Hütteningenieure in Belgien u. Frankreich[1][2]: **78** B ('30) 1-22.

Mit: [1] Grumbrecht; [2] Schulz.

Süchting, Heinrich Friedrich. Bodendynamik. — 1899-1905 stud. U Freiburg/Br., Kiel, LH Berlin, U Berlin, Marburg, Göttingen; '02 Ass. LH Berlin

(Th. Remy), '04 Landwirtsch. Versuchsstat. Marburg, '05 U Göttingen (C. v. Seelhorst), '06 (B. Tollens); '06 Dr. phil. U Göttingen (C. v. Seelhorst); '08 Abt.-Leiter Moor-Versuchsstat. Bremen; '12–48 o. Prof. FA (später FH) Hann. Münden, dann Forstl. Fak. U Göttingen; seit '48 em., in Hann. Münden lebend. — '25 Max-v.-Eyth-Medaille (Dtsch. Landwirtsch.-Ges.). [Eig. Mitt.]
*1880, Mai 11, Arfrade/Lübeck.

W. ● Kritische Studien üb. d. Wirkungsverhältnis v. Chilesalpeter u. schwefelsaurem Ammoniak. Diss. (Merseburg '06) 47 S. — ● Die Humusfrage in d. Forstwirtsch. (Neudamm '26) 32 S. (Neudammer forstl. Belehrungshefte). — ● Kalk als Grundlage d. Waldbodenkultur (Bln '29) 52 S. — ● Kurzes Lehrbuch d. Bodenkunde u. Pflanzenernährg. (Hannov. '49) 16 + 290 S.

Allg. Forst- u. Jagd-Ztg. Ernährungsverhältnisse d. Waldes: **119** ('43) 29–42.

Bodenkunde u. Pflanzenernähr. Untersuchungen üb. d. Ernährungsverhältnisse d. Waldes, 2[3])[8]): **3** ('37) 345–68; ~ 3[3])[8]): **5** ('37) 338–74; ~ 4: **13** ('39) 73–117; ~ 5: **19** ('40) 125–60; ~ 6: **24** ('41) 87–112; ~ 7: 233–56; ~ 8: **28** ('42) 340–61; ~ 9: **32** ('43) 365–75. — Merkwürd. Verwitterungsböden d. Devons im Taunus u. Hunsrück[3])[8]): **4** ('37) 121–37. — Einfl. d. Pflanzenanzahl auf d. Ertrag u. d. Nährstoffaufnahme versch. Holzarten[3]): **7** ('38) 14–19. — Wirkg. d. Düngg. b. Waldböden, 2[3])[8]): **8** ('38) 272–335. — Kennzeichng. u. Gütebewertg. v. Waldböden, 2: Magnesiareiche Verwitterungsböden aus Silur, Devon u. Kuhn d. Harzes: **27** ('42) 289–310. — Zersetzungs- u. Humusbildungsvorgänge b. Waldstreu-, A_0-Humusarten u. Vergleichs- u. Modellstoffen: **32** ('43) 243–95. — Einfl. d. Reakt. u. d. Entsäuerg. d. Bodens durch Kalk bzw. Magnesia: 365–75.

Forstarchiv. Zur Frage d. Best. d. Bodengüte v. Waldböden f. d. Belange d. Praxis: **15** ('39) 111–22.

Intersylva. Güteverbesserg. d. Waldböden u. Steigerg. d. Holzerzeugg. durch Kalkg.: **3** ('43) 1–20.

Landwirtsch. Jahrb. Untersuchungen üb. d. Ernährungsverhältnisse d. Waldes, 1[4])[2])[11])[7]): **70** ('29) 469–532.

Mitt. Forstwirtsch. u. Forstwiss. Forstdüngungsversuche: **4** ('33) 96–114. — Untersuchungen üb. d. Wirkg. d. Düngg. auf Waldböden, 1[4])[2])[8]): 439–93. — Nachw. d. Abbaues v. Auflagehumus b. Waldböden[10]): **5** ('34) 296–308; ~ 2[4])[2])[8])[5])[3]): **6** ('35) 173–219; ~ 3[1]): 425–46. — Best. d. physik. Lagerg. u. einiger davon abhäng. Eigenschaften d. Bodens[10]): **5** ('34) 309–32; ~ 2[4]): **7** ('36) 429–50. — Quantitat. Best. d. org. Subst. im Boden[1]): 481–87.

Phosphorsäure. Phosphorsäurefragen in d. Forstwirtsch.: **7** ('38) 450–64.

Zbl. Bakteriol. (II). Krit. Studien üb. d. Knöllchenbakterien: **11** ('03/04) 377–88, 417–41, 496–520.

Z. Forst- u. Jagdwes. Gründüngg. im Forstbetrieb: **60** ('28) 321–71. — Bekämpfg. d. Humus d. Waldböden: **61** ('29) 349–63.

Z. Pflanzenernähr., Düng., Bodenkunde (A). Abbau d. org. Stickstoffverbb. d. Waldhumus[9])[6]): **1** ('22) 113–54. — Untersuchungen üb. d. Ernährungsverhältnisse d. Waldes, 10: **42** ('48) 193–218; ~ 11: **48** ('49) 1–37; ~ 12: Wirkg. v. Natrium neben Kalium auf eine Holzart (Kiefer, Pinus silvestris): **50** ('50) 165–74. — Untersuchungen üb. d. Nährstoffgehalt einiger Quellwässer in Waldböden: **61** ('53) 212–20.

Mit: [1]) Heinrich Christmann; [2]) Georg Deines; [3]) Wilhelm Jessen; [4]) Georg John; [5]) A. Kucher; [6]) Martha Kühne; [7]) E. Manhard; [8]) Grete Maurmann; [9]) Albert Römer; [10]) Erik Volkert; [11]) H. Weidelt.

IV–VI **Süring,** Reinhard Joachim. Meteorol. — 1909–33 Leiter Meteorol. Observat. Potsdam; '45–50 Dir. Meteorol. Zentral-Observat., Potsdam; '50 i. R. in Potsdam.
*1866, Mai 15, Hamburg;
†1950, Dez. 29, Potsdam (▭ Hamburg).

Zum 70. Geb.tag. Meteorol. Z. **53** ('36) 157 (m. Bildn. u. Faks.).

Nekr. V. Conrad, Bull. Amer. meteorol. Soc. **33** ('52) 52–55. — H. Flohn, Petermanns Mitt. **95** ('51) 263. — K. Keil, Meteorol. Rdsch. **4** ('51) 49. — E. Kleinschmidt, Ann. Meteorol. **3** ('50) 368–70. — W. König, Z. Meteorol. **5** ('51) 33f. — F. Steinhauser, Alm. Österr. Akad. Wiss. **101** ('51) 424–28; Arch. Meteorol., Geophysik Bioklimatol. (A) **3** ('51) 339f. — Gedenkhefte: Z. Meteorol. **5** ('51) 129–256; darin vor S. 129: Bildn.; 129–33: Schr.verz. 154 Nr. — Geofis. pura e appl. **20** ('51) 212f.

HZ. Z. Meteorol. **1** ('46) – **4** ('50).

MHZ. Meteorol. Z. **25** ('08) – **61** ('44).

S. ● Int. Strahlungskomm., Protokolle d. Sitzungen Frankfurt/M. 1932 (Utrecht '33) Anlage 2, S. 24–29: Das Potsdamer Pyrheliometer f. Absolutmessungen; ~ Oxford 1936 (Leyden '37) Anl. 7, S. 47: Die Feussnerschen Versuche m. d. Potsdamer Absolutpyrheliometer; ~ Salzburg 1937 (Leyden '38) Anl. 9, S. 137–40: Subkomm. f. Physik d. Wolken u. ein Int. Wolkenjahr 1932/33. — ● Handbuch d. meteorol. Instrumente (E. Kleinschmidt) (Bln '35) 585–600: Wolkenmessg.

W. ● Die Wolken (Lpz. '36) 10 + 122 S.; [2]('41); [3]('50) 8 + 153 S. (Probl. d. kosm. Physik 16). — ● Auszüge aus dtsch. Wolkentagebüchern aus d. Zeit d. 2. Int. Polarjahres 1932/33 (Bln '36) 81 S. (Wiss. Abh. Dtsch. Reich, Reichsamt f. Wetterdienst 2, 2). — ● Hann-Süring, Lehrbuch d. Meteorol. **1** [5](Lpz. '39) 480 S.; **2** [5]('51) 612 S.

Abh. Preuß. meteorol. Inst. Ergebnisse d. Sonnenfinsternisexped. d. Meteorol. Observat. Potsdam nach Lappland Juni/Juli 1927[3])[1]): **10,** 4 ('34) 33–40.

Erfahrungs-Ber. Dtsch. Flugwetterdienst. Wolkenentwicklg. in Dtschl. b. d. Abbruch d. Hitzeperiode im Aug. 1932[4]): **7** ('33) 237.

Forsch. u. Fortschr. Sonnenstrahlungsmessungen u. Wolkenbeob.: **8** ('32) 375f.

Meteorol. Z. Wolkenbeob. während d. Int. Polarjahres 1932–33: **49** ('32) 192f. — Das Potsdamer Pyrheliometer f. Absolutmessungen: **50** ('33) 269–71. — O. Baschin†: **51** ('34) 41. — H. Dominik†: 78f. — Bezeichnungen v. meteorol. Formelzeichen, Einheiten u. Konstanten: 310f. —

Zum 70. Geb.tag v. Sven Hedin: **52** ('35) 68. — Th. Bötel†: **53** ('36) 226. — W. v. Bezold u. d. heutige Meteorol.: **54** ('37) 201f. — J. Maurer†: **55** ('38) 98f. — A. Angström üb. Temp.-Veränderungen in Schweden u. Temp.-Formeln: 413-15. — Formelzeichen u. Einheiten d. Wärmelehre genormt: 412f. — 50 Jahre Bosch u. Bosch: 455f. — G. v. Elsner†: **57** ('40) 191f. — W. Köppen†: 281-84. — Ber. üb. meteorol. u. aerol. Ergebnisse d. „Meteor"-Exped. 1925-27: **58** ('41) 144-50. — Z. Strahlungsklima d. nord. Länder: 462-64. — C. Dorno†: **59** ('42) 202-05. — Geschichtl. Entwicklg. d. Meteorol. Observat. Potsdam[2]): **60** ('43) 3-8. — A. Berson†: 26. — Ch. Jensen†: 66-68.

Naturwiss. Robert Emden u. d. Physik d. Atmosph.: **20** ('32) 164-66. — Leuchtende Nachtwolken: **23** ('35) 555-57.

Z. Meteorol. O. Hoelper†: **1** ('46) 26. — G. Schwalbe†: **2** ('48) 64.

Mit: [1]) Fritz Albrecht; [2]) Otto Hoelper; [3]) Wilhelm Kühl; [4]) H. Runge.

Süs, Oskar. Chem. (org.).— 1924-30 stud., '30 Dr.-Ing. TH München (H. Fischer); seit '47 stellvertr. wiss. Leiter Fa Kalle AG, Wiesbaden-Biebrich; dazu seit '58 PDoz. U Mainz. [Eig. Mitt.]
*1903, Apr. 9, Höheischweiler/Pfalz.

Angew. Chem. Photosynth. d. Fluoren-9-carbonsäure aus d. Phenanthrenchinon-(9,10)-diazid[1]): **70** ('58) 25.

Liebigs Ann. Chem. Natur d. Belichtungsprodukte v. Diazoverbb., 1: Übergänge v. aromat. 6-Ringen in 5-Ringe: **556** ('44) 65-84; ~ 2: Verhalten v. Diazoverbb. aus o-Aminophenolen u. -naphtholen im Licht: 85-90; ~ 3: Natur d. Lichtzersetzungsprodukte v. Diazoaminoverbb. u. Diazophenoläthern: **557** ('47) 237-42; ~ 4: Lichtreaktionen d. o-Chinondiazide. Photosynth. v. Cyclopentadienabkömmlingen: **579** ('53) 133-58; ~ 5: Übergänge heterocycl. 6-Ringe in heterocycl. 5-Ringe[3])[5])[2]): **583** ('53) 150-60; ~ 6: Photosynth. v. Cyclopentadien- u. Pyrrolabkömmlingen[5]): **593** ('55) 91-126; ~ 7: Lichtreaktionen d. p-Chinondiazide u. Iminochinondiazide[5])[4]): **598** ('55) 123-38; ~ 8: Photosynth. d. Harmyrins[5]): **599** ('56) 233-36; ~ 9: Photosynth. d. 5-Azaindols u. 7-Azaindols[5]): **612** ('58) 153-57; ~ 10: Photosynth. d. Fluorens, d. Retenfluorens u. d. 1,2-Benzo-fluorens[6])[1]): **617** ('58) 20-25. — Synthet. Versuche in d. Penicillinreihe, 1: Anlagerg. v. Schwefelverbb. an d. β,β-Dimethylacrylsäure. Synthesen d. β,β-Dimethyl-α-aminopropionsäure, dl-Penicillamin: **559** ('48) 92-101; ~ 2: Versuche z. synthet. Aufbau d. Penicillin-Gerüstes: **561** ('48) 31-47; ~ 3: 3-Phenaceturyl-5,5-dimethylthiazolidin-4-carbonsäure: **564** ('49) 54-63; ~ 4: Vierringschlußvers. m. d. N-Phenaceturyl-5,5-dimethylthiazolidin-4-carbonsäure: **568** ('50) 129-40; ~ 5: Versuche z. Aufbau v. Zwischenprodukten d. Biosynth. b. d. Penicillin G: **569** ('50) 153-60; ~ 6: Bildungsweise d. Benzylpenicillins (Penicillin G) aus Benzylpenicilloinsäure: **571** ('51) 201-25. — Oxydat. acylierter Aminosäuren m. Bleitetraacetat: **564** ('49) 137-40. — Neue Peptidsynth.: **572** ('51) 96-105.

Z. wiss. Photogr. Lichtreakt. v. o-Chinondiaziden. Photosynth. v. Cyclopentadien- u. Pyrrolabkömmlingen: **50**,2 ('55) 476-517.

Mit: [1]) Roland Dietrich; [2]) Heinz-Dietrich Eberhardt; [3]) Martin Glos; [4]) Hans Heiss; [5]) Karl Möller; [6]) Hartmut Steppan.

III-V **Suess,** Eduard → VIIa/Suppl.

IV-VI **Suess,** Franz Eduard. Geol. — 1911 o. Prof. U Wien; '37 em.
*1867, Okt. 7, Wien;
†1941, Jan. 25, Wien.

Bildn. in: ● R. Meister, Gesch. d. Akad. Wiss. Wien 1847-1947 (Wien '47) Taf. 31.

Biogr. L. Waldmann, Jahrb. geol. Bundesanst. Wien **96** ('53) 193-216.

Zum 70. Geb.tag. ● F. E. Suess-Festschr. d. Geol. Ges. in Wien (Wien '37) 5 + 573 S. (m. Bildn. u. Faks.) (Mitt. geol. Ges. Wien 29).

Nekr. J. V. Harrison, Nature [London] **147** ('42) 341. — L. Kölbl, Mitt. geol. Ges. Wien **36/38**. 1943/45 ('49) 267-84 (m. Schr.verz.). — K. Leuchs, Alm. Akad. Wiss. Wien **95**. 1945 ('47) 319-23 (m. Bildn. u. Faks.).

MHZ. Mitt. geol. Ges. Wien **12** ('19)-**32** ('39).

S. ● Rep. 16th Sess. Int. geol. Congr., Washington 1933 **2** (Washington '33) 815-28: Europ. u. nordamer. Gebirgszusammenhänge. — ● Verh. 3. Int. Quartärkonferenz 1936 (Wien '38) 167f.: Meteorkrater v. Köfels im Ötztale.

W. ● Bausteine zu einem Syst. d. Tektogenese **1**: Peripluton. u. enorogene Regionalmetamorphose in ihrer tektogenet. Bedeutg. (Bln '37) 8 + 86 S.; **2**: Z. Bewegungsbilde d. älteren Mitteleuropa; hypokinemat. Regionalmetamorphose ('38) S. 88-238; **3**: D. Bau d. Kaledoniden u. d. Schollendrift im Nordatlantik, A: D. Kaledoniden in Schottland u. Vergleiche ('39) S. 239-376 (Fortschr. d. Geol. u. Paläontol. 13).

Alm. Akad. Wiss. Wien. Alex. P. Karpinski†: **87** ('37) 1-10. — A. Heim†: **88** ('39) 269-83.

Anz. Akad. Wiss. Wien. Vergl. Orogenstudien: **71** ('34) 223-32. — Z. Deutg. d. Bimssteinvork. v. Köfels im Ötztale: **73** ('36) 77f.

Geol. Magazine. A suggested interpretat. of the Scottish Caledonide struct.: **68** ('31) 71-81. — Crystalline schists of the moldanubian type: **69** ('32) 431f. — Australites: **72** ('35) 288.

Mitt. geol. Ges. Wien. Ostalpines u. böhm. Grundgebirge: **24** ('31) 28-37. — Beleuchtg. d. Meteoritenprobl.: **25** ('32) 115-43. — F. Nopesa†: **26** ('33) 215-21. — Der lug. Bau in seinem Verhältnis z. varisz. Orogenese: **28** ('37) 1-36. — Bausteine zu einem Syst. d. Tektogenese, 3, B: Kaledoniden in Skandinavien; ~ C: Kaledoniden in Grönland: **36/38** ('49) 29-230.

Naturwiss. Wie gestaltet sich d. Gesamtprobl. d. Meteoriten durch d. Einreihg. d. Tektite unt. d. meteor. Körper?: **21** ('33) 857-61.

Neues Jahrb. Mineral., Geol. Paläontol., Beil.-Bd (A). Meteorkrater v. Köfels b. Umhausen im Ötztale, Tirol: **72** ('36) 98-155.

Neues Jahrb. Mineral., Geol. Paläontol., Beil.-Bd (B). Synth. d. varisz. Baues: **69** ('32) 1-34.

Zbl. Mineral. (B). Bau d. Kaledoniden u. Wegeners Hypothese: **1938**, 321-37.

Suess, Hans Eduard. Physikal. Chem. — 1929-36 stud., '36 Dr. phil. U Wien (Ph. Groß); '37-40 wiss. Hilfs-

arb., '40 Dr. phil. habil., '41-48 Doz., '48-50 apl. Prof. U Hamburg; '50-51 Gast-Prof. U Chicago; '51-55 Forsch.-Chemiker U. S. Geol. Survey; seit '55 o. Prof. U of California, La Jolla/Calif., USA. [Eig. Mitt.]
*1909, Dez. 16, Wien.

S. ● Nat. u. Med. in Dtschl. 1939-46, **30** (Wiesb. '48) 19-24: Isotopenaustauschgleichgewichte. — ● Zahlenwerte u. Funktionen (Landolt-Börnstein) **3** [6](Bln-G.-H. '52) 53-59: Häufigk. d. Elemente im Kosmos (m. J. H. Jensen). — ● Proc. Conf. on nuclear Processes in geologic Settings, Williams Bay, Wisconsin 1953 (Chicago '53) NAS-NSF Publ., 52-56: Natural radiocarbon and the rate of exchange of carbon dioxide between the atmosphere and the sea. — ● Handbuch d. Physik (S. Flügge) **51** (Bln-G.-H. '58) 296-323: Häufigk. d. Elemente in d. Planeten u. Meteoriten (m. H. C. Urey).

Angew. Chem. Bedeutg. d. Neutrons f. d. Chem.: **53** ('40) 522-24. — Grundlagen d. Ergebnisse d. Radiokohlenstoff-Datierg.: **68** ('56) 540-46.

Annu. Rev. nuclear Sci. Radioactivity of the atmosphere and hydrosphere: **8** ('58) 243-56.

Ark. Fysik. β-Umwandlungsenergien, „magic numbers" u. d. fehlenden Elemente 43, Technetium u. 61, Promethium[10]): **3** ('52) 577-84.

Chem. u. Ind. [russ.]. Bedeutg. d. Neutrons f. d. Chem.: **20** ('42) 338-45.

Ergebn. exakt. Naturwiss. Das Schalenmodell d. Atomkerns[7])[10]): **26** ('52) 244-90.

Experientia. Kosm. Häufigk. d. Elemente: **5** ('49) 266-70. — Alter d. Elemente: 278.

Forsch. u. Fortschr. Alter u. Entstehg. d. chem. Elemente: **17** ('41) 207f.

Fortschr. physik. Wiss. [russ.]. Verbreitg. d. Elemente, 1[5]): **62** ('57) 101.

Geochim. et cosmochim. Acta [London]. Gas content and age of tektites: **2** ('51) 76-79.

J. Geology. Häufigk. d. Edelgase auf d. Erde u. im Kosmos: **57** ('49) 237-44.

Mh. Chem. Therm. Zerfall d. Dioxans[4]): **68** ('36) 207. — Isotop. Zusammensetzg. d. Wassers d. Neusiedler Sees b. Wien[3])[11]): **89** ('58) 173f.

Nature [London]. Age of tektites[8])[9]): **168** ('51) 432f.

Naturwiss. Abhängigk. d. Geschwindigk. d. Rohrzuckerinvers. v. Gehalt d. Wassers an schwerem Wasser[4])[17]): **22** ('34) 662. — Bemerkungen z. Photochem. d. Erdatmosphäre[5]): **26** ('38) 77. — Z. Meteoritenprobl.: Radioaktivität d. Kaliums als Mittel z. Best. d. relat. Alters d. Elemente: 411f.; **27** ('39) 702-04. — Regeln üb. d. Lage v. Isotopenaustauschgleichgewichten[10]): **32** ('44) 372-74. — Deutg. d. Häufigkeitsverteilg. d. Elemente[10]): 374f. — Goldschmidtsche Elementhäufigkeitsverteilg.[10]): **34** ('47) 131-37. — Argongehalt kalihalt. Minerale u. d. Frage d. dualen Zerfalles v. K^{40} [6]): 214f. — Z. Interpretat. d. ausgezeichneten Nucleonenzahlen im Bau d. Atomkerne[7])[10]): **35** ('48) 376; ∼ 2: **36** ('49) 153-55. — Modellmäß. Deutg. d. ausgezeichneten Nucleonenzahlen im Kernbau[10])[7]): 155f. — Deuteriumgehalt d. freien Wasserstoffs in d. Erdatmosphäre[6]): 218.

Österr. Chemiker-Ztg. Reaktionen in schwerem Wasser: **40** ('37) 239-43. — Kinetik d. therm. Polymerisat. v. Styrol in Lösg.[12])[15]): 287f.

Physic. Rev. Radioactivity of K^{40}: (2) **73** ('48) 1209. — On the «magic numbers» in nuclear structure[7])[10]): **75** ('49) 1766. — Magic numbers and the missing elements technetium and promethium: **81** ('51) 1071f. — I^{129} and the age of the elements[2]): **83** ('51) 1254f.

Rev. mod. Physics. Abundances of the elements[19]): **28** ('56) 53-74.

Science [Washington]. Natural radiocarbon measurements by acetylene counting: **120** ('54) 5-7. — US Geol. Survey radiocarbon dates, 1: 467-73; ∼ 2[14]): **121** ('55) 481-88; ∼ 3[13]): **123** ('56) 442-48. — Radiocarbon concentrat. in modern wood: **122** ('55) 415-17. — Absolute chronology of the last glaciat.: **123** ('56) 355-57. — Rate of postglacial rise of sea level[16]): 1082f.

Tellus. Carbon dioxide exchange between atmosphere and ocean and the question of an increase of atmospheric CO_2 during the past decades[13]): **9** ('57) 18-27.

Trans. Amer. geophysic. Union. A note on the isotopic composit. of atmospheric hydrogen: **34** ('53) 343f.

Trans. Faraday Soc. The inversion of cane sugar in mixtures of light and heavy water[4])[17]): **32** ('36) 883-89.

Z. Elektrochem. Chem. Prozesse b. Einfang v. Neutronen durch Brom: **45** ('39) 647f. — Durch Kernprozesse ausgelöste chem. Primärreaktionen: **47** ('41) 765. — Chem. d. Planeten- u. Meteoritenbildg.: **53** ('49) 237-41.

Z. Naturforsch. Kosm. Kernhäufigkeiten, 1: Einige Häufigkeitsregeln u. ihre Anwendg. b. d. Abschätzg. d. Häufigkeitswerte f. d. mittelschweren u. schweren Elemente: **2a** ('47) 311-21; ∼ 2: Einzelheiten in d. Häufigkeitsverteilg. d. mittelschweren u. schweren Kerne: 604-08. — Gleichgewicht $H_2 + HDO \rightleftarrows HD + H_2O$ u. d. weiteren Austauschgleichgewichte im Syst. H_2, D_2 u. H_2O: **4a** ('49) 328-32.

Z. Physik. Kosm. Kernhäufigk. u. natürl. Beta-Aktivität: **125** ('48) 386-93. — Modellmäß. Deutg. d. ausgezeichneten Nucleonenzahlen im Kernbau[7])[10]): **128** ('50) 295-311. — Increase of C^{14} in the atmosphere[1]): **154** ('59) 172-74.

Z. physik. Chem. (A). Kinetik d. therm. Polymerisat. v. Styrol in Lösg.[12])[15]): **179** ('37) 361-70; ∼ 2[18]): **181** ('37) 81-88. — Bemerkungen zu d. Arb. v. J. W. Breitenbach u. A. Maschin: Polymerisat. d. Styrols b. Gegenw. v. Tetrachlorkohlenstoff: **187** ('40) 184f.

Z. physik. Chem. (B). Chem. Prozesse b. Einfang v. Neutronen durch Brom: Verhalten v. Äthylbromid b. Radioaktivieren in d. Gasphase u. d. Reakt. d. gebildeten akt. Bromteilchen m. Acetylen: **45** ('40) 297-311. — Verhalten v. Bromwasserstoff b. Bromkernprozessen: 312-22 [Hab.schr.].

Mit: [1]) G. S. Bien; [2]) Harrison Brown; [3]) H. Craig; [4]) Philipp Gross; [5]) Wilhelm Groth; [6]) Paul Harteck; [7]) Otto Haxel; [8]) Richard J. Hayden; [9]) Mark G. Inghram; [10]) J. Hans D. Jensen; [11]) T. Mayeda; [12]) K. Pilch; [13]) Roger Revelle; [14]) Meyer Rubin; [15]) H. Rudorfer; [16]) F. P. Shephard; [17]) H. Steiner; [18]) A. Springer; [19]) Harold C. Urey.

VI **Süss,** Wilhelm. Math. — 1934-58 o. Prof. U Freiburg/Br.; '44 Gründer u.

'44–58 Leiter Math. Forsch.-Inst. Oberwolfach/Schwarzwald.
*1895, März 7, Frankfurt/M.; · †1958, Mai 21, Freiburg/Br.

Zum 60. Geb.tag. Arch. Math. **6** ('55) 164 (m. Bildn. u. Faks.).

Nekr. H. Behnke, H. Gericke, Math.-physik. Semester-Ber. **6** ('59) 1-3. — E. Bompiani, Boll. Un. mat. Ital. (3) **13** ('58) 464. — ● A. Ostrowski, Wilh. Süss 1895–1958 (Freiburg/Br. '58) 16 S. (Freiburger Universitätsreden N. F. 28). — F. Raith, Math. u. naturwiss. Unterr. **11** ('58/59) 229.

H. ● Studia math. **1** (Gött. '48) - **13** ('58). — ● Nat. u. Med. in Dtschl. 1939-46, **1** u. **2**: Reine Math. (Wiesb. '48); darin eig. Beitr.: **2** ('48) 133-47: Analyt. u. höhere Geom.

MH. ● Grundzüge d. Math. f. Lehrer an Gymnasien sowie für Mathematiker in Industrie u. Wirtschaft **1**: Grundlagen d. Mathematik, Arithmetik u. Algebra (Gött. '58) 12 + 557 S.

HZ. Arch. Math. **1** ('48/49)-**2** ('49/50).

MHZ. Arch. Math. **3** ('52)-**9** ('58).

S. ● Convegno int. Geom. differenz., Italia 1953 (Rom '54) 55-63: Affine u. Minkowskische Geom.

W. ● Werden u. Wesen d. Geom. (Freiburg/Br. '41) 32 S. (Freiburger Univ.-Reden 35).

Abh. math. Sem. Univ. Hamburg. Die kleinste Kugel, die jede Figur gegebenen Durchmessers einschließt: **20** ('55/'56) 115f.

Arch. Math. Affininvariante v. Eibereichen: **1** ('48) 127f. — Kennzeichng. d. Kugel: 190f. — Best. einer Fläche durch d. dritte Grundform u. d. Summe d. Hauptkrümmungsradien: **2** ('50) 103f. — Affine Differentialgeom. v. Kurvenpaaren im Raum: **3** ('52) 137-41. — Kennzeichnungen d. Kugeln u. Affinsphären durch Herrn K.-P. Grotemeyer: 311-13. — Affine u. Minkowskische Geom. eines ebenen Variationsprobl.: **5** ('54) 441-46. — Eindeut. Best. v. Eihyperflächen durch d. Summe ihrer Hauptkrümmungsradien: **8** ('57) 352-54.

Comment. math. Helvet. Kennzeichnende Eigenschaften d. Kugel als Folgerg. eines Brouwerschen Fixpunktsatzes: **20** ('47) 61-67.

Dtsch. Math. Adjungierte Variationsprobleme u. Affin-Minimalflächen: **4** ('39) 322-24.

Elemente Math. Selbst-duale Begründg. d. projekt. Geom. v. K. Menger: **7** ('52) 29-32.

J. reine u. angew. Math. Eichflächenprinzipien in d. projekt. Flächentheorie: **188** ('50) 100-11.

Math. Ann. Best. einer geschlossenen konvexen Fläche durch d. Summe ihrer Hauptkrümmungsradien: **108** ('33) 143-48.

Math.-physik. Semester-Ber. Eibereiche m. Mittelpunkt: **1** ('50) 273-87. — Dtsch. Math.-Ver.-Tagg. in Erlangen v. 1.-5. Okt. 1950: **2** ('51) 155f. — Elementare kennzeichnende Eigenschaft d. Ellipsoids: **3** ('53) 57f. — Charakterist. Eigensch. d. Ellipse: **4** ('54) 54-56.

Math. Z. Durchmesser u. Umkugel b. mehrdimensionalen Punktmengen: **40** ('35) 315f. — Üb. Affinminimalflächen, die gleichzeitig Minimalflächen sind: **42** ('37) 697-99. — Ein affines Analogon z. Best. einer Fläche aus einer Grundform u. einer Krümmungsfunkt. durch W. Scherrer: **52** ('50) 698-702.

Mat. T. (B). Die Volumina in linearen Scharen konvexer Körper[1]): **1932**, 19-25.

Rend. Mat. e Appl. Parallelogramme u. Rechtecke, die sich ebenen Eibereichen einbeschreiben lassen: **14** ('55) 338-41.

Rev. Stiintifica „V. Adamachi", Jasi. Bew. f. d. Unmöglichk. einer nichttrivialen Abwickelbark. v. Flächen: **34** ('48) 1f.

S.-Ber. Heidelberger Akad. Wiss. Über Krümmungseigenschaften im Großen v. Eilinien u. Eiflächen: **1935**, 4. Abh., 1-11.

Tôhoku math. J. Zusammensetzg. v. Eikörpern u. homothetische Eiflächen: **35** ('32) 47-50. — Eindeutigkeitssätze u. ein Existenztheorem in d. Theor. d. Eiflächen im Großen: 290-93. — Ein Satz v. Urysohn üb. mehrdimensionale Eikörper: 326-28. — Üb. d. Inhaltsmaß b. mehrdimensionalen Polyedern: **38** ('33) 252-62. — Projektivverwandte d. Drehflächen u. ihre Segre-Kurven: **41** ('36) 308-10. — Relat. Minimalflächen u. Parallelismus d. affinen Flächentheor.: **43** ('37) 233-35.

Mit: [1]) H. Kneser.

Süßmann, Georg. Theoret. Physik. — 1947–51 stud. U Göttingen, FU Berlin; '51 Dr. rer. nat. FU Berlin (G. Ludwig); '51–56 Ass. MPInst. f. Physik, Göttingen (C. F. v. Weizsäcker); '56–57 Ass., '57 habil. U München; '57–58 stellv. Wahrnehmg. d. Direktorats d. Inst. f. theoret. Physik, '58 ao. Prof. U Hamburg; '61 o. Prof. U Frankfurt/M. [Eig. Mitt.]
*1928, Jan. 1, Lodz/Polen.

H. ● Glaube u. Naturwiss. (Gött. '57) (Unser Glaube A 3, Erg.-H. 2); darin eig. Beitr.: Vorwort.

S. ● Observation and Interpretation (Colston Research Soc.) (Lond. '57) 131-47: An analysis of measurement.

W. ● Über d. Meßvorgang. Hab.schr. (Münch. '58) 41 S. (Abh. Bayer. Akad. Wiss. N. F. 88).

Fortschr. Physik. Das opt. Kernmodell[1]): **4** ('56) 297-356.

Z. Naturforsch. Energieverteilg. d. α-Teilchen b. d. Kernverdampfg. unt. Berücks. d. Spaltg., 1: **8a** ('53) 404-16. — Üb. d. Impuls d. Schallquanten, 1: **11a** ('56) 1-14; ~ 2: **13a** ('58) 1-6.

Z. Physik. Spontane Lichtemiss. in d. unitären Quantenelektrodyn.: **131** ('52) 629-62 [Diss.]. — Wärmekapazität d. Atomkerns nach d. Gaströpfchenmodell: **139** ('54) 533-42. — Freiheitsgrade d. Gaströpfchenmodells f. d. Atomkern: 543-68.

Mit: [1]) F. M. Medina.

VI **Suhrmann,** Rudolf Johannes. Physikal. Chem., Physik. — 1933–45 o. Prof. TH u. U Breslau; '38–45 beratender Mitarb. Labor. Elektronenforschg. Fa Telefunken; '46–55 o. Prof. TH Braunschweig, seit '55 TH Hannover. — '60 Dr. rer. nat. h. c. (TH Dresden). [Eig. Mitt.]
*1895, März 9, Reichenberg/Böhmen.

Kurzbiogr. ● Catalogus Professorum TH Hannover 1831-1956 (Hannov. '56) 35f. (m. Bildn.).

Zum 65. Geb.tag. I. N. Stranski, Z. Elektrochem. **64** ('60) 341f. (m. Bildn.). — Chemiker-Ztg. **84** ('60) 182; Nachr. Chem. u. Techn. **8** ('60) 108 (m. Bildn.).

S. ● Lehrbuch d. Physik (Müller-Pouillet) **4**,4 [11](Brschw. '34) 5-61: Elektr. Leitfähigk. d. Metalle; 117-30: Galvanomagnet. u. thermomagnet. Effekte; 131-210: Elektronenemiss. metall. Leiter. — ● Festschr. Techn. Hochsch. Breslau (Bresl. '35) 457-60: Üb. eine d. Phosphoreszenz ähnl. Umwandlg. v. Lichtenergie in Energie freier Elektronen. — ● Beiträge z. Elektronenoptik (H. Busch, E. Brüche) (Lpz. '37) 61-72: Emissionsforschg. mittels elektronenopt. Meth. — ● Atti 10. Congr. int. Chim., Roma (Roma '38) 525-33: Üb. d. Ermittlg. v. integralen Extinktionsäquivalenten flüss. KWStoffe auf Grund v. Absorptionsmessungen im Ultrarotspektr. (m. P. Klein). — ● Arbeitstagg. Festkörperphysik 1952 (Bln '52) 74-80: Änderg. d. Elektronenaustrittsarb. v. Metalloberflächen durch adsorbierte Fremdmolekeln; ~ 2: 1954 (Lpz. '55) 188-96: Elektron. Wechselwirkg. zw. Metalloberflächen u. adsorbierten Fremdmolekeln. — ● Proc. Int. Sympos. on the Reactivity of Solids (Gothenburg '52) 601-12: Photoelectric investigations on metal catalysts. — ● Die Techn. Hochsch. Carolo-Wilhelmina Braunschweig 1952-54 (F. Moeller) (Brschw. '54) 144-46: Elektron. Wechselwirkg. zw. metall. Katalysatoren u. adsorbierten Molekeln. — ● Advances in Catalysis and related Subjects **7** (New York '55) 302-52: Electronic interaction betw. metallic catalysts and chemisorbed molecules; **9** (New York '57) 223-28: New method for the study of elementary processes in catalytic decomposition reactions (m. G. Wedler). — ● Praktische Physik (F. Kohlrausch) **1** [20](Stuttg. '55) 275f.: Messg. d. zweidimensionalen Druckes an Grenzflächen; 340-53: Gleichgewicht zw. versch. Phasen v. Gemischen (heterogene Mehrstoffsyst.) (m. H. Ebert u. H. Hausen); 353-56: Diffusion; 356: Thermodiffusion; 356f.: Osmose u. Dialyse; **2** [20]('56) 466-79: Lichtelektr. Effekt. — ● Festschr. 125 Jahre TH Hannover 1831-1956 (Hannov. '56) 86f.: Physikal. Chem. u. Elektrochem. — ● Chemisorption. Proc. of a Sympos. at Keele/Staffordshire 1956 (Lond. '57) 106-17: Changes in conductivity on adsorpt. of gases on metal films. — ● Structure and Properties of thin Films (New York-Lond. '59) 268-81: Influence of hydrogen on the electr. resistance of evaporated palladium films (m. G. Schumicki u. G. Wedler).

W. ● Lichtelektrische Zellen u. ihre Anwendg. (m. H. Simon) (Bln '32) 7 + 373 S.; 2. vollst. neubearb. Aufl. u. d. T.: ● Der lichtelektr. Effekt u. seine Anwendungen (m. H. Simon) (Bln '58) 12 + 747 S. — ● Physikalisch-chem. Praktikumsaufgaben (m. A. Eucken) [2](Lpz. '48) 12 + 324 S.; [3]('52); [4]('54); [5]('60) 12 + 366 S.

Abh. Braunschw. wiss. Ges. W. A. Roth 1873-1950: **2** ('50) 141-48. — Beeinflussg. d. Lösungsvermögens v. Methanol f. n-Hexan u. verwandte KWStoffe durch Veränderg. seines Assoziationszustandes[38]): **3** ('51) 135-52. — Photoelektr. Untersuchungen an aufgedampften Nickel-, Wismut- u. Germanium-Schichten[23]): **10** ('58) 35-46.

Angew. Chem. Lage u. Gestalt d. Absorptionsbanden v. Flüssigk. im nahen Ultrarot: **62** ('50) 507-12. — Reaktionsmechanismus b. Zerfall d. Ameisensäure am Nickel-Kontakt auf Grund elektron. Wechselwirkg.[39]): **67** ('55) 655. — Z. Mitt. v. G. Rienäcker u. N. Hansen, Widerstandsmessungen an aufgedampften Nickel-Filmen während katalyt. Reaktionen[39]): **68** ('56) 308. — Einzelvorgänge b. Zerfall v. Molekeln am Katalysator: 784-89.

Ann. Physik. Elektronenemission kristalliner Metalloberflächen u. ihre Beziehungen zu d. Gesetzmäßigk. d. Kristallbaus[36]), 1: Reine Kristalloberflächen: (6) **1** ('47) 153-68; ~ 2: Einkristalloberflächen m. adsorbierten Fremdatomen: 169-80.

Chemie-Ing.-Techn. Ultrarotgeräte, ihr Aufbau u. ihre Verwendg.[24]): **22** ('50) 409-15.

Chemiker-Ztg. Physik. u. chem. Verhalten v. Molekeln an äußeren Grenzflächen: **58** ('34) 411-13. — Lichtelektr. Zellen u. ihre Anwendg. in d. chem. Ind.: **61** ('37) 245-47.

Ergebn. exakt. Naturwiss. Üb. d. äußeren Photoeffekt an adsorbierten Schichten: **13** ('34) 148-222.

Forsch. u. Fortschr. Arnold Eucken†: **26** ('50) 317f.

Fortschr. chem. Forsch. Neuere Ergebn. d. Ultrarot-Spektroskopie[24]): **2** ('53) 758-879.

Génie chim. Méthodes d'étude de la chimisorpt. sur les surfaces solides conductrices de l'électricité: **78** ('57) 15-18.

J. Chim. physique. Sur l'interact. entre la surface d'un film transparent de nickel obtenu par évaporat. et les atomes de xénon adsorbés[9])[11])[16])[35]): **54** ('57) 14-18.

Naturwiss. Unmetall. u. ungeordneter Zustand v. Metallschichten[3]): **25** ('37) 457f. — Vers. üb. d. Emissionsmechanismus d. Bariumoxydkathoden[12]): **26** ('38) 108. — Sekundäremiss. reiner Metalle im ungeordneten u. geordneten Zustand[22]): **27** ('39) 548. — Beeinflussg. d. Sekundäremiss. reiner Metalle b. 83° u. 293° abs. durch adsorbierten Sauerstoff[22]): 548. — Mechanismus d. Sekundärelektronenemiss.[22]): 707. — Beob. an schmelzenden W-Einkristalldrähten[36]): **30** ('42) 662. — Z. Bem. v. J. Leonhardt zu d. Arb.: Z. Deutg. d. v. I. N. Stranski u. R. Suhrmann mitgeteilten Beob. an schmelzenden W-Einkristalldrähten[36]): **31** ('43) 140. — Einfl. d. Kristallstrukt. auf d. Adsorpt. v. Fremdmolekeln: **37** ('50) 329-33. — Z. Deutg. d. Solvatochromie[27]): **38** ('51) 382. — Halbleitereigenschaften d. Syst. Kalium-Antimon, Cäsium-Antimon, Kalium-Indium, Cäsium-Indium[17]): **40** ('53) 137f. — Elektron. Wechselwirkg. zw. chemisorbierten Molekeln u. adsorbierender Oberfläche[35]): 139f. — Widerstandsänderg. durchsicht. Nickelschichten im ungeordneten Zustand b. d. Adsorpt. v. Wasserstoff[35]): **42** ('55) 340. — Wechselwirkg. zw. d. Oberfläche aufgedampfter Nickelfilme u. adsorbierten Xenonatomen[9])[11])[16])[35]): **43** ('56) 127f. — Kovalente Bindg. u. Wasserstoffabspaltg. b. d. Chemisorpt. v. Benzol an Metalloberflächen[39])[14]): **44** ('57) 60f. — Neue Untersuchungen z. Palladium-Wasserstoff-Problem[46])[39]): **46** ('59) 600.

Physik regelmäß. Ber. Elektronen aus äußeren Grenzflächen[29])[34]): **3** ('35) 133-78.

Physik. Z. Best. d. Planckschen Konst. als qualitat. Vorlesungsvers.: **33** ('32) 579. — Lichtelektr. Unters. d. Temperaturabhängigk. d. Elektronenaustrittsarb. an einer m. atomarem Barium bedeckten Nickeloberfläche[8]): **34** ('33) 630f. — Üb. d. äußeren lichtelektr. Effekt b. tiefen Temp.: 877. — Elektronenbeugungsvers. üb. d. Veränderg. v. Halbleiterkristallflächen durch Elektronenbomdardement: 878f. — Neue Beob. üb. d. spektralen selekt. Photoeffekt b. tiefen Temp.[7]): **35** ('34) 148. — Lichtreflex. v. Silberspiegeln b. Übergang aus d. amorphen in d. kristallinen Zustand b. tiefen Temp.[1]): 971-73. — Äußerer lichtelektr. Effekt zusammengesetzter Photokathoden b. tiefen Temp.[7]): 973-75. — Änderg. d. elektr. Widerstandes u. d. Reflexionsvermögens v. b. tiefer Temp. kondensierten Metallspiegeln[1]): **36** ('35) 843-45. — Elektr. u. opt. Unters. üb. d. Umwandlg. v. unmetall. in metall. Antimon[3]): **37** ('36) 146-49.

Umschau. Aktivierg. v. Molekeln an Katalysator-Oberflächen, 1: Chemisorpt. einf. Molekeln[39]): **57** ('57) 583-85; ∼2: Zerfallsreaktionen b. komplizierten Molekeln[39]): 616-18.

Z. anorg. allg. Chem. Beeinflussg. d. H^+-Ionenleitfähigk. durch Fremdionen in wässer. Lösg.[24]): **272** ('53) 167-81.

Z. Elektrochem. Ultrarote Spektralunters. üb. d. Änderg. d. Polymerisationsgleichgewichtes d. Wassers durch gelöste Elektrolyte: **38** ('32) 627f. — Unters. im ultraroten Absorptionsspektr. üb. d. Beeinflussg. d. Wassers durch H- u. OH-Ionen in konzentrierten Säuren u. Laugen: 642. — Elektronenübergänge an äußeren Grenzflächen: **44** ('38) 478-88. — Z. Kinetik d. Übergangs ungeordneter Metallschichten in d. geordneten Zustand[33]): **47** ('41) 277-81. — A. Eucken z. 60. Geb.tag: **50** ('44) 169f. — Beziehungen zw. d. chem. Verhalten aromat. Alkalimetall-Additionsverbb. u. ihrem Elektronenemissionsvermögen b. Lichtbestrahlg.: **53** ('49) 199-203. — Emissionszentren d. an intermetall. Verbb. ausgelösten Photoelektronen[20]): **54** ('50) 349-53. — Adsorptionszustand v. Molekeln an leitenden Oberflächen: **56** ('52) 351-60. — Untersuchungen z. Solvatochromie[17]): 743-45. — Dialyseversuche an H^+-Ionen in wässer. Salzlösungen z. Aufklärg. des Wanderungsmechanismus d. H^+-Ionen[40]): **57** ('53) 93-100. — Änderg. d. Widerstands-Temperatur-Abhängigk. aufgedampfter Schichten v. reinem Wismut, Wismut-Antimon- u. Wismut-Tellur-Legierungen b. Tempern[42]): **59** ('55) 379-99. — Elektron. Wechselwirkg. b. d. Chemisorpt. an elektr. leitenden Oberflächen: **60** ('56) 804-15. — Ermittlg. d. Elementarprozesse b. Ameisensäurezerfall am Nickelkontakt durch elektron. Wechselwirkg.[39]): 892-98. — Ermittlg. d. Elementarprozesse b. d. Adsorpt. v. Sauerstoff an durchsicht. Wismutfilmen durch Widerstandsmessg.[18]): 898-905. — Elektronenbeanspruchg. b. d. Chemisorption d. Benzols an Nickel b. tiefen Temp.[21])[39]): **63** ('59) 155-62. — Elektron. Wechselwirkg. als Vorstufe chem. Reaktionen zw. Metallen u. chemisorbierten Gasen[39]): 748-57.

Z. Kristallogr. (A). Gleichgewichtsformen d. Kristalle m. kub. raumzentriertem Gitter[36]): **105** ('43) 481-87.

Z. Metallkunde. Elektron. Wechselwirkg. zw. adsorbierten Gasmolekeln u. Metalloberflächen: **46** ('55) 780-86.

Z. Naturforsch. Lichtelektr. Untersuchungen üb. d. elektron. Wechselwirkg. zw. einer Platinoberfläche u. adsorbierten Wasserstoff- bzw. Sauerstoffatomen u. -molekeln sowie N_2O-Molekeln[30]): **9a** ('54) 14-27. — Exp. Beitr. z. Theorie d. äußeren lichtelektr. Effektes kompakter Alkalimetalle: 968-73. — Elektron. Wechselwirkg. zw. Stickstoff u. aufgedampften Nickelfilmen[35]): **10a** ('55) 517-21. — Dichte- u. Viskositätsmessungen an Quecksilber u. hochverdünnten Kalium- u. Cäsiumamalgamen v. Erstarrungspunkt bis +30 °C[41]): 985-96.

Z. Physik. Spektrale lichtelektr. Empfindlichk. dünner Alkalimetallhäute b. Zimmertemp. u. b. d. Temp. d. flüss. Luft[37]): **73** ('32) 709-26. — Zustandekommen d. spektralen selekt. Photoeffektes an dünnen Alkalimetallhäuten[31]): **79** ('32) 153-60. — Lichtelektr. Unters. d. Temperaturabhängigk. d. Elektronenaustrittsarb. an einer m. atomarem Barium bedeckten Nickeloberfläche[8]): **86** ('33) 615-34. — Temperaturabhängigk. d. Photoeffektes reiner u. m. Fremdatomen besetzter Metalloberflächen b. tiefen Temp.[31]): **91** ('34) 775-91. — Lichtelektr. Verhalten zusammengesetzter Oberflächenschichten b. tiefen Temp.[7]): **94** ('35) 742-59. — Beugungsvers. m. langsamen Elektronen an Bleiglanz, Pyrit u. Grauspießglanz üb. d. Änderg. d. Kristallflächen v. Halbleitern durch Elektronenbeschießg. u. üb. d. Einfl. d. Temp. auf d. Gestalt d. Beugungskurven[15]): **96** ('35) 726-40. — Ermittlg. d. inneren Potentials v. Bleiglanz, Pyrit, Grauspießglanz u. Wismut aus Beugungskurven m. langsamen Elektronen[15]): 741-53. — Änderg. d. lichtelektr. Widerstandes u. d. Reflexionsvermögens v. b. tiefer Temp. kondensierten Metallspiegeln[1]): **103** ('36) 133-69. — Bem. zu d. Arb. v. V. Middel: Lichtelektr. Messungen an metall. Antimon[3]): **106** ('37) 354-57. — Einfl. d. äußeren Feldes auf d. Elektronenemissionskonst. v. bariumbedeckten Platinoberflächen[10]): **107** ('37) 523-48. — Ursprung der an zusammengesetzten Photokathoden beobachteten mehrf. spektralen Maxima auf Grund v. spektralen Empfindlichkeitskurven b. 293° u. b. 83° abs.[26]): **111** ('38) 18-35. — Lichtelektr. Anregg. zusammengesetzter Photokathoden b. tiefen Temp.[26]): 137-51. — Irreversible Änderungen d. elektr. Widerstandes u. d. Lichtreflexionsvermögens v. b. tiefen Temp. kondensierten Antimon-, Arsen-, Tellur-, Eisen- u. Silberschichten[3]): **115** ('40) 17-46. — Änderg. d. glühelektr. u. lichtelektr. Emissionskonst. v. Silberoxyd-Cäsium-Kathoden während d. Aktivierg.[6]): **118** ('42) 677-94. — Reaktionsablauf b. Übergang reiner Metallschichten aus d. ungeordneten in d. geordneten Zustand[33]): **119** ('42) 287-317. — Sekundäremiss. reiner Metallschichten im ungeordneten u. geordneten Zustand u. deren Durchlässigk. f. Sekundärelektronen[22]): **120** ('43) 363-82. — Einfl. adsorbierten Sauerstoffs auf d. Sekundäremiss. aufgedampfter Metallschichten b. 293° u. 83° abs.[22]): **121** ('43) 118-32. — Änderg. d. lichtelektr. Elektronenemiss. b. Übergang reiner Zink-, Kadmium- u. Aluminiumschichten aus d. ungeordneten in d. geordneten Zustand u. d. Einfl. d. Temp. auf d. Empfindlichk. dieser Metalle[28]): **122** ('44) 600-13. — Emissionszentren d. Sekundärelektronenemiss. v. aufgedampften Alkalicarbonatschichten[2]): **123** ('44) 73. — Temperaturabhängigk. d. spektralen lichtelektr. Elektronenemiss. halbleitender Wismutfilme[35]): **153** ('58) 96-105.

Z. physik. Chem. (B). Unters. im ultraroten Absorptionsspektr. üb. d. Änderg. d. Lösungsmittels durch d. gelöste Subst., 1: Einfl. gelöster Salze auf d. Assoziationszustand d. lösenden Wassers[4]): **20** ('33) 17-53; ∼2: Beeinflussg. d. Assoziationszustandes d. Wassers durch Wasserstoff- u. Hydroxylionen[4]): **23** ('33) 193-212. — Elektr. Polarisat. d. an reinen Metalloberflächen adsorbierten Wasserstoffs u. ihr Einfl. auf d. Rekombinat. v. Wasserstoffatomen[5]): **28** ('35) 215-35. — Strukt. d. 2. CH-Oberschwingg. u. d.

Ermittlg. integraler Extinktionsäquivalente flüss. aliphat. u. aromat. KWStoffe im Ultrarotspektr.[19]): **50** ('41) 23-72.

Z. physik. Chem. (N. F.). Ermittlg. d. elektron. Wechselwirkg. zw. adsorbierten Fremdmolekeln u. d. Oberfläche dünner Nickelschichten b. niedr. Temperaturen durch elektr. Widerstandsmessungen[35]): **1** ('54) 69-97. — Temperaturabhängigk. d. Lichtabsorpt. u. Fluoreszenzintensität b. d. Solvatochromie d. 1,2,4-Trimethyl-3-oxyphenazins[27]): **2** ('54) 290-311. — Zeitl. Verlauf d. Chemisorpt. v. Wasserdampf u. Kohlendioxyd an aufgedampften, durchsicht. Nickelfilmen[39]): **10** ('57) 184-212. — Änderg. d. elektr. Widerstandes eines aufgedampften, durchsicht. Nickelfilms b. d. Chemisorpt. v. Wasserstoff[39])[32]): **12** ('57) 128-31. — Photochem. Verhalten v. in org. Flüssigkeiten gelösten alkaliorg. Additionsverbb., 1: Absorptionsspektren[25]): **14** ('58) 246-62; ~ 2: Zunahme d. elektr. Leitfähigk. b. Belichtg.[25]): 263-75. — Chemisorpt. d. Benzols an aufgedampften, durchsicht. Nickelfilmen b. 90 °K[39])[21]): **16** ('58) 132-35. — Chemisorpt. v. Wasserstoff an dünnen aufgedampften Platinfilmen[39])[13]): **17** ('58) 350-67. — Lichtelektr. Untersuchungen üb. d. Chemisorptionszustand v. Sauerstoff an im Hochvakuum aufgedampften Wismutfilmen[9])[39]): **18** ('58) 255-64. — Z. elektron. Wechselwirkg. b. d. Chemisorpt. v. Wasserstoff an aufgedampften Nickelfilmen[43])[45])[39]): **20** ('59) 332-52. — Elektronenbeanspruchg. u. Kinetik b. d. Chemisorpt. v. Kohlenmonoxyd u. Sauerstoff an Nickelfilmen[44])[39]): **22** ('59) 336-58.

Mit: [1]) Günther Barth; [2]) Wilfried Berger; [3]) Wolfgang Berndt; [4]) Felix Breyer; [5]) Hans Csesch; [6]) Friedrich Wilhelm Dehmelt; [7]) David Dempster; [8]) Rudolf Deponte; [9]) Ernst-Albert Dierck; [10]) Johann Ludwig v. Eichhorn; [11]) Berth-Arnim Engelke; [12]) Günther Frühling; [13]) Horst Gentsch; [14]) Burkhard Hahn; [15]) Heinrich Haiduk; [16]) Horst Hermann; [17]) Claus Kangro; [18]) Herbert Keune; [19]) Peter Klein; [20]) Georg Kressin; [21]) Günther Krüger; [22]) Werner Kundt; [23]) Lothar van Lessen; [24]) Horst Luther; [25]) Reinhart Matejec; [26]) Albert Mittmann; [27]) Heinz Helmuth Perkampus; [28]) Johannes Pietrzyk; [29]) Hans Rukop; [30]) Wolfgang Sachtler; [31]) Adolf Schallamach; [32]) Dietrich Schliephake; [33]) Hermann Schnackenberg; [34]) Walter Schottky; [35]) Kuno Schulz; [36]) Iwan N. Stranski; [37]) Hans Theissing; [38]) Reinhard Walter; [39]) Gerd Wedler; [40]) Ingeborg Wiedersich; [41]) Ernst-Otto Winter; [42]) Ernst-Otto Wuttke; [43]) Albert Hermann; [44]) Hansjürgen Heyne; [45]) Yoshihida Mizushima; [46]) Günther Schumicki.

V, VI **Suida,** Hermann Franz Carl. Chem. Technol. — 1922-45 o. Prof. TH Wien; '47 i. R.; seit '47 Ziviling. f. techn. Chem., Salzburg. [Eig. Mitt.]
*1887, Febr. 3, Wien.

Kurzbiogr. ● Österreich 1918-1934 (Wien '35) 353 (m. Bildn.).

Erf. Zahlreiche Patente auf d. Geb. d. Brennstoffchem.

S. ● Die Techn. Hochschule Wien (Küßnacht-Düsseld. '31) 40-47: Inst. f. chem. Technol. org. Stoffe. — ● Assoc. int. pour l'Essai des Matériaux, Congr. de Zurich 1931, **2** (Zürich '32) 24-26, 34: Asphalt u. Bitumen (m. W. Janisch). — ● Cellulose Acetate, its Manufacture and Application (A. G. Lipscomb) (Lond. '33): Recovery of acetic acid. — ● 2me Congr. mondial du Pétrole, Paris 1937 **2**, 2: Cresol as a lubricating oil refinery solvent and its use in the S.N.P.-process of solvent extract. (m. H. Pöll).

W. ● Rostschutz u. Rostschutzanstrich (m. H. Salvaterra) (Wien '31) 6 + 344 S. (Techn.-gewerbl. Bücher 6).

Allg. Österr. Chemiker- u. Techniker-Ztg. Analyse d. Zistersdorfer Erdöles: **5** ('33) 13.

Angew. Chem. Kresol als Lösungsmittel b. d. Schmierölraffinat. u. seine Verwendg. im S.N.P.-Verf. z. Lösungsmittelextrakt. v. Schmierölen[14]): **50** ('37) 878.

Asphalt u. Teer. Neue Meth. z. Gewinng. v. Erdölbitumen (Erdölasphalt) aus Straßendeckenmustern[7]): **37** ('37) 501-04. — Unters. v. Asphaltemulsionen[8]): **38** ('38) 700-03. — Eigenschaften v. Bindemitteln u. ihre Haftfestigk. an Straßenbaugesteinen[8])[6]): **39** ('39) 253-57, 267-72, 283-86, 295-300.

Ber. Dtsch. chem. Ges. Hochmolekulare Iso-Paraffine[13]): **66** ('33) 1145-54. — KWStoffe d. Cyclopentanreihe[4]): **72** ('39) 1168-73. — Aufschluß v. Säurelignin[15]): **74** ('41) 1916-25. — Ceten [Hexadecen-(1)][2]): **75** ('42) 991-97.

Bitumen. Heißextrakt. v. bituminösen Bindemitteln aus Materialproben[8]): **11** ('41) 1-3.

Cellulosechemie. Einfl. geringer Wassermengen auf d. Viskosität d. Aethylcellulose u. Acetylcellulose in wasserfreien Lösungsmitteln: **12** ('31) 310-16.

Montan. Rdsch. Kraftstoffversorgg. u. Kraftstoffprobleme d. Gegenw.: **27** ('35) Nr. 12, Suppl., 1-8.

Motorenbetrieb u. Maschinenschmier. Studie üb. d. Wirkg. v. Paraflow[13]): **6** ('33) 2-4. — Wirkg. v. alterungsbehindernden Zusätzen auf Mineralschmieröle[3]): **8** ('35) 2-5.

Oel u. Kohle. Alterg. v. Schmierölen: **13** ('37) 201-06, 225-32. — Extrakt. u. Raffinat. v. Mineralölen m. d. S.N.P.-Verf.: **36** ('40) 270-74. — Unters. d. Tunnelluft langer Straßentunnels[9])[18])[1])[5])[10]): **38** ('42) 996. — Laboratoriumsperforatoren f. spezif. leichte Lösungsmittel[18]): **39** ('43) 615-17.

Österr. Chemiker-Ztg. Erdölbohrungen in Zistersdorf im Zusammenhang m. d. Treibstoffproblemen in Österr.: **40** ('37) 171-73. — J. Weineck: **46** ('43) 265f.

Papierfabrikant. [Ber. üb. Zellulose u. Holz in USA]: **29** ('31) Techn. Tl., 210f. — Quantitat. Best. d. Harzes m. Hilfe d. Trübungsmessg. u. ihre Anwendg. b. Leimungsversuchen[16]): **31** ('33) Sonder-Nr., 38-46.

Petroleum. Unters. österr. Erdöle[14]): **29** ('33) H. 22, 9f. — Zerfall v. Straßenbauemulsionen in Berührg. m. österr. Straßenbaugesteinen[17]): H. 29, 1-6. — Auswählende Löslichk. v. wasserfreiem Phenol u. Kresol gegenüb. Mineralölen oder ähnl. KWStoffgemischen[14]): **30** ('34) H. 25, 4-7; ~ [12])[14]): H. 30, Beil., V. — Erdölprobl. d. neuesten Zeit: **31** ('35) H. 1, 1-12. — Kraftstoffversorgg. u. Kraftstoffprobleme d. Gegenw.: H. 11, Beil., 1-8. — Treibstoffwirtsch. in Europa u. ihre Entwicklungsmöglichk.: H. 25, 1-4. — Bituminöse Stoffe f. d. Bau v. Schwarzstraßen: **32** ('36) H. 16, 5-12. — Unters. v. Erdölprodukten nach d. Erdenmeth.[14]): **33** ('37) H. 10, 1f. — Kresol als Lösungsmittel b. d. Schmierölraffinat.[14]): **34** ('38) H. 2, 1-16. — Neue Meth. z. Gewinng. v. Erdölbitumen (Erdölasphalt) aus Straßendeckenmustern[7]): H. 4, 1-4. — Fragen d. Erdölverarbeitg. im großdtsch. Raum: **35** ('39) 357-60. — Arbeitsweisen z. Kennzeichng. u. Zerlegg. v. Asphalten[11]): 527-33.

Mit: [1]) G. Civran; [2]) Franz Drahowzal; [3]) P. Franchetti; [4]) Alois Gemassmer; [5]) R. Gruber; [6]) Karl Haller; [7]) H. Hoffmann; [8]) O. Jekel; [9]) Alfred Luszczak; [10]) Franz X. Mayer; [11]) F. Motz; [12]) St. v. Pilat; [13]) Rudolf Plankh; [14]) Hans Pöll; [15]) Vinzenz Prey; [16]) H. Sadler; [17]) G. Uiberreiter; [18]) Georg Wagner.

VI **Sulfrian,** Albert Peter Maximilian. Chemie-Wirtschaftslehre. — 1936–47 ao. Prof. TH Aachen.
1894, Jan. 6, Aachen; †1947, März 11, Siershahn/Westerwald.
*Mitt.: Standesamt Aachen.

Todesanz. Angew. Chem. (A) **59** ('47) 96.

Erf. Eisenoxyd-Pigmente.

W. ● Betriebs- u. gesamtwirtsch. Probleme d. chem. Produktion. Wirtschaftschem. Vers. (m. J. Peltzer) (Stuttg. '38) 130 S. (Slg. chem. u. chem.-techn. Vorträge N. F. 39).

Chemiker-Ztg. Phosphatbest. im Kesselhaus: **56** ('32) 650–53.

Draht-Welt. Das Beizen u. Waschen d. Drahtes in d. Stahldrahtzieherei: **35** ('42) 35–38, 51–56, 73f., 83–86, 116–19, 147–50, 181–84, 195–97, 227–29, 251f.

Seifensieder-Ztg. Rationale Maßzahl f. d. Wasseranalyse: **57** ('30) 805–08.

Wärme. Best. d. Phosphatgehaltes v. Rein- u. Kesselwasser im Kesselhaus: **55** ('32) 371–74.

Sulzer, Johann Caspar → VIIa/Suppl.

II **Sulzer,** Johann Georg → VIIa/Suppl.

III, IV **Supan,** Alexander Georg → VIIa/Suppl.

de Superville, Daniel → VIIa/Suppl.

Suschowk, Dietrich. Math. — 1947–52 stud., '54 Dr. rer. nat. (R. Schmidt), '55 wiss. Hilfskraft U München; '56 wiss. Hilfskraft, '57 Ass., seit '59 PDoz. TH München. — '60–61 Res. Assoc. Prof. U of Maryland, College Park, Md./USA. [Eig. Mitt.]
*1923, Apr. 28, Forst/Lausitz.

W. ● Die Approximation v. Orthogonalsystemen durch Orthogonalsysteme. Diss. (Münch. '53) 3 + 75 gez. Bl. Masch.schr.

Arch. Math. Paare voneinander unabhäng. Ereignisse in kontinuierl. u. diskreten Wahrscheinlichkeitsfeldern: **7** ('56) 221–24.

Frequenz. Die Spannungsverteilg. üb. d. einseit. offenen Doppelleitg. m. zeitabhäng. Abschlußwiderstand im Falle $R = G = 0$: **13** ('59) 366–69.

Math. Tab. [Washington]. Explicit formulae for 25 of the associated Legendre functions of the second kind: **13** ('59) 303–05.

Math. Z. Lösungen d. charakterist. Anfangswertprobl. d. Wellengleichg., Tschebyscheffsche Polynome u. Legendresche Funktionen 2. Art: **68** ('58) 340–61. — Die Umkehrg. einer Klasse singulärer Integrale: **69** ('58) 363–65.

Mitt.-Bl. math. Statistik. Eine Bem. zu d. sogen. „Monte-Carlo-Methoden": **9** ('57) 240–44.

S.-Ber. Bayer. Akad. Wiss. Gegenseit. Lage zweier linearer Vektorräume: **1956** ('57) 15–22. — Verallgemeinerte Ausstrahlungslösungen d. Wellengleichg. b. belieb. Dimensionszahl: **1959** ('60) 387–413.

Susz, Bernard-Pierre. Physikal. Chem. — 1923–29, '31–32 stud. U Genf, Berlin; '29 Dr. ès sci. phys. (E. Briner, '30–51 dess. Ass.), '30 PDoz., '47 Chargé de cours, '53 Prof. associé, '54 Prof. ordinaire U Genf. [Eig. Mitt.]
*1904, Okt. 5, Genf.

Biobibliogr. ● Documents pour servir à l'Histoire de l'Univ. de Genève **8** (Genève '38) 445–47; **9** ('44) 258f.; **10** ('48) 65f.; **11** ('53) 77f.; **12** ('59) 65f.

Ue. ● Fr. Dessauer, L'Energie atom. et ses Applicat. (Neuchâtel '48) 300 S.

W. ● Recherches sur la Product. de l'Ozone par l'Effluve électr. Diss. (Genève '29) 49 S.

Ann. Guébhard-Séverine. Effet Raman et structure moléculaire: **11** ('35) 12–25.

Arch. des Sci. Introduct. aux recherches sur la déterminat. des spectres d'absorpt. infra-rouge des ozonides org.[3])[4]): **4** ('51) 199–202. — Déterminat. des spectres d'absorpt. infra-rouge des ozonides du trans-stilbène, styrène, anéthol, benzène, naphtalène, cyclohexène, limonène[3])[4]): 202–05. — Spectre infra-rouge du complexe de la benzophénone et du chlorure d'aluminium[25]): **5** ('52) 105–08. — Spectres infra-rouges des complexes de la benzophénone, de l'acétophénone et du chlorure de benzoyle avec le chlorure et le bromure d'aluminium[25])[28]): 262–65. — Préparat. et spectre infrarouge du complexe formé par le chlorure d'acétyle et le chlorure d'aluminium[32]): **9** ('56) 82–85. — Sur le spectre infrarouge du complexe de l'acétophénone avec le chlorure de mercure-(II)[31]): 325–30. — Note préliminaire sur le spectre infrarouge du fluoborate d'acétylium[32]): 340f. — Préparat. et spectres infrarouges des complexes (composés d'addit.) formés par le trifluorure de bore avec la dipropylcétone, l'acétophénone et le benzophénone[24]): 461–65. — Préparat. et spectres infrarouges de complexes formés par le bromure d'aluminium avec des nitrodérivés aromatiques[27])[29]): **10** ('57) 257–60.

Chimia. Hommage au Prof. E. Briner[12]): **3** ('49) 29–32. — Les spectres de vibrat. dans la recherche org.: **6** ('52) 97.

Collège de Genève. Chimie — notes succinctes pour les classes de 5e année: **1940**, 22 S. — Eléments de physique et de chim. pour les classes de 5e année[23]): **1942**, 65 S. — Résumé des chapitres théor. du cours de chim. des classes de maturité: **1943**, 48 S.

C. R. Acad. Sci. Paris. Spectres d'absorpt. infrarouge et spectres Raman des ozonides[3])[4]): **234** ('52) 1932–34. — Influence sur le spectre infrarouge de l'addit. d'accepteurs électroniques aux cétones et aux halogénures d'acides: **248** ('59) 2569–71. — Résonance magnét. nucléaire de solutions de Al_2Cl_6 et C_6H_6 dans le sulfure de carbone[29])[36])[33]): **250** ('60) 2889–91.

C. R. Soc. Physique Hist. natur. Genève. Rendement réel de la product. de l'ozone par l'effluve et son améliorat.[3]): **46** ('29) 155-57 [auch in: Helvet. chim. Acta **13** ('30) 678-95]. — Sur le maximum de concentrat. aux températures élevées des composés endothermiques[3]): **48** ('31) 31-39 [auch in: Helvet. chim. Acta **14** ('31) 594-609]. — Sur une méth. rapide d'analyse spectroscop. quantitat.[22]): **49** ('32) 189-92. — Sur l'énergie d'activat. et le coefficient de temp. d'une réact. biol.[8])[1]): **50** ('33) 177-82. — Réactivité chim. et spectres Raman dans le groupe des eugénols, vanillines, safrol et estragol[3])[14]): **52** ('35) 27-30, 133f., 227-30. — Sur le spectre Raman des solut. de pyrogallol, d'acide gall. et de tanin[3])[7]): 178-80. — Note sur le spectre Raman de l'éther triméthyl. de l'oxyhydroquinone[7]): **53** ('36) 124-26. — Spectres Raman de quelques triphénols substitués et du tanin[3])[7]): 69-74 [auch in: Helvet. chim. Acta **19** ('36) 1359-71]. — Communicat. préliminaire sur les spectres Raman de l'acide acrylique, et du méthacrylate de méthyle non polymérisé et polymérisé[11])[3]): **54** ('37) 104f. — Absorpt. par l'aldéhyde benzoïque, des radiat. violettes et ultraviolettes proches du visible[3]): **55** ('38) 108-10 [auch in: Helvet. chim. Acta **22** ('39) 117-20]. — Spectre Raman d'un peroxyde (peroxyde de benzoyle) et d'un anhydride (anhydride benzoïque) solides[2]): **59** ('42) 182-86. — Les spectres Raman des isomères cis et trans de l'héxène-3-ol-1: **61** ('44) 237-41.

Helvet. chim. Acta. Peroxydat. des oxydes d'azote en présence de l'ozone[3])[18]): **18** ('35) 230-34 [auch in: C. R. Soc. Physique Hist. natur. Genève **51** ('34) 207-10]. — Spectres Raman, viscosité et points de fusion des mélanges d'acide nitrique et d'acide acétique[3])[6]): 375-78. — Spectres Raman des mélanges d'acide et d'anhydride nitriques[3]): 378-81. — Action sulfonante de l'acide sulfurique en milieux aqueux et acétique[3])[10]): 684-93. — Viscosité, conductibilité et spectre Raman des mélanges d'acide sulfurique et acétique[3])[10]): 693-700. — Constitut. et synth. du carlinoxyde[15])[16])[17]): 935-51. — Sur le maximum de concentrat. aux températures élevées des composés endothermiques; applicat. à l'ozone et à l'oxyde d'azote[3]): 1468-78. — Spectres Raman de divers composés org. appartenant aux groupes de l'anéthol, du safrol et de l'eugénol[3])[14]): **19** ('36) 548-58 [auch in: C. R. Soc. Physique Hist. natur. Genève **53** ('36) 30-33]. — Spectre Raman et réactions de décomposit. de quelques ozonides: ozonides de méthyl-isoeugénol, de méthyl-eugénol, d'éthyl-eugénol, de maléate d'éthyle et de fumarate d'éthyle[3])[14])[12]): 558-68. — Spectres Raman des isomères cis et trans de l'iso-eugénol[14]): 1158-63 [auch in: Actes Soc. Helvét. Sci. natur. **117** ('36) 283f.; C. R. Soc. Physique Hist. natur. Genève **53** ('36) 120-24]. — Spectre Raman et constitut. des ozonides: spectre Raman des ozonides de maléate et de fumarate d'éthyle[3])[14])[12]): 1163-68. — Constantes diélectr. des ozonides de fumarate d'éthyle, de maléate d'éthyle et de méthyl-isoeugénol et variat. de ces constantes avec le temps[3])[14])[12]): 1354-58. — Sur les spectres d'absorpt. de l'azulène, du gaïazulène et du vétivazulène[16])[17]): **20** ('37) 469-77. — Constante diélectr. et moment dipolaire des maléate et fumarate d'éthyle et de leurs ozonides[3])[14])[12]): 762-67. — Recherches sur l'action chim. des décharges électr., 13: Note sur l'examen spectroscopique du mélange azote-oxygène (air) soumis à l'action de l'arc électr. à différentes fréquences[3])[21]): **21** ('38) 133-37; ~ 14: Note sur l'examen spectroscopique des mélanges méthane-azote-hydrogène soumis à l'arc électrique à différentes fréquences[3])[5]): 137-40; ~ 22: Note sur quelques particularités des spectres d'arc en haute et en basse fréquence, jaillissant dans les mélanges gazeux renfermant des hydrocarbures[3])[9]): **24** ('41) 501-03; ~ 29: Note sur quelques particularités des spectres d'arc jaillissant en haute et en basse fréquence dans les mélanges gazeux renfermant de la vapeur d'eau, de l'azote et de l'oxygène[3])[9]): **25** ('42) 889-92. — Spectres Raman de l'acide acrylique et des méthacrylates de méthyle et d'éthyle à divers degrés de polymérisat.[3])[11]): **21** ('38) 1349-55. — Z. Stereoisomerie v. Hexen-(3)-ol-(1), Nonadien-(2,6)-al-(1) u. Nonadien-(2,6)-ol-(1)[19])[20]): **27** ('44) 1561-69. — Méth. et appareillage pour la mesure du facteur de dépolarisat. des raies Raman[3])[13])[2]): **31** ('48) 1133-42. — Recherches sur les spectres d'absorpt. infrarouges des ozonides, 1[3])[4]): **35** ('52) 340-45; ~ 2: Déterminat. des spectres d'absorpt. infrarouges des ozonides de trans-stilbène et de styrène[4])[3]): 345-52; ~ 3: Déterminat. des spectres d'absorpt. infrarouges des ozonides de l'anéthol, du méthylisoeugénol, du benzène, du naphthalène, du cyclohexène, du limonène, du caryophyllène, du nopinène et des maléates et fumarates d'éthyle[3])[4]): 353-62; ~ 5: Caractéristiques des spectres des ozonides du trans- et du cis-stilbène; comparaison des spectres infrarouges et Raman[3])[4]): 2145-48. — Etudes spectrogr. de complexes et composés d'addition formés par des acides de Lewis, 1: Acétophénone et benzophénone; comparaison avec les spectres de divers composés org. présentant la liaison Al-O[25]): **37** ('54) 1273-80; ~ 2: Complexes formés par les halogénures d'aluminium avec les chlorures et bromures de benzoyle et les anhydrides maléique et phthalique; variat. du spectre au cours de la synth. cétonique de Friedel et Crafts[25])[28]): 1280-88; ~ 3: Spectre d'absorpt. infrarouge et pression de vapeur du composé d'addition des fluorure de bore et d'acétyle[32]): **40** ('57) 721-30; ~ 4: Spectre d'absorpt. infrarouge des composés d'addition du chlorure d'aluminium avec les chlorures d'acétyle et de mésitoyle[32]): 971-80; ~ 5: Absorpt. infrarouge de composés d'addition formés par le chlorure de titane avec la benzophénone et l'acétophénone[30]): **41** ('58) 634-36; ~ 6: Spectre d'absorpt. infrarouge de l'acétone trifluorure de bore; spectre et moment de dipôle du di-propylcétone-trifluorure de bore[24]): 697-704; ~ 7: Moment de dipôle de composés formés par des nitrodérivés aromat. et le bromure d'aluminium[27])[29]): 1023-29; ~ 8: Spectres infrarouges de composés d'addition du bromure d'aluminium avec le nitrométhane et des nitrodérivés aromat. para-substitués[27])[29]): 1322-32; ~ 9: Spectres d'absorpt. infrarouge des composés formés par la benzophénone et l'acétophénone avec BF_3, $FeCl_3$, $ZnCl_2$ et $AlCl_3$ et nature de la liaison oxygène-métal[24]): 1332-41. — Propriétés catalyt. et électr. des semi-conducteurs, 1: Données générales; applicat. de l'équat. d'Elovich[26]): **39** ('56) 619-36. — Absorpt. infrarouge de composés d'addit. formés par $TiCl_4$ avec la benzophénone et l'acétophénone[30]): **41** ('58) 634-36. — Moment de dipôle de composés formés par des nitrodérivés aromatiques et le bromure d'aluminium[27])[29]): 1023-29. — Spectres d'absorpt. infrarouge de composés d'addit. du bromure d'aluminium avec le nitrométhane et des dérivés nitrés aromatiques para-substitués[27])[29]): 1322-32. — Spectres d'absorpt. infrarouge des composés formés par la benzophénone et l'acétophénone avec BF_3, $FeCl_3$, $ZnCl_2$, et $AlCl_3$ et nature de la liaison oxygène-métal[24]): 1332-41. — Sur le spectre d'absorpt. du S-gaïazulène dans l'ultraviolet[37])[35]): **42** ('59) 1375f. — Spectres infrarouges des composés formés par les chlorures d'acide avec $TiCl_4$[34])[27]): **43** ('60) 424-33. — Spectres d'absorpt. infrarouge du composé CH_3COCH_3, $TiCl_4$[34]): 853-62.

J. Chim. physique. Sur le maximum de concentrat. aux températures élevées des composés endotherm.; applicat. à l'ozone et à l'oxyde d'azote[3]): **28** ('31) 206-27.

Mit: 1) J. Georges Baer; 2) Moïse Berenstein; 3) Emile Briner; 4) Edouard Dallwigk; 5) Jean Desbaillets; 6) Pierre Favarger; 7) Stephan Fried; 8) E.-A.-H. Friedheim; 9) H. Hoefer; 10) J. W. Hoekstra; 11) Denys Monnier; 12) Henri Paillard; 13) Grégoire Papazzian; 14) Emile Perrottet; 15) Alexander St. Pfau; 16) Jacques Pictet; 17) Placidus Plattner; 18) Emmanuel Rokakis; 19) Leopold Ruzicka; 20) Hans Schinz; 21) Bruno Siegrist; 22) Charles Wakker; 23) Hugo Saini; 24) Pierre Chalandon; 25) Ivar Cucka (Cooke); 26) Jean Decrue; 27) Pierre Gagnaux; 28) Charles Herschmann; 29) Desimir Janjic; 30) Albert Lachavanne; 31) Anne-Marie Vuagnat; 32) Jean-Jacques Wuhrmann; 33) Georges Béné; 34) Damianos Cassimatis; 35) Charles Collaud; 36) Jean Delmau; 37) Yves-René Naves.

Suter, Hans. Geol. — 1916-19 stud., '20 Dr. phil. U Zürich (H. Schardt); '21 Ob.Ass. Geol. Inst. ETH u. U Zürich; seit '49 titl. Prof. m. LAuftr. ETH Zürich. [Eig. Mitt.]
*1892, Dez. 3, Zürich.

S. ● Große Schweizer Forscher (E. Fueter) (Zürich '39) 216f., ²('41) 234: A. Escher v. d. Linth.

W. ● Geologische Untersuchungen in d. Umgebg. v. Les Convers-Vue des Alpes (Canton Neuchâtel). Diss. (Borna-Lpz. '20) 48 S. — ● Geologische Beschreibg. d. Kartengebiete Les Bois u. St. Imier im Berner Jura (Siegfriedblätter 115 u. 117) (Bern '36) 6 + 39 S. (Beitr. z. geol. Karte d. Schweiz N. F. 72). — ● Geologie v. Zürich einschl. seines Exkursionsgeb. m. geol. Karte d. Kt. Zürich 1:150000 (Zürich '41) 6 + 117 S. (Führer durch Zürich u. Umgebg. 3). — ● Landeskunde v. Limmattal (Dietikon '48) 23 S. (Neujahrsbl. v. Dietikon 1). — ● Geologie d. Sihltales (Zürich '56) 30 S. (Bl. Verein Pro Sihltal 1956,6). — ● Das Werden unseres Heimatbodens (Zürich '59) 26 S. (Jh. Albisrieden 1959).

Eclogae geol. Helvet. Geol. Beobachtungen am Massiv du Serre (Frankreich): **24** ('31) 27-30. — Geol. d. westl. Tête-de-Rang-Kette im Neuenburger Jura: **30** ('37) 26-34.

Vjschr. naturforsch. Ges. Zürich. L. Rollier z. 70. Geb.tag[1]): **74** ('29) 198-212. — H. Schardt 1858-1931: **76** ('31) 509-13.

Mit: 1) Bernhard Peyer.

Sutter, Hermann Johann. Biochem., Chem. (org.). — 1923-29 stud. U Freiburg/Br., München; '29 Dr. rer. nat. (H. Wieland), '35 Dr. habil. U München; '35 Chem. Fabr. R. Koepp u. Co., Oestrich/Rh., seit '48 als Vorst.-Mitgl.; dazu seit '43 PDoz. U Frankfurt/M. [Eig. Mitt.]
*1905, Juli 22, Freiburg/Br.

W. ● Zur Kenntnis d. Glauconsäuren. Hab.-schr. (o. O. '35) 33 S.

Ber. Dtsch. chem. Ges. Mechanismus d. Oxydationsvorgänge[3]), 13: Einiges üb. Oxydasen u. Peroxydasen: **61** ('28) 1060-68; ~ 22: Beiträge z. Wirkungsweise v. Oxydasen u. Peroxydasen: **63** ('30) 66-75 [Diss.].

Ergebn. Enzymforsch. Polyphenoloxydase: **5** ('36) 273-84.

Liebigs Ann. Chem. Konstitut. d. Glaukonsäuren, 2: Einige neue, durch Schimmelpilze gebildete Subst.[4]): **505** ('33) 248-54; ~ 3[4]): **519** ('35) 97-110; ~ 4[2])[1]): **521** ('36) 189-97.

Mit: 1) Hans Porsch; 2) Fritz Rottmayr; 3) Heinrich Wieland; 4) Nadine Wijkman.

VI **Svenson,** Erik. Math. — 1935-39 ao. Prof. Herder-H Riga; '43-45 ao. Prof. U Posen; '50-55 LAuftr. Phil.-Theol. H Regensburg, '53-59 Phil.-Theol. H Bamberg; '60 em. U Erlangen. [Eig. Mitt.]
*1895, Aug. 5, Riga.

S. ● Physik. Taschenbuch (H. Ebert) (Brschw. '51) 28-91, ²('57) 30-98: Math. Hilfsmittel. — ● Bamberger Abh. u. Forschg. **3** (Festschr. z. 65. Geb.tag v. B. Kraft) (Münch. '55) 597-612: Entwurf einer Theorie d. Strukt. d. unendl. period. Bruchentwicklungen.

Abh. Herder-Ges. Riga. Beiträge z. Theorie gewisser Integraltypen, 2: **5** ('36) 3-68.

Jber. Herder-Inst. Riga. Der Dualismus zw. Licht u. Materie: **1939**, 2-16.

J. reine u. angew. Math. Beiträge z. Theorie gewisser Integraltypen, 1: **170** ('34) 179-96.

Math. Nachr. Operatorentheorie d. unendl. period. Bruchentwicklungen: **19** ('58) 100-28.

Swida, Waldemar. Techn. Mech., Baustatik. — 1923-28 stud., '44 Dr.-Ing., '46-50 LAuftr., seit '50 PDoz. TH Karlsruhe. [Eig. Mitt.]
*1905, Jan. 28, Borissow.

S. ● Proc. 8th Int. Congr. theoret. and appl. Mech., Istanbul 1953 (Istanbul '53) 222-27: Üb. einige Spannungsprobl. v. elast.-plast. beanspruchten Stäben, Scheiben u. Platten.

W. ● Statische Unters. eines festeingespannten Brückengewölbes (m. K. Kammüller) (Karlsr. '48) 24 S. — ● Statik d. Bogen u. Gewölbe (Karlsr. '54) 188 S.

Abh. int. Vereinig. Brückenbau u. Hochbau. Einfl. d. Reibungskräfte u. Leitungsdrücke b. d. Vorspanng. im Stahlbetonbau: **12** ('52) 269-80. — Zum Kriechprobl. d. in zwei Richtungen vorgespannten Platten u. Scheiben: **16** ('56) 469-84.

Bauingenieur. Einfl. d. Reibungskräfte b. d. Vorspanng. im Stahlbetonbau: **27** ('52) 169. — Innere Anpressg. b. Vorspanng. m. Verbund u. b. Stahlsaitenbeton: **31** ('56) 52.

Bauplanung u. Bautechn. Näherungsermittlg. d. Scheitelquerschnittes festeingespannter Brükkengewölbe: **2** ('48) 20. — Drehwinkelausgleichsverf. z. Berechng. v. Stockwerkrahmen m. unverschiebl. Knoten[1]): 232-34. — Formeln u. Tabellen z. Berechng. eines beiderseits eingespannten Kreisträgers: 312. — Berechng. v. Pilzdecken nach d. Verf. d. stellvertretenden Rahmen: **3** ('49) 21-23.

Bautechnik. Einige Anwendungsmöglichkeiten d. Spannbetons im Talsperrenbau: **32** ('55) 182-89. — Üb. d. Beanspruchg. in vorgespannten Druckstollen: **36** ('59) 121-28, 229-32.

Beton- u. Stahlbetonbau. Probl. d. Haftspannungen: **47** ('52) 293f. — Statik d. Kreisringträgers: **48** ('53) Nr. 12, 5-11. — Die Berechng. d. Balkens auf elast. Bettg. nach d. Verf. d. anfängl. Parameter: **46** ('51) 208-10, 232-37.

Ingenieur-Arch. Formänderungsenergiesätze in Anwendg. auf d. elast.-plast. Zustand: **16** ('48) 221-30. — Elast.-plast. Biegg. d. krummen Stabes: 357-72. — Üb. d. Formänderungen d. Balken im elast.-plast. Zustand: **17** ('49) 71-87. — Elast.-plast. Biegg. d. krummen Stabes unt. Berücks. d. Materialverfestigg.: 343-52. — Restspannungen b. d. elast.-plast. Biegg. d. krummen Stabes: **18** ('50) 77-83. — Berechng. eines stat. unbest. gestützten u. senkrecht zu seiner Ebene belieb. belasteten geschlossenen Kreisringes: 242-49.

Stahlbau. Berechng. v. stählernen Bögen unt. Berücks. d. Tragfähigkeitsreserve im elast.-plast. Zustand: **20** ('51) 25-28.

Z. angew. Math. u. Mech. Form eines Pfeilers gleicher Festigk. b. gleichzeit. Druck- u. Biegebeanspruchg.: **14** ('34) 378f. — Verf. z. Best. d. Tragwerkformänderungen im elast.-plast. Zustand: **25/27** ('47) 168. — Elast.-plast. Formänderungen d. Platte: **30** ('50) 246f. — D. Plattengleichungen f. d. elast.-plast. Zustand: 375-81. — Probl. d. schiefen Platte: **31** ('51) 274f. — Üb. d. zeitabhängigen plast. Vorgänge in vorgespannten Druckstollen: **39** ('59) 425f.

Mit: [1]) K. Kammüller.

V.VI **Swinne,** Johannes Richard. Elektrotechn. — Seit 1933 Zentralstelle f. wiss.-techn. Forschungsarbeiten d. Siemens-Werke, Berlin-Siemensstadt.
*1885, März 10, Riga;
†1939, Aug. 6, Berlin-Siemensstadt*.

*Mitt.: Siemens u. Halske.

Nekr. J. Krönert, Wiss. Veröff. Siemens-Werken **18** ('39) III-V. — E. Lübcke, Elektrotechn. Z. **60** ('39) 1147f. — Z. techn. Physik **20** ('39) 249.

Chemiker-Kal. Aufbau d. Materie: **54** ('33) Tl 3, 1-88; **55** ('34) ~, 1-88; **56** ('35) ~, 1-88; **57** ('36) ~, 1-89. — Radioaktivität: **54** ('33) Tl 3, 232-41; **55** ('34) ~, 228-37.

Chemiker-Taschenb. Aufbau d. Materie: **58** ('37) Tl 3, 1-90. — Radioaktivität: ~, 265-74.

Elektrotechn. Z. Überblick üb. d. gegenwärt. Stand d. Atomtheorie: **53** ('32) 73-75.

Wiss. Veröff. Siemens-Konz. Zur Kristallisierg. unterkühlter dielektr. Flüssigkeiten in einem elektr. Felde: **15** ('36) 124-28.

Z. techn. Physik. Neutron, das nullte Element: **13** ('32) 279-82. — A. Franke z. 70. Geb.tag: **16** ('35) 646-48.

von Sybel, Hans. Landtechnik. — 1926 Dr.-Ing. TH Berlin-Charlottenburg; '30 PDoz., '33 ao. Prof., '36 o. Prof. U Jena; seit '48 o. Prof., Dir. Inst. f. Landmaschinen u. Labor. f. mech. Grundverf. TH München. [Ohne eig. Mitt.]
*1893, Juli 1, Berlin.

S. ● Thüringer Bauernkalender (Weimar '39) 78-82: Arbeitsersparnis u. Arbeitserleichterg. durch Gerät u. Maschine.

W. ● Die Erhaltung v. Grünfuttereiweiß m. Hilfe künstl. Trockng. (Bln '37) 49 S. (Schr. d. Reichskuratoriums f. Techn. in d. Landwirtsch. 76). — ● Trocknungstechnik u. wärmewirtsch. Untersuchungen an einem Schwebetrockner (m. E. Rammler) (Bln '38) 13 S. (Techn.-wirtsch. Ber. d. Reichskohlenkommissars 8). — ● Die Vollmechanisierg. d. landwirtsch. Darre durch d. Schub-Wende-Trockner (Essen-Altenessen '44) 34 S.

Angew. Chem. (B). Trockng. loser Massen, insb. aus landwirtsch. Erzeugg.: **20** ('48) 28.

Berliner u. Münchener tierärztl. Wschr. Klimatisierg. d. Viehställe[5]): **1942**, 19-22.

Dtsch. landwirtsch. Presse. Aufgabe d. Parzellendreschers: **56** ('29) 33. — Maschine u. Gerät in d. Herbstbestellg.: **59** ('32) 425. — Geräte u. Maschinen f. Wiesen u. Weiden: **60** ('33) 145. — Weitere Kartoffelreihen u. Reihendüngg.?[3]): **61** ('34) 13f., 29f. — Luzernemehl-Erzeugg. in Engl.[1]): 485. — Künstl. Trockng. eiweißreicher Grünfutterpflanzen[1]): 595. — Gerät u. Maschine in Hamburg: **62** ('35) 321. — Künstl. Trockng. v. Saatmais: 381. — Rückblick auf d. 3. Reichsnährstands-Ausstellg. in Frankfurt/M. 1936: **63** ('36) 327. — Mais-Trocken-Anlage: 442. — Trockng. v. Mais: **67** ('40) 88. — Heumehl-Bereitg.: 385.

Dtsch. landwirtsch. Tierzucht. Maschinentechn. bes. Aufbereitg. d. Milch m. Rückblick auf d. Berliner D.L.G.-Ausstellg.: **37** ('33) 516-18.

Forschungsdienst. Künstl. Trockng. in d. Landwirtsch. u. im landwirtsch. Gewerbe: **2** ('36) 387.

Forschungsdienst, Sonder-H. Künstl. Trockng.: **8** ('38) 556-59.

Gesundheits-Ing. Lüftungstechn. im Viehstall: **64** ('41) 155-63.

Landmaschine. Ungarn, seine Landmaschinenind. u. seine Landwirtsch.: **9** ('29) 10, 27, 75.

Landwirtsch. Jahrb. Vers. einer Begründg. d. Arbeitsfläche d. Pfluges: **66** ('27) 1-54 [Diss.].

Landwirtsch. Wschr. Prov. Sachsen. Umwandlung d. Kartoffel in Dauerware durch Dämpfen u. Einsäuern: **91** ('33) 783.

Mitt. Dtsch. Landwirtschafts-Ges. Hauptprüfg. v. Parzellendreschern: **43** ('28) 216-21. — Kernfragen bäuerl. Landmaschinentechn.: **48** ('33) 1040. — Eigene Kleindrescher oder Dreschgenossensch.?: **50** ('35) 677-80. — Betriebseigene Trocknerei in d. Landwirtsch.: **55** ('40) 705. — Vollmechanisierg. d. landwirtsch. Darre durch d. Schub-Wende-Trockner: **58** ('43) 607-10, 638, 660.

Sächs. landwirtsch. Z. [Dresden]. Wie der Schliff, so der Schnitt: **80** ('32) 321.

Techn. in d. Landwirtsch. 87th Royal Show, Nottingham 1928[9]): **9** ('28) 211, 227. — Prüfg. d. Trecker-Kehrpflüge v. J. Printz[9]): **10** ('29) 22-26. — Stand d. Maulwurfdränung in England, Holland u. Frankreich: 49-60. — 9. Pariser Landmaschinenschau[9])[8]): 77-81. — Leistungen u. Verluste eines Mähdreschers b. Dreschversuchen auf d. Stande: 105-12. — 9me Salon de la machine agricole, Paris 1930[9])[8]): 122-27. — Techn. d. Getreideernte: 211. — Strohpressen u. Strohbinder: **12** ('31) 316; **13** ('32) 141. — Jenaer

Kurz- u. Langschmiedefeuer[4]): **14** ('33) 106. — Dreschmaschinen u. Strohpressen: 128-30. — Werkstoffstahl als Antriebsfaktor in Gestaltg., Fertigg. u. Betrieb d. Landmasch.: 241-43, 284-87. — Wesen u. Sinn d. Masch. im Bauernleben: **15** ('34) 1-3. — Künstl. Maistrockng. in Trockenkästen 1934[1])[7]): **16** ('35) 150-58. — Eigng. versch. landwirtsch. u. gewerbl. Trocknungsanlagen z. künstl. Maistrockng.[7])[2]): 260-64. — Wandlüfter od. Schachtlüfter?[5]): **17** ('36) 73-76. — Lüftungsanlagen f. Viehställe d. Fa G. Schreider, Saalfeld-Saale[5]): Beil., 51-56. — Trockng. v. Maiskolben im Schachttrockner[7]): **18** ('37) 53-58. — Künstl. Trockng. v. Maiskolben: 106. — Syst. „Ackermann" v. Arthur Wenzel, Thälendorf[5]): Beil., 57. — Gegenwärt. Entwicklungsstand d. Verfahrenstechn. d. Trocknung d. Grünfutters: **19** ('38) 131-34. — Grünfuttertrockner im Auslande[6]): 149-53. — Das leidige Futterholen: **20** ('39) 128. — Techn. d. Maistrockng.: **21** ('40) 150-52.

Z. VDI. Neuere Entwicklg. d. Maulwurfdränung: **74** ('30) 134-37. — Standort, Wesensheiten u. Gegenwartsaufgaben bäuerl. Maschinenforschg.: **78** ('34) 619-28. — Lüftg. in Viehställen[5]): **81** ('37) 414.

Z. VDI, Beih. Verfahrenstechn. Lebensmitteltrockng.: **1941**, 59-62.

Z. Wirtschaftsgruppe Zuckerind. Trockner m. umlaufendem, durchläss. Förderband z. Behandlg. stengel. od. blättr. landwirtsch. Erzeugnisse: **90** ('40) 310.

Weitere Veröffentlichungen in Fachzeitschriften.

Mit: [1]) W. Hammer; [2]) B. v. Hoyningen-Huene; [3]) Ernst Klapp; [4]) F. Kreibohm; [5]) J. Ober; [6]) R. Poggensee; [7]) E. Ramspeck; [8]) Kurt Rauh; [9]) Karl Vormfelde.

Szabó, István. Angew. Math. u. Mech. — 1926-29, '33-34 stud., '42 Dr.-Ing. TH Berlin-Charlottenburg (W. Schmeidler, '40-45 dess. Ass.); '45 Ob.Ing. (E. Mohr), '47 Doz., seit '48 o. Prof. TU Berlin-Charlottenburg. [Eig. Mitt.]

*1906, Dez. 13, Orosháza/Ungarn.

H. ● G. Hamel, Mechanik d. Kontinua (Stuttg. '56).

S. ● Hütte. Des Ing. Taschenb. **1** [28](Bln '55) 1-236: Math.

W. ● Höhere Math. f. Mathematiker, Physiker, Ing. **6** (Stuttg. '53) 251 S.; [2]('58) 251 S. (Teubners math. Leitfäden 45). — ● Einführung in d. techn. Mech. (Bln-G.-H. '54) 12 + 383 S.; [2]('56); [3]('58); [4]('59); [5]('61) 12 + 436 S. — ● Höhere techn. Mech. (Bln-G.-H. '56) 12 + 472 S.; [2]('58); [3]('60) 12 + 504 S. — ● Mathematische Formeln u. Tafeln (Bln '59) 279 S. — ● Repertorium u. Übungsbuch d. techn. Mech. (Bln-G.-H. '60) 7 + 273 S.

Ingenieur-Arch. Strömg. um eine Fläche v. ellipt. Umriß: **14** ('44) 351-73 [Diss.-Ausz.]. — Achsensymmetr. belastete dicke Kreisplatte auf elast. Unterlage: **19** ('51) 128-42. — Beitr. z. Theorie d. achsensymmetr. belasteten dicken Kreisplatte, insb. b. elast. Lagerg.: 342-54.

Konstruktion. Rechner. u. spannungsopt. Behandlg. d. dicken, achsensymmetr. belasteten Kreisplatte auf elast. Unterlage[1]): **11** ('59) 1-13. — Zur spanabhebenden Bearbeitg. v. Flächen zweiter Ordng.[2]): 406-09.

Z. angew. Math. u. Mech. Die in Achsenrichtg. rotationssymmetr. belastete dicke Kreisplatte auf nachgieb. u. auf starrer Unterlage: **32** ('52) 145-53. — Beiträge z. Theorie d. achsensymmetr. belasteten schweren, dicken Kreisplatte: 359-71.

Mit: [1]) Karlheinz Nasitta; [2]) Karl-August Reckling.

Szakall, Alexander. Physiol. — 1919-25 stud. U Budapest, Wien; '25 Dr. med., '25-29 Ass. U Budapest (G. Farkas); '30-31 Physiol. Inst. (W. Trendelenburg) u. Physiol.-Chem. Inst. (P. Rona) U Berlin; '31-43 KWInst. f. Arbeitsphysiol., Dortmund (E. Atzler, G. Lehmann); '43 Dr. med. habil. U Münster; '43-44 beamt. ao. Prof. f. Arbeitsphysiol. H f. Garten- u. Weinbau, Budapest; '49 PDoz., seit '58 apl. Prof. U Münster; dazu seit '52 Leiter physiol. Abt. chem. Fabrik Promonta, Hamburg. [Eig. Mitt.]

*1901, Okt. 28, Jászberény/Ungarn.

S. ● Proc. 11th Int. Congr. Dermatol., Stockholm 1957 **2** (Stockh. '57) (Acta dermato-venereol.) 23: Biol. d. Hautoberfläche.

W. ● Die Wirkung v. Waschmitteln auf d. Haut (m. H. Stüpel) (Heidelb. '57) 15 + 261 S.

Arbeitsphysiologie. Energieumsatz b. Ernten [4])[5]): **1** ('29) 466-79. — Einfl. d. Ultraviolettbestrahlg. auf d. Arbeitsstoffwechsel u. d. Arbeitsfähigk. d. Menschen[12]): **5** ('32) 278-341; **6** ('32) 84-89. — Neues Pyknometer z. Eichg. v. Respirationsapparaten m. Alkohol: 235-38. — Phosphatstoffwechsel b. Muskelarb.: **8** ('34) 316-34. — Physiol. Grundlagen d. leistungssteigernden Wirkg. d. Traubenzuckers[1])[12]): **9** ('37) 579-604. — Bedeutg. d. Flüssigkeits- u. Chlorersatzes f. d. Leistungsfähigk. d. Hitzearbeiters[12]): 630-52. — Chlorstoffwechsel b. Hitzearb.[12]): 653-77. — Anpassungserscheinungen an Hitzearb.[12]): 678-705. — Wirkg. d. Coffeins auf d. Kohlehydrat- u. Eiweißstoffwechsel[1])[12]): **10** ('38) 30-56. — Methodik d. Chlorbilanz b. Menschen[14]): 534-38. — Weitere Untersuchungen üb. d. Chlorumsatz b. Hitzearb.[12]): 608-46. — Schweißverlust u. Getränkeaufnahme b. Bergleuten u. Hitzearbeitern[12]): **11** ('38) 73-100. — Intravitale Best. d. Chlorgehaltes b. Mensch u. Tier: 175-84. — Vergleichende anthropometr. u. funktionelle Untersuchungen an Jugendlichen[12]): 259-330. — Techn. d. Stoffwechselbilanzen b. Arbeitsversuchen[11]): 408-23. — Physiol. d. obersten Hautschichten u. ihre Bedeutg. f. d. Alkaliresistenz: 436-52. — Arbeitsphysiol. Prüfg. b. Mähen m. einer neuen Sense: **12** ('42) 1-15. — Maximale Leistg. u. maximale Arb.: **13** ('44) 9-41. — Wirkg. v. Insulin u. Muskelarb. auf d. Magnesium in Blutserum u. Harn[8]): 42-48. — Veränderungen d. obersten Hautschichten durch Dauergebrauch einiger Handwaschmittel: 49-56.

Arch. Dermatol. u. Syphilis. Der Stand d. hautphysiol. Forschg. als Beitr. zu einem zielbewußten Arbeitsschutz: **194** ('52) 376-91.

Arch. klin. exp. Dermatol. Eigenschaften, Herkunft u. physiol. Funktionen der d. H-Ionenkonzentrat. bestimmenden Wirkstoffe in d. verhornten Epidermis: **201** ('55) 331-60. —

Gehalt an Schwefel u. wasserlösl. Bestandteilen in d. verhornten Epidermis b. norm. u. pathol. Verhorng. Psoriasis[6]): 361-77. — Verlust u. Nachschub d. hygroskopen, wasserlösl. Inhaltsstoffe in d. Hornschicht b. lebenden Menschen: **206** ('57) 374-79. — Verhalten d. Pentosen u. polarogr. reduzierbarer Substanzen in d. verhornten Epidermis b. norm. u. pathol. Verhorng. (Psoriasis vulgaris)[6]): **208** ('58/59) 402-09.

Arzneimittel-Forsch. Physiol. Prinzipien b. d. Entwicklg. wirksamer Präparate z. Gesunderhaltg. d. Haut, unt. bes. Berücks. d. Verhütg. v. berufl. Hautschäden: **7** ('57) 408-11.

Berufsdermatosen. Verteilg. u. Zusammensetzg. d. Hornschichtlipoide unt. physiol. Bedingungen u. b. Öl-Akne[2]): **4** ('56) 1-15. — Biol. d. Hautoberfläche. 11. Int. Dermatol. Kongr., Stockholm 1957: **6** ('58) 93-104. — Exp. Daten z. Klärg. d. Funkt. d. Wasserbarriere in d. Epidermis d. lebenden Menschen: 171-92.

Biochem. Z. Einige Stoffwechselwirkungen d. intravenös zugeführten Kallikreins[13]): **269** ('34) 80-91. — Morphol. Veränderungen nach intravenöser Kallikreinzufuhr als Ursache d. Wirkungen auf d. Stoffwechsel: 92-114. — Spezif.-dyn. Wirkg. nach intravenöser Zufuhr v. Aminosäuren u. ihre Beziehungen z. Grundumsatz: 196-204. — Desaminierg. u. spezif.-dyn. Wirkg.: **291** ('37) 122-37. — Eiweißbedarf d. Schwerarbeiters, 3: Einfl. v. reinem Eiweiß u. v. Extraktivstoffen auf d. Leistungsfähigk.[12])[11]): **320** ('50) 99-111.

Dtsch. Arch. klin. Med. Wirkg. d. Muskeltätigk. u. d. Adrenalins auf d. menschl. Gefäße u. der Zusammenhang dieser Wirkungen m. d. Konstitut.: **153** ('26) 206-14. — Insulin-Adrenalin-Antagonismus im Plethysmogramm u. dess. Zusammenhang m. d. Konstitut.[9]): **154** ('27) 365-71.

Fette, Seifen einschl. Anstrichmittel. Die Seife im Lichte d. Physiol. d. obersten Hautschichten: **52** ('50) 171. — Fungostat. Wirksamk. d. Fettsäuren mittlerer u. kurzer Kettenlänge gegen pathogene Hefen[7]): **53** ('51) 337f. — Hautphysiol. Forschg. u. Gesunderhaltg. d. Haut: 399-405. — Lipoid-Nachschub in d. lebenden menschl. Haut u. seine papierchromatogr. Best. [10])[3]): 406-08. — Funkt. d. Str. corneum conjunctum d. Haut als Wasserbarriere b. lebenden Menschen (Rolle d. Lipoide): **61** ('59) 774-82. — D. Permeat. v. Fettalkohol-Sulfaten u. Natriumseifen definierter Kettenlänge (C_8—C_{18}) in d. intakte menschl. Haut, ihr Zusammenhang m. d. Reizwirkungen[16]): **62** ('60) 170-75.

Hautarzt. Einbau v. Phosphat in org. Verbb. d. Hornschichtextrakte b. norm. u. pathol. Verhorng. (Psoriasis)[15]): **10** ('59) 309-11.

Münchener med. Wschr. Phosphat, Traubenzucker u. Leistungsfähigk.[1])[12]): **84** ('37) 1455f. — Leistungsgrenze d. Muskelarb. unt. d. Einwirkg. v. Ephedrinderivaten (Pervitin): **86** ('39) 1344.

Naunyn-Schmiedebergs Arch. exp. Pathol. Pharmakol. Antagonist. Wirkg. v. Cardiazol u. Histamin auf d. Atmg. d. Meerschweinchens: **148** ('30) 218-21. — Wirkg. intravenöser Kallikreinzufuhr auf d. tier. Organismus: **166** ('32) 301-18.

Parfümerie u. Kosmet. D. Probl. d. physiol. Wechselbeziehungen zw. Lipoiden, wasserlösl. Inhaltstoffen u. Barrierefunkt. in d. Hornschicht d. Menschen: **40** ('59) 677-79.

Z. Lebensmittel-Unters. u. -Forsch. Untersuchungen üb. d. biol. wirksame Milieu im Gärungsessig: **95** ('52) 100-07.

Mit: [1]) Edgar Atzler; [2]) H. Buckup; [3]) Johanna Budwig; [4]) G. Farkas; [5]) J. Geldrich; [6]) Th. Grüneberg; [7]) W. Haensel; [8]) N. Hamar; [9]) M. Heks; [10]) Hans Paul Kaufmann; [11]) Heinrich Kraut; [12]) Gunther Lehmann; [13]) R. W. Nefflein; [14]) B. Szakall; [15]) Martha Weber; [16]) K. H. Schulz.

von Szantho, Eugen Martin. Elektr. Aufbereitg. — 1926-27 Bergbau-Praxis; '27-34 stud. BA Freiberg; '42 Dr.-Ing. (A. Grumbrecht, '40-48 dess. Ass.), '48-57 PDoz. BA Clausthal; dazu seit '51 Betriebsleiter Aufbereitungsanlage Stolberger Zink AG, Ramsbeck. [Eig. Mitt.]

*1906, April 29, Schäßburg/Siebenbürgen.

S. ● Festschr. z. 175-Jahrfeier d. Bergakad. Clausthal 1775-1950 (Clausthal '50) 155-65: Das Inst. f. Aufbereitg. — ● Erzaufbereitungsanlagen in Westdtschl. (Bln-G.-H. '55) 79-99: Die Blei-Zink-Erz-Aufbereitg. Willibald d. Stolberger Zink AG in Ramsbeck.

Aachener Bl. Aufbereiten, Verkoken, Brikettieren. Betriebsergebnisse u. Erfahrungen m. d. Schwimm- u. Sinkanlage d. Blei-Zink-Aufbereitg. zu Ramsbeck: **3** ('53) 81-104.

Bergbau-Arch. Elektr. Ladungen feinkörn. Stoffe b. Rieseln: **10** ('49) 192-210 [Hab.schr.].

Bergbauwiss. Hauptversammlg. d. Ges. Dtsch. Metallhütten- u. Bergleute e. V. in München: **1** ('54) 398; ~ in Klagenfurt: **3** ('56) 265. — Üb. das auf Reibungselektrizität beruhende Trennverf. feinkörn. Stoffe: **2** ('55) 42. — Int. Kongr. f. Erzaufbereitg., Goslar: 228.— Wesen u. Bedeutg. d. Erdölaufbereitg.: 280-84. — Die Dtsch. Bergbau-Ausstellg. 1958 im Blickpunkt d. Aufbereitungstechn.: **5** ('58) 392. — Einweihg. d. Forsch.-Inst. f. Aufbereitg. in Freiberg/Sa.: **7** ('60) 91f.

Braunkohle. Aufbereitg. tonhalt. Braunkohle auf elektrostat. Wege: **38** ('39) 803-09.

Braunkohlenarchiv. Beitr. z. elektrostat. Aufbereitg.: **56** ('49) 29-48 [Diss.].

Glückauf [Essen]. Der Reibwalzenschneider, ein neues Laboratoriumsgerät z. elektrostat. Trenng. staubförm. Mineralien: **85** ('49) 534f.

Tonind.-Ztg. Elektrostat. Aufbereitg. in d. Ind. d. Steine u. Erden: **77** ('53) 62, 83-88.

Z. Erzbergbau u. Metallhüttenwes. Einfl. v. oberflächenakt. Stoffen b. d. Feinzerkleinerg. in d. Erzaufbereitg.: **2** ('49) 286f. — Vers. z. Aufbereitg. d. Cölestins v. Giershagen: **3** ('50) 153-58. — Versuche üb. d. Aufbereitbark. d. Antimonerze v. Oberböhmsdorf: **5** ('52) 234-36. — Erfahrungen m. d. Einsatz v. Zyklonen als Klassierer in d. Erzaufbereitungsanlagen Ramsbeck u. Bensberg: **7** ('54) 540-43, 547f. — Stand u. Bedeutg. d. Meß- u. Regeltechn. in d. westdtsch. Erzaufbereitungsanlagen: **12** ('59) 7-11. — Problematik d. Messens u. Regelns in d. Erzaufbereitg.: **13** ('60) 117-21.

VI **Székely** (de Doba), Angelika Maria Josefa. Physik. — 1921-37 Ass. (H. Benndorf), '34 PDoz., '46 titl. ao. Prof., '55 titl. o. Prof. U Graz; '37-56 Mittelschulprof. Graz; seit '56 i. R., in Graz lebend. [Eig. Mitt.]

*1891, Aug. 23, Olmütz/Mähren.

Acta physica Austriaca. Leitfähigk. ionisierter Luft im hochfrequenten Wechselfeld: **3** ('49) 22-37 [auch in: S.-Ber. Österr. Akad. Wiss. (II a) **157** ('48) 125-42]. — H. Benndorf z. 80. Geb.tag: **4** ('50) 155-59. — Steuerg. d. Entladungsstroms in gasgefüllten Elektronenröhren m. Gitter durch kleine Wechselspannungen: **7** ('53) 164-80. — Eine neue Meth. z. Erzeugg. v. Kippschwingungen m. d. Gastriode: **9** ('55) 99-106. — Unters. eines ionisierten Gases mittels schwacher elektr. Wechselfelder, 1: Frequenzabhängigk. v. Leitwert u. Kapazität, Feststellg. d. Elektrizitätsträger: **12** ('58) 91-107; ~ 2: Erregg. erzwungener Schwingungen im Inneren d. Gases: 155-71.

Ann. Physik. Durchgang hochfrequenter Wechselströme durch ionisierte Gase: (5) **20** ('34) 279-312 [Hab.schr.]. — Sondenmessungen in verdünnter, durch einen Elektronenstrahl ionisierter Luft[1]): **41** ('42) 225-32.

Mitt. naturwiss. Ver. Steiermark. H. Benndorf †: **83** ('53) 1-4.

Nature [London]. H. Benndorf †: **176** ('54) 335.

Z. Physik. Einf. Meth. z. Best. d. 1. Piezomoduls v. Quarz aus Messungen am Quarzresonator: **78** ('32) 560-66.

Mit: [1]) Edith Zauner.

V, VI **Szivessy,** Guido Franz. Physik. — 1929-36 ao. Prof. u. Leiter Physik. Inst. U Bonn; '39 wiss. Leiter d. Askania-Werke, Berlin; '45 o. Prof. TU Berlin; '47-48 o. Prof. U Rostock. [Mitt.: H. Falkenhagen VIIa]
*1885, Juli 23, Vöslau;
†1948, Sept. 15, Rostock.

Nekr. P. Kunze, Physik. Bl. **4** ('48) 348.

S. • Physik.-chem. Tabellen (Landolt-Börnstein) Erg.-Bd **3**, 2 [5](Bln '35) Tab. 170, 171, 172, 172 A.

Ann. Physik. Prüfg. d. Gitteropt. b. akt. Kristallen[3]): (5) **20** ('34) 703-36.

Fortschr. Mineral. Neuere Unters. üb. d. opt. Erscheinungen b. akt. Kristallen: **21** ('37) 111-68.

Physik. Z. Dispers. d. opt. Aktivität d. Quarzes in beliebig z. opt. Achse geneigten Richtungen[3]): **36** ('35) 101-06. — Messg. v. Phasendifferenzen m. einer empfindl. Meth. v. uneingeschränktem Meßbereich[2]): **38** ('37) 129-33. — Die Bracesche Halbschattenmeth.[2]): **41** ('40) 43-46.

Z. Instrumentenkunde. Glimmerkompensator z. Messg. schwach ellipt. polarisierten Lichtes[1]): **52** ('32) 337-45. — Kompensator z. photogr. Messg. sehr schwach ellipt. polarisierten Lichtes im Ultraviol.[1])[3]): **53** ('33) 465-77. — Strenge Formeln d. Braceschen Kompensators[2]): **57** ('37) 49-60, 89-103. — Meth. d. Phasendifferenzbest. m. uneingeschränktem Meßbereich[2]): 305-32; **61** ('41) 158-61. — Verwendg. v. Doppelplatten b. Nachw. ellipt. polarisierten Lichtes[2]): **58** ('38) 229-40. — Messg. ellipt. polarisierten Lichtes m. Hilfe d. Calderonschen Doppelplatte[2]): 345-55. — Meth. z. Messg. d. Phasendifferenz einer doppelbrechenden akt. Platte[2]): **59** ('39) 97-115, 141-54. — Gesch. d. Sénarmontschen u. d. Stokesschen Kompensators: 468f. — Z. Kenntn. d. vereinfachten Halbschattenkompensators[2]): **60** ('40) 65-74, 97-107, 131-40. — Die Meth. v. Brace m. variablem Halbschatten[2]): 304-16. — Der Toolsche Kompensator[2]): **61** ('41) 101-23.

Z. Kristallogr. (A). Messg. d. Schwächungsverhältn. einer schwach absorbierenden Kristallplatte[1]): **81** ('32) 169-82. — Photogr. Meth. z. Messg. d. Gangunterscb. einer schwach doppelbrechenden Kristallplatte im Ultraviol.[1]): **82** ('32) 258-70.

Z. Physik. Photogr. Messg. sehr schwach ellipt. polarisierten Lichtes im Ultraviol.[1])[3]): **82** ('33) 279-308.

Mit: [1]) A. Dierkesmann; [2]) Werner Herzog; [3]) Cl. Münster.

T

II **Tabor,** Heinrich → VIIa/Suppl.

II **Tachen,** Otto → VIIa/Suppl.

Tack (Tacke), Johann → VIIa/Suppl.

VI **Tacke,** Bruno. Agrikulturchem., Moorkunde. — 1891-1929 Vorst. Moor-Versuchsstation Bremen; '29 i. R. — '41 Goethe-Medaille f. Kunst u. Wiss.
*1861, Aug. 26, Wissen a. d. Sieg;
†1942, Okt. 28.

Zum 70. Geb.tag. Ernähr. d. Pflanze **27** ('31) 464.

Nekr. Brüne, Bodenkundl. Forsch. **7** ('42) 181 (m. Bildn.).

MHZ. Jahrb. Moorkunde **1**. 1912 ('13)-**28**. 1940 ('42).

W. • Die niedersächs. Moore u. ihre Nutzg. (m. G. Keppeler) [2](Oldenb. '41) 99 S. (Schr. Wirtschaftswiss. Ges. z. Studium Niedersachsens N. F. 16 = Veröff. Prov.-Inst. f. Landesplanung, Landes- u. Volkskunde v. Niedersachsen an d. Univ. Göttingen, Reihe A, 1, 16).

Angew. Chem. Möglichk. d. Gewinng. v. Kulturland in Dtschl.: **48** ('35) 54.

Chemiker-Ztg. Chem. Besonderheiten d. Moorbodens: **60** ('36) 569. — Chem.-techn. Fortschritte auf d. Geb. d. Moorverwertg.: **62** ('38) 345-47.

Dtsch. Wasserwirtsch. Erwiderg. auf G. Troßbach: Einfl. d. Moore auf d. Wasserverhältn. d. Anlieger: **30** ('35) 257.

Ernähr. d. Pflanze. Gesch. d. Moorkultur in Niedersachsen: **27** ('31) 259-62. — Wirkg. v. Kali auf schweren Alluvialböden (Marschböden): 433f. — Kalidüngg. u. Wasserverbrauch: **28** ('32) 91f. — Üb. d. Versickern v. Kali u. Phosphorsäure im Moorboden: **35** ('39) 307f. — Üb. d. Kaligehalt d. Wiesenheus v. versch. Böden ohne

u. m. Düngg.: **36** ('40) 31f. — Üb. d. Wirkg. einer Kalidüngg. auf kalireichen Marschböden: 121.

Ernte [Hannover]. Fleischfressende Pflanzen im Moor: **13** ('32) H. 19, S. 27. — Arbeitsbeschaffg. durch landwirtsch. Bodenverbesserg.: **14** ('33) H. 7, 13. — Das Feuer als Hilfsmittel d. Bodenkultur: H. 9, 43. — Wirtsch. Schäden d. Bodenzersplitterg.: **15** ('34) H. 4, 26f.

Forsch. u. Fortschr. Einteilg. u. Benenng. d. Moore: **12** ('36) 92f.

Hanse. Arbeitsbeschaffg. durch landwirtsch. Bodenverbesserg.: **20** ('33) 148f. — Das Feuer als Hilfsmittel d. Bodenkultur: 373f. — Gartenbau auf Moorboden: **21** ('34) 206. — Torffaser u. Torfgewebe: 336.

Jahrb. Moorkunde. Beton im Moorboden: **18**.1930 ('31) 3-6. — Üb. Humusforschg.: **22**.1934 ('35) 3f. — Wirtsch. Form v. Hochmoorsiedlungen: **27**.1939 ('40) 20-25.

Kulturtechniker. Bei Kultivierg. d. Moorbodens eintretende Sackungen: **1937**, Sonderh., 157-60.

Mitt. Landwirtsch. Kultivierg. d. Moore?: **49** ('34) 623f. — Entwicklg. d. Rapsglanzkäferfanggerätes: **56** ('41) 413.

Mitt. Ver. Förder. Moorkultur. Moor: **50** ('32) 135. — Üb. Bodensäuren: 150. — 50 Jahre Vereinstätigk. auf d. Geb. d. Moorwes.: **51** ('33) 7-20. — Grundfragen d. Hochmoorbesiedlg.: **52** ('34) 47-55. — Moorirrwege: 55. — Kann eine Sanddecke im Moor versinken?: 67.

Niedersachsen. Trockenlegg. d. Zuidersee: **37** ('32) 305-07.

Phosphorsäure. Einfl. d. Düngg. auf d. Beschaffenh. d. Heues: **2** ('32) 183-86. — Die Düngg. v. Bewässerungswiesen m. Phosphorsäure u. Kali: 625-30. — Grünland auf Hochmoor m. Hilfe v. Handelsdüngemitteln als Grundlage neuzeitl. Hochmoorkolonisat.: **3** ('33) 442-45.

Volk u. Welt [Hannover]. Gartenbau auf Moorboden: **15** ('34) H. 6, 141f. — Regeln d. Moore d. Wasserabfluß?: H. 10, 151f. — Üb. d. Alter d. Moore: **16** ('35) H. 2, 169. — Ein enger Lebensraum. Von d. eigenart. Tierwelt d. Hochmoore: **17** ('36) H. 5, 57f. — Kräuter, die sich v. Insekten nähren: H. 6, 68f. — Bodenimpfg.: **19** ('38) H. 6, 51f. — Schwankt d. Moor?: **20** ('39) H. 5, 52.

Weser. Beschaffenh. u. Wirkg. d. Seeschlicks: **20** ('41) 8-10.

Z. Pflanzenernähr., Düng., Bodenkunde (B). Natur- u. Handelsmergel: **11** ('32) 193-204. — Torf als Dünger u. Bodenverbesserungsmittel: **12** ('33) 1-11.

Täuber, Carl Paul. Elektrotechn. — Feinmechanikerlehrling, stud. Technikum Winterthur; 1889 Masch.-Fabr. Oerlikon, Zürich (zuletzt Ob.Ing. u. Prokurist); 1912–33 Teilhaber d. Fa Trüb, Täuber & Co., Zürich (nach '33 Präs. d. Trüb-Täuber-AG). — '37 Dr. phil. h. c. (U Bern). [Mitt.: H. Greinacher VIIa]

*1867, Dez. 4, Basel;

†1948, Febr. 16, Zürich.

Nekr. H. Greinacher, Verh. Schweiz. naturforsch. Ges. **128** ('48) 377-79 (m. Bildn. u. Schr.-verz. 6 Nr.). — Bull. Schweiz. elektrotechn. Ver. **39** ('48) 374.

IV,VI **Täuber,** Ernst. Chem. Technol. — 1901-18 Mitgl. Kaiserl. Patentamt, Berlin; nebenamtl. bis '33 H f. Bildende Künste, Berlin-Charlottenburg.

*1861, Mai 18, Dorfbach/Schles.;

†1944, Nov. 14, Potsdam-Babelsberg*.

*Mitt.: Treuhandstelle Reichspatentamt Berlin.

Erf. Aluminierte Dachpappe.

Chemiker-Ztg. Campher als Konservierungsmittel: **57** ('33) 94.

Farben-Ztg. Beitr. z. Frage d. Grundierg. m. Ölfarben: **37** ('32) 1450.

Teer u. Bitumen. Aluminierte Dachpappe: **31** ('33) 387.

VI **Täufel,** Albert Kurt. Lebensmittelchem. — 1936 pl. ao. Prof. TH Karlsruhe; '40 o. Prof. TH Dresden; '45 Industriepraxis; '48 stellvertr. Dir. Inst. f. Ernährg. u. Verpflegungswiss., Potsdam-Rehbrücke; '50–51 LAuftr. Brandenburg. Landes-H Potsdam; seit '51 Prof. m. LStuhl u. Dir. Inst. Lebensmittelchem. u. -technol. Humboldt-U Berlin; '57 Erster Dir. Inst. f. Ernährg. Potsdam-Rehbrücke, Dtsch. Akad. Wiss. Berlin. — '52 Nationalpreis 2. Kl. DDR; '55 Wilhelm-Normann-Medaille (Dtsch. Ges. Fettwiss.); '57 Dr. rer. nat. e. h. (TH Dresden). [Eig. Mitt.]

*1892, Dez. 10, Crimmitschau/Sa.

Biogr. ● Nationalpreisträger 1952 (Bln '53) 93-96 (m. Bildn.).

Zum 65. Geb.tag. U. Freimuth, K. Rauscher, Nahrung **2** ('58) 1-5. — R. Pohloudek-Fabini, Pharmazie **12** ('57) 851 (m. Bildn.). — M. Ulmann, Ernährungsforschung **2** ('57) 671-75 (m. Bildn.).

MHZ. Z. Lebensmittel-Unters. u. -Forsch. **88** ('48). — Ernähr. u. Verpfleg. **1** ('49) - **2** ('50) Nr. 1/2. — Ernährungsforschung **1** ('56) ff. — Nahrung **1** ('57) ff.

S. ● Unters. d. Arzneimittel d. Dtsch. Arzneibuches 6 (Th. Paul) (Bln '27) 108-37: Unters. betr. Fette, Öle, Wachse, Harze u. Balsame. — ● Handb. d. Lebensmittelchem. (Bömer-Juckenack-Tillmans) **1** (Bln '33) 1249-83: Zubereitg. d. Lebensmittel; **2**,1 ('33) 17-28: Viscosität; 29-40: Ultrafiltrat.; 41-56: Dialyse u. Elektrodialyse; 57-76: Oberflächenspanng., Adsorptionserscheinungen u. Capillaranalyse; **2**,2 ('35) 565-601: Elementar-Analyse; **5** ('38) 1-116: Getreide, Hülsenfrüchte u. Mühlenerzeugnisse; 210-51: Backwaren; **6** ('34) 1-109: Kaffee, Kaffee-Ersatz u. Kaffee-Zusatz. — ● Chem. u. Technol. d. Fette u. Fettprodukte (H. Schönfeld) **1** (Wien '36) 336-74: Das Trocknen d. Öle; 415-55: Das Verderben d. Fette. — ● Ernährg. u. Lebensmittelchem., Tagungsber. Chem. Ges. in d. DDR, Berlin 1954 (A. Greiner u. Cl. Franzke) (Bln '55) 38-43: Z. chem. u. physiol.-chem. Charakterisierg. d. Lebensmittel. — ● Ber. 3. Int. Brotkongr., Hamburg 1955 (Detmold '55) 105-11: Dynam. Prüfmeth. z. Erkenng. d. Verderbsanfälligk. v. Fett u. fetthalt. Gebäck (m. R. Vogel). — ● Wörterbuch d. Med. (M. Zetkin, H. Schaldach) (Bln '56): Fachgeb. Ernährungslehre. — ● Forschen u. Wirken. Festschr. z. 150-Jahr-Feier d. Humboldt-Univ. zu Berlin **2** (Bln '60) 255-70: Von alten zu neuen Zielen d. Lebensmittelchem.

W. ● Kurze Anleitg. z. qualitat. chem. Analyse. Als Ms. gedr. (Münch. '32) 83 S. — ● Ernährungsforschung u. zukünft. Lebensmittelchem. (Bln '50) 29 S.

Angew. Chem. Die neuere Entwicklg. d. Lebensmittelchem., 5: **45** ('32) 8-13, 45-49, 65-69. — Z. Best. v. Stickstoff u. Phosphor im Kjeldahlaufschluß mittels Selens[72])[71]): **48** ('35) 191f. — Z. Mechanismus d. Autoxydat. d. Fette: 488. — Autoxydat. u. Ketonabbau d. Fette als Teilfragen d. Fettwirtsch.: **49** ('36) 48-53. — Üb. d. Kjeldahl-Aufschluß mittels Selens[72])[71]): 265. — Z. Chem. d. Verderbens d. Fette, 16: Üb. d. Mechanismus d. Verderbens u. d. Vorratsschutz d. Fette: **55** ('42) 273-78. — Dreikohlenstoff-Verbb. b. Umsatz v. Fettsäuren u. Fetten: **60** A ('48) 173-75. — Untersuchungen üb. d. Auftreten v. intermediären Stoffwechselprodukten in Lebensmitteln: **61** ('49) 41. — Z. Chemismus d. Autoxydat. olefin. Fette[57]): 84-89.

Biochem. Z. Vergleichende ultraspektrogr. u. analyt.-chem. Untersuchungen üb. Zuckerspaltg. unt. Alkalieinwirkg.[19])[28]): **265** ('33) 181-90. — Zubereitg. d. Nahrg. u. deren ernährungsphysiol. Bedeutg., 1: Einfl. d. Röstens b. Kaffee, Kaffee-Ersatz u. sonst. Vegetabilien[12])[16])[19])[3])[72]): **286** ('36) 408-28; ~ 2: Einfl. d. Röstens b. versch. Vegetabilien[12])[16])[19]): **289** ('36) 27-37. — Vork. u. Best. v. Squalen in pflanzl. u. tier. Fetten[72])[75]): **300** ('39) 354-72. — Z. Frage d. Verbreitg. v. Squalen in pflanzl. u. tier. Fetten[30])[29]): **303** ('40) 324-28; ~ [29]): **306** ('40) 123f. — Z. Chem. d. Verderbens d. Fette, 9: Einfl. v. Chlorophyll u. v. Xanthophyll[48]): **304** ('40) 137-46; ~ 10: Beteiligg. d. Katalase[48]): 275-84; ~ 14: Eisen als wirksamer Bestandteil d. antioxygenen Komplexes d. Hafermehles[48]): **310** ('41) 152-59; ~ 18: Wirkungsweise d. fettantioxygenen Komplexes aus Hafermehl[48]): **315** ('43) 381-90. — Citronensäure als konstituierender Baustein d. Knochen u. Zähne[39]): **322** ('52) 368-70. — Abbau d. Citronensäure durch Milchsäurebakterien[39]): 371-74. — Verteilg. d. Citronensäure in d. Samen v. Leguminosen u. Cerealien u. ihr Verhalten b. d. Keimg.[39]): 375-79. — Analyt. u. chromatogr. Studien z. „Maillard-Reakt.“, 1[32]): **323** ('52) 299-308. — Veränderg. v. Traubenzucker- u. Invertzuckerlösungen b. d. Erhitzg. (Sterilisat.)[47]): **324** ('53) 221-27. — Verhalten d. Citronensäure b. d. Keimg. v. Cerealien-, Leguminosen- u. Ölsamen[53]): **326** ('55) 280-87. — Keimfähigk. u. Gehalt an Citronensäure b. gelagerten Pflanzensamen[53]): 317-21. — Z. Best. d. Sorbose im Blut[47]): **327** ('55) 267-72. — Revers. d. Saccharide u. Transglykosidierg. im sauren Milieu, 1: Z. Revers. d. Saccharide[32])[59]): 531-38.

Chemiker-Ztg. Zur Chem. d. „Ketonranzigk.“ d. Fette, 1: Ein neuer analyt. Nachw.[72]): **56** ('32) 265f. — Ketonranzigkeitsprobe z. Prüfg. v. Speisefetten nach Täufel u. Thaler[72]): **57** ('33) 736. — Fortschritte auf d. Geb. d. Lebensmittelchem.: **59** ('35) 165-67. — Nährstoffkomplexe als Bausteine d. Lebensmittel: **68** ('44) 201-04. — Entwicklungslinien u. Aufgabenstellg. d. Lebensmittelchem.: **79** ('55) 133-37, 165-69.

Chem. Techn. Zur Anwendg. d. Papierchromatogr. b. d. Saccharidanalyse v. Lebensmitteln: **5** ('53) 365-68. — Z. Analytik u. Bewertg. d. Pektinstoffe[18]): **6** ('54) 525-28. — Eluierapparatur z. quantitat. Auswertg. v. Papierchromatogrammen[68])[63]): **8** ('56) 207-10.

Dtsch. Lebensmittel-Rdsch. Ergebnisse u. Ziele d. neueren Lebensmittelchem.: **28** ('32) 45f., 53f. — Z. Frage d. chem. Konservierg. d. Lebensmittel: **29** ('33) 22. — Üb. d. Alterg. v. Lebensmitteln: **31** ('35) 57-60. — Feinh. d. Mahlg. d. Kaffees in ihrer Auswirkg. auf Extrakt u. dess. Coffeingehalt[4]): **33** ('37) 265. — Z. Kenntn. d. „Aprikosenleders“[4]): **34** ('38) 54f. — Neue Wege d. Vorratspflege b. d. Lebensmitteln: **36** ('40) 69-74. — Ergebnisse d. Vitaminforschg.: **38** ('42) 90-92. — Lebensmittelchem. u. Lebensmitteltechnol.: 126-29. — Unsere Lebensmittel als Nährstoff- u. als Wirkstoffträger: **39** ('43) 1-5, 7f. — Z. Frage d. Säuerg. v. Haferflocken[54]): 26-28. — Z. Charakteristik d. Lebensmittel: 61-64, 71-74. — Z. Charakteristik der b. d. Hitzebehandlg. d. Lebensmittel entstehenden Farb-, Geruchs- u. Geschmacksstoffe[41]): **40** ('44) 17. — Die Lebensmittelchem. als Grundlagenwiss.: 57-59. — Einfl. d. Raffinat. auf d. Oxydationsempfindlichk. olefin. Fette u. Öle[49]): **44** ('48) 157-60. — Z. Charakteristik unserer Lebensmittel: 181f. — Lebensmittel u. Lebensmittelverarbeitg. im Lichte d. Ernährungsphysiol.: **45** ('49) 81-84. — Beiträge z. Analytik synthet. Fettsäuren u. Fette[33]): 143-45. — Eiweißmängel u. Eiweißergänzg.: 219-21. — Z. Frage d. biol. Wertigk. d. Nahrungsfette: 247-49. — Mittelbare Auswirkg. d. Autoxydat. (Verderben) d. Nahrungsfette: 393-96. — Die Essigsäure im Lichte ihrer physiol.-chem. Bedeutg.: **46** ('50) 2-4. — Neue ernährungsphysiol. wichtige Begleitstoffe d. Lebensmittel: 104-06. — Ernährungsphysiol. u. zukünft. Lebensmittelanalytik: **50** ('54) 239-45. — Die Neutralrotprobe b. d. Beurteilg. v. Schweineschmalz[68]): **52** ('56) 255-58.

Dtsch. Milch-, Fett-, Fleisch-, Fisch-Z. Lagerg. d. Hartfettes b. erhöhter Temp.[26])[73]): **5** ('53) 183f.

Ernährungsforschung. Lebensmittelchem. u. technol.-chem. Fragen um d. Citronensäure: **1** ('56) 79-84. — Z. Frage d. Stabilisierg. d. Nahrungsfette u. fetthalt. Lebensmittel durch Antioxydantien u. Synergisten: 85-89. — Hydrolyse u. Revers. v. Sacchariden[47]): 90-95. — Analyt. Kennzeichng. d. Oxydationsbereitsch. ungesätt. Fette[73]): 142-48. — Qualitat. Nachw. v. Nitrit mittels d. papyrograph. Arbeitsweise[68]): 149-51. — Die Lebensmittelchem. als selbständ. Wissensdisziplin u. d. Ausbildg. d. Lebensmittelchemiker: 231-38. — Z. Chemismus d. Gelierg. d. Pektinstoffe[18]): 260-70. — Physiol.-chem. Sonderstellg. gewisser Schimmelpilze[59]): 271-76. — Citronensäurebilanz b. d. Keimg. pflanzl. Samen[8]): 277-83. — Extrakt. v. Ölsaaten unt. bes. Berücks. v. Alkoholen als Lösungsmitteln[6]): 344-53. — Papierchromatogr. Trenng. u. Erkenng. der in d. DDR zugelassenen Lebensmittelfarben[47]): 354-61. — 10 Jahre Rehbrücker Inst. im Rahmen d. Ernährungsforschg.: 587-601. — Vorschläge f. d. einheitl. Unters. u. Beurteilg. v. Schweineschmalz m. bes. Berücks. seiner Lagerfähigk.[6]): 638-40. — Krit. Studien z. mikroanalyt. Best. d. Citronensäure nach dem Pentabromaceton-Verf.[59]): 693-703. — Analyt. u. chromatograph. Studien z. „Maillard-Reakt.“, 2: Reakt. zw. reduzierenden Sacchariden u. Ammoniak[32])[10]): 704-13; ~ 3: Reakt. zw. reduzierenden Sacchariden u. primären Aminen[32])[10]): 714-18; ~ 4: Reakt. zw. reduzierenden Sacchariden u. Aminosäuren[32])[10]): 719-26. — Analyt. u. papierchromatograph. Unters. üb. d. Saccharide v.

Pharmaz. Ztg. Nachw. d. Glycerins in Lebensmitteln, in arzneil. u. kosmet. Zubereitungen[72]): **79** ('34) 341f.

Stärke. Papierchromatogr. Nachw. v. Stärkesirup in Lebensmitteln[25]): **8** ('56) 223-27.

Umschau. Vorratspflege d. Nahrungsfette: **52** ('52) 67-69. – Körperfett als Energiequelle f. d. Heuschreckenflug: **53** ('53) 652. – Welche Bedeutg. haben Nähr- u. Wirkstoff-„Symplexe" als Bausteine d. Lebensmittel?: **54** ('54) 388f. – Mehl-„Verbesserg." m. Chemikalien: **56** ('56) 426-29. – Läßt sich unsere Ernährg. durch „Eiweiß-Ausgleich" verbessern?: **57** ('57) 242-44.

Vitamine u. Hormone. Citratgehalt in d. Knochen norm. u. rachit. Tiere[39]): **6** ('53) 1-11.

Vorratspflege u. Lebensmittelforsch. Umsatzbereitsch. d. Lebensmittel u. ihr Verderb: **1** ('38) 59-63. – Z. Chem. d. Fermentat. d. Zichorie[72])[9]): 170-79. – Analytik d. Pektine, 1: Calciumpektatverf. als Beurteilungsgrundlage f. Pektinerzeugnisse[13]): **3** ('40) 107-13.

Wiss. Ann. Grundlagen u. Aufgaben b. d. Vorratspflege v. Lebensmitteln: **1** ('52) 376-90. – Physiol.-chem. Wirkungen d. Fette: 577-82.

Wiss. Z. Humboldt-U Berlin. Physiol.-chem. Bedeutg. d. Fluors, seine Best. u. sein Vork. in Trinkwässern d. DDR[76]): **4** ('56) 439-48.

Z. analyt. Chem. Eine einf. Apparatur z. Absorpt. kleiner Gasmengen sowie üb. eine Modifizierg. d. Nachw. v. Stickoxyd m. Ferrosulfat[60]): **90** ('32) 20-23. – Unterscheidg. d. Aldo- v. d. Ketohexosen mittels d. Resorcin-Reakt.[61]): **92** ('33) 241-45. – Quantitat. Ermittlg. d. Citronensäure durch Überführg. in Aceton[44]): **93** ('33) 1-20. – Üb. eine Farbreakt. auf Glycerin[72]): **95** ('33) 235-39. – Verhalten d. Saccharose b. technol. Prozessen[14]), 1: Modellversuche in saurer Lösg.: **129** ('49) 352-65; ~ 2: Zuckerbilanz b. Kunsthonig: **130** ('50) 47-50; ~ 3: Zuckerbilanz b. Marmeladen: 51-55. – Üb. d. Analytik u. d. natürl. Verbreitg. d. Citronensäure[39]): **131** ('50) 341-47. – Analyt. u. chromatograph. Studien an Mono- u. Oligosacchariden[55]): **134** ('51) 252-66. – Z. quantitat. Best. v. Sacchariden nach ihrer papierchromatogr. Trenng.[32])[55]): 335-37. – Reduktometr. Best. v. Glucose in Gegenw. v. Aminosäuren[32]): **136** ('52) 31-35. – Best. d. Glucose in Gegenw. v. Aminosäuren u. anderen stickstoffhalt. Verbb.[47]): **144** ('55) 98-120. – Mikroanalyt. Best. d. Citronensäure in biol. Substraten[53])[8]): **146** ('55) 244-50.

Z. Lebensmittel-Unters. u. -Forsch. Autoxydat. Verderben d. Fette, 5: Verhalten d. Epihydrinaldehydes u. seiner Acetate[58]): **65** ('33) 540-51; ~ 6: Z. Ausführg. u. Auswertg. d. Kreis-Reakt.[60]): **67** ('34) 268-73. – Z. Analytik d. Pentosane[52])[72]): **66** ('33) 143-57. – Quantitat. Best. d. Phosphorsäure m. Ammoniummolybdat u. d. Anwendg. d. Verf. auf einige Beisp.[5])[56]): **67** ('34) 274-79. – Cellulose d. Lebens- u. Futtermittel, 1: Rohfaser u. Cellulose[72]): **68** ('34) 631-36. – D. vermeintl. Lecithinrückgang in Eierteigwaren[16])[44]): **69** ('35) 1-9. – Aufbau d. Zellwand d. Kaffees[72]): 152-60. – Mechanismus d. Salicylaldehyd-Reaktionen z. Nachw. v. Fuselöl u. Ketonen[72])[7]): 401-05. – Auffindg., Isolierg. u. Synth. v. Vitamin C: **70** ('35) 7-16. – Z. Frage d. Ermittlg. d. Wirkungswertes d. Honigdiastase[45])[72]): **71** ('36) 190-94. – Quantitat. Ermittlung d. Citronensäure durch Überführg. in Aceton[65]): 297-310. – Üb. ein Verf. z. Nachw. v. Saccharose in pflanzl. Materialien[72])[38]): 390-93. – Chem. Ursachen d. Verderbens d. Nahrungsfette: **72** ('36) 287-99. – Z. Kenntn. d. Fettes d. Hefe (Sacch. spec.)[72])[66]): 394-404. – Qualitat. u. quantitat. Nachw. v. Methylketonen[72])[31]): **74** ('37) 119-33. – Analytik d. Pektine, 2: Durchführg. d. „Calciumpektatverfahrens"[34]): **82** ('41) 504-06. – Gehalt v. Gerste u. Malz an Mono- u. Oligosacchariden[47]): **83** ('42) 49-54. – Gehalt d. Tabaksamens an Pyridinderivaten[1]): **84** ('42) 328-32. – Analytik v. Nicotinsäure u. Nicotinsäureamid[1]): 385-92. – Verbreitg. v. Nicotinsäure u. Nicotinsäureamid in pflanzl. u. tier. Stoffen[1]): 481-86. – Entfärbg. d. Untersuchungslösungen b. d. quantitat. Best. v. Nicotinsäure u. Nicotinsäureamid[15]): **85** ('43) 414-23. – Statistik d. Verbreitg. d. Nicotinsäureamids in Lebensmitteln pflanzl. u. tier. Herkunft[17]): **87** ('44) 187-92. – Z. Frage d. Acrolein-Bildg. aus Fetten[21]): **89** ('49) 121-25. – Gehalt d. Kuhmilch an Citronensäure: 341-44. – Chemismus d. Bildg. v. Epihydrinaldehyd b. d. Autoxydat. olefin. Fette[21]): 511-17. – Bildg. v. Abbauprod. aldehyd. u. keton. Natur b. d. Autoxydat. v. Walöl u. Olivenöl: 581-87. – Polymere Kohlenhydrate in Sauerkrautlake[14]): **91** ('50) 22-24. – Biogenese d. Fettes d. Milch: **93** ('51) 140-45. – Analyt. u. chromatogr. Studien am Bienenhonig[55]): **94** ('52) 1-10. – Revers. v. Monosacchariden[47]): 401-09. – Verhalten d. Stickstoffsubst. b. d. Fermentat. d. Tabaks[14]): **95** ('52) 9-16. – Revers. v. Aldopentosen[47]): 429-32. – Z. Herkunft d. Saccharide im Honig[47]): **96** ('53) 81-83. – Verteilg. d. Citronensäure in Vogeleiern u. ihr Verhalten b. d. Bebrütg.[36]): 397-405. – Revers. d. Saccharide u. ihre Bedeutg. f. d. Analytik d. Kohlenhydrate[47]), 1: Chemismus d. Revers.: **100** ('55) 351-59; ~ 2: Konstitutionelle u. analyt. Betrachtungen: 437-41. – Best. d. Citronensäure im Wein[53]): **102** ('55) 28-32. – Best. v. Glucose, Maltose u. sonst. vergärbaren Oligosacchariden sowie v. Dextrinen unt. Einsatz v. Kulturhefe: **103** ('56) 272-84. – Auftreten v. Acetoin u. Diacetyl im fadenziehenden Brot[53]): 430-37. – Citronensäurebilanz b. d. Teiglockerg. durch Sauerteig bzw. durch Hefe[8]): **105** ('57) 274-83.

Ferner etwa 60 weitere populär-wiss. Arb. in: Dtsch. Fettwirtsch., Molkerei-Ztg., Natur u. Nahrung, Obst- u. Gemüseverwert., Universitas, Versorgung, Volksernährung u. anderen Zeitschriften.

Mit: 1) Jahia Abdoh; 2) Eduardo Arens; 3) Fritz Arnold; 4) Karl Bässler; 5) Adolf Bäurle; 6) Kurt Barthel; 7) Oskar Bauer; 8) Ulrich Behnke; 9) Helmuth Beitter; 10) Herbert Bergner; 12) Benno Bleyer; 13) Hans Bock; 14) Hans Burmeister; 15) Frans Dahle; 16) Willibald Diemair; 17) Iwan Dontscheff; 18) Gottfried Feldmann; 19) Franz Fischler; 20) Claus Franzke; 21) Ulrich Freimuth; 22) Heinrich-Karl Gräfe; 23) Arnold Graffi; 24) Henrik D. Gran; 25) Anneliese Greiner; 26) Hans-Joachim Haase; 27) Irmgard Hahn; 28) Herbert Hauss; 29) Werner Heimann; 30) Hans Heinich; 31) Hans Hohner; 32) Heinz Iwainsky; 33) Ingeborg Jacob; 34) Edith Just; 35) Friedrich Kiermeier; 36) Karl Klentsch; 37) Josef Köchling; 38) Gertrud Kopp; 39) Felix Krusen; 40) Friedrich Künkele; 41) Emma Lötzbeyer; 42) Max Löweneck; 43) M. Martinez; 44) Franz Mayr; 45) Mariano de Mingo; 46) Josef Müller; 47) Karl Müller; 48) Richard Müller; 49) Ali Haydar Nazli; 50) Wilhelm Panzer; 51) Theodor Paul; 52) Bernhard Peter; 53) Roland Pohloudek-Fabini; 54) Hanna Raeithel; 55) Rolf Reiss; 56) Wilhelm Riedel; 57) Helmuth Rothe; 58) Friedrich-Karl Russow; 59) Heinz Ruttloff; 60) Paul Sadler; 61) Carlo Sampietro; 62) Arthur Scheunert; 63) Martin Schieritz; 64) Adolf Schloemer; 65) Karl Schoierer; 66) Hans Schreyegg; 67) Hans Seel; 68) Ruth Serzisko; 69) Alfred Seuß; 70) Erwin Spiegelberg; 71) Kurt Starke; 72) Helmuth Thaler; 73) Roland Vogel; 74) Albert Wicklein; 75) Margarita Widmann; 76) Günter Wolf; 77) Antonia Pisarzewski.

VI **Tafel,** Victor Eugen. Metallhüttenkunde. — 1923–45 o. Prof., Dir. Inst. f. Metallhüttenwes. TH Breslau; dann in Freiberg/Sa., '46 o. Prof. BA Freiberg.
*1881, Sept. 24, Adrianopel;
†1946, Jan. 25, Freiberg/Sa.

Biogr. Rud. Stohn, Bergakademie [Freiberg] 8 ('56) 461f. (m. Bildn.).

Nekr. E. Diepschlag in: ● V. T., Lehrbuch d. Metallhüttenkunde **1** ²(Lpz. '51) VIIf.

S. ● Festschr. Techn. Hochschule Breslau 1910–35 (Bresl. '35) 461–69: Neue Wege z. Gewinng. v. Nickel aus d. Frankensteiner Nickelerzen (m. G. Lampe).

W. ● Lehrbuch d. Metallhüttenkunde (2. neubearb. u. erw. Aufl. hrsg. v. K. Wagenmann) **1**: Gold, Silber, Platinmetalle, Kupfer, Quecksilber, Wismut ²(Lpz. '51) 20 + 693 S.; **2**: Blei, Zinn, Antimon, Zink, Kadmium ²('53) 16 + 760 S.; **3**: Nickel, Kobalt, Mangan, Chrom, Molybdän, Wolfram, Vanadin, Aluminium, Magnesium ²('54) 17 + 499 S.

Angew. Chem. Analyt. Best. d. Zinks als Oxyd, Silicat, Ferrit, Sulfat u. Sulfid[7]), 1: **43** ('30) 948–51; ~ 2: **44** ('31) 792f.

Metallbörse. Chlorierende Röstprozesse: **12** ('22) 2466; **13** ('23) 64f., 313f., 457–59, 505, 553f., 601f.

Metall u. Erz. Metallverluste in d. Hüttenind.: **18** ('21) 377–81; **20** ('23) 259–63. — Vorgänge b. d. Röstg. v. Chalkopyrit[2]): **21** ('24) 517–20. — Das Metallhüttenwes. i. J. 1927: **25** ('28) 101–06; ~ 1928: **26** ('29) 166–69; ~ 1929: **27** ('30) 309–16; ~ 1930: **28** ('31) 503–10; ~ 1931–1933: **31** ('34) 553–70; ~ 1934–1936: **34** ('37) 211–19, 239–49, 340–48, 372–81; ~ 1937–1938: **36** ('39) 384, 415–19, 441–48, 484–91, 504–07, 516–22, 532–41; ~ 1939–1940: **38** ('41) 297–302, 321–25, 338–46, 383–87, 406–09, 425–28, 482–87, 497–503. — Zwei neue Labor.-Drehöfen: **25** ('28) 158–60. — Schlackentypen f. d. Bleihochofen: 439f. — Berechng. einer Kupfer-Flammenofenbeschickg.: **27** ('30) 10f. — Vorgänge b. Verblasen v. kupferhalt. Nickelstein[3]): 85–88. — Reduzierbark. v. Zinksilikat[7]): 338–41. — Vorgänge b. d. Entarsenisierg. v. Speisen durch Erhitzen in Gegenw. v. Pyrit[8]): **28** ('31) 422–25. — Metallverluste d. Hüttenwerke u. ihre Vermeidg.[6]): **31** ('34) 49–59. — Einfl. d. Röstbedingungen auf d. Goldausbringen d. Reichensteiner Arsenerze[1]): 393–95. — Einwirkg. v. Natriumbisulfat auf Speise[4]): **32** ('35) 183–87. — Zerlegg. v. Calciumsulfat b. d. Sinterröstg. v. Bleierzen: 340–43. — Rolle d. Eisens b. d. Abröstg. v. Kupfersulfiden: **36** ('39) 261–66, 287–93. — Grundlagen d. Naßmetallurgie: **40** ('43) 148–56. — Das Metallhüttenwes. d. Slowakei: **41** ('44) 229–35.

Metallurgie. Konstitut. d. Zink-Kupfer-Nickel-Legierungen, sowie d. binären Systeme Kupfer-Nickel, Zink-Kupfer, Zink-Nickel: **5** ('08) 343–52, 375–83, 413–30.

Metallwirtsch., Metallwiss., Metalltechn. Probleme d. Metallhüttenkunde: **7** ('28) 17–19. — Das Mansfelder Probl.[5]): **9** ('30) 109–11. — Wirtsch. Bedeutg. d. Nichteisenmetalle: **12** ('33) 360, 378, 393. — Neue Wege z. Gewinng. v. Nickel aus Frankensteiner Nickelerzen[4]): **16** ('37) 721–25. — Untersuchungen üb. d. Überführg. d. Nickelinhaltes versch. dtsch. Nickelerze u. -mineralien in wasserlösl. Form[4]): 1038–41.

Mitt. Kais.-Wilh.-Inst. Metallforsch. Chlorierende Röstprozesse: **1** ('22) 58–68.

Z. VDI. Zinkgewinng. auf trockenem Wege: **79** ('35) 110–13.

Mit: [1]) J. Fischer; [2]) E. Greulich; [3]) F. Kleweta; [4]) G. Lampe; [5]) W. Langner; [6]) H. Portzig; [7]) G. Sille; [8]) H. W. Loose.

IV–VI **Tafelmacher,** Werner Ludwig August. Math. — 1907–26 Stud.-Dir. Städt. Handels-Realschule Dessau; dann i. R.
*1860, Juli 22, Ülzen;
†1942, Febr. 4, Dessau.

Nekr. -äg-, Anhalter Anz. **1942**, Nr. 30 v. 5. Febr. [Mitt.: Rat zu Dessau, Amt f. Volksbildg.]

Tamm, Christoph. Chem. (org.). — 1941–48 stud., '48 Dr. phil. U Basel (T. Reichstein); '48–51 in USA; '52–58 Ass., '55 PDoz., '61 ao. Prof. U Basel; dazu seit '59 Sandoz AG, Basel. [Eig. Mitt.]
*1923, März 13, Basel/Schweiz.

S. ● Festschr. A. Stoll z. 70. Geb.tag (Basel '57) 715–27: Glykoside d. Samen v. Erysimum helveticum (Jaquin) (m. W. Nagata, T. Reichstein). — ● Fermente, Hormone, Vitamine u. d. Beziehungen dieser Wirkstoffe zueinander (R. Ammon, W. Dirscherl) **2** ³(Stuttg. '60) 476–524: Chem. d. Nebennierenrindenhormone.

Chem. and Ind. Synthesis of 5α-pregn-2-ene-1,20-dione[32]): **1958**, 42f.

Chimia. Neuere Entwicklungen in d. Chem. org. Naturstoffe: **10** ('56) 221–28.

Experientia. Bew. d. Steringerüstes v. Ouabagenin[39])[2]): **13** ('57) 185f.

Fortschr. Chem. org. Naturstoffe. Neuere Ergebn. auf d. Geb. d. glykosid. Herzgifte: Grundlagen u. d. Aglykone: **13** ('56) 137–231; ~: Zucker u. Glykoside: **14** ('57) 71–140.

Helvet. chim. Acta. Desoxyzucker, 17: Synth. d. 2-Desoxy-d-fucose-3-methyläthers u. seine Identifizierg. m. d-Diginose[25]): **31** ('48) 1630–44 [Diss.]; ~ 23: Weitere Synth. d. d-Digitalose sowie Bereitg. kristallisierter Digitalose-acetate: **32** ('49) 163–72. — Glykoside u. Aglykone, 75: Abbau v. Acovenosid A, 1[25]): **34** ('51) 1224–38; ~ 105: Glykoside v. Strophanthus intermedius Pax, 2: Trenng. d. Kristallisats Nr. 790[14])[25]): **36** ('53) 357–69; ~ 111: 3-Epi-digitoxigenin[35])[25]): 985–89; ~ 117: Konstitut. v. Evomonosid[27]): 1309–14; ~ 120: Konstitut. d. Transvaalins[41]): 1744–56; ~ 123: Glykoside v. Strophanthus mirabilis Gilg., 2[23]): **37** ('54) 141–47; ~ 132: Glykoside d. Goldlacksamen, Cheiranthus Cheiri L.[20])[25]): 755–70; ~ 136: Glykoside d. Samen v. Strophanthus amboënsis (Schinz) Engl. et Pax sowie einer verwandten Form[10])[14])[25]): 1493–1533; ~ 138: Ambosid[14])[25]): 2204–07; ~ 139: Inertosid, Leptosid, Chryseosid u. Flavogenin[14])[25]): **38** ('55) 98–124; ~ 141: Konstitut. d. Ouabagenin-monoacetonids: 147–65; ~ 142: Tanghinigenin u. 3-Epitanghinigenin[35])[25]): 160–79; ~ 144: Glykoside v. Xysmalobium undulatum R. Br., 2[38]): 865–73; ~ 147: Glykoside v. Adenium lugardii N. E. Br.[36])[25]): 1001–13; ~ 148: Konstitut. v. Acovenosid A, 2[30])[25]): 1013–25; ~ 150: Glykoside v. Antiaris toxicaria Lesch.[8])[25]): 1364–96; ~ 152: Abbau d. Tanghinigenins[35])[25]): 1721–48; ~ 154: Glykoside d. Samen v. Calotropis procera R. Br.[24])[25]): 1809–

24; ~ 155: Glykoside d. Samen v. Strophanthus Schuchardtii Pax[9][25]): **39** ('56) 16-33; ~ 166: Glykoside d. Samen v. Strophanthus Ledienii Stein, 2[18][25]): 1914-32; ~ 167: Glykoside d. Samen v. Strophanthus Vanderijstii Staner[18][25]): 1933-73; ~ 169: Glykoside d. Samen v. Erysimum crepidifolium H. G. L. Reichenbach[21][25]): **40** ('57) 41-61; ~ 174: Glykoside d. Jutesamen Corchorus capsularis L. u. C. olitorius L.[33][4][17][25]): 588-92; ~ 175: Glykoside d. Samen v. Corchorus capsularis L.[17][25]): 593-604; ~ 176: Glykoside d. Blätter Digitalis grandiflora Mill. (= Digitalis ambigua Murr.)[26]): 639-62; ~ 180: Bew. d. Steringerüstes v. Ouabagenin[39][2]): 1469-96; ~ 182: Konfigurat. d. Kohlenstoffatoms Nr. 3 v. Ouabagenin[39]): 1860-65; ~ 186: Unters. d. opt. Rotationsdispers., 15[7][12][13][29]): **41** ('58) 250-74; ~ 191: Synth. d. 7-Isopropyl-8-methyl-1,2-benzofluorens u. d. 7-Isopropyl-1,2-benzofluorens[22][25]): 1606-32; ~ 192: Synth. d. 7-Äthyl-1,2-benzofluorens u. d. 7-Äthyl-8-methyl-1,2-benzofluorens u. Identifizierg. d. letzteren m. d. Jacobsschen KWStoff[16][25]): 1633-45; ~ 194: Die Glykoside d. Wurzeln u. Samen v. Pachycarpus schinzianus (Schltr.) N. E. Br.[48][47][25]): **42** ('59) 72-121; ~ 197: Die Dehydrierg. v. Sarcostin m. Selen[47][44][25]): 661-64; ~ 199: Beitr. z. Konstitut. d. Antiarigenins[45]): 696-712; ~ 201: Die Glykoside d. Wurzeln v. Pachycarpus lineolatus (Decne.) Bullock (oder P. Schweinfurthii (N. E. Br.) Bullock)[42][25]): 1014-52; ~ 203/204: Ein weiterer Abbau v. Ouabagenin[39]): 1408-32; ~ 209: Die Glykoside d. Samen v. Strophanthus hispidus P. DC., 2[16]): 2467-85. — Notiz z. opt. Drehg. d. 2-Desoxy-d-galaktose u. ihrer Methylglykoside[25]): **35** ('52) 61-64. — Steroide, 8: 1-Keto-cholestan[36]): **37** ('54) 1094-1112; ~ 9: Synth. d. l-(—)-β-Methoxy-adipinsäure aus l-(—)-Äpfelsäure[3][25]): **39** ('56) 1233-41; ~ 10: 1-Keto-5α-ätiansäure-methylester[28]): 1340-66; ~ 11: 1-Oxygenierte Ätiansäure-methylester[30]): **40** ('57) 160-79; ~ 12: Redukt. v. Cholesten-(1)-on-(3) m. Metallhydriden u. m. Aluminiumisopropylat[1]): 2216-33; ~ 14: Synth. v. 5α-Pregnen-(2)-dion-(1,20)[32]): **41** ('58) 1730-50; ~ 15: Redukt. v. 5α-Pregnen-(1)-dion-(3,20) m. Lithiumaluminiumhydrid[32]): 1751-62. — Gallensäuren u. verwandte Stoffe, 47: 3α, 12α-Dioxy-11-keto-cholansäure[2]): **38** ('55) 441-55. — Krötengifte, 8: Giftstoffe d. europäischen Erdkröte Bufo bufo bufo L.[38][25]): 883-905; ~ 13: Vork. v. Bufotalinin[31][25][6]): **41** ('58) 140-51; ~ 14: Beitr. z. Konstitut. d. Bufotalinins[31][25]): 720-35. — Bestandteile d. Nebennierenrinde u. verwandte Stoffe, 96: Vorvers. f. d. Synth. v. d- u. l-Aldosteron[37][25]): **40** ('57) 2234-44. — Reakt. m. Mikroorganismen, 1: Umwandlg. v. Cardenoliden durch Mikroorganismen, 1: 12β-Hydroxylierg. v. Digitoxigenin[11]): **41** ('58) 297-300; ~ 3: ≈ 2: Diginatigenin aus Gitoxigenin[11]): 1762-69; ~ 4: ≈ 3: Umsetzg. v. Aglykonen u. Glykosiden m. Fusarium lini (Bolley)[11]): **42** ('59) 239-59; ~ 2: Hydroxylierg. v. Androsten-(4)-dion-(3, 17), Testosteron, Progesteron u. Cortexon durch Fusarium lini (Bolley)[11]): 301-05; ~ 5: Umwandlg. v. Krötengiften (Bufadienoliden) durch Mikroorganismen, 1: 12β-Hydroxylierg. v. Bufalin[11]): 473-81; ~ 6: Selekt. Reduktionen m. Lithium-tri-tert.-butoxyaluminiumhydrid in d. Cardenolid- u. Bufadienolid-Reihe: **43** ('60) 338-46. — Substitut. u. Eliminat. durch Aluminiumoxyd: 3-Benzoyloxy-cholesten-(1) u. 1-Benzoyloxy-cholesten-(2)[1]): **42** ('59) 2177-89. — Üb. eine Substitutionsreakt. b. 3-Benzoyloxy-cholesten-(1) durch Aluminiumoxyd: Unters. m. Hilfe v. isotopem Sauerstoff[43][46]): 2189-98. — Enolisat. v. Cholestandion-(1, 3) u. verwandten cycl. β-Dicarbonylverbb.[1]): **43** ('60) 768-82.

J. Amer. chem. Soc. Structure of veratramine[40]): **74** ('52) 3842-49.

J. biol. Chemistry. Format. of apurinic acid from the desoxyribonucleic acid of calf thymus[15][5]): **195** ('52) 49-63. — Correlat. between the act. of pancreatic desoxyribonuclease and the nature of its substrates[34][5]): **199** ('52) 313-27. — Distribut. density of nucleotides within a desoxyribonucleic acid chain[34][19][5]): **203** ('53) 673-88. — Physical and chem. properties of the apurinic acid of calf thymus[5]): 689-94.

Nature [London]. Specific requirements for the act. of desoxyribonuclease[5]): **168** ('51) 916f.

Mit: [1]) R. Albrecht; [2]) G. Baumgartner; [3]) K. Brenneisen; [4]) J. K. Chakrabasti; [5]) Erwin Chargaff; [6]) V. Denlofen; [7]) C. Djerassi; [8]) F. Dolder; [9]) O. Edelmann; [10]) J. von Euw; [11]) Alice Gubler; [12]) O. Halpern; [13]) V. Halpern; [14]) H. Hegedüs; [15]) M. E. Hodes; [16]) L. Keller; [17]) W. Kreis; [18]) H. Lichti; [19]) Rakoma Lipshitz; [20]) James A. Moore; [21]) W. Nagata; [22]) M. Osowiecki; [23]) E. Primo; [24]) S. Rajagopalan; [25]) Tadeus Reichstein; [26]) R. Repič; [27]) J. P. Rosselet; [28]) F. Sallmann; [29]) O. Schindler; [30]) W. Schlegel; [31]) H. Schröter; [32]) W. Schütt; [33]) N. K. Sen; [34]) Herman S. Shapiro; [35]) H. P. Sigg; [36]) P. R. Striebel; [37]) H. P. Uehlinger; [38]) H. R. Urscheler; [39]) G. Volpp; [40]) O. Wintersteiner; [41]) P. Zoller; [42]) Eva Abisch; [43]) H. Dahn; [44]) H. Jäger; [45]) R. P. Martin; [46]) R. Menassé; [47]) J. M. Nascimento; [48]) W. Schmid.

Tamm, Konrad. Experimentalphysik. — 1932–36 stud., '40 Dr.-Ing. (E. Meyer), '37–47 wiss. Ass. u. Mitarb. TH Berlin-Charlottenburg; '47–50 wiss. Mitarb., '51 habil., '50–55 Ass. u. Ob.-Ass., '55 Diätendoz., seit '57 apl. Prof. U Göttingen; dazu seit '59 Gast-Prof., '59–60 Vertreter d. LStuhls f. angew. Physik U Heidelberg. [Eig. Mitt.]
*1913, Jan. 21, Berlin.

S. ● Sound Absorpt. and Sound Absorbers in Water (W. Kuhl, E. Meyer, H. Oberst, E. Skudrzyk, K. Tamm) (Washington '47) 247-88: Physics of rib sound absorbers; 341-80: Sound soft walls and tubes; 455-504: Test procedure for underwater sound absorbers. — ● Techn. Aspects of Sound (E. G. Richardson) **2** (Lond. '56) 240-86: Broad-band absorbers for waterborne sound. — ● Handb. d. Physik (S. Flügge) **11**, 1 (Bln-G.-H. '61) 202-74: Schallabsorpt. u. -dispers. in wäßr. Elektrolytlösungen.

Acustica [Zürich]. Breitbandabsorber f. Flüssigkeitsschall[11]): **2** ('52) 91-104. — Measurements of sound absorpt. in water and in aqueous solutions of electrolytes[8]): **3** ('53) 34-48. — Ein kapazit. Schnelle-Empfänger f. Körperschall[1]): 270-73. — Messg. d. Schallausbreitg. in flüssigkeitsgefüllten Rohren m. schallweichen Wänden[7]): 303-16. — Calibrat. of hydrophones by various methods in the frequency range 0,1 ... 15 kc/s[9][10]): **4** ('54) 128-31. — Measurements of sound absorpt. in aqueous solutions of electrolytes[8][6]): 380-86. — Neuart. Mikrophon großer Richtungsselektivität[8]): 469f. — Measurements by opt. methods of the sound velocity in aqueous solutions of electrolytes in dependence on concentrat. and temp.[4]): 653-57. — Modellversuche z. Biegewellendämmg. an Ecken[8][15]): **5** ('55) 223-33. — Sound propagat. in plates and rods of rubberelastic materials[12]): **8** ('58) 65-76. — Format. of air bubbles in air-saturated water at reduced pressure and their indicat. by an acoust. measuring procedure[12])[2])[5]): 142-52.

Akust. Beih. Frequenzanalysator m. mech. Hochtonfilter[13]): **1** ('51) 43-48. — Breitbandabsorber f. Flüssigkeitsschall[11]): **2** ('52) 91-104. — Neuer großer reflexionsfreier Raum f. Schallwellen u. kurze elektromagnet. Wellen[11])[8])[14]): **3** ('53) 409-20.

Akust. Z. Eigenschwingg. u. Dämpfg. v. Gasblasen in Flüssigkeiten[11]): **4** ('39) 145-52. — Ein- u. zweidimensionale Ausbreitg. v. Wasserschall im Rohr u. im Flachbecken: **6** ('41) 16-34 [Diss.]. — Akust. Meßverf. z. Best. d. dynam. Kompressibilität u. d. Verlustfaktors elast. Stoffe[11]): **7** ('42) 45-50.

Nachr. Akad. Wiss. Göttingen (2a). Schallabsorptionsmessungen in Wasser u. in wäßr. Elektrolytlösungen im Frequenzbereich 5 kHz bis 1 MHz: **1952**, 81-110.

Nature [London]. Absorpt. of sound in aqueous solutions of electrolytes[8]): **168** ('51) 346-48.

Techn. Mitt. PTT. Gerät z. Aufzeichng. d. Ortskurven v. Scheinwiderständen im Tonfrequenzbereich[11]): **4** ('49) 164-68.

VDI-Ber. Meßgeräte u. Meßverf. f. Körperschall: **8** ('55) 145-91.

Z. Elektrochem. Reaktionsmechanismus d. Ultraschallabsorpt. in wäßr. Elektrolytlösungen[3])[8]): **57** ('52) 103-18.

Mit: 1) Erich Aha; 2) Peter Dämmig; 3) Manfred Eigen; 4) Hans Günther Haddenhorst; 5) Hans Wilhelm Helberg; 6) Reinhold Kaiser; 7) Walter Kuhl; 8) Günther Kurtze; 9) Thomas Lange; 10) Jochen Malzfeldt; 11) Erwin Meyer; 12) Hans Joachim Naake; 13) Ingo Pritsching; 14) Hans Severin; 15) Siegfried Vogel.

Tamm, Rudolf Heinrich Wilhelm. Elektrotechn. — 1921-28 stud. TH München, Darmstadt, Aachen; '27 Dr.-Ing. TH Aachen (W. Rogowski, '26-28 dess. Ass.); '28 Zentral-Labor., '49-57 Leiter d. Zentral-Labor. Siemens & Halske AG, München. [Eig. Mitt.]
*1900, Okt. 29, Lobenstein/Thür.

Arch. Elektrotechn. Über Wanderwelle u. Durchschlag[7])[3]): **18** ('27) 479-512. — Eine neue Bauart d. Kathodenoszillographen[7])[3]): 513-24. — Funkenuntersuchungen m. d. Kathodenoszillographen: **19** ('28) 235-56 [Diss.]. — Quecksilberlampe u. Radium als Vorionisatoren[7]): **20** ('28) 107-14. — Stoßspannungen u. Funkenbilder: 625-34.

Elektr. Nachr.-Techn. Zur Theorie d. Bandfilter in Rundfunkempfängern[2]): **13** ('36) 123-33.

Elektrotechn. Z. Rückkopplungen üb. d. gemeinsame Anodenspannungsquelle einer Verstärkerkette: **51** ('30) 631-34.

Hochfrequenztechn. u. Elektroakust. Ein Detektorinstrum. f. Frequenzen v. 30 Hz bis 1,6 MHz[1]): **46** ('35) 6f.

Siemens-Z. Stromrichter f. konst. Gleichspanng.[6]): **15** ('35) 204-07. — Üb. einige Fragen d. Kurzwellentechn.: **17** ('37) 612-17.

Veröff. Geb. Nachrichtentechn. Messg. d. Sprachvolumens auf Leitungen[4]): **4** ('34) 309-11. — Tonfrequenzgeneratoren f. Meßzwecke[5]): **5** ('35) 127-33 [auch in: Hochfrequenztechn. u. Elektroakust. **47** ('36) 133-38]. — D. Kupferoxydulgleichrichter in d. Meßtechn.[1]): **6** ('36) 51-68.

Z. techn. Physik. Genauigk. v. Wechselstrommeßbrücken: **14** ('33) 472-74. — Neuere Meßmethoden in d. Fernmeldetechn.: **19** ('38) 134.

Z. VDI. Die Zeitwaage, ein Instrum. z. Messg. d. Gangdifferenz v. Uhren: **78** ('34) 556-58.

Mit: 1) Fritz Bath; 2) Richard Feldtkeller; 3) Eugen Flegler; 4) O. A. Hartmann; 5) Ulrich Hennecke; 6) Siegfried Pforte; 7) Walter Rogowski.

IV-VI **Tammann,** Gustav Heinrich Johann Apollon. Physikal. Chem. — 1907-30 o. Prof. U Göttingen.
*1861, Mai 28, Jamburg;
†1938, Dez. 17, Göttingen.

Bildn. Stahl u. Eisen **71** ('51) 2.

Biogr. W. E. Garner, J. chem. Soc. [London] **1952**, 1961-73 (m. Bildn.).

Zum 75. Geb.tag. W. Biltz, Forsch. u. Fortschr. **12** ('36) 197. — E. Jenckel, Metallwirtsch., Metallwiss., Metalltechn. **15** ('36) 438. — G. Masing, Z. techn. Physik **17** ('36) 169f. — Angew. Chem. **49**, 1 ('36) 313; Mitt. Univ.-Bund Göttingen **17** ('36) 35-45; Z. anorg. allg. Chem. **227** ('36) 225.

Nekr. W. Biltz, Ber. Dtsch. chem. Ges. **72** (A) ('39) 43f. — W. Claus, Metallwirtsch., Metallwiss., Metalltechn. **18** ('39) 1f. — O. Dahl, Z. VDI **83** ('39) 148 (m. Bildn.). — U. Dehlinger, Angew. Chem. **52** ('39) 229-31. — F. Hanaman, Arh. Hemiju Tehnol. **13** ('39) 27-29. — E. Hug, Schweiz. Arch. angew. Wiss. u. Techn. **5** ('39) 84f. — F. Körber, Stahl u. Eisen **59** ('39) 53f. — W. Köster, Z. Metallkunde **31** ('39) 29f. (m. Bildn. u. Faks.). — G. Masing, Aluminium **21** ('39) 87; Ber. Dtsch. chem. Ges. (A) **73** ('40) 25-28; Metall u. Erz **37** ('40) 189-92; Naturwiss. **27** ('39) 169f. (m. Bildn. u. Faks.); Z. Elektrochem. **45** ('39) 121-24 (m. Bildn.). — A. Portevin, Rev. Métallurgie **36** ('39) 310f. — H. von Samson-Himmelstjerna, Umschau **43** ('39) 88-90. — A. Skrabal, Alm. Akad. Wiss. Wien **89** ('39) 222f. — L. J. Spencer, Mineral. Mag. J. mineral. Soc. **25** ('39) 301. — Dtsch. opt. Wschr. **60** ('39) 25; Glastechn. Ber. **17** ('39) Vorsatzbl., Nr. 1; J. Soc. Glass Technol., Proc. **24** ('40) 13f.; Nature [London] **143** ('39) 291f.; Rdsch. Dtsch. Techn. **19** ('39) Nr. 1, S. 4 (m. Bildn.); Rdsch. techn. Arb. **16** ('39) Nr. 18, 5; Z. anorg. allg. Chem. **240** ('39) 113-15.

Zum 100. Geb.tag. W. Köster, Metall **15** ('61) 704-06 (m. Bildn.); Z. Metallkunde **52** ('61) 379-82 (m. Bildn.).

MHZ. Z. anorg. allg. Chem. **40** ('04)-**240** ('39).

S. ● Atti IV Congr. naz. Chim. pura appl. (Roma '33) 19-24: Verhalten d. Poloniums u. d. Thorium B zu anderen Metallen. — ● Die Heraeus-Vakuumschmelze Hanau am Main 1923-1933 (Hanau '33) 86-108: Die Erholg. d. elast. Spannungen, verglichen m. d. Erholg. anderer Eigenschaften.

W. ● Lehrbuch d. Metallogr. 3(Lpz. '23) 18 + 450 S.; 4. Aufl. u. d. T.: Lehrb. d. Metallkunde 4('32) 15 + 536 S. — ● Zur Entwicklg. d. Metallkunde (Bln '32) 11 S. — ● Der Glaszustand (Lpz. '33) 123 S. — ● Die Schmelz- u. Umwandlungskurven d. Eisarten aus schwerem Wasser (m. G. Bandel) (Bln '34) 15 S. — ● Wärmeeinheit u. spezif. Volumen d. Eisen-Kohlenstoff-Legierungen (m. G. Bandel) (Düsseld. '34) 8 S. (Ber. Werkstoffausschuß Ver. Dtsch. Eisenhüttenleute 264). — ● Die Schmelzgeschwindigk. d. Eisens in Berührg. m. Kohlenstoff (m. H. Hartmann) (Düsseld. '36) 2 S.

Abh. Ges. Wiss. Göttingen. Glaszustand: (3) **18** ('37) 92-105.

Ann. Physik. Oberflächenspanng. v. Goldlamellen[2]): (5) **12** ('32) 820-26. — Die spezif. Volumen d. Wassers zw. 20 u. 650°, die d. Äthyläthers u. d. Äthylalkohols zw. 20 u. 400° b. Drucken v. 1-2500 kg/cm² [15]): **13** ('32) 63-79. — Einfl. d. Kaltbearbeitg. auf d. Temp. d. Beginns d. Grauglut[13])[2]): **15** ('32) 317-20. — Erholg. d. elektr. Widerstandes u. d. Härte v. Kupfer, Silber u. Gold sowie v. Platin u. Palladium v. d. Folgen d. Kaltbearbeitg.[5]): **16** ('33) 111-19. — Änderg. d. Thermokraft b. d. Erholg. d. Metalle v. d. Kaltbearbeitg.[1]): 120-28. — Erholg. d. elektr. Widerstandes binärer Mischkrystalle d. Kupfers, Silbers u. Goldes v. d. Folgen d. Kaltbearbeitg.[6]): 657-66. — Erholg. v. d. Kaltbearbeitg. b. Eisen u. Nickel[11]): 667-79. — Erholg. d. elektr. Widerstandes u. d. Härte binärer Eisenmischkrystalle v. d. Folgen d. Kaltbearbeitg.[4]): 680-84. — Änderg. d. magnet. Indukt. b. konstanter Feldstärke durch Kaltbearbeitg. u. d. Erholg. b. Erhitzen[14]): 861-64. — Temp. d. Beginns d. Graustrahlg. v. Metallen, Oxyden u. Sulfiden[2]): **17** ('33) 863-68. — Die b. Tordieren v. Zink- u. Cadmiumdrähten entstehenden Thermokräfte[1]): **19** ('34) 582-84. — Erholg. d. elektr. Widerstandes u. der Härte v. d. Kaltbearbeitg. beim Zink, Magnesium u. anderen leichtschmelzenden Metallen[5]): 680-88. — Strukt. dünner Metallschichten, erzeugt durch Kathodenzerstäubg. oder Verdampfg.: **22** ('35) 73-76. — Zahl d. Wassertröpfchen b. d. Kondensat. auf versch. festen Stoffen[2]): 77-80. — Einfl. d. Kaltbearbeitg. auf d. Wärmeleitvermögen[2]): 500-06.

Arch. Eisenhüttenwes. Sichtbarmachg. d. Primärgefüges d. Stähle durch Zusatz v. radioakt. Thorium B[1]): **6** ('33) 293-96. — Wärmeinhalt u. spezif. Volumen d. Eisen-Kohlenstoff-Legierungen[1]): **7** ('34) 571-78. — Schmelzgeschwindigk. d. Eisens[7]): **10** ('36) 223f.

Chemiker-Ztg. Zur Entwicklg. d. Metallkunde in Göttingen: **61** ('37) 4.

Forsch. u. Fortschr. Abnorme Eigenschaften d. Wassers: **14** ('38) 66f. [auch in: Res. and Progr. **5** ('39) 61-64].

Glastechn. Ber. Best. einer d. Übergang vom spröden Glas in eine hochviscose Masse charakterisierenden Temp.: **11** ('33) 63-66.

Metallwirtsch., Metallwiss., Metalltechn. Glückwunsch an Kôtarô Honda: **13** ('34) 1. — D. I. Mendelejew: 639f. — Schmelzgeschwindigk.: **16** ('37) 626-29.

Naturwiss. Entwicklg. d. Metallkunde: **20** ('32) 1-6. — Änderungen d. Eigenschaften nichtmetall. Stoffe b. ihrer Bearbeitg.: 958-60. — Eisbildg. auf Gewässern u. Bildg. v. Kunsteis[5]): **22** ('34) 613f. — H. L. Le Chatelier†: **24** ('36) 769f.

Techn. Ind. Schweiz. Chemiker-Ztg. Wirkg. d. Kaltbearbeitg. auf metall. Werkstoffe: **17** ('34) 173f.

Z. anorg. allg. Chem. Wachstumsformen v. Metallkrystallen[5]): **205** ('32) 77-80. — Verhalten d. Poloniums b. d. Krystallisat. v. Metallen[10]): 145-62. — Erholg. v. d. Kaltbearbeitg., beurteilt nach d. Änderg. d. Härte u. Auflösungsgeschwindigk.[13]): **207** ('32) 87-92. — Verf. z. Überführg. leicht krystallisierender Stoffe in d. Glaszustand[6]): 268-72. — Wasserfreies blaues Eisenphosphat[16]): 319f. — Verhalten einiger kohlenstoffhalt. Verbb. b. Erhitzen bis zu 650° b. einem Anfangsdruck v. 1000 kg/qcm[15]): 368-70. — Umwandlungen in homogenen Stoffen: **209** ('32) 204-12. — Entwickelt sich Ammoniak b. Gefrieren v. Meerwasser?[14]): 257-63. — Photogr. Entwicklg. v. Gleitlinien auf deformierten Silberchloridkrystallen[1]): **214** ('33) 403-06. — Isotherme Krystallisat. oder Umwandlg. gegebener Massen in Abhängigk. v. d. Zeit: 407-13. — Einfl. d. Abkühlungsgeschwindigk. auf d. Strukt. d. Eutektika[11]): 414-26. — Die Krystallisationsgeschwindigk. u. d. Kernzahl v. Zinn, Wismut u. Blei[14]): **216** ('33) 17-25. — Abhängigk. d. Metall-Salz-Gleichgewichte v. d. Art d. Anionen[16]): 288-302. — Entzündungstemperaturen in Abhängigk. v. d. Größe d. Metallteilchen[2]): **217** ('34) 225-36. — Verlauf d. Schmelzkurven[11]): **218** ('34) 60-64. — Dichteabnahme d. Quarzes b. Reiben[11]): 267-72. — Versuche, d. Antimon in d. glasart. amorphen Zustand überzuführen[12]): **221** ('34) 109-12. — Korros. d. gekupferten Stähle[5]): 124-28. — Schmelz- u. Umwandlungskurven d. Eisarten aus schwerem Wasser[1]): **221** ('35) 391-96 [auch in: Nachr. Ges. Wiss. Göttingen, Fachgr. 3 (N. F.) **1** ('35) 23-28]. — Lineare Krystallisationsgeschwindigk. d. Eises aus gewöhnl. u. schwerem Wasser[3]): **222** ('35) 12-16. — Unterkühlungsfähigk. d. Wassers u. d. lineare Krystallisationsgeschwindigk. d. Eises in wässer. Lösungen[3]): 371-81. — Benetzbark. hochschmelzender Metalle durch leichtschmelzbare[15]): **223** ('35) 192-96. — Dr. phil. h. c. Arthur Meiner z. 70. Geb.tag[19]): 209. — Änderg. d. Adsorpt. v. Farbstoffen an Nickeldrähten b. Übergang d. Nickeldrähte v. harten in d. weichen Zustand: 222-24. — Zerrieselnde Metallverbb.[15]): 288-96. — Kornveränderungen b. polymorphen Umwandlungen[2]): 365-68. — Einfl. d. Erhitzens eines Nickelkatalysators auf seine Fähigk., d. Umwandlg. d. Parawasserstoffs zu beschleunigen, u. d. Abhängigk. d. Pyrophorität d. Nickels v. d. Erhitzungstemp.: **224** ('35) 25f. — Übergang v. d. Sprödigk. z. Verformbark. b. Krystallen m. steigender Temp.[12]): 194-212. — Z. Korrosionsgeschwindigk. d. Duraluminiums[2]): **226** ('35) 82-86. — Ausscheidungen aus übersättigten Mischkrystallen in einem Temperaturgefälle[2]): 87-91. — Löslichk. v. Metallen in d. Krystallen d. Halogenide: 92-96. — Zustand elektrolyt. abgeschiedener Metalle[8]): **227** ('36) 249-60. — Korrosionsschutz d. Eisens durch Arsen[18]): **228** ('36) 92-96. — Einfl. v. Spalten u. Rissen b. d. Korros. d. Eisens[18]): **229** ('36) 188-96. — Einfl. d. Temp. auf d. Spannungskonzentrationslinien binärer Legierungen[18]): **230** ('36) 41-52. — Best. d. Schmelzgeschwindigkeiten[7]): 53-64. — Umwandlungen in Krystallen m. Gitterstörungen: **233** ('37) 286-94. — Einwirkungsgrenzen in Mischkrystallreihen: **234** ('37) 33-41. — Abnorme Abhängigkeiten d. Eigenschaften d. Wassers v. d. Temp. u. d. Druck: **235** ('37) 49-61. — Löslichk. d. Komponenten in ihren krystallisierten Verbb.: **236** ('38) 306-09.

Z. Elektrochem. Die Rekristallisation: **37** ('31) 429-36. — Verhalten d. Poloniums u. d. Thorium B zu anderen Metallen: **38** ('32) 530-32.

Z. Metallkunde. Umwandlg. d. weißen in graues Zinn (Zinnpest): **24** ('32) 154-56. — Erholg. v. d. Folgen d. Kaltbearbeitg.: 220-23. — Entwicklg. d. Metallkunde: **25** ('33) 3-5. — Form u. Strukt. d. Bleischrotes[5]): 64. — Nachw. geringer Mengen v. Eutektikum in Metallen durch Best. d. Zugfestigk. in Abhängigk. v. d. Temp.[14]): 133f. — Anwendg. d. radioakt. Bleiisotops Thorium B z. Entscheidg. metallkundl. Fragen[1]): 153–56, 207–09. — Krystallisat. eutekt. Schmelzen: 236–38. — Supraleitung v. Legierungen: **26** ('34) 61. — Erholg. metall. Werkstoffe v. d. Folgen d. Kaltbearbeitg.: 97–105. — Krystallitenorientierg. in einem Nickelgußstück u. ihre Änderg. b. Walzen u. b. d. Rekrystallisat.[9]): **27** ('35) 86–88. — Herst. dünner Drähte durch Erstarren flüss. Metallstrahlen[11]): 114f. — Z. Wachsen d. Verformbark. u. z. Abnehmen d. Spaltbark. m. zunehmender Temp.[12]): 187–89. — Folgen d. Kaltbearbeitg. u. ihr Verschwinden durch Temperatursteigerg.: **28** ('36) 6–17. — Z. Best. d. Eindruckelastizitätsgrenze im Anschluß an d. Härtebest.[12]): 49–54. — Bemerkungen üb. d. Ritzhärte[17]): 336f. — Temperaturänderungen b. Recken v. Metallstäben[18]): **29** ('37) 84–88. — Einfl. d. hydrostat. Druckes auf d. Aushärtg. v. Duralumin[7]): 88f. — D. Gefüge eutekt. Legierungen, seine Änderg. b. Walzen u. Erhitzen[7]): 141–44.

Z. Physik. Abhängigk. d. magnet. Susceptibilität d. Wassers u. seiner KJ-Lösungen v. d. Temp.: **91** ('34) 410–12.

Z. physik. Chem. (A). Klass. Dissoziationstheorie: **163** ('32) 17–32. — Umwandlungen in homogenen Stoffen: **170** ('34) 380–90.

Mit: [1]) Gerhard Bandel; [2]) W. Boehme; [3]) A. Büchner; [4]) V. Caglioti; [5]) Karl Ludwig Dreyer; [6]) A. Elbrächter; [7]) Hans Hartmann; [8]) H. Jaacks; [9]) F. Laass; [10]) A. von Löwis of Menar; [11]) G. Moritz; [12]) W. Müller; [13]) F. Neubert; [14]) Hans-Joachim Rocha; [15]) Adolf Rühenbeck; [16]) H. O. von Samson-Himmelstjerna; [17]) Richard Tampke; [18]) Hildegard Warrentrup; [19]) Wilhelm Biltz.

Tamnau, Friedrich → VIIa/Suppl.

VI **Tams,** Ernst Friedrich. Geophysik (Seismol.). — Bis 1945 Leiter Hauptstat. f. Erdbebenforschg. Physik. Staatslabor. Hamburg; '39 apl. Prof. Geophysik U Hamburg; '45 i. R., in Hamburg lebend. [Eig. Mitt.]
*1882, Jan. 24, Hamburg.

Zum 70. Geb.tag. H. Menzel, Gerlands Beitr. Geophysik **62** ('52) 254f. (m. Bildn. u. Faks.).

S. ● Zahlenwerte u. Funktionen (Landolt-Börnstein) **3** [6](Bln-G.-H. '52) 386–92: Erdinneres.

W. ● Grundzüge d. physik. Verhältnisse d. festen Erde, ihre Beziehungen z. geol. Gestaltg. d. Erdantlitzes **1** (Bln '32) 8 + 184 S.; **2** ('37) 8 + S. 185–377 (Geol. d. Erde). — ● Materialien z. Gesch. d. dtsch. Erdbebenforschg. bis z. Wende v. 19. z. 20. Jhdt. (Bln '50) 169 S. (Mitt. d. Dtsch. Erdbebendienstes Dtsch. Akad. Wiss., Sonderh. 2).

Forsch. u. Fortschr. Über d. Wandlungen d. Ansichten v. d. Entstehg. d. Erdbeben seit Alex. v. Humboldt: **28** ('54) 225–32.

Geol. Jber. Fortschr. in d. Physik d. Erde als Ganzes u. d. Erdrinde: **1** ('38) 8–23. — Seismologie: **3 A** ('41) 296–304.

Gerlands Beitr. Geophysik. Über d. seismophysik. Nachw. d. Bruchcharakters d. randständ. Tiefseerinnen u. d. globale Verkoppelg. v. Großbeben nach H. Benioff: **63** ('53) 241–50.

Naturwiss. Rdsch. Das süddtsch. Erdbeben v. 16. Nov. 1911: **4** ('51) 474–76.

Neues Jahrb. Geol. Paläontol., Abh. Materialien z. Gesch. d. dtsch. Erdbebenforschg. bis z. Wende v. 19. z. 20. Jhdt.: **95** ('52) 99–292.

Neues Jahrb. Geol. Paläontol., Mh. Über d. regionale Verkoppelg. d. Erdbeben in Südwest-Europa u. Nord-Afrika: **1952,** 145–61. — D. gegenwärt. Stand in d. Frage d. Seismizität d. Erde: 500–44.

Petermanns Mitt. Der gegenwärt. Stand d. Geophysik: **83** ('37) 273–77, 315–19.

Polarforschung. Seismizität d. Arktis: **2** ('50) 326–28.

Res. and Progr. The problem of the regional coupling of earthquakes: **6** ('40) 221–25.

Z. Geophysik. Korrelat. zw. seism. Bodenunruhe in Hamburg u. d. Brandg. in West- u. Nordeuropa: **9** ('33) 23–31, 295–300. — Seism. Bodenunruhe in Hamburg u. örtl. Sturm: **11** ('35) 9–15. — Neue Schweremessungen auf d. Meere u. ihre Deutg.: 235–46. — Z. Frage d. regionalen Verkoppelg. v. Erdbeben: **14** ('38) 241–59; **15** ('39) 249–60; **17** ('41) 18–32. — In memoriam G. Krumbach: **22** ('56) 117–20. — Üb. Gruppenbildg. b. Erdbeben in d. rhein. Region nebst Nachbarsch.: Sonderbd ('53) 92–100.

V,VI **Tank,** Franz. Hochfrequenztechn., Physik. — Seit 1922 o. Prof. ETH Zürich; '60 i. R. — '53 Dr. h. c. (U Lausanne). [Ohne eig. Mitt.]
*1890, März 6, Zürich.

Zum 60. Geb.tag. Bull. Schweiz. elektrotechn. Ver. **41** ('50) 203.

Zum 65. Geb.tag. E. Fueter, Physik. Bl. **11** ('55) 232f.

Zum 70. Geb.tag. H. Hagger, Arch. elektr. Übertr. **14** ('60) 154 (m. Bildn.). — Kleen, Nachrichtentechn. Z. **13** ('60) 362.

H. ● Mitt. Inst. Hochfrequenztechn. ETH Zürich **1** (Zürich '42) ff.

S. ● Int. Kongr. f. Ing.-Ausbildg., Darmstadt 1947 (W. Brecht) (Darmst. '49) 401–04: Studienpläne d. Abt. f. Maschinenbau u. Elektrotechn. an d. ETH Zürich. — ● Eidgenöss. Techn. Hochschule. Ecole polytechn. fédérale 1855–1955 (Zürich '55) 436f.: Hochfrequenztechn.; 591–97: Elektrotechn. Inst.

Bull. Schweiz. elektrotechn. Ver. Aus Physik u. Techn. d. Elektronenröhre: **22** ('31) 157–65. — Emil Bitterli†: **43** ('52) 641–43.

Helvet. physica Acta. Profile konstanter Randspanng. an Zug- u. Biegestäben[1]): **6** ('33) 493–95 [auch in: Verh. Schweiz. naturforsch. Ges. **114** ('33) 338]. — D. Drehfeldantenne: **7** ('34) 652f. — Neue Formen v. Mikrowellen-Röhren[5]): **8** ('35) 309f. — Verbessertes elektr. Verf. z. Auswertg. d. Gleichg. $\Delta\varphi = 0$ u. seine Anwendg. b. photoelast. Untersuchungen[4]): 315–17. — Neue Meth. d. interferometr. Spannungsmessg.: **9** ('36) 611–16. — D. neuen Einrichtungen d. Photoelast. Labor. d. ETH[1])[6]): 648f. — Ausbreitg. v. Ultrakurzwellen[2]): **10** ('37) 344f.

Schweiz. Arch. angew. Wiss. u. Techn. Untersuchungen üb. d. Probl. d. Radar-Absorptionsstoffe[3]): **11** ('56) 414–16.

Techn. Mitt. PTT [Bern]. K. W. Wagner z 70. Geb.tag: **31** ('53) 29.

Techn. Rdsch. [Bern]. Physiker u. physik. Forschg. an d. ETH Zürich: **47** ('55) Nr. 41, S. 45.

Mit: [1]) R. V. Baud; [2]) W. Gerber; [3]) A. Giger; [4]) H. Meyer; [5]) J. Müller; [6]) E. Schiltknecht.

II **Tank** (Tancke), Joachim → VIIa/Suppl.

II **Tasse** (Tassius), Johann Adolph → VIIa/Suppl.

Tauber, Alfons Friedrich. Geol., Paläontol. — 1938-47 stud. U Wien, Kiel; '47 Dr. phil. U Wien (K. Ehrenberg); '39 Leiter Station „West" d. Meeresgeol. Forschungsstelle Kiel; '47-48 Industriepraxis; '48-50 Leitg. eines geol. Gutachterbüros; '50 Landesgeologe d. Bundeslandes Burgenland u. Leiter Geol. Abt. d. Burgenländ. Landesmus., Eisenstadt/Bgld.; seit '60 ständ. gerichtl. beeideter Sachverständiger f. d. Gesamtgeb. d. Geol.; zugl. Leiter d. Arbeitskreises f. Geotechn. an d. Bundes-Versuchs- u. Forschungsanst. Arsenal, Wien. — '60 Theodor-Körner-Preis. [Eig. Mitt.]

*1918, Okt. 13, Wien.

S. ● Burgenland. Landeskunde (Wien '51) 39-85: Grundzüge d. Geol. — ● Landschaft Neusiedlersee (Eisenstadt '59) (Wiss. Arb. aus d. Burgenland 23) 18-24: Geol. Stratigr. u. Gesch. d. Neusiedlerseegeb.; 24-26: Z. Oberflächengeol. d. Seewinkels; 26-31: Grundzüge d. Tektonik d. Neusiedlerseegeb.; 34-40: Die Mineralwässer im Neusiedlerseegeb. (m. V. Fritsch); 68-73: Z. Sedimentschichtfolge im Neusiedlersee (m. P. Wieden); 81-88: Trübg. u. Sedimentverfrachtg. im Neusiedlersee; 88-92: D. Unterwasserlicht im Neusiedlersee u. in d. Zicklacken d. Seewinkels.

W. ● Die fossilen Terediniden d. burgenländ. u. niederösterr. Tertiärablagerungen (Eisenstadt '54) 75 S. (Wiss. Arb. aus d. Burgenland 2). — ● Die Talkschieferlagerstätten v. Glashütten b. Langeck/Bgld. ('55) 30 S. (~ 8). — ● Zur Morphologie u. Systematik v. Textularia carinata d'ORB (Foraminifera) aus burgenländ. Tortonablagerungen ('58) 16 S. (~19). — ● Die artesischen Brunnen d. Seewinkels im Burgenland (m. K. Knie, E. Pescheck, H. Gams) (Wien '58) 55 S. (Wasser u. Abwasser).

Anz. Akad. Wiss. Wien. Die Terediniden d. Wiener Miozäns: **85** ('48) 1-5. — Resorptionsdefekte am Gebiß b. Zahnwechsel rezenter u. fossiler Wirbeltiere: **86** ('49) 302f.

Ber. Reichsstelle Bodenforsch. Einige Ergebnisse d. Bohrungen f. d. Wiener Untergrundbahn: **1941**, 1f.

Burgenländ. Heimat-Bl. Die geol. u. paläontol. Resultate d. Ausgrabungen in d. Höhle im „Blauen Bruch" b. Kaisersteinbruch: **11** ('49) 97-106. — Paramorphosen v. Fasergips nach Gipskristallen aus Pöttsching, Bgld.: **15** ('53) 1-13. — Ein Geweihrest aus d. Pannon d. Burgenlandes[1]): **18** ('56) 145-48. — Hydrogeol. u. Hydrochem. d. Parndorfer Heideplatte: **21** ('59) 7-22. — Der Braunkohlenbergbau Bubendorf (Bgld.): 243-55.

Jahrb. geol. Bundesanst. Wien. Paläobiol. Analyse v. Chondrites furcatus Sternberg: **1948**, 141-54.

Jahrb. Reichsstelle Bodenforsch. D. Bedeutg. rezenter mariner u. limnischer Geröllwanderg. f. d. Auftreten v. exot. Geröllen m. Beisp. aus d. tertiären Sedimenten d. Wiener Beckens: **1940**, 79-108.

Mitt. Reichsstelle Bodenforsch. Wien. Neue Fossilfunde im Klippenhüllflysch b. Wien: **1**,2 ('40) 1-10. — Z. Sedimentat. u. Herkunft d. oberpliozänen Schotter („Belvedèreschotter") im nördl. Wiener Becken: **3** ('42) 14-26.

Palaeobiologica. Postmortale Veränderungen an Molluskenschalen u. ihre Auswertbark. f.d. Erforschg. vorzeitl. Lebensräume: **7** ('42) 448-95 [Diss.]. — Üb. prämortalen Befall v. rezenten u. fossilen Molluskenschalen durch tubicole Polychaeten (Spionidae): **8** ('43) 154-72.

Quartär. Ein jungeiszeitl. Niedermoor aus d. Umgebg. v. Melk (Niederdonau): **4** ('42) 109-24.

S.-Ber. Akad. Wiss. Wien (I). Reliefentwicklg. u. isostat. Hebg. in Gebirgen u. Hochflächen: **150** ('41) 201-10. — Bergzerreißg. in d. Tafelberglandsch. des Deli Orman (Ostbulgarien): **151** ('42) 41-50. — Der miozäne Ost-West-Schub im Raum d. alpin-karpath. Abbiegg.: **152** ('43) 129-75. — Lebensspuren v. Krebsen an fossilen Scaphopodenschalen: **155** ('47) 300-17. — Üb. Resorptionsdefekte am Gebiß b. Zahnwechsel rezenter u. fossiler Wirbeltiere: **158** ('49) 594-608. — Sphaeroma bachmayeri nov. sp., eine Schwimmassel aus d. Torton d. Wiener Beckens: **159** ('50) 101-08. — Tripneustes ventricosus austriacus nov. sp., ein trop. Seeigel aus d. Torton d. Wiener Beckens: **160** ('51) 563-97.

Umwelt. Postglaziale Relikte in d. Molluskenfauna d. Ostsee: **4** ('47) 283-87.

Verh. Reichsstelle Bodenforsch. Wien. Studien im Sarmat u. Pannon d. Küniglberg-Gloriettbergzuges in Wien: **1939**, Nr. 7/8, 1-23. — Ein Aufschluß an d. Grenze zw. Sarmat u. Pannon im XVII. Wiener Gemeindebez.: Nr. 9/10, 1-5. — Lithogenet. Untersuchungen an d. Grenzschichten v. Sarmat u. Pannon am Südrand v. Wien: Nr. 11/12, 23-43.

Außerdem zahlreiche populärwiss. Artikel in versch. Zeitschr., bes. in: Volk u. Heimat [Eisenstadt/Burgenland].

Mit: [1]) Erich Thenius.

IV-VI **Tauber,** Alfred. Math. — 1919-33 o. Prof. U Wien; '33 i. R. Weitere Daten nicht bekannt.

*1866, Nov. 5, Preßburg;

†.

Aktuarské Vědy. Die Interpolat. durch Bernoullische Funktionen: **3** ('32) 145-65. — Zufallsverträge in d. Wahrscheinlichkeitsrechng.: **5** ('35) 1-29, 65-73. — Beweis einiger Sätze üb. d. analyt. Ausgleichg., 1: **6** ('36) 49-55.

Skand. Aktuarie-T. Das Sinken d. Sterblichk. im Zeitverlauf: **23** ('40) 30-43.

Versich.-Arch. Bedenken gegen d. Äquivalenzprinzip in d. Risikotheorie: **4** ('34) 712-35. — Entgegng. zu: Stefan Vajda, Begriff d. mittleren Risikos u. seine Erweiterg.: 1128-31.

Taubmann, Johann Wolfgang Gert. Pharmakol. — 1918–24 stud. U Königsberg, München; '24–25 Vol.-Ass. Med. Klinik, Breslau; '25 Dr. med. (O. Minkowski), '26–33 Ass. Pharmakol. Inst. (J. Pohl, O. Riesser), '30 habil. U Breslau; '35–45 Industriepraxis; '47–60 apl. Prof., seit '60 ao. Prof. U Frankfurt/M. [Eig. Mitt.]
*1900, Okt. 18, Königsberg/Pr.

H. ● Kartei d. ärztl. Fortbildg. (Oberursel '50).

S. ● Nat. u. Med. in Dtschl. 1939–46, **62** (Wiesb. '48) 234–39: Blutgerinng.

W. ● Arzneikunde u. Arzneiverordng. (m. O. Riesser) (Bln-Wien '35) 12 + 430 S.

Biochem. Z. Auxowirkg. eiweißfreier Kolloide auf d. Harnstoffspaltg. durch Soja-Urease: **157** ('25) 98–102 [Diss.].

Dtsch. Arch. klin. Med. Perniziöse Anämie m. erhaltener Salzsäuresekret.: **150** ('26) 309–14.

Dtsch. med. Wschr. Rationelle Dauerbehandlg. v. Hämophilen: **74** ('49) 1338. — Schäden durch Lokalanästhetica: **76** ('51) 339f. — Spaltg. d. Novocains durch Serumesterase[9]): **78** ('53) 320–22. — Allylnorkodein als Antagonist d. Morphinwirkg.: **79** ('54) 1302f. — Mechanismus d. Adsorptionstherap. m. Kohle: **80** ('55) 791f. — Z. Behandlg. d. Barbituratvergiftg.: **81** ('56) 416.

Dtsch. zahnärztl. Wschr. Beziehungen v. Rhodan u. Diastase d. Speichels z. Karies[7]): **33** ('30) 975–80.

Klin. Wschr. Methodik d. direkten Vergleichs d. Erythrozytengröße: **4** ('25) 2254f. — Hochwirksame antithrombot. Subst. v. Heparincharakter[10]): **29** ('51) 296f.

Med. Klinik. Therap. m. Drogen: **30** ('34) 906–08, 1067–69, 1364–66; **31** ('35) 21–23. — Pharmakol. Unters. v. Fichtennadelextrakt: **30** ('34) 1302–04. — Schlafmittel, theoret. u. prakt.: **31** ('35) 136–40.

Münchener med. Wschr. Prüfg. d. Wirkungsmechanismus v. Fichtennadelbädern: **94** ('52) 499–502. — Exogene Leberschäden: **100** ('58) 1829–33.

Naunyn-Schmiedebergs Arch. exp. Pathol. Pharmakol. Gefäßwirkg. d. Bleisalze: **118** ('26) 121–26. — Atophangalle: **121** ('27) 204–16. — Analyse d. Adrenalinwirkg. auf d. Purinstoffwechsel: **129** ('28) 43–51. — Beeinflussg. d. Purinstoffwechsels durch Insulin u. Synthalin: **132** ('28) 124–28. — Unters. üb. d. Fieber nach Heuinfus.[2]): **136** ('28) 239–56. — Wirkg. d. Biguanids u. seiner Deriv. auf d. Zuckerstoffwechsel[2]): **142** ('29) 290–308. — Unters. üb. d. Guanyl-thioharnstoff u. einige seiner Deriv.[2]): **146** ('29) 113–28. — Unters. üb. d. Wirkungen org. Rhodanide: **150** ('30) 257–84 [Hab.schr.]. — Z. Toxikol. d. Natriumrhodanids[1]): **152** ('30) 250–56. — Toxikol. Unters. z. Praxis d. Lokalanästhesie[4]): **156** ('30) 18–25. — Wirkg. vegetat. Ionen u. Gifte am Skelettmuskel[3]): **161** ('31) 621–29. — Vers. einer Allgemeinbehandlg. fokaler Infekt. m. spezif. Desinfektionsmitteln[8]): **162** ('31) 575–84. — Beeinflussg. d. Wirkg. arseniger Säure durch Borsäure[6]): **166** ('32) 545–54. — Muskelkalk b. Ca-freier Durchströmg.: **174** ('34) 476–82. — Best. des nicht eiweißgebundenen Kalkanteils im Serum. Unters. z. Methodik: **175** ('34) 182–88. — Kolorimetr. Best. kleiner Arsenmengen: **176** ('34) 751–56.

Nervenarzt. Moderne Pharmaka in d. nervenärztl. Praxis: **28** ('57) 264–69. — Untersuchungen üb. die d. Adrenochrom zugeschriebenen psychotox. Wirkungen[11]): 485–88.

Verh. Dtsch. Ges. inn. Med. Biol. Bedeutg. „wasserlösl. Phosphatide" Cranner[5]): **40** ('28) 109–13.

Zbl. Bakteriol. (I). Orig. Exp. Unters. üb. Bakterienhämolyse[6]): **104** ('27) 252–56.

Mit: [1]) Rudolf Heilborn; [2]) Erich Hesse; [3]) Kogoro Hikiji; [4]) Georg Jung; [5]) Werner Kollath; [6]) J. Mücke; [7]) Kurt Oelsner; [8]) Edgar Sucharowski; [9]) E. Tresser; [10]) Gerhard Winkler; [11]) Hubert Jantz.

Taussky verh. Todd, Olga. Math. — 1925–29 stud. U Wien, Zürich; '30 Dr. phil. U Wien (P. Furtwängler), '31–34 Ass. U Göttingen, U Wien, '34–35 Foreign Women Scholar, Bryn Mawr Coll.; '34–37, '39–40 Alfred Yarrow Sci. Fellow Girton Coll., Cambridge; '37–44 Lecturer Math., London; '38 M. A., Cambridge; '43–46 Sci. Officer Ministry Aircraft Prod., London; '47–57 Nat. Bureau of Standards, Washington/USA; seit '57 California Inst. of Technol., Pasadena/Cal. [Eig. Mitt.]
*1906, Aug. 30, Olmütz/Mähren.

Verheiratet m. Prof. f. Math. John Todd/Washington.

H. ● Contributions to the Solution of Systems of linear Equations and the Determination of Eigenvalues **3** (Washington '54) (Nat. Bur. of Standards. Appl. Math. Ser. 39).

MH. ● Simultaneous linear Equations and the Determination of Eigenvalues (Washington '52); Neudr. ('58) (Nat. Bur. of Standards. Appl. Math. Ser. 29).

S. ● Studies and Essays, Courant Anniversary Vol. (New York '48) 421–35: A boundary value probl. for a hyperbolic differential equation arising in the theory of the non-uniform supersonic motion of an aerofoil. — ● Studies in Math. and Mech. presented to R. v. Mises (New York '54) 67f.: Generalized commutators of matrices and permutations of factors in a product of three matrices. — ● Proc. Symp. on Monte Carlo Methods, Florida 1954 (H. A. Meyer) (New York '56) 15–28: Generation of pseudo random numbers (m. J. Todd) (Nat. Bur. of Standards. Appl. Math.). — ● Proc. 6th Symp. in appl. Math. Numerical Analysis (J. H. Curtiss) (New York '56) 187–93: Some computational problems in algebraic number theory. — ● Handbook of Physics (E. U. Condon, H. Odishaw) (New York '58) 10–21: Algebra; 59–65: Ordinary differential equations; 95f.: Operators. — ● Tree of Math. (G. James) (Pacoima/Calif. '58) 305–37: Systems of equations, matrices and determinants (m. J. Todd).

W. ● Über eine Verschärfg. d. Hauptidealsatzes. Diss. (Linz '29) 45 S. Handschr. autogr. — ● On some Boundary Value Problems in the Theory of the non-uniform supersonic Motion of an Aerofoil (Lond. '47) 13 S. (Aeronaut. Res. Comm. Reports and Memoranda 2141).

Amer. math. Monthly. Note on a theorem in n-dimensional geometry[15]: **55** ('48) 492-94. — A recurring theorem on determinants: **56** ('49) 672-76. — Commutativity in finite matrices: **64** ('57) 229-35.

Ann. Soc. Polonaise Math. Covering theorems for groups[14]: **21** ('49) 303-05.

Anz. Akad. Wiss. Wien. Zur Metrik d. Gruppen: **67** ('30) 140-42.

Arch. Math. Characteristic roots of quaternion matrices: **5** ('54) 99-101.

Bull. Amer. math. Soc. Matrices with rational integers: **66** ('60) 327-45.

Bull. Calcutta math. Soc. Rings with non-commutative addition: **28** ('36) 245f.

Canad. J. Math. On a theorem of Latimer and MacDuffee: **1** ('49) 300-02. — Classes of positive definite unimodular circulants[9]: **9** ('57) 71-73.

Commun. pure appl. Math. [New York]. On a generalization of the normal basis in Abelian algebraic number fields[9]: **9** ('56) 85-91.

Compositio math. Analytical meth. in hypercomplex syst.: **3** ('36) 399-407.

Duke math. J. Bounds for characteristic roots of matrices, [1]: **15** ('48) 1043f.

Ergebn. math. Kolloqu. Axiomatik d. Gruppen: H. **4** ('32) 2f. — Abstrakte Körper u. Metrik, 1: Endl. Mengen u. Körperpotenzen: H. **6** ('35) 20-23. — Topol. Algebra: H. **7** ('36) 60f.

Illinois J. Math. On matrix classes corresponding to an ideal and its inverse: **1** ('57) 108-13.

J. London math. Soc. A remark on the class field tower: **12** ('37) 82-85. — A remark on unramified class fields: 86-88. — Infinite powers of matrices[14]: **17** ('42) 146-51. — Matrix classes and quadratic fields, 2: **27** ('52) 237-39.

J. Res. Nat. Bur. Standards. Bounds for characteristic roots of matrices, 2: **46** ('51) 124f. — A characterization of normal matrices[4]: **52** ('54) 17-19.

J. reine u. angew. Math. Verschärfg. d. Hauptidealsatzes f. algebr. Zahlkörper: **168** ('32) 193-210. — Hauptideale d. kub. Klassenkörper imaginär-quadrat. Zahlkörper: ihre rechner. Best. u. ihr Einfl. auf d. Klassenkörperturm[12]: **171** ('34) 19-41.

J. Washington Acad. Sci. An algebraic proof of the isoperimetric inequality for polygons[14] [2]: **45** ('55) 339-42. — Commutators of A and A*[1]: **46** ('56) 38-40. — Commuting bilinear transformations and matrices[14]: 373-75. — On a determinantal inequality of H. P. Robertson, 1: **48** ('58) 263f. — A note on the group commutator of A and A*: 305.

Math. Ann. Isomorphe Abb. v. Gruppen: **108** ('33) 615-20.

Math. Magazine. Systems of equations, matrices and determinants[14], 1: **26** ('52) 9-20; ~ 2: 71-88.

Math. Nachr. A. Scholz†: **7** ('52) 379-86.

Math. Tab. [Washington]. Note on the condition of matrices: **4** ('50) 361f. — A. M. Turing†: **10** ('56) 180f.

Math. Z. Unimodular integral circulants: **63** ('55) 286-89. — A weak property L for pairs of matrices: **71** ('59) 463-65.

Mh. Math. [Wien]. Discrete analogs of inequalities of Wirtinger[14] [2]: **59** ('55) 73-90.

Pacif. J. Math. Classes of matrices and quadratic fields, [1]: **1** ('51) 127-32. — On the number of absolute points of a correlation[4] [9] [13]: **6** ('56) 89-96. — Remark on the preceding paper: algebraic equations satisfied by roots of natural numbers[13]: 97f. — On the similarity transformation between a matrix and its transpose[16]: **9** ('59) 893-96.

Proc. Amer. math. Soc. A note on group matrices: **6** ('55) 984-86.

Proc. Edinburgh math. Soc. Matrices of finite period[14]: **6** ('40) 128-34.

Proc. Kon. Akad. Wetensch. Amsterdam (A). On the variation of a positive definite matrix[8]: **54** ('51) 383-85 [auch in: Indagationes math. **13** ('51) 383-85]. — On representations of finite groups[7]: **55** ('52) 511f. [auch in: ~ **14** ('52) 511f.]. — On a matrix theorem of Craig and Hotelling: **61** ('58) 139-41.

Proc. Nat. Acad. Sci. USA. Locally compact rings[5]: **21** ('35) 106-08. — Pairs of matrices with property L[7]: **39** ('53) 961-63.

Proc. Roy. Irish Acad. (A). Characterization of algebraic numbers[14]: **46** ('40) 1-8. — Matrices of finite period[14]: 113-21. — A class of groups[1]: **47** ('42) 55-62. — Applicat. of quaternions to the representations of a binary quadratic form as a sum of four squares[11]: **58** ('57) 23-28.

Quart. J. Math. Oxford Ser. Algebr. property of Laplace's differential equation: **10** ('39) 99-103. — Inversion in groups[14]: **12** ('41) 65-67. — A remark concerning the characteristic roots of the finite segments of the Hilbert matrix: **20** ('49) 80-83.

S.-Ber. Akad. Wiss. Wien (IIa). Schiefringe[3]: **145** ('36) 525.

Sci. Progress. Some aspects of modern algebra[14]: **1947**, 253-68.

Trans. Amer. math. Soc. Pairs of matrices with property L, 1[7]: **73** ('52) 108-14; ~ 2[7]: **80** ('55) 387-401.

Mit: [1]) Ernest Best; [2]) Ky Fan; [3]) Philipp Furtwängler; [4]) Alan J. Hoffmann; [5]) Nathan Jacobson; [6]) Tosio Kato; [7]) Theodore S. Motzkin; [8]) Alexander Ostrowski; [9]) Morris Newman; [10]) Lowell J. Paige; [11]) Gordon Pall; [12]) Arnold Scholz; [13]) Ernest Straus; [14]) John Todd; [15]) Lawrence A. Wigglesworth; [16]) Hans Zassenhaus.

Tautz, Georg Lukas. Math. — 1920-24 stud. Theol. Konkursum, '24-29 stud. math. U Breslau; '30 Dr. phil., '39 Doz., Ass., '43 apl. ao. Prof. U Breslau; '47 Mitarb. Math. Forsch.-Inst. Oberwolfach; '48 LBeauftr. TH Braunschweig; seit '49 apl. Prof. U Freiburg/Br. [Eig. Mitt.]
*1901, März 6, Reinerz.

S. ● Nat. u. Med. in Dtschl. 1939-46, **2** (Wiesb. '48) 67-83: Integralgleichungen. — ● Atti Convegno int. Equazioni lineari alle Derivate parziali, Trieste 1954 (Trieste '55) 97-102: Z. Theorie d. Dirichletschen Probl.

Acta math. Üb. d. Existenz v. Eigenfunktionen einer reellen Variabeln b. linearen homogenen Differentialgleichungen 2. Ordng. u. Randbedingungen m. komplexen Koeffizienten; Entwicklg. willkürl. Funktionen u. Anwendg. auf partielle Differentialgleichungen: **56** ('31) 23-148 [Diss.].

Arch. Math. Zur Theorie d. 1. Randwertaufg.: **1** ('49) 312-16. — Z. Umkehrungsprobl. b. ellipt. Differentialgleichungen, 1: **3** ('52) 232-38; ~ 2: 239-50. — Üb. d. Existenz v. Eigenwerten: **5** ('54) 401-13. — Eigenwerte b. nichtsymmetr. Operatoren: **7** ('56) 310-16. — Beiträge z. Störungstheorie: **9** ('58) 287-96.

Dtsch. Math. Approximat. v. absol. additiven Mengenfunkt. durch absol. stetige: **6** ('42) 553-58.

Jber. Dtsch. Math. Ver. Nichtlineare Integralgleichungen b. unendl. Integrationsgeb.: **48** ('39) 175-92.

Math. Ann. Zur Theorie d. ellipt. Differentialgleichungen, 1: **117** ('41) 694-726; ~ 2: **118** ('43) 733-70.

Math. Nachr. Zur Theorie d. 1. Randwertaufg.: **2** ('49) 279-303.

Math. Z. Reguläre Randpunkte b. verallg. Dirichletschen Probl.: **39** ('35) 532-59. — Üb. eine Klasse singulärer Integralgleichungen: **42** ('37) 430-72, 473-88.

Rend. Sem. mat. Univ. Padova. Zur Theorie d. Dirichletschen Probl. b. nichtlinearen ellipt. Differentialgleichungen: **24** ('55) 421-42.

Teichmann, Alfred. Statik d. Baukonstruktionen u. d. Maschinenbaus. — 1921-26 stud. TH Darmstadt; '27 Ass. Dtsch. Vers.Anst. f. Luftfahrt, Berlin-Adlershof; '31 Dr.-Ing. TH Berlin-Charlottenburg (H. Reißner); '37 ao. Prof. im Reichsdienst; '44 o. Prof. TH Aachen; seit '45 o. Prof. TU Berlin. [Ohne eig. Mitt.]
*1902, Nov. 24, Köln.

Kurzbiogr. Jahrb. Dtsch. Akad. Luftfahrtforsch. **1.** 1937/38 ('38) 146.

Bibliogr. Jahrb. Dtsch. Akad. Luftfahrtforsch. **2.** 1938/39 ('39) 133.

W. ● Aufgaben aus d. Flugzeugstatik (m. K. Thalau) (Bln '33) 11 + 345 S. — ● Statik d. Baukonstruktionen **1** (Bln '56) 101 S. (Slg. Göschen 119); **2** ('57) 107 S. (~ 120); **3** ('58) 112 S. (~ 122).

Automobiltechn. Z. Sicherh. u. Gestaltg. im Flugzeugbau[2]): **37** ('34) 28-36.

Jahrb. Dtsch. Versuchsanst. Luftfahrt. Versuche m. kurzen Bolzen in Holzbauteilen[1]): **1930**, 200-20. — Einspannwirkg. b. Knickstäben in Flugzeug-Fachwerken: 221-26. — Z. Berechng. auf Knickbiegg. beanspruchter Flugzeugholme: **1932**, III, 53-61.

Jahrb. Lilienthal-Ges. Welche Forderungen stellt d. Statiker u. Konstrukteur an d. Förderg. d. Spannungsmeßverf.?: **1936**, 334-40.

Konstruktion. Belastungskollektiv u. Festigkeitsnachw.: **1** ('49) 103-12.

Luftfahrt-Forsch. Versuche m. kurzen Bolzen in Holzbauteilen[1]): **8** ('30) 18-38. — Z. Berechng. auf Knickbiegg. beanspruchter Flugzeugholme: **9** ('31) 85-134 [Diss.].

Luftwissen. Bemerkungen zu d. Vorschriften f. d. Festigk. v. Flugzeugen (Jan. 1935)[3]): **2** ('35) 201-14, 251-54. — Z. Neudruck d. Vorschriften f. d. Festigk. v. Flugzeugen (Dez. 1936)[3]): **4** ('37) 43-52.

Z. Flugtechn. Motorluftsch. Einspannwirkg. b. Knickstäben in Flugzeugfachwerken: **21** ('30) 249-54. — Ausknicken v. K-Verbänden aus ihrer Ebene: 534f. — Räuml. Knicken einiger Stabverbb. d. Flugzeugbaues: **22** ('31) 525f. — Versuche m. langen Bolzen in Holzbauteilen[1]): 557f. — Z. Berechng. auf Knickbiegg. beanspruchter Flugzeugholme, Erg.: **23** ('32) 511-19. — Einheitl. Bezeichnungen in d. Flugzeugstatik: **24** ('33) 655-60.

Mit: [1]) Karl Borkmann; [2]) F. Michael; [3]) Arthur Neesen.

VI **Teichmann,** Oskar Paul Hans Horst. Angew. Physik. — 1931 PDoz. Physik, '40 Doz. angew. Physik TH Dresden; '42-45 LAuftr. Theoret. Physik U Heidelberg; '39-44 wiss. Mitarb., '44-45 Postrat Forsch. Anst. Dtsch. Reichspost, Berlin ('43-45 Würzburg); '45-49 Fernsprechamt Würzburg; seit '50 Postrat, Referent Oberpostdirekt. Nürnberg; zugl. '48 LBeauftr., '52 PDoz., '53 Hon.-Prof. U Würzburg. [Eig. Mitt.]
*1904, Jan. 12, Dresden.

MHZ. (Schriftl.) Fernmelde-Ing. **5** ('51) ff.

S. ● Handwörterb. d. Naturwiss. (Dittler-Joos) **7** ²(Jena '32) 901-08: Phosphoreszenz. — ● Wehrphysik (E. Günther) (Frkf./M. '36) 96-112: Nachrichtenmittel.

W. ● Die lichtelektr. Zelle u. ihre Herst. (m. R. Fleischer) (Dsdn-Lpz. '32) 12 + 175 S. (Wiss. Forschungsber. 27). — ● Einführung in d. Lehre v. Schuß (Ballistik) (m. K. Gey) (Lpz. '34) 115 S.; ²('37); ³('39); ⁴('41); ⁵('43) 131 S. (Math.-physik. Bibl. R. 2, 11). — ● Einführung in d. Quantenphysik (Lpz.-Bln '35) 93 S.; ²('50) 104 S. (~ R. 2, 13). — ● Vektoralgebra u. ihre Anwendungen m. einem Überblick üb. d. Vektoranalysis (Frkf./M. '38) 8 + 93 S. — ● Sprachwissenschaft in neuer Sicht (Nürnberg '59) 31 S. (Veröff. Hochschule f. Wirtsch.- u. Sozialwiss. 14). — ● Einführung in d. Atomphysik (Mannh. '59) 135 S. (B-I-Hochschultaschenb. 12).

Ann. Physik. Elektr. Verhalten v. Grenzschichten: (5) **13** ('32) 649-80 [Hab.schr.].

Arch. Elektrotechn. Das Gaußsche Prinzip d. kleinsten Zwanges u. d. Möglichkeiten seiner Anwendg. auf elektrotechn. Probleme: **44** ('59) 275-78.

Ber. physik.-med. Ges. Würzburg (N. F.). Physikal. Grundlagen d. Erzeugg. ultrakurzer Wellen: **66.** 1951/53 ('54) 1-12. — Üb. d. Minimalprinzipe v. C. F. Gauß: 201-04. — Vom Wesen d. Nachricht u. ihren Übertragungsproblemen: **67.** 1954/55 ('56) 141-44. — Z. Beeinflussg. d. Großwetterlage durch Störkräfte v. Atombombenexplosionen: **68.** 1956/57 ('59) 73f.

Elektrotechn. Z. Verf. z. Best. v. Geschoßgeschwindigkeiten: **58** ('37) 627f.

Fernmelde-Ing. Grundlagen d. Vektorrechng.: **1** ('41) H. 12, 1-32. — Einführg. in d. Theorie d. elektromagnet. Feldes: **4** ('44) H. 12, 1-31. — Einführg. in d. Elektronenopt.: **6** ('52) H. 3, 1-30. — D. physik. Grundlagen elektr. Schwingungskreise: **7** ('53) H. 9, 1-32. — Physikal. Grundlagen d. Elektronik: **11** ('57) H. 5, 1-16. —

Vektorielle Behandlg. elektromagnet. Felder, 1: **14** ('60) H. 8, 1-32; ~ 2: H. 9, 1-32.

Fernmeldepraxis. Die Entropie als Ursache v. Verwaltungsfehlleistungen: **31** ('54) 777-80. — Nachrichtentechnik in neuer Sicht: **33** ('56) 465-71. — Ein halbes Jhdt. Relativitätstheor.: 473-76. — Heinr. Hertz: **34** ('57) 97-99, 188-94, 270-72.

Jahrb. elektr. Fernmeldewes. Korpuskel u. Welle: **1941**, 355-77.

Münchener med. Wschr. Zur Frage d. Zervixdilatat.[5]), 1: Kann d. Verwendg. v. Laminariastiften heute noch verantwortet werden?: **97** ('55) 1146-49; ~ 2: Warum muß d. Verwendg. perforierter Dilatatoren gefordert werden?: 1449-53.

Nachrichtentechn. Fachber. Entropie u. Fernwirktechn.: **16** ('59) 3-8.

Nature [London]. Simple relay for spark counters of the Greinacher type: **136** ('35) 871.

Naturwiss. Wettereinfl. v. Atomexplosionen als Störg. period. Strömungen in d. Stratosphäre: **41** ('54) 498.

Philos. Magazine. Blocking layer photoelectric effect of caesium oxide: (7) **25** ('38) 269-73.

Photogr. u. Forsch. Unters. v. Wirbelringen[4]): **1** ('37) 53-62. — Nebelkammeraufnahmen m. d. Contax[2]): **2** ('38) 169-76.

Physik. Bl. Auslösg. v. Photoelektronen an zusammengesetzten Schichten: **5** ('49) 434.

Physik. Z. Zur Theorie d. Kristallphotoeffektes: **34** ('33) 283f., 897. — Das Thyratron als α-Teilchen-Zähler: **35** ('34) 299-301. — Wirkungsweise v. Zählrohr u. gasgefüllter Photozelle: 637-39; **36** ('35) 37.

Postarchiv. Physik d. Elektrons: **69** ('41) 563-99.

Proc. Roy. Soc. [London] (A). Theory of the crystal-photoeffect: **139** ('33) 105-12.

Universitas. Das elektron. Zeitalter: **15** ('60) 293-304.

Verh. Dtsch. physik. Ges. Die singende Säge: (3) **19** ('38) 7f. — Photoelektromotor. Kräfte in Halbleitern: **20** ('41) 84.

Z. Elektrochem. Halbleiterphotoeffekt am Caesiumoxyd: **44** ('38) 602.

Z. ges. Naturwiss. Entwicklg. d. Photozelle: **4** ('38/39) 29-40. — Auftreten strukturbedingter Selektivitäten b. d. Sekundärelektronenemiss.[3]): **7** ('41) 313. — Phil. Lenard u. d. theoret. Physik: **8** ('42) 137-43.

Z. Physik. Bedingungen, welche f. d. Auftreten einer selbständ. photoelektr. Spanng. notwendig sind: **78** ('32) 21-25. — Zu Einwendungen gegen meine Theorie d. Kristallphotoeffektes: **87** ('34) 264-72. — Elektr. Grenzwellenlänge d. Tantalkarbids[1]): **88** ('34) 275.

Z. physik. u. chem. Unterr. Zur didakt. Einführg. d. Kapazitätsbegriffes: **47** ('34) 70f.

Z. techn. Physik. Üb. ein einf. Relais f. Greinachersche Funkenzähler: **16** ('35) 414-16. — Wirkungsweise zusammengesetzter Photokathoden: **18** ('39) 600-02.

Ferner Arb. in: S.-Ber. u. Abh. naturwiss. Ges. Isis Dresden ('42).

Mit: [1]) A. Engelmann; [2]) W. Gelbke; [3]) Karlheinz Geyer; [4]) Carl-Heinz Krutzsch; [5]) C. F. Gauß.

II **Teichmeyer,** Hermann Friedrich → VIIa/Suppl.

VI **Teichmüller,** Joachim Julius Friedrich Heinrich. Elektrotechn., Lichttechn. — 1919-34 o. Prof. TH Karlsruhe; '34 em.
*1866, März 4, Bernburg;
†1938, Juni 17, Marburg.

Zum 70. Geb.tag. N. A. Halbertsma, Lichttechnik **13** ('36) 9. — Elektrotechn. Z. **57** ('36) 431; Licht u. Lampe **25** ('36) 175; Rdsch. techn. Arb. **16** ('36) Nr. 15.

Nekr. W. Köhler, Vom Lichterzeugen z. Lichttechnik (Gedenkbl. f. J. T.): Licht u. Lampe **27** ('38) 504; Z. VDI **82** ('38) 1050. — A. Thomälen, Elektrotechn. Z. **59** ('38) 891f. (m. Bildn.). — Licht **8** ('38) 141; Rdsch. techn. Arb. **18** ('38) Nr. 28, S. 5.

Licht u. Lampe. Lichttechnik u. Lichtkunst: **22** ('33) 509-11.

Teichmüller, geb. Köster, Marlies. Geol. — 1934-39 stud. U Freiburg/Br., Worcester/Mass. (USA), Berlin; '39 Dr. rer. nat. U Berlin (H. Stille); '41-45 Reichsamt f. Bodenforschg., Berlin; '46 Geol. Landesamt Nordrhein-Westf., Krefeld, seit '58 als Landesgeologin. [Eig. Mitt.]
*1914, Nov. 11, Herne/Westf.

Verheiratet m. Rolf Teichmüller[VIIa].

S. ● Handbuch d. Mikroskopie in d. Techn. (H. Freund) **2** (Frkf./M. '52) 237-310: Anwendg. d. polierten Dünnschliffs b. d. Mikroskopie v. Kohlen u. versteinerten Torfen. — ● C. R. 3me Congr. Stratigr. Géol. carbonifère, Heerlen 1951 (Maastricht '52) 607-13: Vergleichende mikroskop. Untersuchungen versteinerter Torfe d. Ruhrkarbons u. d. daraus entstandenen Steinkohlen; ~ 4me Congr., 1958 ('60): Genese d. Kohle. — ● Proc. Int. Comm. Coal Petrology **1** (Maastricht '54) 25-29: Combinat. of the current meth. of coal petrogr. by examinat. of polished thin sect.; **2** (Liège '56) 21-27: Comparison of microscopical analyses of coal by transmitted and reflected light methods (m. B. C. Parks). — ● Comun. Inst. trop. Invest. ci. Univ. El Salvador **3** (San Salvador '54) 147-50: Observaciones microscopicas sobre los sedimentos en los manglares de El Salvador (m. G. v. d. Brelie). — ● Fortschr. d. Geol. v. Rheinland u. Westf. **1/2**: Niederrhein. Braunkohlenformat. (Krefeld '58) 479-81: Doppleritische Spaltenfüllungen in alttertiären Sanden d. Antweiler Grabens b. Kalkar (m. E. Schröder); 563-72: Biß-Spuren an Früchten d. Miozän-Waldes d. niederrhein. Braunkohlenformat. (m. W. Schmidt, M. Schürmann); 573-98: Vergleichende mikroskop. u. chem. Unters. d. wichtigsten Fazies-Typen im Hauptflöz d. niederrhein. Braunkohle (m. P. W. Thomson); 599-612: Rekonstrukt. versch. Moortypen d. Hauptflözes d. niederrhein. Braunkohle.

W. ● Neue Funde v. Sphenothallus auf d. westeurop. Festland, insbes. in Belgien, u. erg. Beob. z. Gattg. Sphenothallus (m. W. Schmidt) (Bruxelles '58) 34 S. (Publ. Assoc. Etudes paléontol. 33).

Bergakademie, Freiberger Forschungsh. (C). Die paläogeogr. Stellg. u. Fazies-Gliederg. d. Braunkohlenmoore in d. Niederrhein. Bucht[12]): **57** ('59) 106-24.

Brennstoff-Chem. Zur Chem. u. Petrogr. d. Ionen-Austauscher aus Braun- u. Steinkohlen[11]): **34** ('53) 275-81, 333-38. — Inkohlungs-Verlauf, Inkohlungs-Maßstäbe u. Klassifikat. d. Kohlen auf Grund v. Vitrit-Analysen[5]): **41** ('60) 79-84, 97-104, 133-37.

Eiszeitalter u. Gegenw. Das Alter d. Sylter Kaolinsandes[15])[6]): **6** ('55) 5-15.

Geol. Jahrb. Petrogr. Aufbau u. Werdegang d. Weichbraunkohle: **64** ('50) 429-88. — Spuren vorastur. Bewegungen am Südrand d. Ruhrkarbons[12]): **65** ('51) 497-506. — Der erste Tonsteinfund im Aachener Revier u. d. Frage nach d. Entstehg. d. Graupen- u. Kristalltonsteine[12])[4])[14]): **66** ('52) 723-36. — Spät- u. Postglazialprofil v. Wallensen im Hils[2])[12])[13])[14]): **67** ('53) 231-42. — Ein echter Torfdolomit in einem Flöz d. mittleren Bochumer Schichten u. d. Frage nach d. Herkunft d. Karbonate im Ruhrkarbon[12])[14]): **68** ('54) 141-54. — Bem. zu Torfunters. im Wurzacher Ried im Hinblick auf kohlengenet. Fragen: 471-78. — Pflanzenreste aus d. Gedinne d. Hohen Venns[7]): **69** ('55) 89-102. — Z. mikrotekton. Verformg. d. Kohle[12]): 263-86. — Über braune Kohlen u. schlauchförm. Hohlräume in Flözen d. Ruhrkarbons[9]): **71** ('56) 69-76. — Ein verkieselter Karbontorf im Namur C v. Kupferdreh[8]): 91-112. — Enträtselg. eines bislang unbekannten Fossils im dtsch. Oberkarbon, Sphenothallus stubblefieldi n. sp., u. d. Art seines Auftretens[7]): 243-98.

Geol. Mijnbouw (N. F.). Inkohlungsunters. u. ihre Nutzanwendg.[12]): **20** ('58) 41-66.

Geol. Rdsch. Stoffl. u. strukturelle Metamorphose d. Kohle[12]): **42** ('54) 265-96.

Glückauf. Zur Hiltschen Regel in d. Bochumer Mulde d. Ruhrkarbons[12])[1]): **85** ('49) 81-92. — Mikroskop. Beob. an Tonsteinen u. Quarzlagen d. Zechen Sachsen u. Westfalen: **86** ('50) 335.

Jahrb. Reichsstelle Bodenforsch. Feinbau amerikan. Kohlen im Anschliff u. Dünnschliff: **61** ('40) 20-55.

Natur u. Volk. Moore u. Strandwall an d. Ostküste v. Korsika[12]): **87** ('57) 421-30.

Neues Jahrb. Geol. u. Paläontol., Mh. Inkohlungsfragen im Osnabrücker Raum[12]): **1951**, 69-85. — Z. Geol. d. tertiären Kohlen Sardiniens[10])[13]): **1952**, 343-56. — Mikroskop. Beob. an Mangrove-Sedimenten aus El Salvador[2]): **1953**, 244-51. — Anzeichen mariner Beeinflussg. b. d. Kohle aus Flöz Katharina d. Zeche Friedrich Heinrich: **1955**, 193-201.

Notas Comun. Inst. geol. minero España. Sobre el metamorfismo y las facies de los carbones del cretácico inferior de Hernani (Guipúzcoa) y Utrillas y Estercuel (Teruel): **31** ('52) 11 S.

Oel u. Kohle. Mikroskop. Beob. an schwinggemahlenen Kohlenstäuben versch. Inkohlungsgrades[3]): **37** ('41) 751-55.

Rev. Ind. minérale. Métamorphisme du charbon et prospect. du pétrole: **40** ('58) Nr. 7bis, 99-113. — Examen des possibilités d'emploi de diverses échelles pour la mesure du rang des charbons et propositions pour la délimitat. des principaux stades de houillificat.[5]): 121-37.

Techn. Mitt., Essen. Zur Chem. u. Petrogr. einer ungewöhnl. Kohle v. d. Kreide-Tertiär-Grenze aus d. West-Punjab (Pakistan): **17** ('59) 44-52.

Z. Dtsch. geol. Ges. Inkohlungsfragen im Ruhrkarbon[12]): **99** ('49) 40-77. — Inkohlungsbild d. Niedersächs. Wealden-Beckens[12]): **100** ('50) 498-517. — Z. Fazies u. Metamorphose d. „Kohlen" im Devon d. Rhein. Schiefergebirges[12]): **103** ('52) 219-32. — Karbonkohlen-Gerölle in d. Unterkreide d. Niedersächs. Beckens[12]): **104** ('53) 459-67. — Einige Phasenkontrast-Farbaufnahmen v. Kohlendünnschliffen: **108** ('57) 238. — Wie d. Natur einen Lepidostrobus nachzuahmen versuchte: 239f.

Z. Elektrochem. Zur Morphol. feinster Bleioxydsublimate[3]): **47** ('41) 95-97, 191-96, 630-36.

Z. prakt. Geol. Zur Petrogr. zweier oberschles. Flöze m. ähnl. Inkohlungsgrad, aber versch. Kokungseigensch.: **52** ('44) 1-6.

Mit: [1]) Heinrich Böttcher; [2]) Günther v. d. Brelie; [3]) Robert Meldau; [4]) Heinrich Meyer; [5]) Karl Patteisky; [6]) Ulrich Rein; [7]) Wolfgang Schmidt; [8]) Winfried Schonefeld; [9]) H. F. Schulte; [10]) Martin Schwarzbach; [11]) Hans Stach; [12]) Rolf Teichmüller; [13]) Paul William Thomson; [14]) Hans Werner; [15]) Richard Weyl.

Teichmüller, Paul Julius Oswald. Math. — 1931 stud., '35 Dr. phil. U Göttingen (H. Hasse, '35 dess. Ass.); '38 Dr. phil. habil., '39 Doz. U Berlin. [Mitt.: Werner Weber VIIa]
*1913, Juni 18, Nordhausen a. Harz; †1943, Herbst (vermißt b. d. Kämpfen [am Dnjepr).

W. ● Extremale quasikonforme Abbildungen u. quadrat. Differentiale (Bln '39) 197 S. (Abh. Preuß. Akad. Wiss. 1939, 22). — ● Vollständige Lösg. einer Extremalaufg. d. quasikonformen Abb. (Bln '41) 18 S. (~ 1941, 5). — ● Bestimmung d. extremalen quasikonformen Abbildungen b. geschlossenen orientierten Riemannschen Flächen (Bln '43) 42 S. (~ 1943, 4).

Abh. math. Sem. Univ. Hamburg. Ein neuer Bew. f. d. Funktionalgleichg. d. L-Reihen[1]): **15** ('47) 85-96.

Dtsch. Math. Verschränkte Produkte m. Normalringen: **1** ('36) 92-102. — Multiplikat. zykl. Normalringe: 197-238. — Stetigk. linearer analyt. Funktionale: 350-52. — p-Algebren: 362-88. — Umkehrg. d. 2. Hauptsatzes d. Wertverteilungslehre: **2** ('37) 96-107. — Anwendg. quasikonformer Abbildungen auf d. Typenprobl.: 321-27. — Unters. üb. konforme u. quasikonforme Abb.: **3** ('38) 621-78 [Hab.schr.]. — Verschärfg. d. Dreikreisesatzes: **4** ('39) 16-22. — Vermutungen u. Sätze üb. d. Wertverteilg. gebrochener Funktionen endl. Ordng.: 163-90. — Erreichbare Randpunkte: 455-61. — Braucht d. Algebraiker d. Auswahlaxiom?: 567-77. — Der Begriff d. partiellen Differentialquotienten u. d. Operationen d. Vektoranalysis: **5** ('40) 64-72; **6** ('41) 281f. — Üb. d. sogen. nichtkommutat. Galoissche Theorie: **5** ('40) 138-49. — Extremalprobl. d. konformen Geom.: **6** ('41) 50-77. — Skizze einer Begründg. d. algebr. Funktionentheorie durch Uniformisierg.: 257-65. — Beweis d. analyt. Abhängigk. d. konformen Moduls einer analyt. Ringflächenschar v. d. Parametern: **7** ('42) 309-36. — Ein Verschiebungssatz d. quasikonformen Abb.: 336-43. — Veränderl. Riemannsche Flächen: 344-59. — Einf. Beispiele z. Wertverteilungslehre: 360-68.

J. reine u. angew. Math. Operatoren im Wachsschen Raum: **174** ('36) 73-124 [Diss.]. – Differentialrechng. b. Charakteristik p: **175** ('36) 89-99. – Diskret bewertete perfekte Körper m. unvollkommenem Restklassenkörper: **176** ('37) 141-52. – Zerfallende zykl. p-Algebren: 157-60. – Drei Vermutungen üb. algebr. Funktionenkörper: **185** ('43) 1-11. – Partielle Differentiat. algebr. Funkt. nach einem Parameter u. d. Invarianz einer gewissen Hauptteilsystemklasse: **186** ('44/49) 49-57.

Nachr. Ges. Wiss. Göttingen, Fachgr. 1. Strukt. diskret bewerteter perfekter Körper: N. F. **1** ('36) 151-61.

S.-Ber. Preuß. Akad. Wiss. Elementarteilersatz f. nichtkommutat. Ringe: **1937**, 169-77. – Ungleichungen zw. d. Koeffizienten schlichter Funkt.: **1938**, 363-75.

Mit: [1]) Hermann Ludwig Schmid.

Teichmüller, Rolf. Geol. — 1924-28 stud. U Heidelberg, München, Wien, Göttingen; '28 Dr. phil. U Göttingen (H. Stille); '35 habil. U Berlin; '40 Reg.-Geologe Reichsamt f. Bodenforschg., Berlin; seit '46 Geol. Landesamt Nordrhein-Westf., Krefeld. [Eig. Mitt.] *1904, Sept. 1, Nordhausen.

Verheiratet m. Marlies Teichmüller[VIIa].

S. ● C. R. 3me Congr. Stratigr. Géol. carbonifère, Heerlen 1951 (Maastricht '52) 615-23: Z. Metamorphose d. Kohle; ~ 4me Congr., Heerlen 1958 ('60): D. paläogeogr. Entwicklg. d. subvarisc. Saumsenke in NW-Dtschl. im Laufe d. Karbons (m. E. Paproth). — ● Fortschritte d. Geol. v. Rheinland u. Westf. **1/2**: Niederrhein. Braunkohlenformat. (Krefeld '58) 721-50: Niederrhein. Braunkohlenformat.; **4**: Pliozän u. Pleistozän am Mittel- u. Niederrhein ('60) 179-96: D. Pleistozän-Profil v. Frimmersdorf an d. Erft (m. G. v. d. Brelie, K. Kilpper).

W. ● Zur Geol. d. Tyrrhenisgeb. (m. einem Beitr. v. G. Selzer) (Bln '31) 5 + 124 S. (Beitr. z. Geol. d. westl. Mediterrangeb. 7 = Abh. Ges. Wiss. Göttingen 3, 3). – ● Die Entwicklg. d. keltiber. Ketten (m. G. Richter) (Bln '33) 7 + 118 S. (~ 9 = ~ 3, 7). – ● Deckenbau im Apenninbogen (m. H. W. Quitzow). Erw. Hab.-schr. (Bln '35) 7 + 186 S. (~ 14 = ~ 3, 13). – ● Die Grenze v. Alpen u. Apennin (m. J. Schneider) (Bln '35) 61 + 2 S. (~ 15 = ~ 3, 14). – ● Die varisc. u. alpid. Gebirgsbildg. Kataloniens (m. H. Ashauser) (Bln '35) 4 + 79 S. (~ 17 = ~ 3, 16). – ● Das Steinkohlengebirge südl. Essen (Stuttg. '55) 16 S.

Arch. Lagerstättenforsch. Eisenerze im Korallenoolith v. Gifhorn[13])[1]): **75** ('42) 71-79. – Klima u. Hydrogr. d. Lias-ε-Zeit[14]): **77** ('44) 17-23.

Beitr. Geol. Thür. Präglazialer Fließboden am Rande d. Plateaus v. Gossel in Thür.: **2** ('29) 203-06.

Bergakademie, Freiberger Forschungsh. (C). D. paläogeogr. Stellg. u. Fazies-Gliederg. d. Braunkohlenmoore in d. Niederrhein. Bucht[15]): **57** ('59) 106-24.

Geol. Jahrb. K. Gundlach †: **65** ('51) VIIf. – Spuren vorastur. Bewegungen am Südrand d. Ruhrkarbons[15]): 497-506. – Der erste Tonsteinfund im Aachener Revier u. d. Frage nach d. Entstehg. d. Graupen- u. Kristalltonsteine[15])[10])[18]): **66** ('52) 723-36. – Das Spät- u. Postglazialprofil v. Wallensen im Hils[15])[2])[16])[18]): **67** ('53) 231-42. – Ein echter Torfdolomit in einem Flöz d. mittleren Bochumer Schichten u. d. Frage nach d. Herkunft d. Karbonate im Ruhrkarbon[15])[18]): **68** ('54) 141-54. – Z. mikrotekton. Verformg. d. Kohle[15]): **69** ('55) 263-86. – Üb. Küstenmoore d. Gegenw. u. d. Moore d. Ruhrkarbons: **71** ('56) 197-219. – Querschnitt durch d. Südteil d. Niederrhein. Zechsteinbeckens: **73** ('57) 39-50.

Geol. Mijnbouw (N. F.). Inkohlungsunters. u. ihre Nutzanwendg.[15]): **20** ('58) 41-66.

Geol. Rdsch. Stoffl. u. strukturelle Metamorphose d. Kohle[15]): **42** ('54) 265-96.

Glückauf. Zur Hiltschen Regel in d. Bochumer Mulde d. Ruhrkarbons[15])[3]): **85** ('49) 81-92. – Physik. u. geol. Unters. v. Steinkohlenbohrungen[17]): **86** ('50) 193-204. – Geophysik. Nachw. v. Kohlenflözen in Tiefbohrungen[19]): **89** ('53) 78-82. – Der erste Ganisterfund im Ruhrkarbon[5])[6]): **90** ('54) 1418-20. – Ber. üb. d. Steinkohlentagg. d. Dtsch. Geol. Ges. 18.-21. Mai 1955 in Krefeld: **91** ('55) 839f.

Kali. Die Erdöllagerstätte am Tegernsee[4]): **30** ('36) 1–5, 11-15.

Nachr. Ges. Wiss. Göttingen, Fachgr. 4. Üb. d. Vorland d. Apennin: **1931**, 8-52. – Das Apenninflysch u. seine Probl.: **1932**, 417-48. – Tafel- u. Faltenland im südl. Katalonien: **1933**, 288-92.

Natur u. Volk. Begrabene Wälder im Ruhrkohlenbecken[7]): **84** ('54) 373-82. – Moore u. Strandwall an d. Ostküste v. Korsika[15]): **87** ('57) 421-30.

Naturwiss. Rdsch. Ber. üb. d. 97. Versammlg. d. Ges. Dtsch. Naturforscher u. Ärzte, 6. Sitzg.: Geol.: **6** ('53) 123f.

Neues Jahrb. Geol. u. Paläontol., Mh. Inkohlungsfragen im Osnabrücker Raum[15]): **1951**, 69-85. – Monograptus sp. in einem Kieselschiefergeröll d. Schwarzwälder Buntsandsteins: **1952**, 370-73. – Lyditgerölle d. Osnabrücker Karbon u. d. vorvarisz. Außenrahmen d. Karbontroges: **1953**, 174-84. – Ruhrkarbon u. Osnabrücker Karbon[9]): 343-49. – Die Velener Schichten d. Münsterländer Karbon u. d. Ablauf d. Bewegungen in d. subvarisz. Saumtiefe: **1954**, 104-23. – Sedimentat. u. Setzg. im Ruhrkarbon: **1955**, 145-68. – Pleistozän-Profile im Essener Raum[2])[12])[20])[7]): **1956**, 113-32. – Das gefaltete „Eozän" d. Antweiler Grabens am Nordabfall d. Eifel[2]): **1957**, 108-22. – Devonkalk-Gerölle im Zechsteinkonglomerat v. Rossenray (südwestl. Rheinberg/Niederrh.)[21]): 267-74.

Oel u. Kohle. Zur Frage d. Erdölführg. Bayerns[8]): **12** ('36) 413-19.

Sovetskaja Geol. D. Entwicklg. d. subvarisz. Saumtiefe in Nordwestdtschl.[22]): **1959**, Nr. 11, 59-79 [russ.].

Z. Dtsch. geol. Ges. Zum Alter d. tekton. Bewegungen in d. südl. Kalkalpen: **81** ('29/30) 381-410. – Kretaz. Ölschiefer u. Globigerinenkalke d. Nonsberges u. d. nördl. Brentagruppe[11]): **82** ('30) 241-52. – Oberflächenbild d. Salzdoms v. Segeberg: **98** ('48) 7-29. – Inkohlungsfragen im Ruhrkarbon[15]): **99** ('49) 40-77. – Inkohlungsbild d. Niedersächs. Wealden-Beckens[15]): **100** ('50) 498-517. – Z. Fazies u. Metamorphose d. „Kohlen" im Devon d. Rhein. Schiefergebirges[15]): **103** ('52) 219-32. – Karbonkohlen-Gerölle in d. Unterkreide d. Niedersächs. Beckens[15]): **104**

('53) 459-67. — Entwicklg. d. subvarisz. Vortiefe u. d. Werdegang d. Ruhrkarbons: **107** ('56) 55-65.

Mit: [1]) Georg Berg; [2]) Günther v. d. Brelie; [3]) Heinrich Böttcher; [4]) Georg Herbst; [5]) Hans Honermann; [6]) Sigismund Kienow; [7]) Heinrich Klusemann; [8]) Bogdan Kordiuk; [9]) Gerhard Kremp; [10]) Heinrich Meyer; [11]) Valeriu Patriciu; [12]) Ulrich Rein; [13]) Otto Seitz; [14]) Karl Staesche; [15]) Marlies Teichmüller; [16]) Paul William Thomson; [17]) Rolf Weber; [18]) Hans Werner; [19]) Wilhelm Wolff; [20]) Heinrich Wortmann; [21]) Willi Ziegler; [22]) E. Paproth.

II **Tellkampf,** Joh. Dietrich Adolph → VIIa/Suppl.

II **Tellkampf,** Georg Friedrich Heinrich → VIIa/Suppl.

Teltow, Hans Joachim Ludwig. Physik, physik. Chem. — 1932–36 stud. U Göttingen, München; '38 Dr. rer. nat. U Göttingen (G. Joos, '38 dess. Ass.); '39–45 wiss. Mitarb. Forsch.-Labor. Zeiss-Ikon, Dresden; '46 wiss. Mitarb., '50 Abt.Leiter Inst. f. Festkörperforschg. Dtsch. Akad. Wiss., Dresden, seit '51 Inst. f. Kristallphysik Dtsch. Akad. Wiss., Berlin-Adlershof; zugl. '50 LBeauftr., seit '51 Doz. TH Dresden. [Eig. Mitt.]
*1913, Juni 9, Berlin.

S. ● Fundamental Mechanisms of photogr. Sensitivity (Lond. '51) 33-35: Diffus. in silver bromide crystals containing silver iodide. — ● Halbleiterprobleme in Referaten d. Halbleiterausschusses d. Verbandes Dtsch. Physik. Gesellschaften (W. Schottky) **3** (Brschw. '56) 26-58, **4** ('58) 365f.: Assoziat. u. Wechselwirkg. v. Störstellen in Ionenkristallen u. Halbleitern. — ● Festkörperphysik u. Physik d. Leuchtstoffe. Tagg. d. Physik. Ges. d. DDR, Erfurt 1957 (Bln '58) 5-16: Fehlordng. u. Transportvorgänge in Ionenkristallen.

Ann. Physik. Zur Photochem. d. Silberhalogenide m. Fremdionenzusätzen[7]): (5) **40** ('41) 181-95. — Fehlordnungserscheinungen in Silberhalogeniden m. Zusätzen[7]): (6) **1** ('47) 261-72. — Ionenleitg. u. Fehlordng. v. Silberbromid m. Zusätzen zweiwert. Kationen, 1: Leitfähigkeitsmessungen u. Zustandsdiagramme: **5** ('49) 63-70; ~ 2: Quantitat. Deutg. d. Leitfähigkeitsisothermen: 71-88 [Teil d. Hab.schr.]. — Gitteraufweitg. v. Kristallen durch Zusätze: **12** ('53) 111-20. — Ionenleitg. u. Fehlordng. v. Silberchlorid m. Zusätzen[3]): **15** ('55) 268-78. — Z. elast. Störstellenmodell: **19** ('56) 169-74.

Forsch. u. Fortschr. Leitfähigkeitsmessungen an Silberbromid m. Zusätzen: **26** ('50) 2f.

Nachr. Akad. Wiss. Göttingen. Zur Photochem. d. Silberchlorids m. Fremdionenzusätzen[7]): **1941**, 93-99. — Unters. d. primären Photochem. d. Silberbromids m. geringen Zusätzen v. Silbersulfid b. versch. Wellenlängen[7]): 100-09. — Z. Deutg. d. Photochem. d. Silberhalogenidkristalle[7]): 110-18. — Z. Photochem. d. Silberhalogenide[7]): **1944**, 155-63.

Naturwiss. Feinstrukt. u. Linienverschiebg. in d. Spektren d. Chromphosphore[2])[4]): **30** ('42) 228. — Dipolresonanz v. assoziierten Fehlstellen in Silberbromid[8]): **41** ('54) 423f.—Dipolrelaxat. v. Anionenkomplexen in Silberbromid[1]): **44** ('57) 111.

Philos. Magazine. Diffus. v. Fremdstoffen in polaren Kristallen: (7) **46** ('55) 1026-28.

Physik. Z. Deutg. d. Knallwellenausbreitg. an d. Trennschicht zweier Medien[4]): **40** ('39) 289-93.

Sci. Ind. photogr. Untersuchungen üb. Abgabe u. Bindg. v. Elektronen in Bromsilberkristallen: (2) **23** ('52) 302f.

Z. angew. Physik. Eine heizbare Röntgenrückstrahlkamera f. Einkristalle: **6** ('54) 280-82.

Z. anorg. allg. Chem. Versuche z. Herst. neuart. Silberbromidemulsionen[7]): **257** ('48) 103-08. — Üb. d. Syst. Silberbromid-Silber-Sauerstoff[7]): 109-12. — Umwandlungserscheinungen v. AgBr-AgJ-Mischkristallen: **259** ('49) 143-53.

Z. Elektrochem. Beweglichk. v. Ionen u. Störstellen in Silberbromid: **56** ('52) 767f.

Z. Naturforsch. Zwei neue exp. Belege f. d. gemischte Fehlordng. u. d. Störstellenassoziat. in Silberbromid[7]): **6a** ('51) 363-66.

Z. physik. Chem. Ionenleitg. u. Fehlordng. v. Silberbromid m. einwert. Zusätzen u. Zusätzen v. Silber-, Cadmium- u. Bleisulfid: **195** ('50) 197-212, 213-24 [Teil d. Hab.schr.]. — Diffus. v. Cadmium-, Blei- u. Kupfer(I)-Ionen in Silberbromidkristallen[7])[6]): **197** ('51) 145-60. — Anlaufreakt. v. schwefelhalt. Silberbromidkristallen m. Brom u. Silber[5])[7]): **198** ('51) 186-99. — Zustandsdiagramm CuCl-CuBr u. Dimorphie d. festen CuCl: **211** ('59) 241-44.

Z. physik. Chem. (B). Absorptionsspektr. d. Permanganations in versch. Kristallgittern: **40** ('38) 397-430 [Diss.]. — Absorptionsspektr. d. Permanganat-, Chromat-, Vanadat- u. Manganations in Kristallen: **43** ('39) 198-212. — Linienhafte Absorptionsspektren d. Bichromations b. 20 °K: 375-83.

Z. physik. Chem. (N. F.). Zum Zustandsdiagramm AgBr-CuBr: **18** ('58) 134-37.

Z. wiss. Photogr. Über d. photochem. Elementarprozeß in Silberhalogenidkristallen[7]): **40** ('41) 157-65.

Mit: [1]) Joachim Busse; [2]) Otto Deutschbein; [3]) Ines Ebert; [4]) Georg Joos; [5]) Lothar Jung; [6]) Erich Schöne; [7]) Ostap Stasiw; [8]) Gerhard Wilke.

II **von Tempelhof,** Georg Friedrich → VIIa/Suppl.

VI **ten Bruggencate,** Paul → ten **Bruggencate,** Paul.

II **Tenner,** Gottwalt Wilhelm → VIIa/Suppl.

II **Tenner,** Johann Gottlob → VIIa/Suppl.

II **Tenner,** Karl → VIIa/Suppl.

II **Tentzel,** Wilhelm Ernst → VIIa/Suppl.

VI **Termer,** Karl Ferdinand Franz. Geogr. — 1932 o. Prof. U Würzburg; seit '35 o. Prof. U Hamburg u. Dir.

Mus. f. Völkerkunde u. Vorgesch., Hamburg. [Eig. Mitt.]
*1894, Juli 5, Berlin.

Kurzbiogr. • Der Weg voran (Lpz. '31) 111.

H. • Wegweiser z. Völkerkunde **1** (Hambg '51) ff.

MH. • Mitt. aus d. Mus. f. Völkerkunde in Hamburg (Hambg '35) ff. – • Monogr. z. Völkerkunde **1** (Hambg '43) ff. – • Beitr. z. mittelamer. Völkerkunde **1** (Hambg '53) ff.

S. • Actas Congr. int. Americanistas **25** (La Plata '32) 323–32: Üb. Wanderungen indian. Stämme u. Wanderwege in Mittelamerika. – • Handb. d. geogr. Wiss. (F. Klute) **7**: Nord- u. Mittelamerika. Die Arktis (Potsdam '33) 443–95: Mittelamer. u. Westindien. – • Actes Congr. int. Américanistes **28** (Paris '47) 513–28: Récit d'un voyage archéol. dans le sud-est de la Républ. du Guatemala. – • Beitr. z. Gesellungs- u. Völkerwiss. R. Thurnwald z. 80. Geb.tag (Bln '50) 325–32: Eingeborenenreservate in Amerika. – • Homenaje al Doctor Alfonso Caso (Mexico '51) 363–76: Die Frage nach d. Herkunft d. Wassers auf d. Peñol de Tetzcotzinco. – • Comun. Inst. trop. Investigac. ci. Univ. El Salvador **3** (San Salvador '54) 59–76: Investigación americanista en la América Central. – • Von fremden Völkern u. Kulturen. H. Plischke z. 65. Geb.tag (W. Lang, W. Nippold u. G. Spannaus) (Düsseld. '55) 255–76: Geschichtl., erd- u. völkerkundl. Quellenwert d. Aufzeichnungen v. John Cockburn üb. Mittelamer. im 18. Jhdt. – • Miscellanea Paul Rivet **1** (Mexiko '58) 681–700: Geogr.-archäol. Bem. üb. d. Gegend v. Ixpaco in SO-Guatemala.

W. • Paisajes geogr. del Norte de la America Central (Madrid '33) 33 S. (Publ. Soc. Geogr. nac. Madrid, Ser. B, 16). – (Bearb.) • H. Cortès, Durch Urwälder u. Sümpfe Mittelamer. Der 5. Ber. d. Hernán Cortès (Hambg '41) 189 S. (Ibero-Amer. Studien d. Ibero-Amer. Inst. Hamburg 15). – • Ber. üb. d. Tagg. d. Dtsch. Ethnologen zu Frankfurt/M. 19.–21. 9. 1946 (Hambg '47) 28 S. – (Bearb.) • P. de Alvarado, Quauhtemallan u. Cuzcatlan. Der 1. u. 2. Ber. d. P. de Alvarado üb. d. Eroberg. v. Guatemala u. El Salvador i. J. 1524 (Hambg '48) 106 S. (Hamburger romanist. Studien 18). – • Vom Kunsthandwerk altamer. Kulturvölker (Hambg '51) 23 S. (Wegweiser z. Völkerkunde 1). – • Der Sklave d. Nutka. Leben u. Abenteuer d. John Jewitt b. d. Indianern auf d. Vancouver-Insel (Stuttg. '54) 164 S. – • Die Halbinsel Yucatán (Gotha '54) 72 S. (Petermanns geogr. Mitt., Erg.-H. 253). – • Etnología y Etnografía de Guatemala (Guatemala '57) 18 + 299 S.

An. Soc. Geogr. Hist. Guatemala. Carlos Sapper, explorador de Centro Amer.: **29** ('56) 55–130.

Anthropos. Nuevas investigaciones sobre los Mayas altenses del Noroeste de Guatemala: **41/44** ('46/49) 561–76.

Baessler-Arch. Bedeutg. d. Pipiles f. d. Kulturgestaltg. in Guatemala: **19** ('36) 108–13.

Bol. Soc. Geogr. [Mexico]. Densidad de población en los Imperios Mayas como probl. arqueológico y geográfico: **70** ('50) 211–39.

Bull. Soc. Suisse Américanistes. Marschroute d. Pedro de Alvarado durch El Salvador im Jahre 1524: **1954**, Nr. 8, 3–13.

Ethnos [Stockholm]. Besuch b. d. Xinca-Indianern in Südost-Guatemala: **1944**, 97–117. – D. Kenntn. v. Uterus b. d. Maya u. anderen Völkern in Mesoamer.: **1959**, 177–201.

Geogr. Z. Polit.-geogr. Grundzüge d. Gesch. in Mittelamerika: **48** ('42) 255–84.

Ibero-amerikan. Arch. Zur Ethnol. u. Ethnogr. d. nördl. Mittelamerika: **4** ('30) 303–492. – Guatemala u. Brit. Honduras: **14** ('40) 44–67.

Klin. Mbl. Augenheilkunde. Ethnolog. Bem. üb. d. Augen b. d. Altmexikanern u. Maya: **110** ('44) 237–51.

Koloniale Rdsch. Erhaltende u. zersetzende Kräfte im Volkstum d. Maya-Indianer v. Guatemala: **32** ('41/42) 214–35.

Mitt. geogr. Ges. Hamburg. Zur Geogr. d. Republ. Guatemala, 1: **44** ('36) 89–275; ~ 2: **47** ('41) 7–262. – Ber. d. P. Alvarez de Miranda üb. d. Lacandonen-Expedit. nach Ost-Chiapas i. J. 1695: **49** ('50) 36–63. – Der Parícutin-Vulkan in Michoacan, México: **50** ('52) 5–41.

Nova Acta Leopoldina (N. F.). Mayaforschg.: **15** ('52) 93–163.

Petermanns Mitt. Sierra de las Minas in Guatemala: **85** ('39) 337–48. – Südost-Guatemala: **86** ('40) 281–89.

Z. Dtsch. geol. Ges. Beob. im Bereich d. Staukegels Santiago d. Vulkans Sa. Maria in Guatemala: **91** ('39) 766–69.

Z. Erdkunde. Ethnogr. Grundlagen d. polit. Geogr. v. Mittelamerika: **11** ('43) 148–71.

Z. Ethnol. Ethnogr. Studien unt. d. Indianern Guatemalas: **61** ('30) 408–20. – Die „Hühner" d. Azteken: **76** ('51) 205–15. – Mittelamer. Museen: **80** ('55) 38–58. — D. Hund b. d. Kultur-Völkern Altamer.: **82** ('57) 1–57.

VI **Terres,** Ernst Nikolaus Johann Philipp. Techn. Chem., Bergbauchem. — 1933–46 Geschäftsführer Edeleanu-GmbH, Berlin-Schöneberg; '46–48 in England tätig; '48 o. Prof. u. Dir. Gasinst., dazu '51 Dir. Carl-Engler- u. Hans-Bunte-Inst. f. Mineralöl- u. Kohleforschg. TH Karlsruhe; '56 em.; dann in München lebend. — '52 Dr. techn. e. h. (TH Wien); '53 Carl-Engler-Medaille (Dtsch. Ges. Mineralölwiss. u. Kohlechem.); Otto-Nikolaus-Witt-Medaille (TU Berlin).
*1887, Jan. 13, Metz;
†1958, Juli 1, München.

Bildn. • Die TH Fridericiana Karlsruhe (Karlsr. '50) 103. – Erdöl u. Kohle **3** ('50) 586; **4** ('51) 418; **6** ('53) 680; Fridericiana Nr. **1/2** ('52) 4 (m. Faks.).

Biogr. Erdöl u. Kohle **5** ('52) 269 (m. Bildn.); Brennstoff-Chem. **34** ('53) 320.

Zum 65. Geb.tag. Brennstoff-Chem. **33** ('52) 35; Chemiker-Ztg. **76** ('52) 69.

Zum 70. Geb.tag. Th. Hammerich, Brennstoff-Chem. **38** ('57) 1 (m. Bildn.). – G. Rühl, Erdöl u. Kohle **10** ('57) 2. – Chemiker-Ztg. **81** ('57) 49; Gas- u. Wasserfach **98** ('57) 301 (m. Bildn.); VDI-Nachr. **11** ('57) Nr. 2, S. 8.

Zur Emeritierg. P. Schläpfer, Schweiz. Ver. Gas- u. Wasserfachmännern, Monatsbull. **37** ('57) 38f.

Nekr. H. Pichler, Gas- u. Wasserfach **99** ('58) 805f. (m. Bildn.). – Bau u. Bauind. **11** ('58) 406; Brennstoff-Chem. **39** ('58) 193f. (m. Bildn.); Erdöl u. Kohle **11** ('58) 504; Erdöl-Ztg. **74** ('58) 217 (m. Bildn.); Nachr. Chem. u. Techn. **6** ('58) 247 (m. Bildn.); VDI-Nachr. **12** ('58) Nr. 15, S. **15**.

HZ. Brennstoff-Chem. **30** ('49) **39** - ('58).

S. ● Proc. Int. Conf. on bituminous Coal **2** (Pittsburgh, Pa. '31) 797-808: Beiträge z. Entstehg. v. Kohle u. Erdöl. – ● Beiträge z. Kenntn. d. schwefl. Säure (Bln '34) 1-9: Kinet. Unters. üb. d. Einwirkg. v. Stickoxyd auf Alkalisulfit, Alkalibisulfit u. schwefl. Säure in wässer. Lösg. (m. H. Lichti); 9-16: Üb. Reaktionen d. Oxyde d. Stickstoffs u. d. Schwefels (m. M. Constantinescu); 16-19: Untersuchungen üb. d. binäre Syst. Schwefeldioxyd-Wasser. Zwei Modifikationen d. festen SO_2 (m. G. Rühl); 20-27: Beitr. z. Frage d. Verarbeitg. komplexer Zink-Blei-Vork. m. schwefl. Säure (m. G. Rühl) (Beih. Z. Ver. Dtsch. Chemiker 8). – (Mitarb.) ● Beiträge z. Kenntn. d. therm. Grundlagen d. Verschwelg. u. Verkokg. v. Braunkohlen (Bln '35) (~ 10) 18 S. — (Mitarb.) ● Beiträge z. Frage d. Entstehg. d. Kohlen (Bln '35) (~ 13) 9 S. — ● Festschr. Paul Schläpfer (Red.: H. Stäger) (Solothurn '50): Die Zerlegg. v. Schwelteeren aus Braunkohle u. Ölschiefer m. selekt. Lösungsmitteln.

W. ● Zum 100. Geb.tag v. Hans Bunte. Festrede (Karlsr. '50) 15 S. (Karlsruher akad. Reden N. F. 6). – ● Die abendländ. Weltanschauung im techn. u. kollektivist. Zeitalter. Ansprache b. d. Rektoratsübernahme an d. TH Karlsruhe, 10. Dez. 1949 (Karlsr. '50) 20 S. (~ 7). – ● Betrachtungen z. Techn. im Zeitgeschehen. Festrede anläßl. d. 125jähr. Bestehens d. TH Karlsruhe, 27. Okt. 1950 (Essen '50) 8 S.

Angew. Chem. Gips als Rohstoff f. d. chem. Industr.: **44** ('31) 356-63. — Über d. Redukt. v. Schwefeldioxyd m. Wasserstoff u. Kohlenoxyd im Temperaturgeb. v. 380° bis 850°[19)][4)]: **45** ('32) 164-71. — Mikroskop. Unters. d. Verkokungsvorganges[15)]: 715-19. – Üb. Gleichgewichtsmessungen d. Teilreaktionen b. Umsetzg. v. Schwefelkohlenstoff m. Wasserdampf im Temperaturgeb. v. 350-900 °C[22)]: 795-802. – Gleichgewichtsstudien d. Umsetzg. v. Schwefelkohlenstoff m. Wasserstoff[17)]: **47** ('34) 238-43.

Arch. Eisenhüttenwes. Der Stockpunkt v. Schmierölen u. d. Grundlagen v. Entparaffinierungsverf.: **21** ('50) 89-95.

Brennstoff-Chem. Verkokungswärme u. d. ges. Wärmeaufwand in Verkokungsöfen[1)]: **13** ('32) 221-28, 370. – Öl u. Kohle in Politik u. Wirtsch., m. bes. Berücks. d. dtsch. Entwicklg.: **30** ('49) 22-31. – In memoriam Friedr. Bergius: 140. – W. Rimarski z. 75. Geb.tag: 236. — Z. Kenntn. d. Entparaffinierg. v. Mineralölen m. selekt. Lösungsmitteln[3)][17)]: 285-99. — W. Girardet z. 75. Geb.tag: 412. — Z. Kenntn. d. Zusammensetzg. d. Festparaffins aus Mineralölen u. Schwelteeren[3)][17)]: **31** ('50) 193-207. — Z. Stand unserer Kenntn. üb. d. Gewinng. u. Zusammensetzg. konzentrierter aromat. Extrakte aus Mineralölen mittels selekt. Lösungsmittel: **32** ('51) 134-47. — Üb. d. Entwässerg. u. Veredlg. v. Rohtorf u. Rohbraunkohle: **33** ('52) 1-12. — Beitr. z. Kenntn. d. Ablaufs d. physik. u. chem. Vorgänge b. d. therm. Behandlg. v. Rohtorfen[19)]: 353-61. — A. Thau†: **34** ('53) 64. — A. Mittasch†: 225f. — Z. Kenntn. d. Vorgänge u. d. Reaktionsgeschwindigkeiten b. d. Regenerat. d. Waschlaugen der Metallthionatverf. zur Ammoniak- u. Schwefelwasserstoff-Reinigg. v. Steinkohlengas[28)][42)]: **35** ('54) 65-74, 113-20, 144-51. — Üb. Reaktionen d. Brennstoffschwefels b. d. Ent- u. Vergasungsvorgängen: 225-31. — Üb. d. Feststellg. eines Schaumpunktes oberhalb d. Festpunktes paraffin. KWStoffe[5)][2)][10)]: 263-69. — Z. Kenntn. d. physik.-chem. Grundlagen d. Gewinng. u. Zerlegg. d. Phenolfrakt. v. Steinkohlenteer u. Braunkohlenschwelteer[5)][7)][12)][58)][50)], 1: Üb. d. Grundlagen d. chromatogr. Trennungsmethoden: **36** ('55) 67-78; ~ 2: Z. Kenntn. d. chromatogr. Arbeitsmethodik z. Trenng. u. Identifizierg. v. Phenol u. Phenolderivaten: 162-69; ~ 3: Üb. d. chromatogr. Trenng. v. Teerphenolen: 228-36; ~ 4: Die Dampfdrucke v. Phenol u. Phenolderivaten: 272-74: ~ 5: Die destillative Zerlegg. d. Phenolfrakt. v. Steinkohlenteer u. d. chromatogr. Identifizierg. d. Einzelkomponenten: 275-80; ~ 6: Untersuchungen üb. d. binären Lösungssysteme v. Wasser m. Phenol u. einwert. Phenolen u. deren krit. Lösungstemperaturen: 289-301. — Üb. d. Ursachen d. Klopfens im Vergaser- u. Dieselmotor u. ihre einschränkende Bedeutg. f. deren neuzeitl. Entwicklungsrichtg.[23)][35)][38)][43)]: **37** ('56) 33-41. — Beiträge z. Kenntn. d. Basizität v. ungesättigten KWStoffen u. deren Komplexbildg. m. Chlorwasserstoff u. Bromwasserstoff b. tiefen Temp.[24)]: 257-63. — D. Entscheidg. d. Frage d. Entstehg. v. Faserkohle auf Grund ihrer spezif. Wärmen, 1[29)][45)][51)][59)]: 269-77; ~ 2[29)][45)][51)][59)]: 342-47; ~ 3[29)][45)][51)][59)][47)]: 366-70. — Z. Kenntn. d. Schmelzdiagramme binärer Systeme v. aromat. KWStoffen m. selektiven Lösungsmitteln u. d. Bildg. v. Molekülverbb.[30)]: 385-89. — Z. Best. v. adiabat. Exponenten leicht siedender KWStoffe b. versch. Drucken u. Temperaturen durch Messg. d. Ultraschallgeschwindigkeiten[37)][49)]: **38** ('57) 129-41. — Untersuchungen üb. d. Einfl. v. Druck u. Temp. auf d. Verbrennungsgeschwindigk. v. 2,2,4-Trimethylpentan/ u. 2,2,3-Trimethylbutan/Luft-Mischungen[35)]: 161-67. — Üb. d. Molekülverbb. d. Di- u. Trimethylphenole (Clathrate) m. aliphat. Alkoholen[57)]: 257-66. — Üb. Harnstoff-Einschlußverbb. geradkettiger u. verzweigter aliphat. Verbb.[56)]: 330-43. — Beitr. z. Identifizierg. v. Mineralöl-KWStoffen auf Grund ihrer physik. Daten: **39** ('58) 97-110. — Üb. d. Zerlegg. d. Fraktionen d. atmosphär. Destillation eines dtsch. Erdöls u. d. Identifizierg. ihrer Bestandteile[32)][53)], 1: Arbeitsmethodik. Zerlegg. d. SO_2-Raffinate d. Kerosen- u. Gasölfrakt.: 289-99; ~ 2: Zerlegg. d. aromat. Extrakte d. Kerosen- u. Gasölfrakt.: 321-29. — Untersuchungen üb. d. Kinetik d. langsamen Oxydat. v. KWStoffen in d. Gasphase u. üb. Beziehungen zw. langsamer Oxydat. u. motor. Verbrenng.[23)][26)][41)]: **40** ('59) 177-86. — Synthese u. physik. Daten einiger Isoparaffinreihen m. 11 bis 24 C-Atomen[27)][2)][36)][40)][62)]: 279f.

Chemie-Ing.-Techn. Neue Erkenntnisse auf d. Geb. d. Extrakt. v. Mineralölen m. selekt. Lösungsmitteln: **21** ('49) 209-16 [auch in: Angew. Chem. **61** ('49) 36].

Erdöl u. Kohle. Zum Dritten Welt-Erdöl-Kongr. im Haag: **4** ('51) 229-31. — Untersuchungen üb. d. Filmresistenz v. Schmierölen im Gleitlager in Abhängigk. v. Belastungen u. Umdrehungszahl[44)][61)], 1: **9** ('56) 597-601; ~ 2: Versuchsdurchführg. u. Fehlerabschätzg.: 690-93; ~ 3: Besprechg. d. Versuchsergebnisse: 770-75. —

Z. Stand d. Theor. d. Gleitlagerschmierg.[44]: **10** ('57) 9-14. — Üb. d. therm.-katalyt. Spaltg. v. isomeren Dodecanen u. Hexadecanen[33]: 281-85, 356-61. — Ist Filmresistenz v. Schmierölen eine physik. Größe?[52]: 311. — Üb. d. chem. Natur der durch Polymerisat. v. Olefinen niedrigen Molekulargewichts mittels Phosphorsäure u. Aluminiumchlorid erhaltenen Produkte, 1: Problemstellg. Die Polymerisat. v. Äthylen m. Aluminiumchlorid ohne u. m. Zusatz v. metall. Aluminium[31][39][46][55][63]: **12** ('59) 467-71. — Unters. eines Druckvergasungsteeres aus südafrikan. Steinkohle unt. Anwendg. neuer Verfahrensweisen[34], 1: 734-39; ~ 2: Unters. einzelner Fraktionen d. Neutralöle: 823-29; ~ 3: Unters. d. Phenole: 903-06.

Fridericiana. Betrachtungen z. Techn. im Zeitgeschehen: Nr. **1/2** ('52) 25-32.

Gas- u. Wasserfach. Die Reaktions- u. Strömungsvorgänge in Generatoren als Grundlage f. deren konstruktive Durchbildg.: **71** ('28) 1205-13. — Zur Kenntn. d. physik.-chem. Grundlagen d. Ammonsulfatgewinng. aus ammoniakhalt. Gasen u. Schwefelsäure, 2: D. Wärmegleichgewicht[11]: **74** ('31) 761-64, 792-99, 810-14, 837-41. — (Festrede) Feier z. 25jähr. Bestehen d. Gasinstituts d. Dtsch. Ver. v. Gas- u. Wasserfachmännern an d. TH Karlsruhe: **75** ('32) 796-99. — Üb. d. Bildg. d. Wassergases u. d. Verhalten d. Kokse u. Halbkokse v. Braun- u. Steinkohlen b. d. Wassergaserzeugg.[11][6][8][9]: **77** ('34) 585-706. — Beiträge z. Kenntn. d. Asche d. Kohlen. Die Bindg. d. anorg. Bestandteile u. d. wahre Aschengehalt[16]: **78** ('35) 129-36. — Zum 100. Geb.tag v. Hans Bunte: **90** ('49) 49-52. — Z. Kenntn. d. Verkokungsvorganges: **91** ('50) 229-38. — Üb. d. nasse Reinigg. v. Steinkohlengas: **94** ('53) 260-65, 311-17. — Abschiedsvortrag v. E. T., geh. am 14. Jan. 1957 an d. TH Karlsruhe anläßl. seiner Emeritierg. u. Vollendg. d. 70. Lebensjahres: **98** ('57) 301-08. — Z. Kenntn. d. Vorgänge b. d. Ammoniakwäsche v. Steinkohlenrohgas u. d. Ammoniakwasserkonzentration. Die Messg. d. Partial- u. Gesamtdrucke v. wäßr. Ammoniumsalzlösungen in Abhängigk. v. Konzentrat. u. Temp.[25][60]: 512-16, 577-82. — Üb. d. ternäre Syst. NH_3-P_2O_5-H_2O z. direkten Überführg. d. Ammoniaks d. Steinkohlenrohgases in Ammoniumphosphatverbb.[60]: 677-82. — Untersuchungen üb. Reaktionsfähigk. u. Druckfestigk. v. Steinkohlenkoksen in Abhängigk. v. Koksgefüge[48]: **100** ('59) 993-1001. — D. Verkokungswärme v. Steinkohle in Abhängigk. v. d. flücht. Bestandteilen u. d. petrogr. Zusammensetzg.[54]: **101** ('60) 414-18.

Industrie-Anz. Wesen u. Wert d. Fachbuches: **73** ('51) Nr. 35/36, 4f.

Oel u. Kohle. Unters. üb. d. Spaltg. v. Kohlenwasserstoffen u. Erdölen[21][18][14][13]: **2** ('34) 2-6, 53-56.

Petroleum. Die Löslichk. v. Mineralöl- u. Teerbestandteilen in flüss. Schwefelwasserstoff[20]: **31** ('35) Nr. 19, 1-9.

Z. Elektrochem. Bernhard Neumann z. 65. Geb.tag: **38** ('32) 259f.

Mit: [1]) O. Doermann; [2]) Dieter Fischer; [3]) Kurt Fischer; [4]) H. Fortkord; [5]) Fritz Gebert; [6]) H. Hofmann; [7])Hellmut Hülsemann; [8]) St. Kowacs; [9]) O. Löhr; [10]) Gaur Modak; [11]) G. Patscheke; [12]) Heinz Petereit; [13]) O. Pocsaner; [14]) I. Pomeraniec; [15]) O. Reinecke; [16]) A. Rost; [17]) E. Sasse; [18]) H. Schmidt; [19]) Kurt Schultze; [20]) W. Vollmer; [21]) C. Walter; [22]) H. Wesemann; [23]) Arno Achterberg; [24]) M. Taghi Assemi; [25]) Walter Attig; [26]) S. Bellingen; [27]) L. Brinkmann; [28]) Hanna Buscher; [29]) Heinz Dähne; [30]) Alexander Doerges; [31]) Raimund Ebert; [32]) Kurt Esser; [33]) Gregor Groppenbächer; [34]) Hans Helmut Hahn; [35]) Klaus-Jörg Hoppe; [36]) D. Hüllstrung; [37]) Willy Jahn; [38]) Horst Kaltenecker; [39]) Karl-Heinz Loebmann; [40]) W. Lorz; [41]) P. Mangold; [42]) Georg Matroff; [43]) Kurt Melzer; [44]) Günter Morlock; [45]) Biswanat Nandi; [46]) Gerhard Rauth; [47]) Peter Rauth; [48]) Wolfgang Raven; [49]) Helmut Reissmann; [50]) Werner Ruppert; [51]) Curt Scheidl; [52]) Robert Schnurmann; [53]) Claus Schott; [54]) Armin Schweitzer; [55]) Richard Seekircher; [56]) Somendra Nath Sur; [57]) Klaus Thewalt; [58]) Hans Toepsch; [59]) Klaus Trappe; [60]) Fritz Tscherter; [61]) Karl Hans Völker; [62]) G. Weisbrod; [63]) Christa Wulf.

V, VI **Tertsch,** Hermann Julius. Mineral., Petrogr., Kristallogr. — 1920-33 Landesschulinspektor Wien; '22 titl. ao. Prof., '39 apl. Prof. U Wien; '33 i. R. — '33 Großes silb. Ehrenzeichen Republ. Österr.; '56 Friedrich-Becke-Medaille (Österr. Mineral. Ges. Wien). [Eig. Mitt.] [Südmähren. *1880, Febr. 18*, Alt-Petrein b. Znaim/

*nicht 19 wie in Pogg. Bd VI.

Biogr. A. Köhler, H. T., d. Senior d. österr. Mineralogen: Karinthin F. **18** ('52) 125-27.

Zum 80. Geb.tag. H. Wieseneder, Österr. Hochschul-Ztg. **12** ('60) Nr. 5, S. 2.

S. ● Österr. Naturforscher, Ärzte u. Techniker (Wien '57) 61-63: Albrecht Schrauf, d. Mitbegründer d. Kristallphysik in Österr.

W. ● Das Kristallzeichnen auf Grundlage d. stereogr. Projekt. (Wien '35) 4 + 38 S. — ● Der Schlüssel z. Aufbau d. Materie (Wien '39) 122 S.; [2]('47) 160 S. — ● Einführung in d. geom. Kristallogr. u. Kristalloptik u. deren Arbeitsmeth. (m. F. Raaz) (Wien '39) 9 + 215 S.; [2]('51); 3. Aufl. u. d. T.: Einführung in d. geom. u. physik. Kristallogr. [3]('58) 12 + 367 S. — ● Das Geheimnis d. Kristallwelt (Wien '47) 391 S. — ● Die Festigkeitserscheinungen d. Kristalle (Wien '49) 7 + 310 S. — ● Die stereogr. Projekt. in d. Kristallkunde (Wiesb. '54) 4 + 122 S.

Acta hist. Sci. nat. med. [København]. Niels Stensen u. d. Kristallogr.: **15** ('58) 120-39.

Anz. Österr. Akad. Wiss. Anisotropie d. Mikrohärte (Vickers-Meth.) am Kalkspat: **87** ('50) 136-42.

Karinthin. Von Achsenbildern u. deren Auswertg. unt. d. Mikroskop: F. **11** ('50) 226-37; **12** ('50) 270-79; **14** ('51) 43-52; **16** ('51) 86-93. — Kristallprojekt. u. Wulffsches Netz: **22** ('53) 231-37; **26** ('53) 344-49; **28** ('54) 42-45. — Mein Lehrer — Zu Friedr. Beckes 100. Geb.tag: **30** ('55) 86-94. — Was ist amorph?: **31** ('56) 120-29. — D. Kristallhärte u. deren prakt. Bedeutg.: **36** ('57) 233-42; **37** ('58) 267-77.

Mikroskopie. Beob. üb. Vickers-Mikrohärte am Kalkspat: **5** ('50) 172-83. — Bem. z. Verwendg. v. Mikrohärteprüfern nach d. Vickers-Meth.: **7** ('52) 131-34.

Mitt. Österr. mineral. Ges. Erinnerungen an Friedr. Becke: Sonderh. **4** ('56) 32 S.

Neues Jahrb. Mineral., Geol. Paläontol., Beil.-Bd (A). Zur Frage d. Verteilg. d. Mohsschen Ritzhärte im Mineralreich: **73** ('38) 375-88.

Neues Jahrb. Mineral., Geol. Paläontol., Mh. (A). Zur Frage d. theoret. Überprüfbark. d.

Plagioklasoptik: **1944**, 250-56. – Erg. z. Hochtemperaturoptik d. Plagioklase: 274-79. – Unters. üb. d. Hochtemperaturoptik sauerer Plagioklase: **1950**, 121-38. – Erfahrungen b. Mikrohärtebest. an Kristallen: **1951**, 73-78. – Einige Mikrohärtebeob. an gepreßtem Material: **1952**, 136-44. – Graph. Indicesbest. b. Koordinatentransformat.: 193-201. – Bem. z. Handhabg. d. „schemat. (gnomon.) Zonennetzes“: 256-60. – Zu T. V. Barkers graph. Meth. d. Indicesbest.: 265-76. – Z. Frage d. Vergleichbark. v. Härtemessungen nach versch. Meth.: **1955**, 121-26. – Rückfederungsprobl. b. Mikrohärtebestimmungen: **1956**, 241-50. – Von d. stereogr. Projekt. z. Dreiecksprojekt. u. Bemerkungen z. Trachtenfrage: **1959**, 193-99.

Radex-Rdsch. Anisotropieerscheinungen b. d. Mikrohärteprüfg. nach d. Vickers-Meth.: **1950**, 194-201. – Mikrohärtemessungen am körn. Magnesit: **1951**, 142-48. – Mikrohärteprüfg. u. Praxis: **1953**, 126-28. – Bem. z. Best. d. Schleif-Mikrohärte: **1956**, 241-50. – Vickers-Mikrohärte u. d. Rückfederungsfrage: **1957**, 495-97.

Tschermaks mineral. petrogr. Mitt. Trigonales Kristallsyst. – ein Strukt.- u. Formprobl.: (3) **1** ('50) 427-32. – Graph. Best. v. Netzebenenabständen: **5** ('55) 171-82. – Kristallisationsschieferg.: **5** ('56) 343-46. – Einiges üb. d. Probl. d. Gleitg.: **6** ('57/58) 252-58, 376-86. – Z. Probl. d. Kristallwachstums: **7** ('59) 106-14.

Zbl. Mineral. (A). Noch ein Wort z. Ableitg. u. Benenng. d. 32 Kristallklassen: **1936**, 161-66. – Hochtemperaturoptik d. Plagioklase: **1940**, 137-44. – Beckes Achsenwinkelbest. aus d. Hyperbelkrümmg. unt. Verwendg. d. Schraubenmikrometerokulares: 166-74. – Verwertg. d. Zwillingsoptik d. Plagioklase: **1942**, 193-200.

Z. Kristallogr. (A). Einf. Kohäsionsvers., 2: **78** ('31) 53-75; ~ 3: **81** ('32) 264-74; ~ 4: **85** ('33) 17-34; ~ 5: **87** ('34) 326-41. – Trachtrichtige Kristallzeichnungen aus d. Zentraldistanzen: **88** ('34) 460-65. – Schleifhärtenisotropie: **89** ('34) 541-52. – Schleifhärtenvers. am Dolomit: **92** ('35) 39-48. – Z. Frage d. Verbreitg. u. z. Geom. d. Zwillingsbildungen: **94** ('36) 461-90. – Schleifhärtenanisotropie am Baryt: **95** ('36) 296-307. – Ableitg. d. Deckachsenzähligk.: **98** ('37) 275-78. – Raumerfüllungsfragen b. d. SiO_2-Modifikationen: **103** ('40) 96-110.

Z. Kristallogr. (B). Opt. Orientierg. d. Hochtemp.-Anorthites: **53** ('41) 50-66. – Hochtemperaturoptik bas. Plagioklase: **54** ('42) 193-217. – Best. v. Hochtemp.-Plagioklasen in Achsenschnitten: 218-24.

VI **von Terzaghi,** Karl Anton. Grundbau u. Erdbaumechanik. — 1929–38 Prof. TH Wien; '36 Gastprof. TH Berlin-Charlottenburg, Harvard U, Cambridge, Mass.; '39 Prof. Harvard U, Cambridge, Mass., seit '56 em.; dazu seit '45 Lecturer and Res. Consultant U of Illinois, Urbana, Ill., u. seit '56 Lecturer and Res. Consultant Massachusetts Inst. of Technol. — '47 Hon.-Prof. of Soil Mechanics (San Andreas U, La Paz/Bolivia); '49 Dr. sc. h. c. (Trinity College, Dublin/Ireland); '49 Dr. h. c. (Istanbul Teknik U); '51 Dr. h. c. (Univ. Nac. Auton. Mexico); '53 Dr. techn. Wiss. h. c. (ETH Zürich); '54 Dr.-Ing. h. c. (Lehigh U, Bethlehem, Pa.); '58 Dr.-Ing. h. c. (TU Berlin); '60 Dr. h. c. (TH Trondheim). — '26, '42 Clemens Herschel Prize (Boston Soc. Civ. Eng.); '30, '42, '46, '55 Norman Medal (Amer. Soc. C. E.); '39 James Forrest Lectureship (Inst. Civ. Eng., London); '48 Thomas Fitch Rowland Prize (Amer. Soc. Civ. Eng.); '48 Gold. Ehrenmünze (Österr. Ing.- u. Archit.-Ver.); '53 Fitzgerald Medal (Boston Soc. Civ. Eng.); '55 New England Award; '60 James Alfred Ewing Medal (Inst. Civ. Eng., London). [Eig. Mitt.]

*1883, Okt. 2, Prag.

Kurzbiogr. • Österreich 1918-1934 (Wien '35) 356 (m. Bildn.).

Biogr. (Aus Anl. d. Verleihg. d. Dr.-Ing. e. h. d. TU Berlin) Sattler, Bauingenieur **33** ('58) 284 (m. Bildn.).

Zum 75. Geb.tag. • L. Bjerrum, A. Casagrande, R. B. Peck, A. W. Skempton, From Theory to Practice in Soil-Mechanics. Selected Writings of K. Terzaghi, with Bibliogr. and Contributions on his Life and Achievements (New York '60) 425 S. – Eng. News-Rec. **163** ('59) 1. – Harvard Eng. Soc. Bull. [Cambridge, Mass.] **1960**, 6.

S. • 4th Nat. Sympos. on Colloid Chemistry, Cambridge, Mass. (New York '26) 58-78: The mechanics of absorpt. and of the swelling of gels. – • Int. Vereinigg. f. Brückenbau u. Hochbau, 1. Kongr. Paris 1932, Vorber. (Zürich '32) 659-83 u. Schlußber. ('33) 596-605: Tragfähigk. d. Flachgründungen. – • Proc. 1st Int. Congr. on large Dams **3** (Stockholm '33) 309-32: Unters. d. Eigenschaften v. Böden hinsichtl. ihrer Eigng. z. Herst. v. Erddämmen. – • Festschr. anläßl. d. 75jähr. Bestandes d. Ziviltechniker (Wien '35) 457-66: Österr. Baugrundforschg. im In- u. Ausland. – • Proc. 1st Int. Conf. on Soil Mech. and Foundation Engineering, Cambridge, Mass. 1936 **1** (Cambridge, Mass. '36/37) 54-56: The shearing resistance of saturated soils and the angle between the planes of shear; 156-61: Critical height and factor of safety of slopes against sliding [span. in: Ingenieria-Mexico **13** ('39) Nr. 4]; 161-65: Stability of slopes of natural clay; 211-15: Distribution of lateral pressure of sand on the timbering of cuts; 215-18: Effect of the type of drainage of retaining walls on the earth pressure; 307-11: Stress distribution in dry and in saturated sand above a yielding trap-door; 328-36: A fundamental fallacy in earth pressure computations; **2** ('36) 264, **3** ('36) 238: Failure of bridge piers due to scour; **2**, Appendix, Paper Z 20: Simple tests determine hydrostatic uplift; **3** ('36) 13-18: Relation between soil mechanics and foundation engineering; presidential address; Proc. 2nd ~, Rotterdam 1948 **6** (Rotterdam '48) 74f.: Closing discuss. on: Theories, hypotheses, considerations of a general character; 111: Closing discussion on: Earth pressure, stability and displacements of retaining constructions; 118: Closing discussion on: Foundation pressure and settlements of buildings on footings and rafts; 141: Closing discussion on: Miscellaneous; Proc. 3rd ~, Zürich 1953 (Zürich

'53) 158f.: Foundations of buildings and dams, bearing capacity settlement observations, regional subsidences; 227-37: Fifty years of subsoil exploration [dtsch. in: Schweiz. Bau-Ztg. **72** ('54) 181-85, 202-07]; 248-58: Stability and deformations of slopes and earth dams, research on pore-pressure measurements; Proc. 4th ~, London 1957 **3** (Lond. '57) 98: Discussion on: Soil properties and their measurement; 135f.: Discussion on: Techniques of field measurement and sampling; 154f.: Foundation of structures, A: General subjects and foundations other than piled foundations; 199: Piling and piled foundations; 246f.: Earth pressure and structures of tunnels; 263-65: Earth dams, slopes and open excavations. — ● Handb. d. physik. u. techn. Mech. (F. Auerbach u. W. Hort) **4**,2 (Lpz. '39) 513-78: Festigkeitseigenschaften d. Schüttungen, Sedimente u. Gele. — ● Waterways Exp. Stat., Soil Mech. Series **1** (Vicksburg, Miss. '39) No. 11: Lectures in Texas. — ● Proc. 3rd Texas Conf. on Soil Mech. and Foundation Engng., Austin 1940 (Austin, Tex. '40) 4 S.: Slides in nonhomogeneous or fissured deposits; Proc. 4th ~, Austin 1941 (Austin, Tex. '41) 6 S.: Design of pile foundations; 6 S.: Settlement of pile foundations due to secondary compression; Proc. 6th ~, Austin 1943 (Austin, Tex. '43) 28 + 13 S.: Measurement of the pore water pressure in consolidating clay stratum; 12 + 4 S.: Stability of fills above horizontal clay strata; Proc. 7th ~, Austin 1947 (Austin, Tex. '47) 15 S.: Recent trends in subsoil exploration; 10 S.: Shear characteristics of quicksand and soft clay; Proc. 8th ~, Austin 1956 (Austin, Tex. '56) 41 S.: Varieties of submarine slope failures. — ● Proc. Purdue Conf. on Soil Mechanics and its Applications, Lafayette, Ind. 1940 (Lafayette, Ind. '40) 151-60: Sampling, testing and averaging; 259-69: Anchored bulkheads; 240-59: Earth pressure of sand on walls; 1-9: Limitations and objectives of course in soil mechanics. — ● Physics of the Earth. Nat. Res. Council. Vol. on Hydrol. (New York '42) 331-63: Soil moisture and capillary phenomena in soils. — ● R. V. Proctor, T. White, Rock Tunneling with Steel Supports. Sect. 1 (Youngstown, Ohio '46) 17-99: Rock defects and loads on tunnel supports. — ● Trans. 3rd Int. Congr. on large Dams **2** (Stockholm '48) 757-64: The most recent precautions to avoid the formation of pipings; franz.: 765-72. — ● Hydrology (O. E. Meinzer) (New York '49) 331-63: Soil moisture. — ● Applied Sedimentation (P. D. Trask) (New York '50) 193-209: Geologic aspects of softground tunneling. — ● Engineering Geology. Berkeley Vol. (New York '50) 83-123: Mechanism of landslides. — ● C. Mallet, J. Pacquant, Les Barrages en Terre (Paris '51) 1f.: Preface. — ● American Soc. Civil Engineers. Centennial Trans. (New York '53) 666-69: Origin and funct. of soil mechanics (Harvard Univ. Soil Mech. Series 44). — ● South African Institution of Civil Engineers, Convention Johannesburg 1958 (Johannesburg '58) 3 S.: Soil mechanics res. in South Africa.

W. ● L'Irrigation dans la Turquie d'Asie (Constantinople '17) 2 S. — ● Vorlesungen üb. Bodenmech. (Bln '36) 60 + 30 S. — ● Theorie d. Setzg. v. Tonschichten (m. O. K. Fröhlich) (Lpz.-Wien '36) 8 + 166 S.; franz. (Paris '39) 226 S. — ● Erdbaumechanik u. Baupraxis (m. O. K. Fröhlich) (Lpz.-Wien '37) 33 S. — ● Theoretical Soil Mechanics (New York '43) 510 S.; span. (Buenos Aires '45) 512 S.; franz. (Paris '51) 474 S.; dtsch. (Bln-G.-H. '54) 505 S. — ● Soil Mechanics in Engineering Practice (m. R. B. Peck) (New York '48) 566 S.; serbo-kroat. (Belgrade '51); span. (Buenos Aires '55) 680 S.; japan. ('55); franz. (Paris '57) 565 S.

Ann. Geomorphology. Landforms and subsurface drainage in the Gačka region in Yugoslavia: **2** ('58) 76-100.

Ann. Inst. techn. Bâtiment Trav. publ. Compte rendu de la conférence 1937 aux laboratoires du bâtiment et des travaux publics: **3** ('37) 25-34.

Bauingenieur. Ursachen d. Schiefstellg. d. Turmes v. Pisa[2]): **15** ('34) 1-4, 78, 112f. — Bodenuntersuchungen f. Straßenbauzwecke: 143-47. — Spannungszustand im Porenwasser trocknender Betonkörper: 303-06. — Best. d. maximalen Flächenporosität d. Betons: 413. — 15 Jahre Baugrundforschg.: **16** ('35) 25-31.

Bautechnik. Tragfähigk. v. Pfahlgründungen: **8** ('30) 475-78, 517-21. — Verbessertes Verf. z. Setzungsbeob.: **11** ('33) 579-82. — Verbesserte Schlauchwaage z. Setzungsbeob.[7]): **12** ('34) 291f. — Beanspruchg. v. Gewichtsstaumauern durch d. strömende Sickerwasser: 379-82, 560. — Stat. Berechng. d. Gewichtsstaumauern: 589-92; **13** ('35) 56. — D. Coulombsche Gleichg. f. d. Scherwiderstand bindiger Böden: **16** ('38) 343-46 [franz. in: Le Monde souterrain **18/20** ('38) 42-47]. — Gleitwiderstand v. Ankerblöcken f. Hängebrücken: 413-16, 427-31.

Beton u. Eisen. Zu O. K. Fröhlich, Druckverteilg. in d. Silozelle u. im Baugrund: **34** ('35) 18f.

Bol. Inst. Paulista Oceanogr. Origin of oil in the Wilmington field in California: **1** ('50) 39-41.

Civil Engng. Measurement of pore-water pressure in silt and clay: **13** ('43) 33-36. — Recording results of field tests on soils: 585-87. — Drainage of clay strata by filter wells: **15** ('45) 463f. — Soil mechanics in action: **29** ('59) 69f.

Civil Engng. publ. Works Rev. Effect of excavation on the settlement of buildings: **34** ('39) 370f. — Soil studies and construction of foundations: **46** ('51) 764-66.

Contract J. Chania-Sasumua water supply for Nairobi, Kenya; construction of the Sasumua dam[1])[2])[3]): **169** ('58) 641f.

Dtsch. Wasserwirtsch. Einfl. d. Porenwasserdruckes auf d. Scherwiderstand d. Tone: **33** ('38) 201-05, 227-31.

Econ. Geology. Influence of geol. factors on the engineering properties of sediments: **50** ('55) 557-618.

Engineering. Kjellman soil-testing machine: **143** ('37) 10f. — Soil mechanics — a new chapter in engng. sci.: **147** ('39) 566-69.

Engng. J. Ends and means in soil mechanics: **27** ('44) 608-15.

Engng. News-Rec. Foundation problems and laboratory research: **87** ('21) 77f. — Bearing capacity of soil; a restatement of the basis for rules as to bearing capacity of cohesionless and cohesive materials: **100** ('28) 629f. — Soil study, frost action and colloids: 708. — Soil-loading test practice in Europe: **109** ('32) 158f. — Record earth-pressure testing machine: 365-69. — Large retaining-wall tests, 1: Pressure of dry sand: **112** ('34) 136-40; ~ 2: Pressure of saturated sand: 259-62; ~ 3: Action of water pressure on fine-grained soils: 316-18; ~ 4: Effect of capillary forces in partly saturated fill: 403-06; ~ 5: Pressure of glacial fill: 503-08. — Retaining-wall design for 15-mile falls dam: 632-36. — Simple tests determine hydrostatic uplift: **116** ('36) 872-75.

Forsch. u. Fortschr. Ph. Forchheimer z. 80. Geb.tag: **8** ('32) 288. — Probleme d. Staudammfundierg.: 322.

Géotechnique [London]. Stresses in rock about cavities[12]): **3** ('52) 57-90. — Evaluation of coefficients of subgrade reaction: **5** ('55) 297-326. — Correspondence on: Bolt, G. H., Physico-chem. analysis of the compressibility of pure clays: **6** ('56) 191f.

Geotecnica. Il progetto e la costruzioni della diga di Vermilion in California[8]): **5** ('58) 243-57.

Good Roads [New York]. Load, road and subgrade[5]): **73** ('30) 298f., 305f.

Illinois Technogr. Prof. Peck receives award: **1945**, Febr., 20, 28.

Ingenieur ['s-Gravenhage]. Setzungen d. Fundierungen u. ihre Wirkg. auf d. Oberbau: **1935**, 239-58, 263-81.

Ingenieur-Z. Ziele u. Wege d. Sowjetsyst.: **11** ('31) 241, 253.

Irrig. en México. Estabilidad y falla de presas de tierre cimentados sobre sapas de arcilla: **24** ('43) 175-81.

J. Boston Soc. Civil Engr. Modern conceptions concerning foundation engineering: **12** ('25) 397-423. — Undisturbed clay samples and undisturbed clays: **28** ('41) 211-31. — Shield tunnels of the Chicago subway: **29** ('42) 163-210. — Permafrost: **39** ('52) 1-50. — Consultants, clients and contractors: **45** ('58) 1-17.

J. Rheology. Static rigidity of plastic clays: **2** ('31) 253-62.

Kolloid-Z. Die Oedometer-Beob. als Hilfsmittel z. Erforschg. d. Gelstrukt.: **65** ('33) 129-48.

Kulturtechniker. Sickerverluste aus Kanälen: **34** ('31) 291-93.

Mitt. Verb. Freunde TH Wien. Drei Jahre Erdbauforschg. an d. TH Wien: **5/6** ('33) 6-17.

Nat. Res. Council Canada, Assoc. Comm. Soil and Snow Mech. Techn. Mem. Influence of modern soil studies on the design and construction of foundations: **1952**, No. 25, 139-45. — Egypt's Aswan High Dam: **1956**, Nr. 46, 47-51.

New England Construction. My toughest foundation job: **1936**, July, 16.

Österr. Bau-Ztg. Bodenpressg. u. Bettungsziffer: **8** ('32) 293-305.

Österr. Betonver., Monatsnachr. Wie setzen sich unsere Bauwerke?: **4** ('37) 164-77.

Proc. Amer. Soc. Civil Engr. Stabilization of an ore pile by drainage[10]): **83** ('57) No. SM 1, paper 1144, 13 S. — Design and performance of Vermilion dam, California[8]): **84** ('58) No. SM 3, 30 S.

Proc. Amer. Soc. Testing Mater. Stress conditions for the failure of saturated concrete and rock: **45** ('45) 777-801.

Proc. Highway Res. Board [Washington]. Paper on methods and possibilities of road-soil investigations: **6** ('26) 394-408.

Proc. Instn. Civil Engr., Part III. Discussion on: A. W. Skempton and D. H. MacDonald: Allowable settlements of buildings: **5**,3 ('56) 757-77. — Design and performance of the Sasumua dam: **9** ('58) 369-94; **11** ('58) 360-63.

Roads and Streets. Dirt experts discuss subgrade problems: **67** ('27) 384-88.

Structur. Engr. The actual factor of safety in foundations: **13** ('35) 126-60 [franz. in: Travaux **19** ('35) 171-81].

Technol. Rev. Landslides in Central America: **31** ('28) 12-16.

Trans. Amer. Soc. Civil Engr. Settlement of structures in Europe and methods of observations: **103** ('38) 1432-48. — General wedge theory of earth pressure: **106** ('41) 68-97. — Liner-plate tunnels on the Chicago/Ill. subway: **108** ('43) 970-1007, 1090-97. — Stability and stiffness of cellular cofferdams: **110** ('45) 1083-1202. — Shipways with cellular walls on a marl foundation[6])[9]): **112** ('47) 298-324. — Anchored bulkheads: **119** ('54) 1243-1324.

Umschau. Der Dammbruch am Mississippi: **16** ('12) 735-38.

Wasserwirtschaft. Über d. Einfl. untergeordneter geol. Einzelheiten auf d. Sicherh. v. Dammbauten: **23** ('30) 159-64. — Auftrieb u. Kapillardruck an betonierten Talsperren: **26** ('33) 397-99. — Prüfg. v. Baumaterial f. gewalzte Erddämme: 408-12, 438-43. — Verf. z. Messg. d. Bewegungen betonierter Talsperren: 437f.

Zbl. Bauverwalt. Festigkeitslehre plast. Böden: **50** ('30) 739.

Z. Österr. Ing.- u. Archit.-Ver. Wirksame Flächenporosität d. Betons[11]): **86** ('34) 1-9, 30-32, 44f. — Promotion v. Exz. Dr.-Ing. h. c. Dr. H. Hoover zum Ehren-Dr. d. TH Wien: **90** ('38) 74-76.

Mit: [1]) H. H. Dixon; [2]) G. A. Edington; [3]) E. P. Fitzgerald; [4]) Otto Karl Fröhlich; [5]) C. A. Hogentogler; [6]) M. M. Fitz Hugh; [7]) K. Langer; [8]) T. M. Leps; [9]) J. S. Miller; [10]) R. S. Peck; [11]) L. Rendulic; [12]) F. E. Richart.

II **Teske,** Johann Gottfried → VIIa/Suppl.

V, VI **Tetens,** Otto Peter Harens. Meteorol. — Prof., i. R. in Bad Saarow. *1865, Sept. 26, Rendsburg; †1945, Febr. 15, Teplitz-Schönau*.

*Mitt.: Standesamt Bad Saarow-Pieskow, Kr. Fürstenwalde (Spree).

Bibliogr. in: ● [G. Engelmann] Lindenberger Bibliogr. (Bln '60) (Abh. d. meteorol. u. hydrogr. Dienstes d. DDR 56) 66-68.

Astron. Nachr. Zur Kalenderverbesserg.: **250** ('33) 231f. — Üb. d. röm. Schaltjahre v. Cäsar bis Augustus: **258** ('36) 397f.

Wetter. Mittelwert u. Umschlagswahrscheinlichk.: **51** ('34) 92f.

Teuber, Hans-Joachim. Chem. (org.). — 1937-39, '42-44 stud. U Berlin; '46 Dr. med. (W. Heubner, R. Siebeck), '49 Dr. rer. nat. (H. Leuchs, K. Freudenberg), '53 habil. U Heidelberg; '44-45 Ass. U Graz (E. Thilo), '46-52 U Heidelberg; '52-53 British Council Fellow U Oxford (R. Robinson); '53 PDoz. U Heidelberg; '55 Exchange Prof. U of Chicago; '55 PDoz., seit '60 apl. Prof. U Frankfurt/M. [Eig. Mitt.]
*1918, Okt. 26, Berlin.

W. ● Über d. Atem- u. Kreislaufwirkg. einiger Strychninderiv., insb. d. Kakothelins. Med. Diss. (o. O. '46) 82 S. — ● Ein neuer Abbau d. aromat. Kerns im Brucin u. ein Abbau d. Strychnins durch Disproportionierg. seines Aminoxyds. Naturwiss. Diss. (o. O. '49) 112 S. Masch.schr. — ● Über neue Oxydationen, insb. m. Nitrosodisulfonat. Hab.schr. (Heidelb. '53) 133 S. Masch.schr.

Angew. Chem. Zur Kenntn. d. Brucins u. Kakothelins: **62** ('50) 337. — Polarogr. Kennzeichng. org. Strukturtypen, 1: Unterscheidg. zw. Indolen, Indoleninen u. α-Methylendihydroindolen[2])[1]): **66** ('54) 293. — Z. Kenntn. d. Aminoxyde u. üb. neue Oxydationen in d. Strychninreihe: 333. — Reaktionen m. Nitrosodisulfonat, 12: [Tetrahydrocarbazole u. Tetrahydrocarbazolchinone, 2:] **68** ('56) 420; ~ 13: 628; ~ 15: **69** ('57) 308; ~ 18: **70** ('58) 607.

Ber. Dtsch. chem. Ges. Brucin-9-essigsäure u. Brucin-9-nitril[6]): **75** ('42) 920-24. — Reaktionen m. Nitrosodisulfonat, 1: Einwirkg. auf Phenole u. aromat. Stickstoffverbb.[5]): **85** ('52) 95-103; ~ 2: Bildg. v. Chinonen aus einwert. Phenolen[11]): **86** ('53) 1036-47; ~ 3: Equileninchinon: 1495-99; ~ 5: Naphthochinone[3]): **87** ('54) 1236-51; ~ 6: Oxyindole u. Indolchinone aus Dihydroindolen[16]): 1251-55; ~ 7: Oxydat. v. primären aromat. Aminen[5]): 1841-48; ~ 8: Ortho-Benzochinone u. Phenazine[16]): **88** ('55) 802-27; ~ 9: Infrarotspektren v. ortho-Benzochinonen[9])[16]): 828-33; ~ 10: Oxydat. einiger Indole[16]): 1066-71; ~ 11: [Tetrahydrocarbazole u. Tetrahydrocarbazolchinone, 1:] Indol- u. Tetrahydrocarbazolchinone[16]): **89** ('56) 489-504; ~ 14: Chinitrolart. Substitutionsprod. d. Naphthalinreihe[3]): 2654-69; ~ 16: 3-Carbäthoxy-indolchinone[17]): **91** ('58) 2253-70; ~ 17: Z. Reaktionsverlauf d. Bildg. v. Chinonen aus einwert. Phenolen[17]): **92** ('59) 667-73; ~ 19: Chinone aus aromat. Aminen, insb. Benzochinone aus Anilinderivaten[4]): 674-93; ~ 20: Chrysen-chinon-(3,6) u. Dinaphthoanthrachinon[7]): 921-26; ~ 21: Chrysen-dichinon-(3,6;9,12)[7]): 927-31; ~ 22: Triphenylenchinon-(1,2)[7]): 932-37; ~ 23: Tetrahydrocarbazole u. Tetrahydrocarbazolchinone, 3[16]): 2385-99. — Abbau d. Kakothelins m. alkal. Wasserstoffperoxyd, insb. d. Säure $C_{20}H_{23}O_8N_3$: **86** ('53) 232-61. — Die Basen $C_{21}H_{20}N_2O_3$ u. $C_{21}H_{20}N_2O_4$ aus Isostrychninsäure; ihre Darst., Umsetzungen u. Strukt. als β-Methylen-indolenin-Derivate[2]): **91** ('58) 713-45. — Ein einf. Abbau d. aromat. Kerns im Brucin u. ein Beitr. z. Kenntn. d. C_{19}-Hanssen-Säure[2]): 1301-13. — Z. Frage d. Ringschlusses b. d. Indolsynth. nach Bischler m. m-Aminophenol[15]): 2089-94. — Benzthiazoline aus o-Aminothiophenol u. Ketonen[19]): 2341-44. — Versuche m. o,o'-Iminodibenzyl[14]): **93** ('60) 1257-68. — Gelsemin[20]): 3100-07.

Chem. and Ind. [Reaktionen m. Nitrosodisulfonat, 4:] Calycanthine and calycanthidine[12]): **1954**, 783f.

Naturwiss. Atem- u. Kreislaufwirkg. d. chinoiden Brucinderiv., insb. d. Kakothelins: **33** ('46) 347f. — Nitrosodisulfonat als Dehydrierungs- u. Oxydationsmittel[5]): **38** ('51) 259f. — Biosynth. d. Oxindol-Alkaloide u. d. sogen. Wieland-Gumlich-Aldehyd[10]): **45** ('58) 313f.

Z. Elektrochem. Polarograph. Verhalten d. Indolenine, Indoleniniumsalze u. sogen. Fischer-Basen[1])[8])[13]): **63** ('59) 349-54.

Z. Kristallogr. Analyse eines Tremolits[18]): **101** ('39) 345.

Mit: [1]) Fritz Ender; [2]) Erich Fahrbach; [3]) Norbert Götz; [4]) Magdalena Hasselbach; [5]) Gisela Jellinek; [6]) Hermann Leuchs; [7]) Helmut Lindner; [8]) E. Moisar; [9]) Walter Otting; [10]) H. Pfaff; [11]) Wolfgang Rau; [12]) Robert Robinson; [13]) Kl. Schäfer; [14]) W. Schmidtke; [15]) K. Schnee; [16]) Gerhard Staiger; [17]) Gottfried Thaler; [18]) E. Thilo; [19]) H. Waider; [20]) Siegfried Rosenberger.

Teucher, Martin Wolfgang. Physik. — 1949 Dr. rer. nat. U Göttingen; '50-52 Ass. Max-Planck-Inst. f. Physik, Göttingen; '52-56 Ass., '56 PDoz. U Bern; '56-57 Visiting Assoc. Prof. U of Oklahoma, Norman, Okl.; '57-60 Associate Prof. U Chicago; seit '60 ao. Prof. U Hamburg. [Eig. Mitt.]
*1921, Febr. 24, Waldenburg/Sa.

S. ● Zahlenwerte u. Funktionen (Landolt-Börnstein) **1**, 5 [6](Bln-G.-H. '52) 361-65: Best. d. Eigensch. geladener Teilchen in photogr. Emulsionen. — ● Kosmische Strahlg. Vorträge (W. Heisenberg) [2](Bln-G.-H. '53) 20-30: Empir. Daten üb. d. Primärkomponente; 69-95: „Sterne" in photogr. Platten.

Chimia. Der gegenwärt. Stand d. Elementarteilchenforschg.: **10** ('56) 228-35.

Ergebn. exakt. Naturwiss. Techn. u. Anwendg. d. Kernemulsionen: **28** ('55) 407-71.

Helvet. physica Acta. Kernwechselwirkg. v. K^--Mesonen in Ruhe[5])[6])[8]): **28** ('55) 346f. — Schwere Mesonen u. Hyperonen in Kernemulsionen[7])[4]): **29** ('56) 75-82.

Naturwiss. Mesonenerzeugg. durch Höhenstrahlen: **37** ('50) 260. — Vielfacherzeugg. v. Mesonen in Nukleon-Nukleon-Stößen: **39** ('52) 68f.

Nuovo Cimento. A search for angular correlation in τ-meson decay[7])[8]): (10) **1** ('55) 733-35. — Spurious scattering in nuclear emulsions[5]): **3** ('56) 59-65. — A possible example of production and annihilation of an antiproton[5])[8]): 228-30. — On the mass of the K^--meson[2])[4])[8])[5]): 1169f. — On stars produced by K^--mesons and hyperons at rest: **4** ('56) 482f.

Nuovo Cimento, Suppl. On a star with more than 200 shower particles: **12** ('54) 361-63.

Physic. Rev. Product. spectr. of mesons in high-energy nucleon-nucleon collisions[12])[9]): (2) **111** ('58) 1384f. — Product. of strange particles and antiparticles in nuclear interactions of very high energy ($E \sim 10^{13}$ eV)[11]): **112** ('58) 587-89. — Heavy nuclei and α-particles between 7 and 100 BeV/nucleon, 1: Interact. mean free paths and fragmentat. probabilities[11]): **115** ('59) 636-42; ~ 2: Fragmentations and meson product.[10])[11]): 643-54. — Energy spectrum of the heavy nuclei in the cosmic radiat. between 7 and 100 BeV/nucleon[10])[11]): 654-59. — Multiple meson product. in nucleon-nucleon interactions at energies of 10^{12} eV[12])[9])[11]): **116** ('59) 1238-47.

Physic. Rev. Letters. Nuclear interact. of a proton of about 10^{15} eV producing an electron-photon cascade of $2{,}4 \cdot 10^{13}$ eV[11])[9])[12]): **2** ('59) 313-15.

Techn. Rdsch. [Bern]. Thermonukleare Energien: **48** ('56) Nr. 29, 1-3. — Reaktoren f. Schiffe u. Flugzeuge: Nr. 38, 3.

Z. Naturforsch. Absorpt. d. Nukleonenkomponente d. kosm. Strahlg. in Luft zw. Seehöhe u.

4000 m: **7a** ('52) 61-63 (Festschr. W. Heisenberg). — Mesonenerzeugg. b. Zusammenstoß energiereicher Nukleonen[1]): **8a** ('53) 120-26. — Höhenabhängigk. d. Sterngrößenverteilg. u. d. Energiespektr. d. Nukleonenkomponenten bei $\lambda = 50\,°$N: 127-34.

Z. Physik. Die Zahl der v. einer (Ra_{α} + Be)-Quelle emittierten „schnellen" Neutronen[3]): **124** ('48) 700-04. — Primärspektr. d. schnellen Neutronen einer (Ra_{α} + Be)-Quelle u. deren unelast. Stöße in Be, Bi u. Pb, 1: **126** ('49) 410-21 [Diss.]; ~ 2[3]): **129** ('51) 365-68.

Mit: [1]) Klaus Gottstein; [2]) F. Hänni; [3]) Fritz Houtermans; [4]) Ch. Lang; [5]) E. Lohrmann; [6]) Ch. Peyrou; [7]) Walter Thirring; [8]) H. Winzeler; [9]) D. M. Haskin; [10]) P. L. Jain; [11]) E. Lohrmann; [12]) Marcel Schein.

II **von Textor,** Johann Christoph → VIIa/Suppl.

II **Thaer,** Albrecht Daniel → VIIa/Suppl.

VI **Thaer,** Clemens Adolf. Gesch. d. Math. — 1935-39 Stud.-Rat Cammin/Pommern; seit '39 i. R., in Detmold lebend. [Eig. Mitt.]
*1883, Dez. 8, Berlin.

Ue. ● Euclides, Die Elemente. Nach Heibergs Text aus d. Griech. übers. u. hrsg., Teil **1-5** (Lpz. '33-37) 474 S. (Ostwalds Klassiker d. exakt. Wiss. 235. 236. 240. 241. 243).

S. ● Jber. Fortschr. klass. Altertumswiss. (C. Bursian, A. Thierfelder) **283** (Lpz. '43) 144 S.: Antike Math. Ber. üb. d. Schrifttum d. J. 1906-1930.

Dtsch. Math. Würfelverdoppelg. d. Apollonius: **5** ('40) 241-43.

Hermes. Euklids Data in arab. Fassg.: **77** ('42) 199-205.

Math. u. naturwiss. Unterr. Eine sphär. Cosinusaufg. b. Ptolemaeus: **3** ('51) 78-80. — Z. Petersburger Probl.: **6** ('54) 304-07. — Der Verzicht auf Anschaulichk. in d. Physik: **10** ('58) 302.

Philol. Wschr. Schicksale griech. Namen b. d. Arabern: **59** ('39) 110f. — Nochmals Eugenios-Aganis: 896.

Quellen u. Stud. Gesch. Math., Astron. Physik (B). Die Euklid-Überlieferg. durch At-Tûsî: **3** ('36) 116-21.

Unterr.-Bl. Math. u. Naturwiss. Rückwärtseinschneiden b. Ptolemaeus: **41** ('35) 117-19. — Antike Lösg. d. Aufg. d. Rückwärtseinschneidens: **46** ('40) 25.

Z. math. u. naturwiss. Unterr. Eine goniometr. Formel b. Euklid: **71** ('40) 66f.

Thalau, Karl Gustav Friedrich. Flugzeugbau. — 1919-23 stud. TH Berlin-Charlottenburg; '24-34 Leitg. d. Statischen Büros b. d. Dtsch. Versuchsanst. f. Luftfahrt, Adlershof; '25 Dr.-Ing. (W. Hoff), '26 PDoz., '32 n.beamt. ao. Prof., '40 beamt. apl. Prof. TH Berlin-Charlottenburg; später wiss. Mitarb. Inst. Aërotécnico Córdoba, Argentinien; jetzt in München. [Ohne eig. Mitt.]
*1898, Apr. 15, Köln.

Kurzbiogr. Jahrb. Dtsch. Akad. Luftfahrtforsch. **1.** 1937/38 ('38) 147.

Bildn. Jahrb. wiss. Ges. Luftfahrt **1953**, 110.

Bibliogr. Jahrb. Dtsch. Akad. Luftfahrtforsch. **2.** 1938/39 ('39) 134.

W. ● Aufgaben aus d. Flugzeugstatik (m. A. Teichmann) (Bln '33) 11 + 345 S.

Jahrb. Dtsch. Versuchsanst. Luftfahrt. Belastungsversuche an Flugzeugen: **1929**, 90-106. — Tätigkeitsber. d. Statischen Abt. d. Dtsch. Versuchsanst. f. Luftfahrt f. 1930: **1930**, XI-XIV; ~ 1931: **1931**, Xf.; ~ 1932: **1932**, 13-15; ~ 1933: **1933**, 11-13. — Aufgaben d. Luftfahrzeug-Statik: **1931**, 67-79. — Z. Frage d. Belastungsannahmen f. Flugzeuge: 80-82. — Dtsch. Unters. d. Unfalls b. Meopham (England)[1])[2]): **1932**, III, 1-14. — Entwicklg. d. Festigkeitsvorschriften f. Flugzeuge[3]): 37-42.

Jahrb. wiss. Ges. Luftfahrt. Geschwindigk., Konstruktionsgewicht u. Nutzlast moderner Flugzeuge: **1953**, 110-23.

Z. Flugtechn. u. Motorluftsch. Zur Berechng. freitragender Flugzeugflügel in zwei- u. dreiholm. Steifrahmenform: **15** ('24) 103-09; **16** ('25) 86f. — Verbundwirkg. v. Rippen im freitragenden, zweiholm. u. verspannungslosen Flugzeugflügel: 415-45; **17** ('26) 121-29 [Diss.]. — Z. Berechng. v. Flugzeugtragwerken m. Verbundstielen in V-Form u. N-Form: 455-66; **18** ('27) 105-11. — Aufgaben d. Luftfahrzeugstatik: **22** ('31) 229-41.

Mit: [1]) Hermann Blenk; [2]) Heinrich Hertel; [3]) Hans Georg Küssner.

Thaler, Helmut. Lebensmittelchem. — 1924-28 stud., '30 Dr. phil. (H. Wieland), '36 habil., '36-46 Ass., '38 Doz., seit '52 apl. Prof. U München; zugl. '34 wiss. Mitarb., '48 wiss. Mitgl., seit '55 stellvertr. Dir. Dtsch. Forschungsanst. f. Lebensmittelchem., München; '61 ao. Prof. u. Leiter Inst. f. Lebensmittelchem. TH Braunschweig. [Eig. Mitt.]
*1904, Dez. 9, Dieuze/Lothr.

MHZ. Z. Lebensmittel-Unters. u. -Forsch. **95** ('52) ff.

S. ● Methoden d. Fermentforschg. (E. Bamann, K. Myrbäck) **3** (Lpz. '41) 2831-45: Fermente im Brotgetreide u. im Mehl; 2854-64: Fermente im Honig. — ● Ullmanns Encyklop. d. techn. Chem. (W. Foerst) **8** [3](Münch.-Bln '57) 606-10: Honig (m. A. Koch).

W. ● Über d. Vorhandensein v. Acetylgruppen in d. Skelettsubstanzen inkrustierter Zellwände. Diss. (Münch. '30) 58 S. Masch.schr.

Angew. Chem. Best. v. Stickstoff u. Phosphor im Kjeldahlaufschluß mittels Selen[33])[32]): **48** ('35) 191f. — Kjeldahlaufschluß mittels Selen[33])[32]): **49** ('36) 265f.

An. Soc. Españ. Fisica Quim. Best. d. Acetylzahl b. Fetten[33])[20]): **33** ('35) 90-97. — Best. d. freien Acidität in stark gefärbten Flüssigkeiten[20]): 376-80.

Biochem. Z. Die Zubereitg. d. Nahrg. u. deren ernährungsphysiol. Bedeutg., 1: Einfl. d. Röstens b. Kaffee, Kaffee-Ersatz u. sonst. Vegetabilien[8]) [7])[10])[33])[2]): **286** ('36) 402-28. — Vork. u. Best. v. Squalen in pflanzl. u. tier. Fetten[33])[34]): **300** ('39) 354-72. — Chem. d. Ketonranzigk., 1: Abbau gesättigter Fettsäuren durch Penicillium glaucum[11]): **302** ('39) 121-36; ∼ 2: Bildg. v. Methylketonen aus β-Oxyfettsäuren durch Penicillium glaucum[11]): 369-83; ∼ 3: Bildg. v. Methylketonen aus α,β-ungesätt. Fettsäuren durch Penicillium glaucum[8]): **308** ('41) 88-102; ∼ 4: Identifizierg. d. Methylketone[31]): **320** ('49) 84-86; ∼ 5: Bildg. v. Methylketonen aus α- u. β-Methylfettsäuren[28])[31])[4]): 87-98. — Carotinoide d. gelben Pfirsiche[28]): **306** ('40) 1-5.

Chemiker-Ztg. Chem. d. „Ketonranzigk." d. Fette, 1: Ein neuer analyt. Nachw.[33]): **56** ('32) 265f. — Ketonranzigkeitsprobe z. Prüfg. v. Speisefetten nach Täufel u. Thaler[33]): **57** ('33) 736.

Dolciaria int. Sulla determinazione del saccarosio nei cioccolati: **4** ('54) 258-60.

Dtsch. Lebensmittel-Rdsch. Nachw. d. künstl. Färbg. v. Fetten u. Ölen mittels d. Adsorptionsanalyse: **33** ('37) 263f. — Das Für u. Wider d. Milchbestrahlg.: **47** ('50) 105-08. — Untersuchungen an Kaffee u. Kaffee-Ersatz, 1: Der Extraktgehalt d. Kaffees: **51** ('55) 283-86; ∼ 2: D. Extraktion v. Kaffee m. kaltem u. heißem Wasser: **53** ('57) 49-51; ∼ 3: Üb. Alkoholfällungen aus Kaffee: 146-48. — Entwicklg. d. Weinanalytik: **52** ('56) 42-44. — Äthylvanillin ein natürl. Bestandteil d. Vanille?: **55** ('59) 172-75.

Dtsch. Nahrungsmittel-Rdsch. Analyt. Nachw. d. „Seifigk." d. Margarine: **1932**, 77f. — Chem. u. Technol. d. Pektinstoffe: **1935**, 110-12.

Fettchem. Umschau. Vermeintl. Vork. v. Erucasäure im Traubenkernöl[33]): **41** ('34) 196-98. — Samenfett d. Weinraute (Ruta graveolens), 1[33])[1]): 198; ∼ 2[33])[3]): **43** ('36) 55f. — Best. d. Acetylzahl b. Fetten, 2: Durchführg. d. Acetylierg.[33])[20]): **42** ('35) 141-44. — Abbau v. Fettsäuren durch Schimmelpilze[33])[17]): **43** ('36) 1-4. — Squalen als Bestandteil d. Hefefettes[33])[27]): 26-29.

Fette u. Seifen. Das Fett d. Schimmelpilze (Citromyces spec.)[33])[27]): **44** ('37) 34-38. — Verwendbark. d. chromatogr. Analyse z. Nachw. d. künstl. Färbg. v. Fetten u. Ölen: 38-43. — Einfl. v. Tocopherol, Keimöl u. Keimölkonzentraten auf d. Aldehyd- u. Ketonranzigk.[28]): **47** ('40) 522-26. — Abbau v. Triglyceriden gesättigter Fettsäuren zu Methylketonen durch Penicillium glaucum[8]): **48** ('41) 316-21. — Z. Kenntn. d. Getreidekeimöle[12]), 1: Zusammensetzg. d. Roggenkeimöles: **49** ('42) 508-11; ∼ 2: Zusammensetzg. v. extrahierten Roggenkeimölen: **50** ('43) 432-34; ∼ 3: Zusammensetzg. d. Weizenkeimöles: 472-75; ∼ 4: Zusammensetzg. d. Maiskeimöles: 513f. — Einfl. v. Keimöl u. Keimölkonzentraten auf d. Autoxydat. v. ungesättigten Fettsäuren[28]): **49** ('42) 646-52. — Z. Ermittlg. d. Phosphatidgehaltes v. Fetten[14]): **51** ('44) 55. — Nachw. d. künstl. Färbg. v. Fetten: **53** ('51) 132f. — Best. d. Phosphors in phosphatidarmen Fetten: **54** ('52) 763-65.

Forschungsdienst, Sonderh. Reaktionsverlauf b. Ketonigwerden d. Fette: **16** ('42) 723f.

Getreide u. Mehl. Über d. Proteasen d. Mehles[24]): **7** ('57) 99-101.

Gordian Kaffee u. Teemarkt. Der Extraktgehalt d. gerösteten Kaffees: **6** ('56) H. 6, 22-25; H. 7, 4f.

Hippokrates. Wirkg. körperfremder Proteasen im Verdauungstrakt: **20** ('49) 323-25.

Hoppe-Seylers Z. physiol. Chem. Farbreakt. auf Ketone[33]): **212** ('32) 256-62.

Informationsdienst Ernähr. u. Landwirtsch. Probleme d. lebensmittelchem. Analytik: **1958**, Nr. 18, 15f.

Int. Fachschr. Schokolade-Ind. Zur Best. d. Saccharose in Schokolade: **9** ('54) 103f. — Papierchromatogr. Unters. d. Zucker in Schokolade: **13** ('58) 42-46.

Margarine-Ind. Chem. d. „Ketonranzigk." d. Fette, 3: Verhalten d. Fettsäuren b. erhöhter Temp.[33])[19]): **26** ('33) 37-39.

Med. Klinik. Wiss. Grundlagen d. Apfeldiät: **46** ('51) 81f.

Mikrokosmos. Mikroskop. Unters. v. Ölkuchen: **32** ('38/39) 10-14. — Fadenziehendes Brot: 18-20. — Mikroskop. Bild d. Hartkäse: 95-99. — Verwendbark. v. Polarisationsfiltern b. biol. Arbeiten: 145-49. — Mikroskop. Unters. v. Ölkuchen: 160-65, 189-94. — Mikroskop. Bild d. Weichkäse: **33** ('39) 14-18. — Die Milch wird sauer: 47-50. — Mikrobiol. d. Sauerteiges: **34** ('40) 5-9. — Mikroskopie d. Stärke, 1: Kennzeichen d. wichtigsten Stärkearten: **39** ('49) 3-8. — Behelfsmäß. Exsiccator: **39** ('50) 209f.

Mitt. Lebensmittelunters. u. Hyg. Das Filtrieren d. Rohfaser: **46** ('55) 251-54.

Nahrung. Best. reduzierender Zucker in Papierchromatogrammen mittels Cerisulfats: **2** ('58) 111-16.

Naturwiss. Die lösl. Kohlenhydrate d. Kakaobohne: **41** ('54) 432.

Pharmazie. Zur Frage d. Vitamin-C-Gehaltes v. Säuglingsmilch-Präparaten: **4** ('49) 161.

Pharmaz. Ztg. Nachw. d. Glycerins in Lebensmitteln, in arzneil. u. kosmet. Zubereitungen[33]): **79** ('34) 341f.

Vorratspflege u. Lebensmittelforsch. Chem. d. Fermentat. d. Zichorie[33])[5]): **1** ('38) 170-79. — Best. d. Rohfaser nach K. Scharrer: 350-52, 521-23. — Z. Frage d. Vitaminisierg. d. Margarine[28]): **4** ('41) 264-69.

Z. analyt. Chem. Farbreakt. auf Glycerin[33]): **95** ('33) 235-39. — Best. d. Glycerins im Wein mittels Perjodsäure[23]): **131** ('50) 24-37. — Best. d. Aluminiums in Lebensmitteln u. biol. Material[21]): **144** ('55) 241-56.

Z. Lebensmittel-Unters. u. -Forsch. Studien z. Farbstoffanalytik, 1: Nachw. v. Annatto in Speisefetten[25]): **93** ('51) 200-24; ∼ 2: Nachw. v. Buttergelb in Speisefetten[25]): 286-90; ∼ 3: Nachw. v. Teerfarbstoffen in Speisefetten[25]): **95** ('52) 1-9; ∼ 4: Papierchromatogr. Trenng. wasserlösl. Teerstoffe[29]): **97** ('53) 345-65; ∼ 5: Nachw. u. Identifizierg. wasserlösl. Teerfarbstoffe in Lebensmitteln[29]): 441-46. — Best. d. Säuregrades v. Mehl u. Brot[15]): **96** ('53) 173-77. — Papierchromatogr. Unters. v. Weinverbesserungszuckern, 1: Qualitat. Unters. an Stärkezuckern: **100** ('55) 359-66. — Der Aluminiumgehalt v. Pfälzer Traubenmost u. Wein[21]): **103** ('56) 97-108. — Die lösl. Kohlenhydrate einiger Rohstoffe d. Schokoladenind., 1: Oligosaccharide d. fermentierten Kakaobohne: **105** ('57) 73-77; ∼ 2: Oligosaccharide v. Nüssen u. Mandeln: 198-200. — Untersuchungen an Kaffee u. Kaffee-Ersatz, 4: Das lösl. Mannan d. gerösteten Kaffees: **106** ('57) 128-32; ∼ 5: Quantitat. Best. d. lösl. Mannans in Kaffee-Aufgüssen u. Extrakten: **110** ('59)›

442-49. — Nachw. kleiner Mengen v. Teerfarbstoffen in Wein[21]): **108** ('58) 17-20.

Z. Unters. Lebensmittel. Analytik d. Pentosane[22])[33]): **66** ('33) 143-57. — Cellulose d. Lebens- u. Futtermittel, 1: Rohfaser u. Cellulose[33]): **68** ('34) 631-36; ~ 2: Beziehg. zw. Cellulosegehalt u. Furfurolwert d. Kakaobohne: **73** ('37) 129-40 [Hab.schr.-Ausz.]. — Mechanismus d. Salicylaldehydreaktionen z. Nachw. v. Fuselölen u. v. Ketonen[33])[3]): **69** ('35) 401-05. — Mikroskopie d. Bienenhonigs: 405-07. — Ermittlg. d. freien Säure in stark gefärbten Flüssigkeiten[20]): 407-09. — Ermittlg. d. Wirkungswertes d. Honigdiastase[33])[20]): **71** ('36) 190-94. — Verf. z. Nachw. v. Saccharose in pflanzl. Materialien[33])[16]): 390-93. — Z. Kenntn. d. Fettes d. Hefe (Saccharomyces spec.)[33])[27]): **72** ('36) 394-404. — Aufbau d. Zellwand d. Kakaobohne: **73** ('37) 121-28. — Qualitat. u. quantitat. Nachw. v. Methylketonen[33])[13]): **74** ('37) 119-33. — Nachw. d. künstl. Färbg. d. Butter mittels d. chromatogr. Adsorptionsanalyse: **75** ('38) 130-37. — Best. d. Rohfaser in Kaffee-Ersatz- u. Kaffeezusatzstoffen[5])[30]): **78** ('39) 387-92. — Chromatogr. Nachw. d. künstl. Färbg. d. Lebensmittel, 1[28]): **79** ('40) 66-77. — Best. v. Lactose u. Saccharose in Kakaoerzeugnissen: **80** ('40) 439-50. — Best. d. Rohfaser nach K. Scharrer[18]): **83** ('42) 141-44. — Best. d. Rohfaser in Kakao u. Kakaoerzeugnissen[9]): **84** ('42) 97-134.

Mit: [1]) Gerhard A. M. Alberdinck Thijm; [2]) Fritz Arnold; [3]) Oskar Bauer; [4]) Hildegard Beck; [5]) H. Beitter; [6]) Benno Bleyer; [7]) Willibald Diemair; [8]) Werner Eisenlohr; [9]) Heinrich Fincke; [10]) Franz Fischler; [11]) Gustav Geist; [12]) Weltscho Groseff; [13]) Hans Hohner; [14]) E. Just; [15]) Friedrich Kiermeier; [16]) Gertrud Kopp; [17]) Max Löweneck; [18]) Anton Malzer; [19]) Miguel Martinez; [20]) Mariano de Mingo; [21]) Franz-Heinrich Mühlberger; [22]) Bernhard Peter; [23]) Wilhelm Roos; [24]) Franz Sackmann; [25]) Renate Scheler; [26]) Anton Schottmayer; [27]) Hans Schreyegg; [28]) Karl Ernst Schulte; [29]) Günther Sommer; [30]) Thea v. Spieß; [31]) Ilse Stählin; [32]) Kurt Starke; [33]) Kurt Täufel; [34]) Grete Widmann.

VI **Thanheiser,** Gustav. Chem. — 1931-41 Labor.Leiter Chem. Abt. KWInst. f. Eisenforschg., Düsseldorf.

1897, März 18, Friedeberg/Mähren; †1941, Febr. 19, Düsseldorf.

*Mitt.: Max-Planck-Inst. Eisenforsch.

Nekr. Stahl u. Eisen **61** ('41) 384.

S. ● Die Korrosion metall. Werkstoffe (O. Bauer, O. Kröhnke, E. Masing) **3** (Lpz. '40) 27-60: Das Beizen v. Stahl.

Angew. Chem. Neuere analyt. Verf. im Eisenhüttenlabor.: **49** ('36) 291-97.

Arch. Eisenhüttenwes. Anwendg. d. potentiometr. Maßanalyse im Eisenhüttenlabor., 2: Allg. anwendbare Schnellbest. d. Vanadins[3]): **5** ('31) 105-10. — Potentiometr. Best. v. Eisen u. Vanadin im Ferrovanadin, sowie v. Eisen u. Chrom im Ferrochrom[3]): **6** ('33) 379-88. — Einrichtg. d. chem. Abt. d. KWInst. f. Eisenforschg.: **10** ('37) 337-43 [auch in: Chem. Fabrik **10** ('37) 161-67]. — Polarogr. Best. v. Kupfer, Nickel u. Kobalt nebeneinander in Stählen[7]): 441-62. — Best. d. Gase im Stahl nach d. Heißextraktionsverf.[9]): **11** ('37) 81-88 [auch in: Mitt. Kais.-Wilh.-Inst. Eisenforsch. Düsseldorf **19** ('37) 105-12]. — Einfl. d. Probengröße u. d. Anregungsabhängigk. d. Linienintensität auf d. mittleren Fehler b. d. Spektralanalyse[5]): **12** ('38) 127-32 [auch in: ~ **20** ('38) 153-66].

Iron Steel Ind. Determinat. of the gases in steel by the hot-extract. method: **10** ('36) 25-28 [auch in: J. Iron Steel Inst. **134** ('36) 359-92; Engineering **143** ('36) 78].

Mitt. Kais.-Wilh.-Inst. Eisenforsch. Düsseldorf. Anwendg. d. potentiometr. Maßanalyse im Eisenhüttenlabor.[3]), 1: Best. v. Mangan, Chrom u. Vanadin nebeneinander: **12** ('30) 203-23; ~ 3: Best. v. Eisen u. Vanadin nebeneinander u. d. Schnellbest. d. Vanadins im Ferrovanadin: **14** ('32) 169-77; ~ 4: Best. v. Eisen u. Chrom nebeneinander in Eisen-Chrom-Legierungen: 179f.; ~ 6: Best. v. Schwefel in Eisen, Stahl, Ferrolegierungen, Schlacken u. Erzen: **15** ('33) 255-62 [auch in: Arch. Eisenhüttenwes. **7** ('34) 557-62]; ~ 8: Vereinfachte Best. v. Mangan, Chrom u. Vanadin nebeneinander: **20** ('38) 35-41 [auch in: ~ **11** ('37/38) 583-86]. — Untersuchungen üb. d. Einfl. d. Kupfers auf d. Säurelöslichk. v. kohlenstoffarmem Flußstahl[1]): **14** ('32) 1-9. — Untersuchungen üb. d. metallurg. Verlauf d. Thomasverf.[12]): 205-19. — Üb. d. Desoxydationsverlauf b. d. Herst. v. Transformatorenstahl[1]): 221-27. — Weitere Untersuchungen üb. d. metallurg. Verlauf d. Thomasverf.[1]): **15** ('33) 311-14 [auch in: Stahl u. Eisen **54** ('34) 725-29]. — Unters. üb. d. metallurg. Verlauf d. sauren Siemens-Martin-Verf.[1]): **16** ('34) 189-200. — Untersuchungen üb. d. metallurg. Verlauf d. bas. Siemens-Martin-Verf.[1]): **17** ('35) 133-47. — Ein neuer Vacuumofen u. seine Anwendg. z. Sauerstoffbest. im Stahl[2]): 207-11 [auch in: Arch. Eisenhüttenwes. **9** ('36) 435-39]. — Anwendg. d. Polarographen im Eisenhüttenlabor., 1: Best. v. Kupfer, Nickel u. Kobalt nebeneinander in Stählen[7]): **19** ('37) 27-46; ~ 2: Versuche z. Best. d. Vanadins u. d. Best. v. Chrom sowie Molybdän in Stählen nach Abtrenng. d. Eisens mittels Alkalihydroxyd[11]): **21** ('39) 65-78. — Unmittelbare photoelektr. Best. v. Mangan u. Chrom in Stählen[5]): **19** ('37) 113-22 [auch in: Arch. Eisenhüttenwes. **11** ('37) 31-40]. — Wege z. Manganersparnis b. Siemens-Martin-Verf.[1]): **20** ('38) 67-75. — Unters. üb. d. Einfl. d. Eisenverdampfg. auf d. Sauerstoffbest. in Ferrowolfram nach d. Heißextraktionsverf.[8]): **22** ('40) 217-28. — Verf. z. photometr. Best. v. Niob u. Tantal in Stahl, Ferrolegierungen u. Schlacken: 255-65. — Vers. z. elektrolyt. Abscheidg. d. Mangans aus Manganchloridlösungen[6]): **23** ('41) 1-19. — Verf. z. spektralanalyt. Unters. kleiner Flächenelem.[5]): 31-39 [auch in: Arch. Eisenhüttenwes. **14** ('41) 543-50; Chem. Fabrik **14** ('41) 75f.]. — Stahlanalyse durch Tüpfelreakt. am Werkstück[10]): 81-96 [auch in: Arch. Eisenhüttenwes. **15** ('41) 129-44]. — Photometr. Molybdänbest. in Stählen u. Gußeisen unt. Anwendg. v. Wasserstoffperoxyd[4]): 187.

Naturwiss. Potentiometr. Maßanalyse im Eisenhüttenlabor.[3]): **20** ('32) 407-09. — Beitr. z. Metallurgie d. Thomasverf.[1]): **21** ('33) 386-89. — Reaktionsverlauf b. sauren Siemens-Martin-Verf.[1]): **22** ('34) 393-95. — Üb. d. Reaktionsverlauf b. bas. Siemens-Martin-Verf.[1]): **23** ('35) 460-62. — Anwendg. d. Polarographen im Eisenhüttenlabor.[7]): **25** ('37) 426-29. — Spektralanalyt. Unters. v. Einschlüssen[5]): **29** ('41) 488-92.

Stahl u. Eisen. Der Einfl. d. Kohlenstoffs auf d. metallurg. Verlauf d. sauren Siemens-Martin-Verf.: **56** ('36) 188-95. — Neuere Unters. d. Heißextraktionsverf. z. Best. d. Gase im Stahl: 1125-32.

Mit: [1]) Peter Bardenheuer; [2]) Erwin Brauns; [3]) Peter Dickens; [4]) Peter Göbbels; [5]) Josef Heyes; [6]) Reinhold Hubold; [7]) Gerd Maaßen; [8]) R. Paulus; [9]) Heinrich Ploum; [10]) Maria Waterkamp; [11]) Jacob Willems; [12]) Friedrich Körber.

VI **Thannhauser,** Siegfried Joseph. Physiol. — 1931-34 o. Prof. U Freiburg/Br.; seit '35 Clin. Prof. Tufts U, School of Med., Departm. of Biochem., Boston, Mass./USA. — '55 Dr. med. h. c. (U Freiburg/Br.); '55 Dr. med. h. c. (U München). [Eig. Mitt.]
*1885, Juni 28, München.

Zum 65. Geb.tag. N. Zöllner, Med. Mschr. **4** ('50) 558f. — Bull. Schweiz. elektrotechn. Ver. **41** ('50) 203.

Zum 70. Geb.tag. Martini, Dtsch. med. Wschr. **80** ('55) 987f. (m. Bildn.). — Gerhard Schmidt, ebda 988.

S. ● Biochemical Disorders in human Disease (R. H. S. Thompson, E. J. King) (New York '57) 697-737: Miscellaneous disorders of metabolism, 6: Lipidoses.

W. ● Die Bedeutg. d. Tradit. f. d. Erziehg. z. Arzte (Freiburg/Br. '32) 17 S. (Freiburger Univ.-Reden 6). — ● Stoffwechselprobleme (Bln '34) 101 S. — ● Lipidoses. Diseases of the cellular [3. Aufl.: intracellular] Lipid Metabolism (m. H. A. Christian) (Oxford '40) 17 + 370 S.; [2]('50); [3]('59) 600 S. — ● Lehrbuch d. Stoffwechsels u. d. Stoffwechselkrankheiten [2](Stuttg. '57) 20 + 1040 S.

Ann. intern. Med. Different clinical groups of xanthomatous diseases: Clinical physiol. study of twenty-two cases[19]): **11** ('38) 1662-1746.

Arch. Med., Cirug. Metabolismo de las nucleinas: **36** ('33) 1181-93.

Arch. Pathology. Fatty changes in liver from different causes[23]): **33** ('42) 646-54.

Biochem. J. Effect of ascorbic acid on β-glycerophosphate[22])[11]): **32** ('38) 1163-65.

Biochim. biophysica Acta [Amsterdam]. Guanine, the principal introgenous component of the excrements of certain spiders[24])[17]): **16** ('55) 533-35. — Effects of certain nutritional conditions on the format. of purines and of ribonucleic acid in bakers' yeast[24])[25])[12])[15]): **20** ('56) 135-49. — Enzymic hydrolysis of cephalin in rat intestinal mucosa[24])[3]): **23** ('57) 127-38.

Blood. Pathogenesis of Gaucher's disease[21])[24]): **3** ('48) 1250-58.

Die Medizinische. Bedeutg. d. intracellulären Speicherg. v. Cholesterin in d. Intima u. d. extracellulären Niederschlagsbildg. v. Cholesterin in d. tieferen Schichten d. Gefäßwand f. d. Pathogenese d. Gefäßwandschädigg.: **1952**, 599-604. — S. Lauter †: **1954**, 970.

Endocrinology. Mechanism of diabetic disturbance: **26** ('40) 189-200.

Federat. Proc. Quantitat. partition of acetal phospholipides and of free lipide aldehydes[24])[21])[29])[13]): **16** ('57) 832-39.

Hoppe-Seylers Z. physiol. Chem. Exp. Studien üb. d. Nucleinstoffwechsel, 21: Fermentat. Aufspaltg. d. Thymusnucleinsäure m. Lebernucleotidase z. Darst. v. Purin- u. Pyrimidinkohlehydratkomplexen[1]): **186** ('33) 13-25; ~ 22: Fermentat. Aufspaltg. d. Thymusnucleinsäure m. Lebernucleotidase[1]): **189** ('33) 174-76; ~ 32: Ribodesose-Guanylsäure[16]): **218** ('33) 173-80; ~ 34: Ribodesose-Adenylsäure aus Thymusnucleinsäure[16]): **224** ('34) 252-60; ~ 35: Pyrimidinnucleotide aus Thymusnucleinsäure[16]): **231** ('35) 96-103. — Untersuchungen üb. d. Lipoide d. Säugetierleber, 3: Üb. ein Polydiaminophosphatid d. Schweineleber[9])[4]): **218** ('33) 1-11. — Organlipoide, 13: Eigenschaften u. Strukt. d. Sphingomyelins aus normaler Milz[2]): **253** ('38) 217-24.

J. Amer. med. Assoc. Hereditary ectodermal dysplasia of the „anhydrotic type": **106** ('36) 908-10.

J. biol. Chemistry. Studies on animal lipids, 10: The nature of cerebrosidase. Its relat. to the splitting of polydiaminophosphatide by polydiaminophosphatase[22]): **113** ('36) 311-17; ~ 11: The Reineckate of the polydiaminophosphatide from spleen[27]): **116** ('36) 527-31; ~ 12: Method for quantitat. determinat. of diaminophosphatides in organs and fluids; applicat. to stromata of red blood cells and serum[27]): 533-41; ~ 14: Determinat. of lecithin, cephalin and sphingomyelin in body fluids and tissues; with analysis of normal human sera[2])[23]): **129** ('39) 709-16; ~ 15: Lecithin, cephalin and sphingomyelin contents of normal human organs[2])[33])[23]): 717-19; ~ 16: Occurrence of sphingomyelin as a mixture of sphingomyelin fatty acid ester and free sphingomyelin, demonstrated by enzymatic hydrolysis and mild saponificat.[22]): **135** ('40) 1-13; ~ 17: Synth. of lignocerylsphingosine fatty acid esters (sphingosine fats) and sphingosine amides (ceramides)[22]): 15-21. — Serum phosphatase activity, 1: Ascorbic acid activat. on serum phosphatase[22])[11]): **121** ('37) 697-708; ~ 2: Effect of experimental total biliary obstruct. on serum phosphatase activat. in dogs and cats[22])[11])[18]): 709-14; ~ 3: Effect of complete biliary fistula on phosphatase activity in serum and bile[21])[11])[18]): 715-19; ~ 4: Deactivating effect of thiol compounds and bile acids on serum phosphatase activity in vitro and in vivo[21])[11])[18]): 721-26; ~ 5: Studies concerning increased serum phosphatase values in disease[21])[11])[18]): 727-36; ~ 6: Influence of sera with high phosphatase activity on normal sera[22])[11])[18]): **124** ('38) 631-37. — Composit. of sphingomyelin from stromata of red blood cells[27])[2]): **126** ('38) 785-89. — Intestinal phosphatase[24]): **149** ('43) 369-85. — Method for the determinat. of desoxyribonucleic acid[24]): **161** ('45) 83-89. — The enzymatic format. and the accumulat. of large amounts of a metaphosphate in bakers' yeast under certain conditions[24])[14]): **166** ('46) 775-78. — Action of ribonucleinase on yeast[32])[24])[6]): **170** ('47) 759f. — Isolat. and identificat. of hydrolecithin (dipalmityl lecithin) from brain and spleen[5]): **172** ('48) 135-39. — Chem. nature of the fatty acids of brain and spleen sphingomyelin[5]): 141-47. — Effect of potassium ions on the absorpt. of orthophosphate and the format. of metaphosphate by bakers' yeast[24])[14]): **178** ('49) 733-42. — Acetal phospholipids of brain[5])[24]), 1: Procedure of isolat. of crystallized acetal phospholipid from brain: **188** ('51) 417-21; ~ 2: The α-struct. of acetal phospholipid of brain: 423-26; ~ 3: The fatty aldehydes present in crystalline acetal α-phospholipid of brain: 427-30. — On the action of ribonuclease[24])[6])[35])[14])[31])[25])[26]): **192** ('51) 715-26. — Amounts of glycerylphosphorylcholine in some mammalian tissues[24])[14])[7])[12]): **197** ('52) 601-09; ~[24])[12])[7])[34]): **212** ('55) 887-95. — Hydrolysis of l-α-glycerylphosphorylethanolamine[24])[3]): **203**

('53) 849-53. — Struct. of cerebroside sulfuric ester of beef brain[8])[24]): **215** ('55) 211-16. — Concentrations of some constituents of egg yolk in its soluble phase[24])[3])[15]): **223** ('56) 1027-31.

J. cellular comparat. Physiol. On the nature of the products formed by the action of crystalline ribonuclease (Kunitz's ribonuclease) on yeast ribonucleic acid[24])[6]): **38** ('51) Suppl. 1, 61-70.

J. clin. Endocrinol. Hypoglycemia in the early phase of adrenocortical carcinoma: **9** ('49) 691.

J. clin. Invest. Amylolytic and phosphatase activity of liver tissue in von Gierke's disease[28])[5]): **19** ('40) 681-83.

J. gen. Physiol. The behavior of the nucleic acids during the early development of the sea urchin eggs (Arbacia)[24])[14]): **31** ('47) 203-07.

J. Labor. and clin. Med. The absorpt. and disposit. of orally administered I^{131}-labeled neutral fat in man[30]): **34** ('49) 1634-39.

Klin. Wschr. Chem. Leistungen d. normalen Leber f. d. Vorgänge d. intermediären Stoffwechsels: **12** ('33) 49-54. — Insulinmangelkoma u. insulinrefraktäres Koma im Verlauf eines Diabetes mellitus[10]): 252-58. — Klinik u. pathol. Anat. d. chron. Insulinvergiftg. an Tieren[20]): 1054-56. — Lipoidosen: **13** ('34) 161-67.

Med. Welt. Erkenng. u. Beurteilg. d. Zustandes d. Kreislaufs: **6** ('32) 1383-86.

Metabolism, clin. and exp. Pathogenesis of gout: **5** ('56) 582-93.

Münchener med. Wschr. Zur Frage d. Badetodes: **79** ('32) 1890. — Pellagra u. endocrine Störungen: **80** ('33) 291-96.

New England J. Med. New concept. of serum phosphatase[18])[22])[11]): **218** ('38) 166-69. — Significance of cholesterol in the pathogenesis of vascular lesions: **246** ('52) 695-702.

Res. Publ. Assoc. Res. nerv. ment. Diseases. Diseases of the nervous syst. associated with disturbances of lipid metabolism: **32** ('53) 238-68.

Schweiz. med. Wschr. Ernährungsfragen: **65** ('35) 269-74. — Kostverordng. b. Lebererkrankungen u. d. diätet. Behandlg. d. Krankheitszustände m. Hypercholesterinämie: **1177-81**.

Trans. Assoc. Amer. Physicians. Significance of cofactors for serum phosphatase: Studies on experimental jaundice, on bile fistula dogs and Paget's disease with reference to ascorbic acid activat.[22])[18])[11]): **52** ('37) 236-45. — Serum fat curves following oral administrat. of I^{131}-labeled neutral fat to normal subjects and those with idiopathic hyperlipemia: **62** ('49) 245-52.

Tung-Chi [Shanghai]. Die chem. Leistungen d. normalen Leber f. d. Vorgänge d. intermediären Stoffwechsels: **9** ('34) 319-25.

Verh. Dtsch. Ges. inn. Med. Chem. u. Biol. d. Abbauprodukte d. tier. Nucleinsäure[4]): **44** ('32) 111-16.

Z. ärztl. Fortbild. Diabetes u. Gicht: **29** ('32) 585, 624.

Zahlreiche weitere Arbeiten vorwiegend med. Inhalts.

Mit: [1]) Marianne Ackermann; [2]) Joseph Benotti; [3]) Maurice J. Bessman; [4]) Franz Bielschowsky; [5]) Nicholas F. Boncoddo; [6]) Ricardo Cubiles; [7]) Pierre Fallot; [8]) Josef Fellig; [9]) Ernst Fränkel; [10]) H. Fuld; [11]) Jerome F. Grattan; [12]) Lowell M. Greenbaum; [13]) Clemens Hackethal; [14]) Liselotte Hecht; [15]) Mary D. Hickey; [16]) W. Klein; [17]) Maurice Liss; [18]) Stephan J. Maddock; [19]) Heinz Magendantz; [20]) B. Ostertag; [21]) Bertha Ottenstein; [22]) Max Reichel; [23]) Harold Reinstein; [24]) Gerhard Schmidt; [25]) Krikor Seraidarian; [26]) Maria Seraidarian; [27]) Paul Setz; [28]) S. Z. Sorkin; [29]) William A. Spencer; [30]) Malcolm M. Stanley; [31]) Nancy Strickler; [32]) Bessie H. Swartz; [33]) Alex. Walcott; [34]) Auguste C. Walker; [35]) Nepomuk Zöllner.

VI **Thau,** Gustav Adolf. Brennstoffchem. — Seit 1929 Techn. Beirat Didier-Werke AG, Berlin-Wilmersdorf. *1879, Febr. 26, Friedrich-Wilhelmshütte/Sieg; †1953, Jan. 5, Berlin-Wilmersdorf*.

*Mitt.: Standesamt Berlin-Wilmersdorf.

Zum 70. Geb.tag. Gas- u. Wasserfach **90** ('49) 120.

Nekr. H. Bausch, Erdöl u. Kohle **6** ('53) 96. — [E.] Rammler, Energietechnik **3** ('53) 335. — [E.] Terres, Brennstoff-Chem. **34** ('53) 64 (m. Bildn.). — Fridericiana **3** ('55) 23 (m. Bildn.).

MH. ● Die Chem. d. Braunkohle **1** ^{3}(Halle '56); **2** ^{3}('53); darin eig. Beitr.: **2** ^{3}('53) 3-61: Braunkohlenschwelg.; 356-455: Braunkohlengaserzeugg.

S. ● Proc. Int. Conf. on bituminous Coal **1** (Pittsburgh, Pa. '31) 788-808: Herst. v. Wassergas aus Brennstaub nach d. Verf. v. O. Heller.

W. ● 70 Jahre Didier-Ofenbau. Zur Entwicklungsgesch. d. dtsch. Gasofenbaus (Bln '34) 126 S. (Int. Industr.-Bibl. 10. 1934, 60). — ● Die Stadtgasindustrie. Ein Abriß ihrer geschichtl. Entwicklg. (Bln '35) 32 S. (Abh. u. Ber. Dtsch. Mus. 7, 6). — ● Kohlenschwelung (Halle/S. '38) 8 + 205 S.; (Ann. Arbor, Mich. '48) 213 S. — ● Brennstoffschwelung (N. F. v. „Die Schwelg. v. Braun- u. Steinkohle" ('27) u. „Kohlenschwelung" ('38)) **1**: Schweltechn. u. Schwelbetrieb (Halle '49) 8 + 395 S.; **2**: Schwelkoks ('50) 6 + 222 S. — ● Leitfaden d. Braunkohlenchem. (Halle '49) 8 + 274 S.

Anz. Maschinenwes. Steinkohlenschwelkoks u. seine Abnahmeprüfg.: **63** ('41) Nr. 12 Suppl., 13f.; Nr. 20 Suppl., 23-25.

Arch. Wärmewirtsch. Vorbereitg. d. Braunkohle f. d. Stauberzeugg.: **12** ('31) 147f.

Braunkohle. Entwicklungsrückblick auf d. chem. Auswertg. d. Braunkohle im letzten Jahrzehnt: **30** ('31) 673-94. — Rolle u. Voigt, zwei Pioniere d. dtsch. Schwelindustr.: **38** ('39) 39-41.

Braunkohle, Wärme u. Energie. Hüttenkoks aus Braunkohle: **5** ('53) 12-20.

Brennstoff-Chem. Neuzeitl. Einrichtungen z. mech. Reinigg. v. Kohlengasen: **11** ('30) 416-18, 435-38, 455-59. — Das neue Drehofen-Schwelverf. v. P. Salerni: **13** ('32) 228-31. — Steigerg. d. Benzolausbeute im Koksofen: **15** ('34) 41-45. — Neuzeitl. Entwicklungslinien b. Bau v. Braunkohlenschwelöfen: 281-84. — Synthesegas aus niederwert. Brennstoffen: **16** ('35) 61-67. — Kohlenveredlungsverf. v. Blümner: **17** ('36) 361-66. — Neuere Entwicklg. d. Steinkohlenschwelg. in Dtschl.: **18** ('37) 110-13. — Flücht. Bestandteile im Steinkohlenschwelkoks u. ihre Best.: **22** ('41) 169f.

Brennstoff- u. Wärmewirtsch. Neuzeitl. Gaserzeugungsöfen u. ihre Wärmewirtsch.: **16** ('34) 177-84. — Großschwelereien u. Synthesegaserzeugg. z. Treibstoffherst.: **17** ('35) 167-76. — Braunkohlenschwelkoks als Brennstoff: **18** ('36)

141-46. — Dtsch. Kohlen als Ausgangsstoffe chem. Veredlg.: **19** ('37) 17-25. — Vergasg. d. Kohle in d. Grube: 64f. — Dtsch. Kohle in d. dtsch. Kraftstoffwirtsch.: 107-13. — Kraftstofferzeugg. aus Kohle: **20** ('38) 87-92. — Neuzeitl. Entwicklg. d. Vergasg. fester Brennstoffe, 1: Ortsfeste Gaserzeuger: **23** ('41) 89-95; ~ 2: Fahrzeuggaserzeuger: 108-16. — Die Steinkohlenschwelung als Erzeuger fester, flüss. u. gasförm. Kraftstoffe: **24** ('42) 7-12, 26-29, 40. — Restlose Kohlenvergasg.: 61f.

Chem. Apparatur. Der gegenwärt. Entwicklungszustand d. Kohlenschwelg. in Dtschl.: **26** ('39) 105-08, 121-24. — Prakt. Erfahrungen b. d. Ammoniakwasserdestillat.: **27** ('40) 177-81.

Chemiker-Ztg. Moritz Dolch†: **55** ('31) 825. — Fortschr. in d. chem. Auswertg. d. Braunkohle: **58** ('34) 591. — Entschwefelg. v. Kohlengas: **59** ('35) 193-95.

Coal Carbonisat. Synthetic motor spirit: **2** ('36) 159-63. — Manufacture of coarse-grained ammonium sulphate, 1: **3** ('37) 173-75; ~ 2: **4** ('38) 27f. — Refining motor benzole by the Rostin process: **5** ('39) 37-40.

Colliery Guard. J. Coal Iron Trades. Continuous product. of water gas from powdered fuels: **142** ('31) 1709-12 [auch in: Gas J. **194** ('31) 618-23]. — The Rema-Rosin pneumatic coal dryer: **145** ('32) 235-38. — Dry gas purificat. with sulphur recovery: **148** ('34) 151-53. — Briquetting coal without a binder, 1: **149** ('34) 333-35; ~ 2: 383-85. — Motor spirit from coke: **150** ('35) 335-37.

Engng. Progr. Verkokg. v. Kohlenteerpech: **13** ('32) 74f. — Bitumengewinng. durch Extrakt. v. Braunkohle: **15** ('34) 93-96. — Tieftemperaturverkokg. v. Kohle durch unmittelbare Wärmeübertragg.: **21** ('40) 23f. [Alle Arbeiten engl.].

Feuerungstechnik. Trockng. u. Entwässerg. d. Kohle: **24** ('36) 108-11. — Schwelverf. in Verb. m. Kesselfeuerungen: **25** ('37) 65-72. — Wascher f. Kohlen- u. Koksgase: 209-13. — Coalene-Heißdampfspülgasschwelverf.: **26** ('38) 73-76.

Gas Age-Rec. Neues Verf. z. Abscheidg. d. Schwefels aus Stadtgas: **74** ('34) 287f. [engl.].

Gas- u. Wasserfach. Gasrohrnetzprüfg. m. Hilfe v. Äthylmercaptan: **74** ('31) 247-50. — Gas aus Braunkohle: 385-90. — Entferng. v. Kohlensäure u. Schwefelwasserstoff aus Gasen: 1150-55. — Steinkohlenschwelg. in Gaswerksöfen: **75** ('32) 685-87. — Der Gasleitungsprüfer von Hill: 738f. — Neuzeitl. Gewinng. u. Reinigg. v. Motorenbenzol: 853-59. — Neues Gasentschwefelungsverf.: **77** ('34) 33-35. — Vertikalkammerofen m. Wassergaskammer[1]): 619-24. — Der heut. Stand d. therm. Kohlenveredlg.: **78** ('35) 354-56. — Schwelanlagen f. Gaswerke: **79** ('36) 608-12. — Steinkohlenschwelg. in Verb. m. Gaswerken: 885-91. — Leistungsvers. an einem Dessauer Vertikalofen m. stetiger Wassergaserzeugg. in gesonderten Kammern im Gaswerk Rostock[3])[2]): **80** ('37) 146-49. — Großtechn. d. Benzin- u. Ölsynth. aus Wassergas: 911-13. — Stand d. Steinkohlenschwelg.: **81** ('38) 902-05. — Wassergaserzeugg. b. äußerer Wärmezufuhr: **84** ('41) 509-14. — Gasanfall b. d. therm. Kohlenveredlg. u. d. neuere Entwicklg. d. Vergasg.: **85** ('42) 200-02. — Neuzeitl. Entwicklg. d. Großraumöfen z. Stadtgaserzeugg.: 207-11 [auch in: J. Usines Gas **66** ('42) 66-69]. — Steinkohlenschwelg.: 408f. — Karl Bunte (1878-1944): **88** ('47) 4. — Dickteer — ein aktuelles Probl.: 136-40.

Génie civil. La désulfurat. à sec du gaz de houille au moyen d'agglomérés: **105** ('34) 91f.

Glückauf. Beschaffenh. u. Ausbeute v. Koks in Abhängigk. v. d. Art d. Kohlenaufbereitg.: **67** ('31) 1297-1302. — Das Schwel- u. Verkokungsverf. „Kohle in Öl": **71** ('35) 10-15. — Das Verf. v. Rostin z. Gasentschwefelg. sowie z. Veredlg. v. Kohlengas u. Benzol: 298-304. — Neuere Entwicklg. d. Steinkohlenschwelöfen m. Außenbeheizg. im Ausland: **74** ('38) 795-801. — Spülgasschwelg. d. Steinkohle: 1021-27. — Entwässerg. v. Ammoniumsulfat: **75** ('39) 768-71.

Jahrb. brennkrafttechn. Ges. Die Kokereiind. als Erzeuger fester, flüss. u. gasförm. Brennstoffe f. d. dtsch. Volkswirtsch.: **12** ('32) 72-81.

Oel u. Kohle. Der gegenwärt. Stand d. Braunkohlenschwelofenbaues: **2** ('34) 195-205. — Ammoniumsulfaterzeugg. auf Kokereien, 1: Ammoniakwasserdestillat.: **37** ('41) 217-29; ~ 2: Sättigerbauarten: 302-15; ~ 3: Nebeneinrichtungen, Sulfatnachbehandlg., Sättigerbetrieb, sonstige Ammoniaksalze: 411-21. — Großwassergaserzeugg. f. chem. Synth., 1: **38** ('42) 589-601; ~ 2: Synthesegaserzeugg. m. Sauerstoffzufuhr: 617-24; ~ 3: Verf. z. unmittelbaren Wärmeübertragg. durch Wälzgase: 685-90; ~ 4: Verf. z. mittelbaren Wärmeübertragg. durch Außenbeheizg.: 721-27; ~ 5: Versch. Verf. einschl. Gasumformg.: 749-65. — Gasanfall b. d. therm. Kohlenveredlg. u. d. neuere Entwicklg. d. Vergasg.: 665-67. — Maßnahmen z. Verbesserg. d. Ammoniumsulfatbeschaffenh.: **39** ('43) 240-56, 788-92. — Rührwerke z. Benzol-, Öl- u. Teerverarbeitg.: 479-90. — Druck-, Sturz- u. Abriebfestigk. d. Schwelkokses: **40** ('44) 55-61. — Schwefel in Industriegasen u. seine Entferng.: 208-20.

Oel u. Kohle verein. Erdöl u. Teer. Großschwelerei u. Synthesegaserzeugg. z. Treibstoffherst.: **11** ('35) 815-23. — Schwelbestrebungen im Rahmen d. dtsch. Brennstoffwirtsch.: **12** ('36) 550-53. — Wilhelm Gluud†: 681. — Franz Fischer z. 60. Geb.tag: **13** ('37) 247f. — Engl. Verf. z. Benzinsynth. v. Robinson Bindley: 350-53. — Neuzeitl. Techn. d. Benzolgewinng.: 568-77. — Senkrechte Kammeröfen m. stetiger Wassergaserzeugg.: **15** ('39) 419-25.

Oel u. Kohle verein. Petroleum. Ölschiefer: **35** ('39) 716-20.

Progressus [Berlin]. Entwicklg. d. Einrichtungen z. Entteerg. v. Kohlengasen, 1: **9** ('44) 201-12.

Russ.-Dtsch. Nachr. Wiss. u. Techn. [russ.]. Neuzeitl. Entwicklg. d. Schwelverf.: **1933**, Nr. 6, 3-12.

Teer u. Bitumen. Sonderpeche f. Korrosionsschutz u. Dichtungsmassen aus dtsch. Steinkohlenteer: **39** ('41) 48f. — Schwelteer als Heizöl: 171-73, 179-81. — Teerpechverkokg.: **40** ('42) 25-35. — Stet. Auffrischg. v. Benzolwaschöl im Umlauf: 47-52. — Teerentwässerg.: 215-22. — Weiterverarbeitg. d. Steinkohlenschwelteers auf Heizöl: **41** ('43) 114-19. — Stehende Teerblase m. Rührwerk: 123-25. — Entwicklg. d. Vergasg. fester Brennstoffe während d. letzten zwei Jahrzehnte: 139-55.

Vierjahresplan. Bedeutg. u. Techn. d. Kohlenschwelg. in Dtschl.: **3** ('39) 924-29.

Wasser u. Gas. Schwefelbest. in Kohle u. Koks[4]): **23** ('33) 467-75.

Z. Dtsch. Techn. [russ.]. Bitumengewinng. durch Extrakt. v. Braunkohle: **13** ('34) 91-96. —

Synthesegaserzeugg. aus festen Brennstoffen: **19** ('40) Sonder-Nr. 1b, 1-13.

Z. VDI. Das Schwel- u. Verkokungsverf. „Kohle-in-Öl": **79** ('35) 611f. — Kohlenveredlg. z. Kraftstoffgewinng.: **82** ('38) 129-38. — Wasserstofferzeugg. aus Methan: 862. — Entwicklg. d. KWStoff-Synth. aus Wassergas: **83** ('39) 906. — Entwicklg. u. gegenwärt. Stand d. Spezialgasschwelg.: 1277-82.

Z. VDI, Beih. Verfahrenstechn. Sättiger z. Herst. v. Ammoniumsulfat in Nebengewinnungsbetrieben: **1937**, 105-11. — Gewinng. u. Nutzbarmachg. d. Brennstoffschwefels: **1938**, 81-86.

Etwa 10 weitere Arbeiten in: Gas World (Coking Sect.).

Mit: [1]) W. Bueb; [2]) F. Richardt; [3]) G. Vater; [4]) W. Wisser.

Thauer, Rudolf Heinrich Friedrich Konrad. Physiol. — 1925-31 stud. U Frankfurt/M., Berlin; '32 Dr. med. U Frankfurt/M. (A. Bethe); '31-32 Ass. U Frankfurt/M. (F. Volhard), '32-33 U Heidelberg (A. Fraenkel), '34 U Berlin (W. Heubner), '34-39 U Frankfurt/M. (A. Bethe, K. Wezler); '36 PDoz., '39 ao. Prof. U Frankfurt/M.; '43 o. Prof. MA Danzig, seit '51 Justus-Liebig-H, jetzt U Gießen; dazu seit '51 Dir. Kerckhoff-Inst. d. Max-Planck-Ges., Bad Nauheim, u. Wiss. Mitglied d. Max-Planck-Ges. — '44 Senckenberg-Preis. [Eig. Mitt.]

*1906, Sept. 24, Frankfurt/M.

Bildn. Münchener med. Wschr. **95** ('53) Jubil.-Beil., 7.

S. ● Kongreßber. 16. Int. Physiologenkongr., Zürich 1938 **2** (Basel '39) 353: Bedeutg. d. roten Kerne f. Körperstellg. u. Enthirnungsstarre (m. G. Peters). — ● Résumés des Commun. 19. Congr. int. de Physiol., Montreal 1953 (Montreal '54) 823: Insensible perspirat. as a funct. of the water vapor pressure of the environmental air (m. G. Zöllner). — ● Aus d. dtsch. Forschg. d. letzten Dezennien (B. Rajewsky, G. Schreiber) (Stuttg. '56) 351-73: Insensibler Gewichtsverlust als Funkt. d. Umweltbedingungen (m. G. Zöllner u. W. Kaufmann). — ● Festschr. z. 350-Jahrfeier d. Ludwigs-Univ., Justus-Liebig-Hochschule 1607—1957 (Gießen '57) 34-38: D. Physiol. Inst. Gießen; 87-89: D. William-G.-Kerckhoff-Inst. Bad Nauheim. — ● 18. Dtsch. Sportärztekongr., Hamburg 1957 (Frkf./M. '58) 141-55: D. Mensch in extremer Kälte. — ● Actes Symposium sur l'Hypothermie, 15e Congr. int. Méd. et Pharmacie milit., Belgrad 1957 ('58) 59-71: Circulatory dynamics in hypothermia (m. C. Albers, F. W. Behmann, W. Brendel, W. Usinger).

W. ● Die Wirkg. v. Nierenpreßsäften u. -extrakten auf d. Blutdruck v. Versuchstieren. Diss. (Frkf./M. '32) 15 S. — (Mitarb.) ● A. Fraenkel, Strophanthintherapie (Bln '33) 6 + 148 S. — ● Wärmeregulation u. Fieberfähigk. nach operat. Eingriffen am Nervensyst. homoiothermer Säugetiere. Hab.schr. (Frkf./M. '35) 46 S.

Acta neurovegetativa. Physiol. d. Wärmeregulat.: **11** ('55) 12-37.

Angew. Chem. Narkose d. Fiebermechanismus: **52** ('39) 464.

Arbeitsphysiologie. Temperaturempfindg. u. Temperaturtopogr. in ventilierter Arbeitskleidg.: **15** ('53) 175-87.

Arch. Kreislaufforsch. Ergebn. v. Kreislaufunters. am Hund ohne Narkose. Normalbereich v. Blutdruck, Schlag- u. Minutenvolumen; Einflüsse v. Beruhigg. u. Erregg., Lageveränderg., Nahrungsaufnahme u. Narkose[15]): **12** ('43) 125-48.

Arch. physik. Therap. Bedeutg. d. Atemwege f. d. Wärmeregulat.[9])[17]): **7** ('55) 189-96. — Bem. zu E. Grafe: Fieber u. Fieberstoffwechsel: **8** ('56) 226f.

Ber. ges. Physiol. Demonstrat. zweier großhirnloser Tauben: **96** ('36) 679. — Vers. z. Temperaturempfindg.: **148** ('52) 359. — Bedeutg. d. mittleren Hauttemp. f. d. Temperaturempfindg.: **154** ('53) 280. — Der insensible Gewichtsverlust d. Menschen in Abhängigk. v. Temp. u. Feuchtigk. d. umgebenden Luft: **162** ('54) 354.

Bioklim. Beibl. Die nervöse u. hormonale Regulat. d. Körpertemp.: **4** ('37) 1-8.

Bundes-Arbeitsbl. Unterkühlg. im Wasser: **1956**, 153-56.

Die Medizinische. Albert Fraenkel. Z. 50. Jahrestag d. Einführg. d. intravenösen Strophanthintherap.: **1956**, 485-87.

Dtsch. med. J. Die Temp. als Faktor in d. Balneol. u. Bioklimatol.: **4** ('53) 280-84. — Bioklimatol. u. Kreislauf: **5** ('54) 111f.

Dtsch. med. Wschr. Funkt. d. Herzklappen u. d. Dyn. d. Klappenfehler: **63** ('37) 862-66. — A. Weber z. 80. Geb.tag: **84** ('59) 2342f.

Ergebn. inn. Med. u. Kinderheilkunde. Intravenöse Strophanthininjekt. als Diagnosticum f. d. Herzinsuffizienz[5]): **46** ('34) 208-35.

Ergebn. Physiol. Mechanismus d. Wärmeregulat.: **41** ('39) 607-805.

Federat. Proc. Measurement of cold and warmth thresholds of subjects exposed to environments from 18 °C to 38 °C[4]): **8** ('49) 38. — Temp. sensations in ventilated suits[7])[2]) **10** ('51) 136.

Forsch. u. Fortschr. Beeinflussg. d. normalen u. fieberhaft gesteigerten Körpertemp. durch d. Narkose: **20** ('44) 13-16.

Jahrb. Max-Planck-Ges. Anpassg. d. Menschen an seine therm. Umwelt: **1954**, 193-240.

J. appl. Physiol. Influence of various environmental temperatures on the cold and warmth thresholds[4]): **3** ('50) 113.

Klin. Wschr. Strophanthintherap.[5]): **13** ('34) 633-36. — Wärmezentrum u. Wärmeregulat.: **20** ('41) 969-73. — Z. Mechanismus d. renalen Hochdrucks[16]): **22** ('43) 585. — Probleme d. Thermoregulat.: **36** ('58) 989-98.

Luftfahrtmedizin. Wärmeregulator. Umstellungen d. Organismus b. wechselnden Klimabedingungen (Temp., Feuchtigk., Windgeschwindigk.), 1: Klimakammer z. Herst. gewünschter Klimazustände[16]): **7** ('42) 228-36; ~ 2: Kreislauf u. Gaswechsel b. versch. Außentemp.[16]): 237-59; ~ 3: Kreislauf, Wasserabgabe u. Gaswechsel d. Menschen b. wechselnder relat. Luftfeuchtigk.[16]): **8** ('43) 224.

Med. Welt. Wie sind d. hohen Temperaturzacken b. sept. Infekt. zu erklären?: **16** ('42) 442.

Mitt. Geb. Luftfahrtmed. Erträglichkeitsgrenzen f. wechselnde Raumtemp. u. -feuchte[16]): Forsch.-Ber. **13/43** ('43) 1-8.

Mitt. Max-Planck-Ges. Bedeutg. u. Aufgaben d. Nauheimer Forschungsinst.: **1956**, 233-42. — Reiseeindrücke v. Indien u. Japan: **1960**, 211-24.

Münchener med. Wschr. Das William-G.-Kerckhoff-Inst. d. MPGes., Bad Nauheim. Sein Werden u. seine Aufgaben: **95** ('53) Jubil.-Beil., 5-7. — Albrecht Bethe †: **97** ('55) 707f.

Nachr. Gießener Hochschulges. Leistungen u. Grenzen d. Temperaturregulat. d. Menschen: **25** ('56) 23-47.

Naturwiss. Diffusion v. Wasserdampf durch d. Haut d. unnarkotisierten Hundes[12])[9]): **42** ('55) 590f.

Nauheimer Fortbildungslehrgänge. Der Kreislauf unt. phys. u. psych. Belastg.: **17** ('52) 11-28.

Naunyn-Schmiedebergs Arch. exp. Pathol. Pharmakol. Zur Analyse d. Arsenwasserstoffvergiftg.: **176** ('34) 531-49. — Kreislaufwirkg. d. gebräuchlichsten tierexp. Narkotica[16]): **200** ('42) 84-117. — Beitr. z. Frage d. Auswertg. kreislaufakt. Stoffe im Tier- u. Menschenvers. (Grundsätzliches z. Wirkg. v. Kreislaufmitteln auf Herz u. Gefäße)[16]): **201** ('43) 105-54.

Pflügers Arch. ges. Physiol. Anteil d. Bindegewebes an d. Säurekontraktur d. gestreiften Muskeln d. Frosches: **234** ('34) 276-89. — Einfl. operat. u. pharmakol. Eingriffe am Labyrinth auf Körperhaltg. u. Bewegg.[13]): **235** ('35) 316-29. — Wärmeregulat. u. Fieberfähigk. nach operat. Eingriffen am Nervensyst. homoiothermer Säugetiere: **236** ('35) 102-47. — Wärmeregulat. nach operat. Ausschaltg. d. Wärmezentrums[13]): **239** ('37) 483. — Sensibilität u. Motorik b. lange überlebenden Zwischen-Mittelhirntauben[13]): **240** ('38) 503. — Unters. z. Physiol. d. Mittelhirns[13]): **242** ('39) 54-78. — Üb. d. funktionelle Bedeutg. d. motor. Region d. Großhirnrinde f. d. Seh-Akt d. Hundes[15]): **243** ('40) 347-69. — Einfl. d. Narkose auf d. normale Wärmeregulat. u. d. Fieber, zugl. ein Beitr. z. Frage d. zentralen Wärmeregulationsmechanismus (Wärmezentrum): **246** ('42) 372-410. — Erträglichkeitsgrenze f. wechselnde Raumtemp. u. -feuchte[16]): **250** ('48) 192-99. — Unterschiedsschwelle d. Kalt- u. Warmempfindg. in Abhängigk. v. d. absol. Luft- bzw. Hauttemp.[4]): **255** ('52) 27-45. — Insensibler Gewichtsverlust als Funkt. d. Umweltbedingungen, 1: Abhängigk. v. d. Wasserdampfdruck d. Luft im indifferenten Temperaturbereich[17]): **258** ('53) 58-71; ~ 2: Abhängigk. v. Wasserdampfdruck d. Luft in Lufttemp. oberhalb d. Indifferenzbereiches[17]): **259** ('54) 281-93; ~ 3: Anteil v. Atmg. u. Haut an d. Gesamtperspirat.[17])[9]): **260** ('54) 1-23; ~ 4: Abhängigk. d. Hautwasserabgabe v. d. Hauttemp. b. versch. Temp. u. Wasserdampfdrucken d. umgebenden Luft[17])[9]): **260** ('55) 261-73; ~ 5: Einfl. d. Totraumes auf d. Wasserausscheidg. durch d. Atemwege[9])[17]): **261** ('55) 183-88; ~ 6: Wasserdampfdruck d. Hautoberfläche u. d. Wasserdurchgangszahl d. Haut in Abhängigk. v. Temp. u. Wasserdampfdruck d. umgebenden Luft im thermoindifferenten Bereich[9])[17]): 189-98. — Z. Methodik d. quantitat. Registrierg. d. Speicherungs- u. Entspeicherungsvorgänge d. Milz[10]): **258** ('54) 461-69. — Erich Opitz †: **259** ('54) 21-29. — Respirator. Stoffwechsel in Narkose[11])[1]): 177-206. — Kreislauf in Narkose (Seine Beziehungen z. respirator. Stoffwechsel)[11])[1]): 357-80. — Analyse d. quantitat. Beziehungen zw. Blutverlusten u. Entspeicherungsvorgängen d. Milz[6])[10])[14]): 454-74. — Reaktivität d. Kreislaufs in Narkose (Ein Beitr. z. Frage d. Kreislaufumstellg. in Narkose)[11])[1]): **260** ('55) 239-60. — Albrecht Bethe †: **261** ('55) I-XIV. — Fingertemp. b. Änderg. d. hydrostat. Druckes (Ein Beitr. z. Frage d. Druck-Stromstärke-Beziehungen)[3]): 470-85. — D. Druck-Stromstärke-Beziehg. d. Gesamtkreislaufes b. künstl. Hypothermie[20]): **266** ('57) 145. — Thermoregulat.: **268** ('58) 5-7. — Eröffnungsansprache. 25. Tagg. Dtsch. Physiol. Ges.: **270** ('59) 1.

Res. and Progr. Influence of narcosis on the normal and pyrexial temp. of the body: **10** ('44) 118-24.

Thoraxchirurgie. Ergebn. exp. Kreislaufunters. b. Hypothermie: **3** ('56) 521-38. — Pathophysiol. d. Hypothermie: **6** ('58) 128-40.

Verh. Dtsch. Ges. inn. Med. Wärmeregulat. u. Fiebererzeugg. nach Halsmarkdurchschneidg.: **47** ('35) 451-54. — Wärmeregulat. ohne Hypothalamus[13]): **49** ('37) 188-90.

Verh. Dtsch. Ges. Kreislaufforsch. Zur exp. Sicherg. d. physik. Schlagvolumen-Bestimmungsmeth.: **14** ('41) 255-63. — Kreislauf in Narkose: **23** ('57) 3-33. — Größe u. zeitl. Verteilg. d. Spannungsprodukt. d. Herzens während Hypothermie b. Hund[21])[18])[19])[1])[22]): 135-42. — Eröffnungsansprache: **25** ('59) XXXV-XL.

Zbl. inn. Med. Wirkg. v. Nierenpreßsäften u. -extrakten auf d. Blutdruck v. Versuchstieren: **54** ('33) 2-15. — Belastg. d. menschl. Organismus b. passiver Hyperthermie: **64** ('43) 457-70, 473-79.

Z. ges. exp. Med. Vegetat. Strukt. d. Individuums, gemessen am Kreislauf u. Gasstoffwechsel in Ruhe[16])[8]): **107** ('40) 673-708. — Kreislauf u. Gaswechsel während d. Arbeit (Zugl. ein Beitr. z. vegetat. Strukt. d. Individuums)[16])[8]): 751-84. — Unblut. Druckregistrierg. am Tier mittels d. Carotisschlinge[16]): **108** ('40) 377-97. — Beob. üb. Synchronisierg. v. Herzschlag u. klon. Muskelzuckg.[16]): 398-402. — Prüfg. d. physik. Schlagvolumen-Meth. durch Vergl. m. d. Fickschen Prinzip[16]): **109** ('41) 247-78. — Stoffwechsel im Dienste d. Wärmeregulat. (Erste u. zweite chem. Wärmeregulat.)[16]): **112** ('43) 95-126. — Kreislauf im Dienste d. Wärmeregulat.[16]): 345-79.

Z. Kreislaufforsch. Unblut. Schlag- u. Minutenvolumenbest. am Hund ohne Narkose[16]): **33** ('41) 486. — Z. Analyse d. auskultator. Lücke b. d. Blutdruckmessg.[16]): **35** ('43) 352-59. — Eberhard Koch †: **44** ('55) 515f.

Mit: [1]) W. Brendel; [2]) J. V. Correale; [3]) W. Crispens; [4]) Franklin G. Ebaugh; [5]) Albert Fraenkel; [6]) K. Greeff; [7]) H. R. Greider; [8]) Kurt Greven; [9]) W. Kaufmann; [10]) J. Koch; [11]) E. Koppermann; [12]) A. Lütcke; [13]) Georg Peters; [14]) W. Plewa; [15]) F. Stuke; [16]) Karl Wezler; [17]) G. Zöllner; [18]) C. Albers; [19]) G. Bach; [20]) F. W. Behmann; [21]) W. Blasius; [22]) W. Usinger.

Thebesius, Adam Christian → VIIa/Suppl.

II **Thebesius,** Adam Samuel → VIIa/Suppl.

Theilacker, Walter. Chem. (org.). — 1921-26 stud., '27 Dr. rer. nat. (J. Meisenheimer, '26-29 dess. Ass.),

'34 PDoz., '40 apl. Prof., '44 ao. Prof. U Tübingen; seit '49 o. Prof. TH Hannover. [Eig. Mitt.] ⌈heim/Württ.
*1903, Febr. 25, Heidenheim-Schnait-

Kurzbiogr. ● Catalogus Professorum TH Hannover 1831-1956 (Hannov. '56) 35 (m. Bildn.).

S. ● Stereochemie (K. Freudenberg) (Lpz.-Wien '33) 963-1165: Stereochem. d. Stickstoffs, Phosphors u. Arsens (m. J. Meisenheimer). — ● Handb. d. Katalyse (G. M. Schwab) **7** (Wien '43) 192-303: Isomerisierg. — ● Nat. u. Med. in Dtschl. 1939-46, **29** (Wiesb. '48) Physik.-chem. Meth.: 134-41: Sonstige Meth. — ● Methoden d. org. Chem. (Houben-Weyl) **4**, 2 (Stuttg. '55) 509-38: Meth. z. Herst. opt. aktiver aus inaktiven Verbb. — ● Festschr. 125 Jahre TH Hannover 1831-1956 (Hannov. '56) 85f.: Org. Chem.

W. ● Über d. Konfigurat. d. Kampherchinonoxime. Diss. (Tüb. '29) 51 S. — ● Die Kristallstrukt. d. Guanidoniumhalogenide. Hab.-schr. (Tüb. '34) 168 S.

Angew. Chem. Zur Stereochem. d. Ketonchlorimine: **51** ('38) 834. — Strukt. d. Doppelbindg.: **52** ('39) 373. — Best. d. Halogene in org. Subst. nach ter Meulen[12]: 892f. — Quantitat. Best. d. Schwefels in org. Verbb. durch Hydrierg.[24]: **53** ('40) 255f. — Gasdichte Gummischläuche: **66** ('54) 641. — Opt. Isomerie durch Deformat. aromat. Molekeln: **67** ('55) 763f. — Darst. v. O-Alkyl-hydroxylaminen[7]: **68** ('56) 303. — Neue Ergebn. üb. freie Kohlenstoff-Radikale[26][1][6][22][27][30]: **69** ('57) 322-33. — Z. Mechanismus d. Umsetzg. v. Carbonylverbb. m. Phosphor(V)-chlorid[38]: **71** ('59) 672. — Neuere Methoden d. präparat. org. Chem., 3: 1. Synthesen m. Chloramin in d. org. Chem.[44]: **72** ('60) 127-31.

Ber. Dtsch. chem. Ges. Chlorierg. v. o- u. p-Aminophenolen: **71** ('38) 2065-70. — Üb. ein p,p'-Diradikal d. Diphenyls v. Typ d. Triphenylmethyls, 1[20]: **73** ('40) 33-43; ∼ 2[20]: 898-908; ∼ 3: **74** ('41) 1353-59. — Notiz üb. stereoisomere 2,4-Dinitrophenylhydrazone d. p-Chlorbenzophenons: **82** ('49) 190. — Notiz z. Bildg. N-substituierter Phthalimide: 191f. — Z. Frage d. Thermochromie; ein Beisp. f. eine echte Valenztautomerie, 1[16][10]: **83** ('50) 508-19; ∼ 2: Methylsubstituierte Dehydrodianthrone[16][35][8]: **86** ('53) 294-307; ∼ 4: Dibenzo-dehydrodianthrone u. Dehydrodianthron-carbonsäure-(3)[8][16][33]: **89** ('56) 1578-92; ∼ 5: Opt. Aktivierg. d. Dehydrodianthron-carbonsäure-(3). Die Ursache d. Thermochromie[8][16]: 2306-18. — Unters. z. Farbstofftheorie: Triarylmethanfarbstoffe d. Biphenylreihe, 1[25]: **84** ('51) 204-10; ∼ 2[3][21]: **89** ('56) 970-83. — Z. Verlauf d. Claisen-Kondensat.[23]: **86** ('53) 1263-66. — Einf. Meth. z. Darst. v. opt. akt. α-Phenyläthylamin[34]: **87** ('54) 690f. — Katalyt. Hydrierg. v. Acetophenon m. Platin u. Palladium[6]: 1676-84. — Dehydrierungsprod. d. Ketonphenylhydrazone u. ihr Zerfall[28]: **88** ('55) 1086-93. — Sétoblau VE, ein sterisch behindertes Kristallviolett[3]: **89** ('56) 965-70. — Diphenyl-[4'-amino-biphenylyl-(4)]-carbinol[19]: 984-86. — 1,3,4,6-Tetraarylhexazadiene-(1,5)[39]: **91** ('58) 1597f. — Beiträge z. Biphenylisomerie, 1: Spaltg. d. Naphthidins u. d. 2,3,2',3'-Tetramethylbenzidins in opt. Antipoden[40]: **92** ('59) 2293f. — Untersuchungen in d. Triptycen-Reihe, 1: Synth. d. Triptycens u. seiner 9- u. 9,10-Deriv.[36][37]: **93** ('60) 1658f.

Chemiker-Ztg. Freie Radikale: **65** ('41) 125-29, 138f.

Fortschr. Mineral. Strukt. d. Guanidonium-Ions im Vergl. m. d. Boraten, Carbonaten u. Nitraten: **20** ('36) 64-66.

J. prakt. Chem. (N. F.). Bildg. d. Benzoxazole aus o-Aminophenolen: **153** ('39) 54-56.

Liebigs Ann. Chem. Übergänge zw. stereoisomeren Aldoximen[5]: **523** ('36) 143-53. — Z. Stereochem. d. Halogenimine, 1: Konfigurationsbest. b. stereoisomeren Ketonchloriminen m. Hilfe d. Dipolmomente[9]: **539** ('39) 103-15; ∼ 2: Beckmannsche Umlagerg. d. Ketonchlorimine[18]: **563** ('49) 99-104. — Beckmannsche Umlagerg. b. Oxim-O-Äthern[11][13]: 104-10. — Z. Konstitut. d. Triacylmethane, 1: Versuche z. opt. Spaltg. v. asymmetr. Triacylmethanen[24]: **570** ('50) 1-15; ∼ 2: Bicyclo-[2,2,2]-octantrion-(2,6,7)[24]: 15-33. — Sind Salze v. asymmetr. Nitroverbb. in opt. akt. Form existenzfähig?[31]: 33-53. — Strukturelle Umlagerungen v. Hydrazonen[17]: **572** ('51) 121-44. — Z. Kenntn. d. Osazonbildg.[29]: 144-50. — Opt. Isomerie durch Moleküldeformat., 1[2]: **581** ('53) 117-32; ∼ 3: Helianthron u. 2,2'-Dimethylhelianthron[43]: **632** ('60) 115f. — Triarylmethyl-Radikale, 1: Tri-o-tolyl-methyl[32]: **594** ('55) 214-24; ∼ 2: Tri-(o-äthyl-phenyl)-methyl[14][22]: 225-28. — Z. Kenntn. d. Grignardschen Reakt. in d. aromat. Reihe[32]: 229-32. — Isoindole, 1[15]: **584** ('53) 87-95; ∼ 2[42]: **597** ('55) 95-103; ∼ 3[42]: **605** ('57) 43-49.

Naturwiss. Zur Theorie d. Stabilität v. Kohlenstoffradikalen: **31** ('43) 302. — Quantenmech. Begründg. d. Stabilität v. Kohlenstoffradikalen. Erwiderg. auf d. gleichnam. Mitt. v. F. Seel: 505. — Opt. Isomerie durch Molekeldeformat., 1: **38** ('51) 156; ∼ 2[2]: **40** ('53) 220.

Tetrahedron Letters. Synth. v. 2,2'-Hydrazodiphenylmethan[41]: **18** ('59) 5f.

Universitas. D. künstl. Farbstoffe: **13** ('58) 183-89.

Z. analyt. Chem. Verwendg. v. Stärkelösg. in d. Jodometrie: **132** ('51) 356.

Z. anorg. allg. Chem. Anordng. d. Valenzen im koordinativ 4-wert. Palladium u. Platin: **234** ('37) 161-78.

Z. Kristallogr. (A). Kristallstrukt. d. Guanidoniumhalogenide, 1: Kristallbau d. Guanidoniumchlorids: **76** ('31) 303-09; ∼ 2: Kristallbau d. Guanidoniumjodids: **90** ('35) 51-76; ∼ 3: Kristallbau d. Guanidoniumbromids: 256-72. — Berechng. d. Brechungsindices d. Guanidoniumjodids: 77-81.

Z. Naturforsch. Wirkungsradien gebundener Atome: **3b** ('48) 233-37. — Z. Frage d. Thermochromie, 3: Ist d. thermochrome Form d. Dehydrodianthrons ein Triplettzustand bzw. ein Biradikal?[8][16]: **9b** ('54) 167f.

Z. physik. Chem. (B). Dipolmoment d. Wasserstoffperoxyds: **20** ('33) 142-44.

Z. physik. Chem. (N. F.). Photochem. d. Dehydrodianthrone[17][4]: **2** ('54) 179-96. — Z. Frage d. Thermochromie, 6: D. Thermochromie adsorbierter Molekeln; Identität v. Thermochromie u. Piezochrom.: **11** ('57) 182f.

Mit: 1) Ulrich Baumgarte; 2) Fritz Baxmann; 3) Wilhelm Berger; 4) V. Braun; 5) Liang-Han Chou; 6) Heinz-Günter Drössler; 7) Klaus Ebke; 8) Heinrich Elliehausen; 9) Karl Fauser; 10) Gerd Friedheim; 11) Ingeborg Gerstenkorn; 12) Eberhard Gessner; 13) Friedrich Gruner; 14) Bernhard Jung; 15) Helmut Kalenda; 16) Gustav Kortüm; 17) Otto R. Leichtle; 18) Hugo

Mohl; [19]) Hubertus Müller v. Blumencron; [20]) Werner Ozegowski; [21]) Peter Popper; [22]) Wilhelm Rohde; [23]) Horst Rosewicz; [24]) Walter Schmid; [25]) Werner Schmid; [26]) Helga Schulz; [27]) Friedrich Thater; [28]) Hansjoachim Tomuschat; [29]) Paul Tröster; [30]) Helmut Uffmann; [31]) Gertrud Wendtland; [32]) Marie-Luise Wessel; [33]) Hans Wilski; [34]) Hans-Georg Winkler; [35]) Hannelore Zeininger; [36]) Ursula Berger-Brose; [37]) Karl-Heinz Beyer; [38]) Friedrich Bölsing; [39]) Ernst-Christian Fintelmann; [40]) Rudolf Hopp; [41]) Otto Korndörfer; [42]) Werner Schmidt; [43]) Walter Thomas; [44]) Eberhard Wegner.

Theile, Friedrich → VIIa/Suppl.

Theimer, Otto Helmut. Physikal. Chem. — 1936-40, '44-45 stud. U Wien, TH München; '45 Dr. rer. nat. TH München (G. Scheibe, '44-45 dess. Ass.); '46 Ass. (K. W. F. Kohlrausch), '50 PDoz. TH Graz; '50-51 British Council Scholarship U Edinburgh (M. Born); '52-55 Assistant Prof. of Physics U of British Columbia, Canada; '55-59 Associate Prof. U of Oklahoma, USA; seit '59 Research Prof., New Mexico State Univ. Research Center. [Eig. Mitt.]
*1918, Febr. 22, Wien.

W. • Beiträge z. Raman-Spektralanalyse. Diss. (Münch. '45) 56 S. — • Die Raman-Spektren komplexer Anionen u. ihr Zusammenhang m. Struktur- u. Bindungsprobl. Hab.schr. (Graz '50) 120 S.

Acta physica Austriaca. Studien z. Ramaneffekt, 174: Gemisch $PCl_3 + PBr_3$: **1** ('47) 188-97. — Ramanspektroskop. Beitr. z. Frage nach d. Dissoziationsgrad gelöster Nitrate: 384-97. — Quantenmech. Interpretat. v. Kohlrauschs „Natürl. Syst. v. Abschirmungskonst. u. effekt. Quantenzahlen": **4** ('50) 1-8. — Ramanspektr. u. Strukt. d. Salpetersäure u. ihrer wässer. Lösungen[6]): **6** ('52) 78-90. — Intensitätsprobl. b. Raman-Effekt 1. Ordng.: **7** ('53) 216-38.

Ann. Physics. Lightscattering by nearly perfect crystals[12]): **3** ('58) 408-22. — Lightscattering by charged dislocations in ionic crystals[12])[13]): **5** ('58) 342-56. — Lightscattering by dislocation networks in single crystals of potassium chloride[12])[13]): **9** ('60) 475-98.

Astrophysic. J. Shielding correction to Holtmark's theory of line broadening[11]): **126** ('57) 595-97. — Shielding correction to the electrical microfield in a plasma and to Holtmark's theory of line broadening[11]): **127** ('58) 477-85. — On the relation between Holtmark's microfield distribution function and the cutoff value of the collision parameter in a fully ionized gas[11]): **129** ('59) 224-35.

Canadian J. Physics. Rayleigh scattering of condensed matter[4]): **31** ('53) 1170-81. — Select. rules and temp. dependence of the first-order Raman effect in crystals: **34** ('56) 312-38.

J. Canadian Assoc. Radiologists. Considerat. of the equivalent circle meth. of calculating depth doses[7])[1]): **7** ('56) 51-57.

J. chem. Physics. Raman and infrared intensities in the vibrational spectra of hydrocarbons, 1: Skeletal vibrations of straight zigzag chains: **27** ('57) 408-16; ~ 2: The CH-vibrations of straight n-paraffins: 1041-48.

J. Physique Radium. Règles de sélect. pour la diffusion Raman; cas de calcite: **16** ('55) 493f.

Kolloid-Z. Zur Theorie d. Adsorpt., 1[2]): **119** ('50) 69-73; ~ 3[2])[3]): **121** ('51) 50-54; ~ 4: 54-57. — „Statist. Mech." v. Zermahlungsvorgängen: **128** ('52) 1-6. — Auswertg. v. Zermahlungsexp. m. Hilfe v. Zermahlungsfunkt.[5]): 68-74. — Kinetik v. Zermahlungsvorgängen, 1: **132** ('53) 134-41; ~ 2: **133** ('53) 44-50.

Mh. Chem. Ramanspektr. komplexer anorg. Anionen in Salzpulvern: **81** ('50) 301-12. — Ramanspektr. komplexer org. Anionen in Salzpulvern[7]): 313-20. — Kationeneinfl. auf d. Schwingungsspektr. komplexer Anionen in wasserfreien kristallisierten Salzen: 424-42. — Kationeneinfl. auf d. Ramanspektr. komplexer Anionen in gelösten u. kristallisierten Salzen u. Salzhydraten: 443-52. — Thermodyn. Ableitg. u. modellmäß. Interpretat. v. Hüttigs Adsorptionsisothermen: 1120-28. — Gasadsorpt. b. hohen Drucken[2]): **83** ('52) 650-63.

Nature [London]. Hüttig's adsorpt. isotherm: **168** ('51) 873.

Österr. Chemiker-Ztg. Raman-Spektralanalyse: **50** ('49) 72-78.

Physic. Rev. Equilibrium concentration of vacancy pairs in ionic crystals: **109** ('58) 1095-97. — Entropy of vacancies in ionic crystals: **112** ('58) 1857-60. — Scattering potential in fully ionized gases[10]): **116** ('59) 787-92.

Proc. Indian Acad. Sci. (A). Einfl. d. Kations auf d. Intensität d. Ramanspektr. v. Salzpulvern: **28** ('48) 506-18.

Proc. physic. Soc. (A). First order Raman effect in crystals, particularly in diamond: **64** ('51) 1012-30. — On the relat. between the photoelastic properties and the Raman effect in crystals: **65** ('52) 38-45.

Proc. Roy. Soc. [London] (A). Foundat. of the scalar diffract. theory of optical imaging[8])[9]): **212** ('52) 426-37.

Trans. Faraday Soc. On multilayer adsorpt. isotherms: **48** ('52) 326-31.

Z. Elektrochem. Üb. d. „Maximale Oberflächenkonzentrat. $\varkappa$" adsorbierter Moleküle: **55** ('51) 709-15. — Gasadsorpt. u. Oberflächenstrukt.[2]): **56** ('52) 490-96.

Z. Naturforsch. Spektroskop. Best. d. absol. Bindungsmomentes d. (CH)-Bindg. in langen KWStoff-Ketten: **11a** ('56) 883f. — Üb. d. effekt. Ionisierungsspanng. eines Atoms im Inneren d. Plasmas: **12a** ('57) 518f. — Wechselwirkungsenergie d. Ladungsträger in einem Plasma: **13a** ('58) 568f.

Mit: [1]) H. Batho; [2]) Gustav Hüttig; [3]) W. Mehlo; [4]) E. Lell; [5]) F. Moser; [6]) H. Renner; [7]) R. Theimer; [8]) G. D. Wassermann; [9]) E. Wolff; [10]) R. Gentry; [11]) H. Hoffman; [12]) C. A. Plint; [13]) W. A. Sibley.

Theis, Werner Rudolf. Theoret. Physik. — 1945-52 stud., '52 Ass. Inst. theoret. Physik, '54 Dr. rer. nat. U Hamburg (W. Lenz); '55-56 ETH Zürich (W. Pauli); seit '59 PDoz. U Hamburg. [Eig. Mitt.]
*1926, Okt. 3, Hamburg.

W. • Willkürfreie Einteilg. d. Phasenraumes in d. Fermischen statist. Theorie u. ihre Anwendg. auf d. Nukleonendichte im Atomkern. Diss. (Hambg '53) 3 + 83 S. Masch.schr.

Fortschr. Physik. Zweikomponent. Spinorfelder z. Beschreibg. belieb. Teilchen v. Spin $^1/_2$ u. ihre Anwendg. auf d. schwachen Wechselwirkungen: **7** ('59) 559-83.

Naturwiss. Abschätzg. d. Nukleonendichte in d. Atomkernen aus d. empir. Besetzungszahlen d. Bahndrehimpulseigenwerte: **41** ('54) 184. — Klass. Herleitg. d. Heberschen Nukleonenmodells u. seine Deutg.: **42** ('55) 600f.

Z. Naturforsch. Explicite Potentiale zu gegebenen Streufunktionen geladener Teilchen m. Absorpt.: **11a** ('56) 889-91.

Z. Physik. Strukt. d. Phasenraumes u. ein Zusammenhang zw. Bahndrehimpulsverteilg. u. Dichteverteilg. d. Nukleonen im Atomkern: **140** ('55) 1-15. — Begründg. d. Thomas-Fermischen statist. Theorie: **142** ('55) 503-10. — Einheitl. statist. Behandlg. d. Valenzelektronen in Metallen: 511-17. — Einfl. d. Elektronenpolarisat. auf d. Wirkungsquerschnitt f. Paarvernichtg. im Fluge: **150** ('58) 198-200. — Einfl. d. Polarisat. auf d. Wirkungsquerschnitte f. Møller- u. Bhabha-Streuung[1][2]: 201-04. — Eine Rangordng. d. einzelnen Terme in d. schwachen Wechselwirkungen: 590-92.

Mit: [1]) K. Böckmann; [2]) G. Kramer.

V, VI **Theisinger,** Leopold. Math. — 1905-20 Privatlehrer, '20-46 Privatbeamter; seit '46 i. R., in Stockerau b. Wien lebend. [Eig. Mitt.]
*1879, Febr. 4, Stockerau b. Wien.

Thellung, Armin. Theoret. Physik. — 1943-48 stud., '52 Dr. sc. nat. ETH Zürich (W. Pauli); '49-52 Ass. u. wiss. Beamter TH Delft, Holland; '53-56 Ass. ETH Zürich; '56-58 Lecturer and Research Fellow U Birmingham, England; seit '58 ao. Prof. U Zürich. [Eig. Mitt.]
*1924, Mai 10, Zürich.

Helvet. physica Acta. Das magnet. Moment v. H^3 u. He^3 nach d. Møller-Rosenfeld-Theorie d. Kernkräfte[4]): **21** ('48) 355-64. — Höhere mesontheoret. Näherungen z. magnet. Moment d. Protons: **25** ('52) 307-38. — On the energy spectrum in quantum hydrodynamics and the theory of He II: **29** ('56) 103-27.

Nuovo Cimento, Suppl. Quantum hydrodynamics and the theory of He II: **9** ('58) 243-55.

Physica. On the theory of the propagat. of sound in He II[1]): **16** ('50) 678-90; ~[1])[2]): **18** ('52) 21-32. — Hydrodynamics of non-viscous fluids and the theory of He II, 1[1]): 749-61; ~ 2: **19** ('53) 217-26.

Physic. Rev. On the magnet. moment of H^3 and He^3 in the Møller-Rosenfeld theory of nuclear forces[4]): **73** ('48) 924.

Proc. physic. Soc. On the electrical conductivity of metals[3]): **73** ('59) 745-66.

Mit: [1]) Ralph Kronig; [2]) Hans H. Woldringh; [3]) Geoffrey V. Chester; [4]) Felix Villars.

Thenius, Erich. Paläontol. — 1942-46 stud., '46 Dr. phil. (K. Ehrenberg), '43 wiss. Hilfskraft, '51 Doz., '54 Ass., seit '57 titl. ao. Prof. U Wien. [Eig. Mitt.]
*1924, Dez. 26, Abbazia.

S. • A. Neumann, Ausgrabungen u. Funde im Wiener Stadtgebiet 1948/49 (Wien '51) 20-22: Üb. römerzeitl. Kamelfunde in Wien (m. W. Berger). — • R. Voss, Wild u. Weidwerk d. Welt (Wien '55) 53-61: Mitteleuropas Haarwild d. Vorzeit. — • H. Fischer, Die Kalktuffvork. v. St. Anton a. d. Jessnitz (Wien '56) 271f.: Bärenreste v. Neustift b. Scheibbs (N.-Ö.).

W. • Niederösterreich im Wandel d. Zeiten. Grundzüge d. Erd- u. Lebensgeschichte v. Niederösterreich (Wien '55) 124 S. — • Die Geschichte d. Lebens auf d. Erde (Wien-Münch. '55) 96 S. — • Wirbeltierfaunen (Stuttg. '59) 11 + 328 S. (Handb. d. stratigr. Geol. 3,2). — • Stammesgeschichte d. Säugetiere (m. H. Hofer) (Bln-G.-H. '60) 6 + 322 S.

Acta zool. Cracov. Geweihjugendstadien d. eiszeitl. Riesenhirsches (Megaceros giganteus Blum.) u. ihre phylogenet. Bedeutg.: **2** ('58) 707-21.

Ann. géol. Pays Hellén. Studien üb. fossile Vertebraten Griechenlands, 1: Galerix exilis aus d. pont. Schichten v. Pikermi (Attika): **4** ('52) 195-202; ~ 2: Teratolog. Erscheinungen an Hipparionzähnen: 209-14; ~ 3: Maxillargebiß v. Ancylotherium pentelicum Gaudry u. Lartet: **5** ('53) 97-106; ~ 4: Sus antiquus aus Ligniten v. Sophades (Thess.) u. d. Altersstellg. d. Fundschichten: **6** ('55) 199-205; ~ 5: Hippotamus aus d. Astien v. Elis (Peloponnes): 206-12. — Fossiles Cerviden„gehirn" aus d. Quartär d. Peloponnes (Griechenland)[5]): **6** ('54) 13-32.

Ann. naturhist. Mus. Wien. Zur Kenntn. fossiler Hirsche d. Wiener Beckens unt. bes. Berücks. ihrer stratigr. Bedeutg.: **56** ('48) 262-308. — Wirbeltierfauna m. Plesiodimylus aus d. Oberpannon d. Wiener Beckens: **58** ('51) 85-95. — Z. Kenntn. d. unterpliozänen Diceros-Arten (Mammalia, Rhinocerotidae): **60** ('54/55) 202-11.

Anthropol. Anz. Tertiärstratigr. u. tertiäre Hominoidenfunde: **22** ('58) 66-77.

Anz. Österr. Akad. Wiss. Dinocyon thenardi aus d. Miozän Österr.: **84** ('47) 10f. — Bemerkungen üb. fossile Ursiden (Mammalia): 11f. — Primäre u. sekundäre Plantigradie b. Säugetieren: 23-29. — Ergebnisse neuer Ausgrabungen im Altpleistozän v. Hundsheim b. Dtsch.-Altenburg (N.-Österr.): 29-32. — Bemerkenswerte Gebißanomalie b. Hipparion gracile aus d. Pannon d. Wiener Beckens: **85** ('48) 87-89. — Z. Revis. d. Insectivoren d. steir. Tertiärs: 119-21. — Was ist Viverra leptorhyncha?: 121-23. — Üb. ein stammesgeschichtl. interessantes Stadium aus d. Gesch. d. Hirsche: 219-24. — Die tortone Säugetierfauna v. Neudorf a. d. March (ČSR) u. ihre Bedeutg. f. d. Helvet-Torton-Grenze: **86** ('49) 160-71. — Gab es im Wiener Becken eine Pikermifauna?: 185-92. — Die Carnivoren aus d. Braunkohlen v. Göriach (Steierm.): 215-18. — Ergebnisse d. Neuunters. v. Miophoca vetusta Zapfe (Phocidae, Mammalia) aus d. Torton d. Wiener Beckens: **87** ('50) 99-107. — Die Cerviden u. Lagomeryciden d. steir. Tertiärs: 110-16. — Nachw. v. Anchitherium aurelianense im Pannon d. Wiener Beckens: 174-81. — Boviden (Mammalia) d. Wiener Jungtertiärs: **88** ('51) 179f. — Vork. v. Trimylus schlosseri (Soricidae, Mammalia) im Pannon d. Wiener Beckens: 278-82. — Neue paläontol. Ausgrabungen in Hundsheim

(N.-Österr.): 341-43. — Die Rhinocerotiden (Mammalia) d. Wiener Jungtertiärs: 343-47. — Paläontol. Ergebnisse einer m. Unterstützung d. Akad. d. Wiss. durchgeführten Griechenlandfahrt 1951[2]): **89** ('52) 100-10. — Vork. v. Ophisaurus (Anguidae, Rept.) im Pannon v. N.-Österr.: 177-80. — Eine Riesenschildkröte aus d. Helvet (Mittelmiozän) v. Grund (N.-Österr.): **90** ('53) 58-62. — Ergebnisse d. Bearbeitg. d. altpleistozänen Caniden v. Hundsheim in N.-Österr.: 258f. — Z. systemat. Stellg. v. Crocodilus (Alligator) styriacus Hofmann: **91** ('55) 185-89. — Bedeutg. v. Austriacopithecus Ehrenberg f. d. Stammesgesch. d. Hominoidea: 191-96. — Erster Nachw. v. Indricotherien (= Baluchitherien; Rhinocerotidae, Mammalia) im Tertiär v. Europa[4]): **94** ('57) 153-55. — Vork. v. Giraffokeryx (Giraffidae) im europ. Miozän[9]): **96** ('59) 153-62. — Gobicyon macrognathus (Canidae, Mammalia) aus d. Miozän Jugoslawiens[10]): 214-22.

Burgenländ. Heimat-Bl. Geweihrest aus d. Pannon d. Burgenlandes[6]): **18** ('56) 145-48.

Carinthia II. Neue Fischfunde aus d. Eozän d. Krappfeldes (Kärnten): **66** ('56) 38-41.

C. R. Acad. Sci. Présence d'une nouvelle espèce d'Hyracoide dans le pliocène de Montpellier[7]): **235** ('52) 1678-80.

Eclogae geol. Helvet. Gazella cf. deperdita aus d. mitteleurop. Vindobonien u. d. Auftreten d. Hipparionfauna: **44** ('51) 381-94.

Erdöl-Ztg. Jungtertiäre Säugetierfauna d. Wiener Beckens in ihrer Beziehg. z. Stratigr. u. Ökol.: **67** ('51) 52-54.

Geologie. Entwicklg. d. Knochenzapfens v. Protragocerus Dep. (Bovidae, Mammalia) aus d. Miozän: **5** ('56) 308-18.

Jahrb. geol. Bundesanst. Wien. Säugetierreste aus d. Jungtertiär d. Hausruck u. Kobernaußer Waldes (O.-Österr.) u. d. Altersstellg. d. Fundschichten: **95** ('52) 119-44. — Neue Wirbeltierfunde aus d. Ältestpleistozän v. N.-Österr.: **99** ('56) 259-71.

Mitt. anthropol. Ges. Das Probl. d. Kleinformen u. d. Paläontol.: **83** ('54) 98-101.

Mitt. geol. Ges. Wien. Alterseinstufg. d. Arsenalterrasse v. Wien: **45**.1952 ('54) 135-46. — Z. Paläontol. u. Stratigr. d. Jungtertiärs v. Valles-Penedes (NO-Spanien): 171-78. — Vösendorf — ein Lebensbild aus d. Pannon d. Wiener Beckens[3])[8])[11]): **46**.1953 ('54) Sonderbd, 109 S.

Mitt. prähist. Komm. Österr. Akad. Wiss. Die jungpleistozäne Wirbeltierfauna v. Willendorf, N.-Österr.: **8/9** ('59) 133-70.

Natur u. Land. Ein Blindmaus-Fossil in N.-Österr. nachgewiesen: **36** ('50) 143. — N.-Österr. Säugetierwelt im Wandel d. Zeit: **38** ('52) 144-51. — Riesenschildkröte aus d. n.-österr. Miozän: **39** ('53) 21. — Vork. u. einstige Verbreitg. d. Scheltopusik: 69. — Mastodonsaurus-Fund aus d. Trias v. N.-Österr.: **40** ('54) 8f. — Alligatoren aus N.-Österr.: 166. — Vork. v. Rotwölfen (Gattg. Cuon) im Quartär N.-Österr.: 168f. — Fossile Riesensalamander — erstmalig in Österr. nachgewiesen: 197. — Bergzebra — vor d. Aussterben bewahrt: **41** ('55) 172f. — Mastodonfund aus d. Eiszeit: **42** ('56) 138f. — Funde urtüml. Zahnwale in N.-Österr.: 140f. — N.-Österr. Lurche u. Kriechtiere im Wandel d. Zeiten: 176-80. — Alligatorenschildkröten aus d. österr. Jungtertiär: 182f. — N.-Österr. Fischfauna im Wandel d. Zeiten: **43** ('57) 143-47.

Natur u. Techn. Neue Ausgrabungen in Österr.: **1** ('47) 47-49. — Fossile Lebensspuren u. ihre Deutg.: **3** ('49) 268-70. — Mitteleuropas eiszeitl. Tierwelt im Bild: **4** ('50) 55-58. — Methoden d. Rekonstrukt. vorzeitl. Tierreste: **5** ('51) 240-43.

Neues Jahrb. Geol. Paläontol., Abh. Säugetierfauna aus d. Torton v. Neudorf a. d. March (ČSR): **96** ('52) 27-136. — Caniden (Mammalia) aus d. Altquartär v. Hundsheim (N.-Österr.) nebst Bem. z. Stammesgesch. d. Gattg. Cuon: **99** ('54) 230-86.

Neues Jahrb. Geol. Paläontol., Mh. Zur odontol. Charakteristik v. „Felis" leiodon aus d. Pont v. Pikermi (Griechenland): **1951**, 88-96. — Ergebn. paläontol. Unters. an d. Boviden (Mammalia) d. Wiener Beckens: 273-82. — Welsreste aus d. Unterpliozän d. Wiener Beckens: **1952**, 80-94. — Schildkröten (Testudinata) aus d. Unterpliozän v. Brunn-Vödendorf b. Wien: 318-34. — Gepardreste aus d. Altquartär v. Hundsheim in N.-Österr.: **1953**, 225-38. — Vork. v. Diceros pachygnathus (Wagner) im Pannon (Unterpliozän) d. Wiener Beckens: **1956**, 35-39.

Österr. zool. Z. Meerschweinchen — biol. betrachtet: **2** ('50) 414-22. — Z. Abstammg. d. Rotwölfe (Gattg. Cuon Hodgson): **5** ('55) 377-87.

Paläontol. Z. Vork. v. Riesensalamandern (Cryptobranchoidea, Amphibia) im Unterpliozän (Pannon) d. Wiener Beckens: **28** ('54) 172-77. — Z. Entwicklg. d. jungtertiären Säugetierfaunen d. Wiener Beckens: **29** ('55) 21-26.

Praktika Akad. Athenon. Üb. Elephas (Archidiskodon) meridionalis (Elephant., Mammal.) v. Euboea (Griechenland): **28** ('54) 413-24.

Razprave Dissertat. Ljubljana. Üb. einen Kleinbären aus d. Pleistozän v. Slowenien nebst Bem. z. Phylogenese d. plio-pleistozänen Kleinbären: **4** ('58) 631-46.

Rev. Acad. Colomb. Ci. exact. Los mamiferos suramericanos — en perspectiva historica[1]): **10** ('57) 123-30.

Säugetierkundl. Mitt. Zur Analyse d. Gebisses d. Eisbären (Ursus/Thalarctos/maritimus Phipps 1774): **1** ('53) 1-7. — Z. Kenntn. jungpleistozäner Feliden Mitteleuropas: **5** ('57) 1-4.

S.-Ber. Österr. Akad. Wiss. (I). Bemerkungen üb. fossile Ursiden (Mammalia): **156** ('47) 201-08. — Dinocyon thenardi aus d. Miozän Österr.: 209-24. — Ursavus ehrenbergi aus d. Pont v. Euböa (Griechenland): 225-49. — Fischotter u. Bisamspitzmaus aus d. Altquartär v. Hundsheim in N.-Österr.: **157** ('48) 187-202. — Entwicklg. d. Hornzapfens v. Miotragocerus: 203-21. — Bemerkungen üb. d. angebl. Anchitherium- u. Amphicyonidenfährten aus d. Burdigal v. Ipolytarnóc (Ungarn): 223-30. — Z. Kenntn. d. Säugetierreste d. steir. Tertiärs, 1: Lutrinen d. steir. Tertiärs: **158** ('49) 299-322; ∼ 2: Z. Revis. d. Insektivoren d. steir. Tertiärs: 671-93; ∼ 3: Martes gamlitzensis H. v. Meyer: 793-97; ∼ 4: Carnivoren v. Göriach (Steierm.): 695-762; ∼ 5: Tertiäre Lagomericyden u. Cerviden d. Steierm.: **159** ('50) 219-54; ∼ 6: Anthracotherium aus d. Untermiozän d. Steierm.: **160** ('51) 217-26; ∼ 7: Boviden d. steir. Tertiärs: **161** ('52) 409-39; ∼ 8: Suiden u. Tayassuiden d. steir. Tertiärs: **165** ('56) 337-82. — Gebißanomalien u. pathol. Erscheinungen b. fossilen Säugetieren: **158** ('49) 271-86. — Erster Nachw. einer fossilen Blindmaus (Spalax hungar. Nehr.) in Österr.: 287-98. —

Systemat. u. phylogenet. Stellg. d. Genera Promeles u. Semantor: 323-36. — Gehörregion v. Indarctos (Ursidae, Mammalia): 647-53. — Säugetierfauna aus d. Unterpliozän v. Ilhan b. Ankara (Türkei): 656-61. — Grundlagen d. Gliederg. d. Jungtertiärs u. Quartärs in N.-Österr.[2]): 763-87. — Herkunft d. Simocyoniden (Canidae, Mammalia): 799-810. — Postpotamochoeros nov. subgen. hypotherioides aus d. Unterpliozän v. Samos (Griechenland) u. d. Herkunft d. Potamochoeren: **159** ('50) 25-36. — Eine neue Rekonstrukt. d. Höhlenbären (Ursus spelaeus Ros.): **160** ('51) 321-33. — Stratigr. Stellg. d. Rohrbacher Konglomerates[2])[3]): **161** ('52) 441-53.

Schweiz. paläontol. Abh. Die Verknöcherg. d. Nasenscheidewand b. Rhinocerotiden u. ihr syst. Wert: **71** ('55) Nr. 4, 1-17.

Universum. Südamerikas Säugetierwelt — histor. betrachtet: **8** ('53) 720-25. — Entwicklg. d. Wirbeltiere im Laufe d. Erdgesch.: **11** ('56) 598-602. — Nordamerikas Säugetierwelt einst u. jetzt: 724-31. — Asiens Säugetierwelt im Wandel d. Zeiten: **13** ('58) 11-16. — Afrikas Säugetierwelt v. einst: **14** ('59) 26-32. — Europas Säugetierwelt einst u. jetzt: **15** ('60) 38-44.

Unsere Heimat. Funde fossiler Menschenaffen aus N.-Österr. u. ihre Bedeutg. f. d. Herkunft d. Menschen: **27** ('56) 81-84.

Verh. geol. Bundesanst. Wien. Säugetierfauna aus d. Congerienschichten v. Brunn-Vösendorf b. Wien: **1948**, 113-31. — Sichtg. u. Bearbeitg. d. jungtertiären Säugetierreste aus d. Hausruck u. Kobernaußer Wald (O.-Österr.): **1950/51**, 56-58. — Säugetierreste aus Stein a. Donau: **1952**, 126-28.

Zool. Anz. Gebißanalyse v. Megaladapis edwardsi (Lemur., Mamm.): **150** ('53) 251-60.

Z. Säugetierkunde. Ursidenphylogenese u. Biostratigr.: **24** ('59) 78-84.

Mit: [1]) H. Bürgl; [2]) Heinrich Kuepper; [3]) Adolf Papp; [4]) Z. Petronijevic; [5]) P. Psarianos; [6]) Alfons Tauber; [7]) J. Viret; [8]) W. Berger; [9]) A. Ćirič; [10]) M. Paolović; [11]) E. Weinfurter.

Ther, Leopold. Pharmakol., Toxikol. — Dr. med.; 1949 PDoz., '57 apl. Prof. U Frankfurt/M. [Ohne eig. Mitt.] *1909, April 19, Wien.

W. ● Pharmakologische Methoden z. Auffindg. v. Arzneimitteln u. Giften u. Analyse ihrer Wirkungsweise (Stuttg. '49) 12 + 460 S.

Anaesthesist. Zur Frage d. Adrenalinzusatzes b. d. Bronchialanaesthesie m. Pantocain[6]): **2** ('53) 42-44.

Arch. Dermatol. u. Syphilis. Resorpt. u. Ausscheidg. v. Spirotrypan, einem neuen Antiluicum d. Arsenobenzolreihe[2]): **195** ('53) 670-85.

Arch. Pharmaz. Ber. Dtsch. pharmaz. Ges. Geriatrie u. Geriatrica: **28** ('58) 53-61.

Arzneimittel-Forsch. Prüfg. d. lokalanästhet. Wirkg. d. Pantocains u. d. 4-n-Butylaminosalicylsäuredimethylaminoäthylesters im Tiervers.: **3** ('53) 345-48. — Chem. Nachw. v. Hostacain[1]): 609-11. — Z. Pharmakol. d. Pyrrolidinomethyltetracyclins (Reverin)[13])[17]): **9** ('59) 63f. [auch in: Münchener med. Wschr. **100** ('58) 663-65].

Biochem. Z. Additionsreaktionen v. aromat. Aminen an Phenolderivate[3]): **305** ('40) 261-79.

Dtsch. Apotheker-Ztg. Über eine einf. Meth. z. Best. v. Weck- u. Beruhigungsmitteln im Tiervers.: **93** ('53) 292-94. — Reaktionen z. chem. Nachw. v. Hostacain, einem neuen Leitungsanästheticum[1]): **95** ('55) 868-88. — 50 Jahre Novocain: **96** ('56) 158-61. — Sedativa in alter u. neuer Sicht: **98** ('58) 398-400.

Graefes Arch. Ophthalmol. Ein neues Oberflächenanaestheticum in d. Augenheilkunde, Cornecain[10]): **154** ('53) 244-52.

Klin. Wschr. Hostacain, ein Leitungsanaestheticum m. großer therapeut. Breite[9]): **31** ('53) 850-52.

Naunyn-Schmiedebergs Arch. exp. Pathol. Pharmakol. Wirkg. d. Hydrochinons u. seiner Oxydationsprodukte auf d. überlebenden Kaninchendarm[4]): **204** ('47) 41-56. — Beiträge z. Probl. d. Wirkungswandels, 1: Beobachtungen üb. inverse Barium- u. Papaverinwirkungen an glattmuskel. Organen: 98-109; ~ 2: Unters. üb. d. Abhängigk. d. Adrenalinwirkg. v. Bewegungsform u. Tonuslage d. Uterusmuskulatur[14]): 414-25. — Froschherzversuche m. rasch variablen Kohlensäure-Bicarbonat-Gemischen: 571-75. — Gesetzmäßigkeiten d. Diurese: **205** ('48) 376-81. — D. gegenseit. Antagonismus v. Insulin u. Adrenalin-Adrenochrom b. d. Glykogenbildg. im isolierten Rattenzwerchfell, 2[16])[18]): **206** ('49) 12-23. — Zur Frage d. Adrenalinumkehr durch Sekalealkaloide[11])[12]): **207** ('49) 468-76. — Antagonismus zw. Adenosin u. Methylxanthinen am Reizleitungssyst. d. Herzens[15])[13]): **231** ('57) 586-90.

Süddtsch. Apotheker-Ztg. Pharmakol. Methoden z. Prüfg. u. Bewertg. d. Fiebermittel: **80** ('40) 585f. — Pharmakol. Methoden z. Prüfg. analget. Arzneimittel im Tiervers. u. am gesunden Menschen: 597-99. — Pharmakol. Versuchstiere: 620-22; **81** ('41) 243-45. — Pharmakol. Methoden z. Prüfg. sedativer Arzneimittel im Tiervers. u. am gesunden Menschen: 63-67. — Pharmakol. Methoden z. Prüfg. u. Bewertg. d. Schlafmittel u. d. Narkotica: 135-39. — Pharmakol. Methoden z. Prüfg. u. Bewertg. v. Arzneimitteln m. zentral erregender Wirkg. (Analeptica): 221-26. — Pharmakol. Methoden z. Unters. d. Arzneimittel m. erregender oder lähmender Wirkg. auf d. Zentralnervensyst.: 301-04, 307-09, 313-15. — Pharmakol. Prüfg. v. Arzneimitteln m. lokalanästhet. Wirkg.: 419-21, 449-52, 458-60. — Methoden z. Prüfg. d. Desinfektionsmittel (Antiseptica): 519-21, 532-35. — Pharmakol. Methoden z. Unters. v. Arzneimitteln u. Giften m. Wirkungen auf d. quergestreifte Muskulatur: 567-70. — Pharmakol. Methoden z. Unters. v. Arzneimitteln m. cholagoger Wirkg.: **82** ('42) 187-89. — Pharmakol. Methoden z. Unters. v. neurovegetat. Arzneimitteln: 347f. — Pharmakol. Untersuchungsmethoden v. Arzneimitteln m. diuret. Wirkg.: 375-77. — Pharmakol. Methoden z. Unters. d. Funktionen d. Darmes u. deren Beeinflussg. durch Arzneimittel: **83** ('43) 49f., 61-63, 69-73. — Pharmakol. Methoden z. Unters. d. Funktionen d. Magens u. deren Beeinflussg. durch Arzneimittel: 87. — 100 Jahre Äthernarkose: **86** ('46) 97f. — Schmerzbekämpfg. als pharmakol. Probl.: **87** ('47) 251-54. — Wiss. Grundlagen neuer Arzneimittel, 1: Mutterkornpräparate: **88** ('48) 327-29.

Z. Geburtshilfe u. Gynäkol. Zur Frage d. Brauchbark. d. Potentilla anserina f. d. Behandlung d. Dysmenorrhoe[8]): **128** ('47) 298-307.

Z. ges. inn. Med. Grenzgebiete. Prüfg. v. Eisenpräparaten im Test am Menschen[5]): **3** ('48) 147-50.

Z. Hyg. u. Infektionskrankh. Phagocytose u. Pharmaca[7]): **127** ('47) 485–88.

Mit: [1]) A. Häussler; [2]) Wolfgang Herrmann; [3]) R. Laes; [4]) E. Lüdde; [5]) J. Rechenberger; [6]) H. Riesser; [7]) J. Sedlák; [8]) Heinz-Georg Ventzke; [9]) Herbert Harnisch; [10]) F. Mügge; [11]) Wilhelm Schröder; [12]) Karl Wezler; [13]) J. Hergott; [14]) Siegfried Mehmke; [15]) R. Muschkaweck; [16]) Otto Riesser; [17]) G. Vogel; [18]) Horst Weeke.

Thesing, Jan. Chem. (org.). — 1946–52 stud., '50 Ass., '52 Dr. rer. nat. (C. Schöpf), '55 habil., PDoz. TH Darmstadt; dazu seit '58 Dir. Forsch.-Abteilungen E. Merck AG, Darmstadt. [Eig. Mitt.]

*1924, Mai 15, Darmstadt.

W. ● Über quartäre Salze v. Mannich-Basen. Diss. (Darmst. '52) 161 S. Masch.schr.

Angew. Chem. Umsetzg. quartärer Salze v. Mannich-Basen m. tertiären Aminen[12]): **63** ('51) 377f. — Hydrazin- u. Hydroxylamin-Derivate, 2: Darst. v. N-disubstituierten Hydroxylaminen durch Mannich-Reaktionen[15])[10]): **67** ('55) 31f.; ~ 4: Nitron-Enhydroxylamin-Tautomerie b. Malondialdehyd-bis-phenylnitron[9]): 516. — Neue Synthesen in d. Indolreihe[11])[16])[4]): **68** ('56) 387f. — Chem. d. Acylcyanide[17]): 425–35. — Synth. d. Nicotellins[10]): 577f.

Chem. Ber. Chem. d. Indols, 1: Präparat. Darst. v. Heteroauxin u. Tryptamin[13]): **85** ('52) 324–27; ~ 2: Neue Synth. d. β-Indolaldehyds aus Gramin: **87** ('54) 507–12; ~ 3: Einwirkg. v. Alkali auf quartäre Salze d. Gramins: 692–99; ~ 4: Anomal verlaufende Mannich-Reaktionen b. d. Umsetzg. v. Indol m. Formaldehyd u. sekundären aromat. Aminen[8])[7]): 901–05; ~ 5: Umsetzg. v. Gramin u. verwandten Verbb. m. aromat. Aminen. Üb. d. Hofmann-Martius-Umlagerg. b. Methylphenylskatyl-amin[8]): 1084–92; ~ 6: Synthesen m. Mannich-Basen d. Indols[7])[1])[8]): **88** ('55) 1295–1306; ~ 8: Ringerweiterg. eines 3-substituierten Indols zu einem 4-substituierten Hydrocarbostyril m. Polyphosphorsäure[4]): **89** ('56) 2498–2507; ~ 9: Einf. Synth. v. N-(β-(Indolyl-(3))-äthyl)-pyridinium- sowie -isochinolinium-Salzen aus Gramin[11])[16]): 2896–2903; ~ 10: Mannich-Basen aus 3-substituierten Indolen[2]): **90** ('57) 1419–24; ~ 11: Umwandlg. v. Heteroauxin-[β-phenyl-äthylamid] in ein Pyrrocolinderivat m. Polyphosphorsäure[4]): **91** ('58) 1546–51. — Not. üb. d. angebl. „Dinaphthol" v. G. Kauffmann[6]): **87** ('54) 1711–13. — Hydrazin- u. Hydroxylamin-Derivate, 1: Umsetzg. v. Acylcyaniden m. Phenylhydrazin[17]): **88** ('55) 117–30; ~ 3: Eine neue Meth. z. Überführg. v. Mannich-Basen in Aldehyde[10])[9]): 1027–37; ~ 5: Chem. d. Indols, 7: Umsetzg. v. Mannich-Basen m. Phenylhydrazin[16]): **89** ('56) 1195–1203. — Mannich-Basen als Zwischenprodukte b. d. Umsetzg. v. CH-aciden Verbb. m. Formaldehyd u. primären od. sekundären aromat. Aminen zu kernsubstituierten Arylaminen[18])[8]): **88** ('55) 1978–88. — Cycl. Nitrone, 1: Dimeres 2,3,4,5-Tetrahydro-pyridin-N-oxyd[8]): **89** ('56) 2159–67; ~ 3: Konfigurationsbest. an Aldonitronen m. Hilfe v. UV-Spektren[14]): **91** ('58) 1978–80; ~ 4: Darst. u. Eigenschaften d. Δ^1-Pyrrolin-N-oxyds[14]): **92** ('59) 1748–55. — Umsetzg. v. 3,4-Dihydroisochinolin m. Keten[5]): **90** ('57) 229–31. — Üb. eine neue Meth. z. Herst. v. α-Pyridonen u. d. Synth. d. Nicotellins[10]): 711–23.

Experientia. Synth. d. Flavopereirins[3]): **15** ('59) 127–29.

Liebigs Ann. Chem. Cycl. Nitrone, 2: Üb. d. Polymeren d. 2,3,4,5-Tetrahydro-pyridin-N-oxyds u. verwandte Verbb.[8]): **609** ('57) 46–57.

Mit: [1]) P. Ballach; [2]) P. Binger; [3]) W. Festag; [4]) F. H. Funk; [5]) K. Hofmann; [6]) Alfred Kaufmann; [7]) Siegfried Klüssendorf; [8]) Hans Mayer; [9]) G. Michel; [10]) A. Müller; [11]) H. Ramloch; [12]) Clemens Schöpf; [13]) Felix Schülde; [14]) W. Sirrenberg; [15]) H. Uhrig; [16]) C.-H. Willersinn; [17]) D. Witzel; [18]) H. Zieg.

IV–VI **Thiel,** Alfred. Physikal. Chem. — 1919–42 o. Prof. U Marburg.

*1879, Mai 25, Waldenburg/Schles.; †1942, Juni 20, Marburg.

Todesanz. Z. Elektrochem. **48** ('42) 451.

S. ● Handbuch d. Lebensmittelchem. (Bömer-Juckenack-Tillmans) **2**,1 (Bln '33) 233–60: Elektrolyt. Leitfähigk.

W. (Bearb.) ● F. W. Küster, Logarithmische Rechentafeln f. Chemiker, Pharmazeuten, Mediziner u. Physiker $^{41-45}$(Bln '35) 216 S., ital.: (Milano '37) 12 + 192 S.; $^{46-50}$('40); $^{51-55}$('41), span.: (Barcelona '43) 310 S.; $^{56-60}$('47); $^{61-64}$('51); $^{65-67}$('55); $^{68-73}$('56). — ● Physikalisch-chem. Praktikum (Charkow-Kiew '36) 354 S. [ukrain.]. — ● Absolutkolorimetrie (Bln '39) 15 + 215 S. (Arbeitsmeth. d. modernen Naturwiss.).

Angew. Chem. Darst. v. Analysenergebn. b. d. Unters. d. Kesselspeisewassers: **44** ('31) 207. — Prakt. Neuerungen auf d. Geb. d. Indicatorenkunde[2])[1]): 863f. — Die Vereinfachg. d. opt. Bathmometrie durch Anwendg. d. „spektralen Mischfarbencolorimetrie" u. sonst. Verbesserungen[4]): **48** ('35) 799–802. — Absorptionsmessg. u. Absolutcolorimetrie: **53** ('40) 192f.

Ber. Dtsch. chem. Ges. Die neuere Entwicklg. d. colorimetr. Methodik u. verwandter Meßverf.: **68** ('35) 1015–23. — Grundlagen u. Anwendungen d. Absolutcolorimetrie, 16: Üb. d. absolutcolorimetr. Best. d. Eisens[9]): **70** ('37) 2491–97; ~ 17: Weitere Erfahrungen m. d. Absolutcolorimetrie d. Eisens[8])[9]): **71** ('38) 756–58; ~ 18: Absolutcolorimetr. Best. d. Magnesiums[9]): 1157–62.

Biochem. Z. Grundlagen u. Anwendungen d. Absolutcolorimetrie, 10: Absolutcolorimetr. Best. d. Bilirubins im Serum[5]): **271** ('34) 1–8; ~ 13: Indicatoreigenschaften d. Azobilirubins[4]): **284** ('36) 347–52. — Fluoreszenzmessungen m. d. Hilfsmitteln d. Absolutcolorimetrie, 1: Fluoreszenzphotometer z. Unters. d. Recheschen Phänomens u. ähnl. Erscheinungen: **294** ('37) 221–30; ~ 2: Ein f. klin. Untersuchungen geeignetes Verf. z. Best. d. Porphyrins im Harn: **298** ('38) 436–45.

Chem. Fabrik. [Absolutcolorimetrie, 4:] Messungen m. d. Absolutcolorimeter[7]): **5** ('32) 409–11; [~ 11]: D. neue, hochbeständ. Graulösg. (Graulösg. 1933): **7** ('34) 383f.

Chemiker-Ztg. Absolutcolorimetrie m. Graulösungen: **58** ('34) 683, 863.

Forsch. u. Fortschr. [Absolutcolorimetrie, 2:] Neuere Fortschr. in d. Verwertg. v. Farbmessungen f. d. Zwecke d. Naturwiss. u. Med.: **8** ('32) 152–54.

Klin. Wschr. [Absolutcolorimetrie, 6:] „Absolute Colorimetrie" m. Hilfe v. Graufilterlösungen: **12** ('33) 1144.

Kolloid-Z. Üb. d. Vorstellungen v. d. Zustandekommen d. osmot. Druckes: **91** ('40) 316–18. — Osmot. Druck u. Membranwirkg.: **94** ('41) 348f.

S.-Ber. Ges. Beförd. ges. Naturwiss. Marburg. Absolutcolorimetrie, 3: Verwendg. d. Colorimeters z. absol. Farbmessg. (Spektralphotometrie)[2]): **67** ('32) 11-30; ~ 8: Krit. Vergleichg. d. Meth. z. Messg. v. Schwerpunkten opt. Filter[2]): **68** ('33) 33-45; ~ 9: Fortschr. d. Absolutcolorimetrie m. Hilfe v. Graulösungen[2])[5]): 85-92; ~ 14: Verbesserungen d. kolorimetr. Methodik: **71** ('37) 17-27; ~ 15: D. jüngste Entwicklg. d. Absolutcolorimeters, insb. seine Ausrüstg. m. streng monochromat. Beleuchtg.: 87-93. — Exp. Beitr. z. Probl. d. Bildungsgeschwindigk. d. Verbb. höherer Ordng. m. bes. Berücks. d. Strömungsverf. z. Unters. sehr schnell verlaufender Reakt.[4]): **69** ('34) 49-188.

Z. analyt. Chem. [Absolutcolorimetrie, 7:] Ursprung u. Entwicklg. d. Absolutcolorimetrie m. Hilfe v. Graulösungen: **94** ('33) 170-77; [~ 12]: Absolutcolorimetr. Best. d. Eisens[5]): **103** ('35) 161-66; [~ 19]: Z. Best. d. Titans u. d. Kupfers[8]): **120** ('40) 305-11.

Z. anorg. allg. Chem. Beitr. z. syst. Indicatorenkunde[1]), 18: Der „Wasserstoffeffekt" u. d. Salzfehler d. Indicatoren: **200** ('31) 419-28; ~ 19: Wesen u. Bedeutg. d. „Wasserstoffeffektes": **208** ('32) 397-400; ~ 20: Irreversibler Abblaßeffekt b. Phenolphthalein: **217** ('34) 254-56; ~ 22: Salzfehler einiger Indicatoren: 353-75; ~ 24: Z. Kenntn. d. Eiweißfehlers d. Indicatoren[6]): **220** ('34) 225-35. — Üb. therm. Dissoziat. u. Dampfdruck d. Borsäure u. ihre Flüchtigk. m. Wasserdampf[11]): 236-46.

Z. Elektrochem. Verf. z. Ausführg. absol. Messungen m. d. Colorimeter: **38** ('32) 621f. — [Absolutcolorimetrie, 5:] Bem. z. Absolutcolorimetrie m. Hilfe v. Graulösungen: **39** ('33) 312-16. — Beitr. z. syst. Indicatorenkunde, 21: Bequem herstellb. Pufferlösungen m. prakt. konst. Elektrolytgehalt[6])[1]): **40** ('34) 150-54. — Voltasche Säule, die ledigl. aus Elektrolyten aufgebaut ist: **42** ('36) 742-44. — Vorlesungsvers. üb. Elektrocapillarität: 879f. — Z. Frage einheitl. Bezeichnungen auf d. Geb. d. Lichtabsorpt.: **43** ('37) 696f. — Revision einiger Vorstellungen, die eine überholte Auffassg. d. osmot. Druckes benutzen: **46** ('40) 129-31. — Grundgrößen u. Bezeichnungen auf d. Geb. d. Lichtabsorpt.: **48** ('42) 267-70.

Z. physik. Chem. (A). Beitr. z. syst. Indicatorenkunde, 17: Zweifarb. Phthaleine: Bodenstein-Festbd ('31) 352-56; ~ 23: Indirektes Verf. z. Messg. v. Halbwertstufen u. Grenzkurven[3]): **169** ('34) 193-206. — Üb. Korrosionserscheinungen, 18: Lokalisat. d. hemmenden Wirkg. oberflächenaktiver Stoffe b. d. Auflösg. v. Metallen in Säuren[10]): **170** ('34) 407-20. — Z. Frage nach einer „anschaul." Deutg. d. Osmose u. d. osmot. Druckes: **178** ('37) 374-88. — Z. Theorie d. osmot. Druckes: **180** ('37) 314-16.

Mit: [1]) G. Coch; [2]) R. Diehl; [3]) D. Greig; [4]) Heinrich Logemann; [5]) O. Peter; [6]) G. Schulz; [7]) W. Thiel; [8]) Hermann Heinrich; [9]) Eitelfriedrich van Hengel; [10]) C. Kayser; [11]) H. Siebeneck.

VI **Thiel,** Gustav Daniel. Hydrogr. — 1920–45 Reg.-Rat Dtsch. Seewarte Hamburg; seit '45 i. R., in Hamburg-Sasel lebend. [Eig. Mitt.]

*1876, Jan. 7, Giesewen/Ostpr.

W. • Strombeobachtungen in d. westl. Ostsee im Juli 1936 (Hambg '38) 28 S. (Arch. d. Dtsch. Seewarte u. d. Marineobservat. 58,7).

Ann. Hydrogr. Änderg. d. Deviat. eines Magnetkompasses an Bord d. R. F. D. „Poseidon" durch d. elektr. Beleuchtungsanlage: **60** ('32) 486-89. — Strombeobachtungen dtsch. Fischdampfer unt. Island: **61** ('33) 324-33. — Strombeobachtungen d. Vermessungsschiffes „Meteor" unt. Island: **62** ('34) 450-56. — Stromkonvergenzlinien u. -kabbelungen: **65** ('37) 109f. — Einiges üb. d. Ergebn. v. Strombeobachtungen in d. westl. Ostsee: **71** ('43) 226-31. — Dämpfg. d. Gezeiten im Flußgeschwelle d. Elbe b. Hamburg durch starke Eisbildg.: 345-54.

Dtsch. hydrogr. Z. Wirkungen d. Luft- u. Winddruckes auf d. Wasserstand in d. Ostsee: **6** ('53) 107-23. — Üb. d. Auswirkg. d. ablenkenden Kraft d. Erdumdrehg. auf d. Wasserstände im Großen Belt: **7** ('54) 162-73.

Seewart. Stromtabellen u. -karten f. d. Süd- u. Südwestküste Islands: **3** ('34) 210-15.

Thiele, Heinrich Friedrich. Kolloidchem. — 1921–25 stud., '25 Dr. phil. U Berlin (F. Haber); '27 Ass. TH Danzig, '28 U Heidelberg; '37 habil., '39 Doz., '50 ao. Prof. U Kiel. [Eig. Mitt.]

*1902, Aug. 30, Berlin.

W. • Praktikum d. Kolloidchem. (Frkf./M. '50) 12 + 277 S.

Angew. Chem. Chem. Umsetzg. d. Siloxens m. Halogenverbb.[10]): **37** ('24) 540f.

Arch. Hyg. u. Bakteriol. Neuart. Gefäß z. einwandfreien Entnahme u. Beförderg. v. Wasser- u. anderen Flüssigkeitsproben f. d. bakteriol. Unters.: **112** ('34) 260-62. — Nachw. gasbildender Keime: **115** ('36) 257-59. — Neuer Halter f. Impfnadeln: **117** ('37) 297f. — Zweischichtenplatte, eine neuart. Meth. f. bakteriol. Arb.[6]): **118** ('37) 88-96. — Kritik d. hyg. Untersuchungsmeth. d. Trinkwassers auf Grund eines größeren Analysenmaterials aus Schleswig-Holstein[17]): **121** ('38) 143-57. — Diagnose d. Bact. coli im Zusammenhang m. stoffwechselphysiol. Fragen[9]): **126** ('41) 121-32.

Discuss. Faraday Soc. Ordered coagulat. and gel format.: **18** ('54) 294-301.

Forsch. u. Fortschr. Spiegel u. Folien aus Graphit: **10** ('34) 408f.

Fortschr. Med. Synth. micellarer Strukturen: **76** ('58) 623f.

Gas- u. Wasserfach. Eisen u. Mangan im Wasser: **71** ('28) 289f. — Photoelektr. Trübungsmesser[21]): 414-17. — Ein Röhrenvoltmeter u. seine Anwendg. z. p_H-Best. u. elektrometr. Titrat.: 854.

Gesundheits-Ing. Lärmzähler (Thorybometer)[5]): **53** ('30) 13f. — Lärmzähler (Thorybometer) in verbesserter Form[5]): **55** ('32) 326-28.

Kolloid-Z. Mizellarstrukt. d. Graphitsäure: **56** ('31) 129-38. — Salzbildg. u. Basenaustausch d. Graphitsäure: **80** ('37) 3-22 [Hab.schr.]. — Üb. d. Formel d. Graphitsäure: **104** ('43) 114. — Viskosität u. Gelbildg. d. Graphitsäure: **111** ('48) 15-19. — Strukturen in ionotropen Gelen[16]): 73-79. — Doppelbrechg. v. Seifensolen: **112** ('49) 73-79. — Invers. d. Doppelbrechg. v. Seifensolen: **113** ('49) 155f. — Ionotropie: **115** ('49) 167-69. — Ionotropie, Einfl. v. Ionenradius u. Wertigk.[16]): **116** ('50) 1-9. — Ionotropie, Einfl. d. Mizellen[16]): **117** ('50) 144-53. — Zwei Vers. z.

Zerschäumg.: **118** ('50) 172. — Einfl. v. Ionen auf d. Strukt. b. d. Gelbildg.[23]): **127** ('52) 134-44. — Spinnbark. kolloider Lösungen[13]): **129** ('52) 25-39. — Huminsäuren[11]): **130** ('53) 131-60. — Modellvers. z. Synth. mizellarer Strukt.: **136** ('54) 80-84. — Ionotrope Gele v. Polyuronsäuren[2]), 1: **140** ('55) 76-102; ~ 2: **142** ('55) 5-24; ~ 3: **143** ('55) 21-31; ~ 4: 105. — Kapillarstrukt. in ionotropen Gelen[22]): **151** ('57) 1-12. — Üb. Gele als Salze v. Polyelektrolyten[1]): **156** ('58) 14-21. — Vorstufen zu ionotropen Gelen[25]): **161** ('58) 120-27. — Ionotrope Gele m. Kapillarstrukt. als Filter[22]): **163** ('59) 115-22. — Feldausnützg. b. Elektrodialyse[24]): **169** ('60) 86-91.

Korrosion u. Metallschutz. Meth. z. Prüfg. d. Korros.: **4** ('28) 152f.

Nature [London]. Format. of carbon dendrites: **138** ('36) 688.

Naturwiss. Richtwirkg. v. Ionen auf anisotrope Kolloide — Ionotropie: **34** ('47) 123. — Biol. Abbau d. Graphitsäure: 218. — Modellvers. z. Wachstum d. Knochensubst.[2]): **40** ('53) 366. — Keimfiltrat. m. lösl. Ultrafiltern[19]): 583. — Geordnete Kristallisat. in ionotropen Gelen[12]): **42** ('55) 389; ~ 2[12]): **44** ('57) 374. — Invers. d. Doppelbrechg. v. Polyuronsäuren durch Trypaflavin: **43** ('56) 34f. — Ordnungsvorgänge b. Symplexen: 56f.

Trans. Faraday Soc. Oxydat. of carbon in electrolytes at normal temp.: **34** ('38) 1033-39.

Universitas. Bildg. org. Strukt.: **5** ('50) 1081-86.

Z. anorg. allg. Chem. Umsetzungen d. Siloxens m. Halogenverbb.: **144** ('25) 197-217 [Diss.]. — Herst. v. völlig sauerstofffreiem Stickstoff: **152** ('26) 342-46. — Oxysiloxene: **173** ('28) 115-24. — Graphit u. Graphitsäure: **190** ('30) 145-60. — Quellg. v. Graphit: **206** ('32) 407-15. — Vorgänge b. d. Aufblähen v. Graphit: **207** ('32) 340-52.

Z. Bakteriol. (II). Mikrobielle Verwertbark. v. Graphitsäure u. Melithsäure[2]): **107** ('53) 247-50.

Z. Elektrochem. Quellg. d. Graphits an d. Anode u. d. mech. Zerstörg. v. Kohlenanoden: **40** ('34) 26-33. — Anod. Verhalten v. Graphit[20]): **55** ('51) 193-99.

Z. Hyg. u. Infektionskrankh. Messg. d. Lärms m. d. verbesserten Lärmzähler v. Dold u. Thiele[8]): **122** ('39) 125-45. — Nachw. d. Bact. coli [4]): **129** ('49) 75-96. — Nachw. v. Typhuskeimen in Wasser[3]): **137** ('53) 347-98. — Trinkwasser aus Zisternen u. Gräben[18]): **138** ('54) 332-56.

Z. Naturforsch. Gerichtete Koagulat. v. anisotropen Kolloiden: **3b** ('48) 7-11. — Richtwirkg. versch. Ionen auf anisotrope Kolloide: 393-402. — Membranen u. Gele m. mizellarer Strukt.[2]): **10b** ('55) 677-83. — Strukturbildg. durch Ionendiffus., Symplexionotropie[14]): **12b** ('57) 14-23. — Ionotrope Gele m. Kapillarstrukt.[7]): **13b** ('58) 580-88.

Z. physik. Chem. Symplexbildg. u. Komplexkoacervat. als Ionenreakt. b. Polyelektrolyten[14]): **206** ('56) 394-413. — Üb. einige Polyelektrolyte als Anionen, Kationen u. Amphiionen[14]): **207** ('57) 118-37. — Ionenreakt. b. Polyelektrolyten, Vorstufen b. d. Bildg. v. Gelen[25]): **208** ('57) 42-58.

Mit: [1]) Hans Affeldt; [2]) Geert Andersen; [3]) Eckart Brinkmann; [4]) Harald Deckart; [5]) Hermann Dold; [6]) Willy Graf; [7]) Klaus Hallich; [8]) Kurt Holzberg; [9]) Herbert Janssen; [10]) Hans Kautsky; [11]) Helmut Kettner; [12]) Heinz Krönke; [13]) Herbert Lamp; [14]) Lothar Langmaack; [15]) Hans Lück; [16]) Heinrich Micke; [17]) Manfred Pehrs; [18]) H. Ratschko; [19]) Dietrich Schyma; [20]) Eberhard Weise; [21]) Ludwig-Werner Haase; [22]) Klaus Hallich; [23]) G. Kienast; [24]) Jost Lange; [25]) E. Schacht.

Thiele, Otto Wolfgang. Physiol. Chem. — 1935-40 stud. med. U Köln, Jena; '40 Dr. med. (H. W. Knipping), '49-52 Ass. U Köln (E. Klenk); '53-58 stud. chem. Justus-Liebig-H Gießen, U Göttingen; '52-55 Ass. Justus-Liebig-H Gießen (H. Bohn); '55 Ass. (H. J. Deuticke), '58 habil. u. PDoz. U Göttingen. [Eig. Mitt.]
*1917, Jan. 25, Köln.

Ärztl. Forsch. Der heut. Stand d. Kenntnisse üb. d. Acetalphosphatide: **10**,1 ('56) 363-69.

Die Medizinische. Untersuchungen üb. d. Thymoltrübungstest nach Maclagan[11]): **1956**, 1494-96. — Nicht-hormonale Stoffwechselregulationen: **1959**, 1603-07.

Dtsch. med. Wschr. Thymol-Trübungstest nach Maclagan b. Diabetes mellitus[11]): **80** ('55) 452f.

Hoppe-Seylers Z. physiol. Chem. Neubildg. v. Cholinplasmalogen im bebrüteten Hühnerei[6]): **299** ('55) 151-55. — Meth. z. Best. v. freiem Plasmal neben Plasmalogen: **300** ('55) 131-40. — D. „Waelsch-Effekt" u. d. Hemmwirkg. v. primären Aminen b. d. Plasmabest.: 157-66. — Größe d. „Farbquotienten d. Acetalphosphatide" im normalen menschl. Blutserum[4])[1]): **302** ('55) 92-95. — Genauigk. d. Best. v. freiem Plasmal: **306** ('57) 180-84. — Papierchromatogr. Trenng. v. Plasmalogenen u. freiem Plasmal[2]): 185-94. — Meth. z. Best. v. Totallipiden in Organen: **311** ('58) 136-39. — Biokatalyt. Abspaltg. v. Plasmal aus Plasmalogen, 1: **315** ('59) 117-26; ~ 2: **316** ('59) 137-45.

Klin. Wschr. Acetalphosphatide d. Blutserums b. Leberkranken: **31** ('53) 907f. — Behandlg. d. Diabetes mellitus m. Cocarboxylase. Beziehungen z. Kreatinstoffwechsel[3]): **32** ('54) 815-17. — Lipoidbilanzunters. b. einem Fall v. einheim. Sprue: **33** ('55) 421-26.

Med. Mschr. Hitzekoagulationsband m. Bariumchlorid: **5** ('51) 41f.

Münchener med. Wschr. Nomogramm z. Ermittlg. d. Färbe-Index: **93** ('51) 2212.

Naturwiss. Plasmalogenabbau durch Bakterien[2])[8]): **44** ('57) 380f. — Unters. üb. ein blutgruppenspezif. Halbhapten im Rinderblut[10]): **45** ('58) 318f. — Abspaltg. v. Plasmal in wäßr. Phosphatid-Solen: 628f.

Strahlentherapie. Histochem. u. serol. Unters. üb. d. Wirkg. d. Röntgenstrahlen, 4[7])[9]): **95** ('54) 523-26.

Z. ges. exp. Med. Einwirkg. v. Ultraschall auf Ergosterin[5]): **110** ('42) 660-66. — Acetalphosphatide d. Blutserums b. alimentärer Lipämie: **121** ('53) 246-53. — Verhalten d. Plasmalogens in Stress-Situationen: **123** ('54) 65-70. — Verminderg. d. Plasmalogengehaltes d. Blutserums nach Aderlaß: **125** ('55) 136-41.

Z. vergleich. Physiol. Lipide d. Weinbergschnecke, 1: **42** ('59) 484-91.

Mit: [1]) Gertrud Andresen; [2]) Helmut Bergmann; [3]) Hans Bohn; [4]) Robert Feulgen; [5]) Hans Gohr; [6]) Eva Gowin; [7]) Theophil Hornykiewytsch; [8]) Karl-Eduard Schneweis; [9]) Hans Seydl; [10]) Bernhard Urbaschek; [11]) Hans Voegt.

Thieler, Gustav Erich. Chem. (Metallwirtsch.). — 1918-23 stud., '23 Dr. phil. nat. U Frankfurt/M. (F. L. Hahn); '23-28 Industriepraxis; '29-45 Leiter Lit.-Abt. u. techn. Bibliothek d. Metallges. AG, Frankfurt/M.; seit '45 Geschäftsführer Hans-Heinrich-Hütte GmbH, Langelsheim/Harz; zugl. seit '46 LBeauftr. f. Metallwirtsch. BA Clausthal. [Eig. Mitt.]

*1897, Dez. 24, Frankfurt/M.

Zum 60. Geb.tag. Nachr. Chem. u. Techn. **6** ('58) 39 (m. Bildn.).

MH. • Ullmanns Encyklop. d. techn. Chem. **1** ³(Münch.-Bln '51)ff.; darin eig. Beitr.: **9** ³('57) 609-26: Kobalt u. -Verbb. (m. W. Savelsberg); **12** ³('60) 342: Metalle, Verarbeitg.; 343-47: Metallhüttenwesen.

S. • Encyklop. d. techn. Chem. (F. Ullmann) **9** ²(Bln-Wien '32) 208-30: Schwefel; 230-32: Schwefelchloride (m. G. Cohn); 350-55: Schwefelwasserstoff. — • Gmelins Handbuch d. anorg. Chem. Syst.-Nr. 9 ⁸(Weinh./Bergstr. '53) Gewinnung v. Elementarschwefel: 211-19: Aus Erzen, die Elementarschwefel enthalten; 219-23: Aus sulfid. Erzen; 258: Ausscheidg. v. S aus Gasen; 258-78: Aus Kohle.

W. • Über Aluminiumamalgam, -hydroxyd u. -oxyd. Diss. (Frkf./M. '23) 37 S. Masch.schr. [Ausz. in: Ber. Dtsch. chem. Ges. **57** ('24) 671-79]. — • Schwefel (Dsdn-Lpz. '36) 132 S. (Techn. Fortschrittsber. 38).

VI **Thienemann,** August. Hydrobiol. — 1924 o. Prof. U Kiel, '50 em., bis '57 Dir. Hydrobiol. Anst. d. Max-Planck-Ges., Plön. — '54 Fabricius-Medaille (Dtsch. Entomol. Ges.).

*1882, Sept. 7, Gotha;
†1960, Apr. 22, Plön/Holst.

Bildn. Arch. Hydrobiol. **53** ('57) 452.

Autobiogr. • Erinnerungen u. Tagebuchblätter eines Biologen. Ein Leben im Dienste d. Limnol. (Stuttg. '59) 5 + 499 S. (m. Bildn., Faks. vor S. 1 u. Schr.verz. 459 Nr.).

Zum 60. Geb.tag. • Festband A. Th. zum 60. Geb.tag (7. 9. 1942) gewidmet (Fr. Lenz) (Stuttg. '43/45) 8 + 1127 S. (m. Bildn. u. Faks.) (Arch. Hydrobiol. 40).

Zum 70. Geb.tag. G. Huber-Pestalozzi, Schweiz. Z. Hydrol. **14** ('52) 468-73. — Fr. Ruttner, Wetter u. Leben **4** ('52) 128.

Zum 75. Geb.tag. O. Harnisch, Naturwiss. Rdsch. **10** ('57) 361. — Mitt. Max-Planck-Ges. **5** ('57) 301f. (m. Bildn.).

Nekr. W. Ohle, Fischwirt **1960**, Nr. 8; Arch. Hydrobiol. **57** ('60) 1-12. — P. van Oye, Biol. Jaarboek Dodonaea **28** ('60) 13-15. — N. K. Panikkar, Current Sci. [Bandalore] **29** ('60) 365. — H. Sachtleben, Beitr. Entomol. **10** ('60) 920f. — K. Seidel, Heimat **67** ('60) Nr. 6; VDG-Mitt. **1960**, H. 3/4, 1f.; Wasser u. Boden **12** ('60) 9; Wasserwirtschaft **50** ('60) 249. — H. Sioli, Mitt. Max-Planck-Ges. **1960**, 200-06 (m. Bildn.). — L. Varga, Ann. Biol. Tihany **27** ('60) 243-54.

HZ. Arch. Hydrobiol. **10** ('14) ff.

MHZ. Verh. Dtsch. Zoologen **1948** ('49) (Zool. Anz., Suppl. 13.).

S. • Festschr. z. Feier d. 60. Geb.tages v. Friedr. Zschokke. Nr. 4 (Basel '21) 1-14: Grundlagen d. Biocoenotik u. Monards faunist. Prinzipien. — • Handwörterbuch d. Naturwiss. (R. Dittler, G. Joos) **6** ²(Jena '32) 434-75: Limnologie. — • Forschung tut not **4** (Bln '32) 17f.: Vom Leben d. Gewässer. — • 25 Jahre Kaiser-Wilh.-Ges. z. Förderg. d. Wiss. **2** (Bln '36) 306-12: Hydrobiol. Anst. d. Kaiser-Wilh.-Ges. in Plön. — • Festschrift z. 60. Geb.tag v. E. Strand **1** (Riga '36) 531-53: Chironomiden-Metamorphosen, 14: D. Orthocladiinengattungen Eucricotopus, Tricbocladius u. Rheorthocladius. — • Grigore Antipa. Hommage à son oeuvre [Jubil.-Schr. z. 70. Geb.tag] (Bukarest '38) 641-61: Rassenbildg. b. Planaria alpina. — • Festschr. z. 275jähr. Bestehen d. Christian-Albrechts-Univ. Kiel (Lpz. '40) 381-85: D. Hydrobiol. Anst. d. Kaiser-Wilh.-Ges. in Plön. — • Aus d. dtsch. Forschg. d. letzten Dezennien (B. Rajewsky u. G. Schreiber) (Stuttg. '56) 64-68: „Grundprinzip" d. Max-Planck-Ges. z. Förderg. d. Wiss.

W. • Die Binnengewässer Mitteleuropas. Eine limnol. Einführg. (Stuttg. '25) 255 S. (Die Binnengewässer 1). — • Die Bedeutung d. Limnol. f. d. Kultur d. Gegenwart (Stuttg. '35) 31 S. — • Leben u. Umwelt. Vom Gesamthaushalt d. Natur (Lpz. '41) 122 S. (Bios 12); (Bln-Darmst. '56) 288 S.; (Hambg '56) 153 S. (Rowohlts dtsch. Enzyklopädie 22). — • Der Mensch als Glied u. als Gestalter d. Natur (Jena-Lpz. '44) 40 S. (Veröff. Dtsch. wiss. Inst. in Bukarest. Vortr. 7). — • Erich Wasmund (1902-45). Ein dtsch. Forscherleben (Plön '48) 48 S. — • Verbreitungsgeschichte d. Süßwassertierwelt Europas (Stuttg. '50) 16 + 809 S. (Binnengewässer 18). — • Chironomus. Leben, Verbreitg. u. wirtsch. Bedeutg. d. Chironomiden (Stuttg. '54) 16 + 834 S. (~ 20). — • Die Binnengewässer in Natur u. Kultur (Bln-G.-H. '55) 8 + 156 S. (Verständl. Wiss. 55).

Abh. naturwiss. Ver. Bremen. Lebenseinheiten: **33** ('54) 303-26.

Acta biotheoretica. D. Chironomidengattg. Pseudosmittia u. d. Dollosche Gesetz: **7** ('43) 117-34.

Allg. Fischerei-Ztg. Am Süßwasser ist noch manches zu klären: **57** ('32) 166f.

Ann. Mag. nat. Hist. Die Puppe v. Diplocladius (Orthocladius) conformis (Holmgren): (10) **20** ('36) 362-64.

Arch. Fischereiwiss. Larven u. Eier d. Edelmaräne d. Kellersees: **2** ('50) 40.

Arch. Hydrobiol. Faktoren, welche d. Verbreitg. d. Süßwasserorganismen regeln: **8** ('13) 267-88. — Hydrobiol. Untersuchungen an d. kalten Quellen u. Bächen d. Halbinsel Jasmund auf Rügen: **17** ('26) 221-336. — Produktionsbegriff in d. Biol.: **22** ('30/31) 616-22. — Schwankungen d. Grundwasserstandes in Norddtschl. während d. letzten Jahrzehnte: **24** ('32) 345-428. — Sind d. großen Alpenseen alkalitroph?: **25** ('33) 48-53. — Schwankungen d. Grundwassers in Norddtschl.: 335-45. — Erforschg. d. Binnengewässer u. d. Grundwassers: **26** ('34) 488f. — Z. Einschränkg. d. Umfanges dtsch. wiss. Zeitschriften: **28** ('35) 519-21. — Sterben d. Larven d. Köcherfliege Anabolia nervosa b. Wassertemperaturen v. üb. 19 °C?: 668f. — Der Stechlin-See als Präseismograph: **29** ('35) 346f. — Alpine Chironomiden: **30** ('36) 167-262. — Frostboden u. Sonnenstrahlg. als limnol. Faktoren: **34** ('38) 306-45. — Grundzüge einer allg. Ökol.: **35** ('39) 267-85. — Chironomiden aus d. Lunzer Seengeb., 1: Neozavrelia luteola n.g.n.sp.[2]): **38** ('41/42) 106-09; ~ 2: Larve u. systemat. Stellg. v. Neozavrelia luteola Goetgh.: 581-85; ~ 5: Trichocladius-Arten aus d. Lunzer Seen: **39** ('42/44) 294-315. — Chironomiden-Metamorphosen, 18: Bestimmungstabelle f. d. Metriocnemus-Puppen d. Fuscipes-rufiventris-Gruppe: **38** ('41/42) 155-59. — F. Geyer z. Gedächtnis: **39** ('42/44) 175-80. — Die Hydrobiol. Anst. d. Kaiser-Wilh.-Ges. 1892-1942: 316-33. — A. L. Buschkiel z. Gedächtnis: 495-521. — A. Meuche z. Gedächtnis: 522-27. — H. v. Mitis z. Gedächtnis: 528-31. — Bestimmungstabellen f. d. bis jetzt bekannten Larven u. Puppen d. Orthocladiinen: 551-664. — H. Roll z. Gedächtnis: 702-12. — Z. Verbreitg. v. Lithotanytarsus emarginatus Goetgh.: 713f. — F. Krüger z. Gedächtnis: **41** ('45/47) 430-34. — Z. Klärg. einiger wicht. Begriffe d. allg. Ökol.: 626-29. — Zwei kl. Beobachtungen an javan. Wasserwanzen: **42** ('48/49) 197f. — C. Wesenberg-Lund zu seinem 80. Geb.tag: 199f. — Wasserstandsschwankungen im Garrensee, Pinnsee u. Drewitzer See 1931-44: **43** ('49/50) 1-20. — S. Ekman 75 J. alt: **44** ('50/51) 661-66. — Vom Gebrauch u. v. Mißbrauch d. Gewässer in einem Kulturlande: **45** ('51) 557-85. — F. Ruttner 70 Jahre: **46** ('52) 299. — K. Viets 70 Jahre: 300. — Limnol. Station Niederrhein, ihre Gesch. u. ihre Aufgaben: **48** ('53/54) 549-55. — Indo-Pacific Fisheries Council (5th Meeting Jan.-Febr. 1954, Bangkok, Thailand) u. Symposium üb. südostasiat. See- u. Süßwasser-Plankton: **49** ('54) 273-75. — Bangkok-Fischerei-Versuchsstation b. Bangkok (Thailand): 275f. — Ein drittes biozönot. Grundprinzip: 421f. — Profundal-Symposion in Pallanza: 590f. — Wasserwirtsch. u. Schule: 591. — C. Wesenberg-Lund†: **51** ('56) 578f.

Arch. Hydrobiol., Suppl.-Bd. Zur Kenntn. d. Salzwasser-Chironomiden: **2** ('14/21) 443-71. — Schwed. Chironomiden[5]): 483-554. — Pelopia u. Tanypus. Bemerkungen z. Nomenklatur d. Meigenschen Chironomidengattungen: 555-65. — D. Metamorphose d. Tanypinen[9]), 1.2: 566-784. — Die Metamorphose d. Chironomidengattungen Camptocladius, Dyscamptocladius u. Phaenocladius m. Bemerkungen üb. d. Artdifferenzierg. b. d. Chironomiden überhaupt: 809-50. — Trop. Seen u. Seetypenlehre: **9** ('31) 205-31. — Tierwelt d. Nepenthes-Kannen: **11** ('32) 1-54. — Z. Orthocladiinenfauna Niederländ.-Indiens: 553-62; **15** ('36) 119f. — D. Tierwelt d. trop. Pflanzengewässer: **13** ('34) 1-91. — Tanytarsus-Larven u. -Puppen aus Niederländ.-Indien[9]): 139-65. — K. Herrmann†: **15** ('38) 812f. — Lappländ. Chironomiden u. ihre Wohngewässer: **17** ('41) 1-253. — Lunzer Chironomiden. Ergebnisse v. Untersuchungen d. stehenden Gewässer d. Lunzer Seengeb. (N.-Österr.): **18** ('50/51) 1-202. — Üb. hochalpine Diamesa-Formen: 203-06. — Tanytarsus-Studien, auf Grund nachgelass. Papiere Fr. W. C. Krügers, 2: 595-632. — Chironomiden aus d. unt. Peene, gesammelt u. gezüchtet v. Fr. Krüger: 633-44. — Das Schwärmen v. Chironomus batophilus K. im Plöner Seengeb. 1918-1950: 692-704. — Bilder aus d. Binnenfischerei auf Java u. Sumatra: **19** ('51) 529-618. — Fische d. Dtsch. limnol. Sunda-Exped.: **23** ('57) 471-77.

Aus d. Heimat. Lebensraum u. Lebensgemeinsch.: **41** ('28) 33-51.

Aus d. Natur. Vorfrühling in Lappland: **15** ('39) 405-08.

Beitr. Entomol. Bestimmungstabelle f. d. Larven der m. Diamesa nächst verwandten Chironomiden: **2** ('52) 244-56.

Biol. generalis. Vom Wesen d. Ökol.: **15** ('42) 312-31.

Biologe. Was ist Ökologie?: **5** ('36) 214-25. — H. Roll †: **12** ('43) 256.

Blick in d. Wiss. Wiss. in Notzeit: **1948**, Jan., 31-33.

Diptera. Chironomiden-Metamorphosen, 8: Phaenocladius: **7** ('34) 29-46; ~ 16: **9** ('38) 87-96.

Dodonaea. Chironomidenforschg. in ihrer Bedeutg. f. Limnol. u. Biol.: **6** ('39) 107-54.

Dohrniana. Der Schnäpel (Coregonus lavaretus balticus) in Vorpommern: **14** ('35) 85-91.

Dtsch. entomol. Z. Chironomiden-Metamorphosen, 3: Z. Metamorphose d. Orthocladiariae: **1933**, 1-38; ~ 12: **1935**, 86-96; ~ 17: Neue Orthocladiinen-Metamorphosen: **1939/40**, 1-19.

Entomol. T. Chironomiden aus d. Lunzer Seengeb., 9: Metamorphose v. Stempellina montivaga Goetgh.: **70** ('49) 12-18. — Larventyp u. Imaginalart b. Chironomus s. s.[8]): **72** ('51) 1-21.

Entomon. Stempellina montivaga Goetgh.: **1** ('49) 139f.

Erdkunde Schule. Unser Trinkwasser wird rar: **2** ('57) 471-77.

Experientia. Hydrobiol. Anst. Plön: **4** ('48) 411 [auch in: Das Wasser **1** ('48) 93].

Forsch. u. Fortschr. Schwankungen d. Grundwasserstandes in Norddtschl.: **9** ('33) 349f. — Ein neuer Fisch aus d. Tiefe eines norddtsch. Sees: 429f. — Gesteinsbildg. durch Mückenlarven: **11** ('35) 24f. — Tierwelt d. Nepenthes-Kannen: 341f. — Stechmückenplage im hohen Norden: **14** ('38) 302f. — Rassenbildg. b. Planaria alpina: 361f. — Neue ökol. Untersuchungen an Chironomiden: **18** ('42) 60-62.

Gewässer u. Abwässer. Fluß u. See: **1** ('53) 13-30.

Heimat. Die Maränen Schlesw.-Holsteins: **46** ('36) 241-43. — Veränderungen in d. Tierwelt unserer Quellen v. 1918-1948: **56** ('49) 2-5.

Hippokrates. Stechmückenplage in d. Arktis: **12** ('41) 407-10.

Int. Rev. ges. Hydrobiol. u. Hydrogr. Chironomiden aus Lappland, 1: Podonominae, eine neue Unterfamilie d. Chironomiden[1]): **35** ('36) 65-112. — Chironomiden aus d. Lunzer Seengeb., 3: Zwei neue Pseudosmittiaarten aus d. Geb. d. Lunzer Seen[8]): **42** ('42) 356-87.

Investigac. y Progr. [Madrid]. La fauna de les ascidias de los „Nepenthes": **9** ('35) 369-71.

Jahrb. Max-Planck-Ges. Wasser u. Gewässer in Natur u. Kultur: **1952**, 185-222.

Jber. naturhist. Ges. Hannover. Unser Bild d. lebenden Natur: **90/91** ('40) 27-51.

Jenaische Z. Naturwiss. Bedeutg. d. Zeitfaktors f. d. Besiedlg. extremer Lebensstätten: **67** ('32) 70-79. — Verbreitg. d. Krebses Mysis relicta als Beisp. f. d. Lösg. eines Probl. aus d. Tiergeogr. d. Süßwassers: **78** ('45) 1-22.

Kieler Meeresforsch. Haffmücken u. andere Salzwasser-Chironomiden: **1** ('36) 167-78. — Trichocladius fucicola Edw., eine marine Chironomide: **9** ('52) 66f.

Landwirtsch. Jahrb. Hydrobiol. u. fischereil. Untersuchungen an d. westf. Talsperren: **41** ('11) 535-716.

Leica. Tropen-Erfahrungen: **2** ('32) 45-48.

Mitt. Dtsch. entomol. Ges. Chironomiden-Metamorphosen, 13: D. Gattg. Dyscamptocladius Thien.: **7** ('36) 49-54; ~ 15: **15** ('36) 22-36.

Naturforscher. Führt d. Tierwelt wirklich einen Vertilgungskrieg gegen d. Pflanzenwelt?: **3** ('26) 225-28. — Tierwelt d. Kannenpflanzen: **13** ('36/37) 270-72.

Natur u. Museum. Ertrinkende Wälder: **62** ('32) 41-49. — Vorfrühling am Seeufer: **63** ('33) 193f. — Mückenlarven bilden Gestein: 370-78.

Natur am Niederrhein. Walt. Voigt u. d. Anfänge d. Limnol. im Rheinld.: **16** ('41) 22-28.

Natur u. Volk. Pflanze u. Tier im hohen Norden: **64** ('34) 204-07. — Lappland: **68** ('38) 361-69. — Ursachen d. Stechmücken-Plage im hohen Norden: 587-93. — Regenwurm-Spuren im herbstl. Garten: **69** ('39) 611-13.

Naturwiss. Der See als Lebenseinh.: **13** ('25) 589-600. — Grundwasserschwankungen: **20** ('32) 426-28.

Naturwiss. Rdsch. Wissenschaft — warum?: **1** ('48) 145f. — 10. Mitgliederversammlg. d. Int. Vereinig. f. theoret. u. angew. Limnol.: 178f. — Grundlagenforschg. u. Zweckforschg.: **2** ('49) 134. — Von d. „Andacht z. Kleinen" u. d. Blick auf d. Ganze (Z. 80. Geb.tag. R. Lauterborns): 436-41. — Naturanschauung u. Naturwiss.: **3** ('50) 1-5.

Naturwiss. Wschr. Lebensgemeinsch. und Lebensraum: N. F. **17** ('18) 282-90, 297-303.

Norsk entomol. T. Arkt. Chironomidenlarven u. -puppen aus d. Zool. Mus. Oslo: **5** ('36) 1-7.

Oikos. Wesen u. Bedeutg. d. Limnol.: **2** ('51) 149-61.

Orion. Lebensraum: Lebensbedingg. u. Lebenshindernis: **5** ('50) 417-21.

Rhein. Heimatpflege. Die begriffl. Unterscheidg. zw. See, Weiher, Teich: **1940**, H. 1/2, S. 6-9.

Riv. Biol. Bedeutg. d. Limnol. f. d. allg. Biol. u. d. Fischerei: **33** ('42) Sep., 1-31.

Schr. naturwiss. Ver. Schleswig-Holstein. D. Schleischnäpel (Coregonus lavaretus balticus): **12** ('36) 190-208. — Veränderungen in d. Tricladenfauna d. Quellen am Dieksee u. Kellersee in Holstein v. 1918-1948: **24** ('49) 30-38.

Schweiz. Z. Hydrol. Tierwelt eines astat. Gartenbeckens in vier aufeinanderfolgenden Jahren: **11** ('48) 15-48.

Stettiner entomol. Ztg. Chironomiden-Metamorphosen, 7: D. Diamesa-Gruppe: **95** ('34) 3-23; ~ 10: Orthocladius—Dactylocladius: **96** ('35) 201-24; ~ 11: D. Gattg. Eukiefferiella: **97** ('36) 43-65. — Chironomiden aus Lappland, 3: Beschreibg. neuer Metamorphosen m. einer Bestimmungstabelle d. bisher bekannten Metriocnemuslarven u. -puppen: **98** ('37) 165-85.

Studium generale. Vergl. Beobachtg. u. Exp. in d. Biol.: **1** ('48) 303-13.

Umschau. Palembang: **46** ('42) 122-25.

Universitas. Zum Untergang d. alten Normannen-Kultur auf Grönland: **3** ('48) 496f. — Lebewesen u. Wesen d. Lebens: 1205-10. — D. Wasser als Sorge Europas: **11** ('56) 849-58.

Unser Wald. Naturgemäße Pflege d. Wasserhaushaltes — ein Gebot d. Stunde: **1953**, Juli-Aug., 1-6.

Unterr.-Bl. Math. u. Naturwiss. Lebensgemeinsch. u. Lebensraum: **41** ('35) 337-50.

Vattenhygien. Limnol. u. Wasserwirtsch.: **1952**, Nr. 2, 25-43.

Verh. Dtsch. zool. Ges. Salzwassertierwelt Westfalens: **1913**, 56-68. — D. Nahrungskreislauf im Wasser: **1926**, 29-79 (Zool. Anz., Suppl. 2). — Planaria gonocephala auf Rügen: **1934**, 246-48.

Verh. int. Vereinig. Limnol. Vom Wesen d. Limnol. u. ihrer Bedeutg. f. d. Kultur d. Gegenwart: **6** ('33) 21-27. — Einar Naumann (13. 8. 1891—22. 9. 1934): **8**,2 ('38) 1-41. — Ansprachen auf d. 9. Int. Limnologenkongr. in Schweden 1939: **9** ('39) 3f., 10f., 13-15, 25f. — Ansprache auf d. Schlußsitzg. d. 10. Mitgl.-Versammlg. d. IVL, Montreux 1948: **10** ('49) 27-29. — Ansprache gehalten auf d. Schlußsitzg. d. 11. Mitgl.-Versammlg. d. IVL 1950: **11** ('51) 17.

Wasser u. Boden. Limnol. u. Wasserwirtsch.: „Kranke Seen": **1950**, H. 1, S. 8-11.

Z. angew. Entomol. Produktionsbegriff in d. Biol.: **19** ('31) 618-22.

Z. Erdkunde. D. Torneträsk (Schwed.-Lappld.) im Wechsel d. Jahreszeiten: **12** ('44) 512-14.

Z. Ges. Erdkunde Berlin. Taugewässer: **1943**, 219-42.

Z. Meteorol. Eisbedeckg. d. Plöner Seen in d. J. 1916-1947: **1** ('46/47) 465-71.

Z. Morphol. u. Ökol. Coregonus albula lucinensis, eine Tiefenform d. kleinen Maräne aus einem norddtsch. See: **27** ('33) 654-83. — Eine gesteinsbildende Chironomide (Lithotanytarsus emerginatus): **28** ('34) 480-96.

Zoogeogr. Chironomidenlarven u. -puppen d. Yale North India Expedit.: **3** ('36) 145-58.

Zool. Anzeiger. Chironomiden-Metamorphosen, 4: D. Gattg. Cricotopus v. d. W.[4]): **99** ('32) 135-43; ~ 5: Gattg. Cardiocladius Kieffer: **101** ('32) 81-90; ~ 6: Metamorphosen zweier hochalpiner Chironomiden: **103** ('33) 1-12; ~ 9: Psectrocladius Kieffer: **105** ('34) 151-54. — Chironomiden aus Lappld., 2: Orthocladius abiskoensis Edwards u. rubicundus (Mg.), zwei „Puppen-Species" d. Chironomiden[6]): **117** ('36) 257-67; ~ 5: Lapposmittia parvibarba n. sp.[1])[6]): **127** ('39) 459-64; ~ 6: 3. Beitr. z. Kenntn. d. Podonominae: **128** ('39) 161-76. — Neuer Beitr. z. Kenntn. d. Podonominae[1]): **122** ('38) 152-58. — Süßwasserfauna v. Kurdistan: 258-60. — Terrestr. Chironomiden, 1: Pseudosmittia trilobata Edw.[6]): **126** ('39) 154-59; ~ 2[6]): **127** ('39) 246-58; ~ 3.4: Zwei parthenogenet. Formen[8]): **132** ('39) 24-40; ~ 6: Pseudosmittia holsata, eine neue Art m. fakultat. Parthenogenese[8]): 238-44; ~ 7: D. Gattg. Paraphaenocladius Th.[8]): **133** ('41) 137-46; ~ 8: Metriocnemus fuscipes Mg. u. Metriocnemus terrester n. sp. Pagast[7])[6]): 202-13; ~ 9: Euphaenocladius Th.[8]): 244-53; ~ 11: D. Gattg. Gymnometriocnemus Goetgh.[6]): **135** ('41) 185-95. — Chironomiden aus d. Lunzer Seengeb., 4: **137** ('42) 10-18; ~ 6: Paratrichocladius holsatus Goetgh., eine eigentüml. Mosaikart d. Orthocladiinen: **139** ('42) 201-08; ~ 7: Zwei neue Orthocladiinen-Arten aus Lunz (Niederdonau)[9]): **140** ('42) 101-09; ~ 8: Neue Metamorphosen: **142** ('43) 192-99. — Diamesa parva Edw.: **149** ('52) 40-42.

Mit: [1]) F. W. Edwards; [2]) M. Goetghebuer; [3]) F. Gowin; [4]) O. Harnisch; [5]) J. J. Kieffer; [6]) Fr. Krüger; [7]) Pagast; [8]) K. Strenzke; [9]) J. Zavřel.

II **Thienemann,** Friedrich August Ludwig → VIIa/Suppl.

Thies, Heinrich August Wilhelm Joachim. Pharmaz. u. Lebensmittelchem. — 1933–38 stud., '38 Dr. rer. nat. (B. Bleyer), '37–57 wiss. Ass., '41 PDoz., '51 apl. Prof., '57 Diätendoz. U München. [Eig. Mitt.]

*1905, Mai 6, Klein-Siemz/Meckl.

Erf. Mehrere Pat. auf d. Geb. d. Wirkstoffgewinng. aus Arzneipflanzen.

MHZ. Z. Lebensmittel-Unters. u. -Forsch. **87** ('47) ff.

S. ● Dtsch. Arzneibuch, 6. Ausg., 3. Nachtrag 1959 Kommentar (H. Böhme u. H. Wojahn) (Stuttg.-Frkf./M. '59) 70-73: Mandelsäure; 117-21: Ammoniumbitominosulfonat; 142-47: Calciumgluconat; 168-70: Cholinbitartrat; 170-73: Cholinchlorid; 194-97: Dichlordiphenyl-trichloräthan; 239-41: Histamindihydrochlorid; 251-54: Methionin; 255-57: p-Oxybenzoesäuremethylester; 357f.: p-Oxybenzoesäurepropylester; 379-82: Sorbit. (Alle Beitr. m. E. Bamann.)

W. ● Studien üb. d. Umsetzg. v. Arsenat b. d. alkohol. Gärg. Diss. (Münch. '38) 129 S. Masch.schr. — ● Über d. Inhaltsstoffe d. Arnikablüten. Hab.schr. (Münch. '41) 128 S. — ● Anleitung z. Praktikum d. analyt. Chem. (m. S. W. Souci, F. Fischler) **1**: Praktikum d. qualitat. Analyse [2](Bln-Münch. '41) 9 + 139 S.; [3]('43); [4]('49) 8 + 143 S.; **2**: Ausführg. d. qualitat. Analysen [2](Bln-Münch. '41) 12 + 127 S.; [3]('43); [5](Münch. '49); [6]('54) 12 + 132 S.

Arch. Pharmaz. Ber. Dtsch. pharmaz. Ges. Gesetzmäßigkeiten d. Adsorpt. v. Alkaloidsalzen an Aluminiumoxyd, 1: Adsorptionsisothermen v. Chinin- u. Morphinhydrochlorid[11]): **285** ('52) 191-201; ∼ 2: Anionenaustausch an Aluminiumoxyd: 224-30; ∼ 3: Verhalten v. Morphin- u. Chininhydrochlorid in wäßrig-alkohol. Lösungen[11]): 360-64; ∼ 4: Einfl. v. Alkohol auf d. Adsorpt.[6]): **289** ('56) 370-78. — Reakt. v. Grignard-Verbb. m. Schiffschen Basen, 2: Dimerisierg. v. Schiffschen Basen in Abhängigk. v. d. Substituenten am Stickstoff u. v. d. Art d. Grignardreagenzes[7]): 408-17; ∼ 3: Bildg. v. Äthylendiaminderiv. aus Benzylidenalkylaminen u. Mg/MgJ_2-Mischungen[1])[7]): **291** ('58) 248-56; ∼ 4: Redukt. v. Benzylidenalkylaminen m. aktiviertem Aluminium in alkohol. Lösg.[7])[1]): 373-75; ∼ 5: Üb. d. Umsetzg. v. Benzylidenarylaminen m. Mg-MgJ_2-Gemischen[7])[1]): 620-27; ∼ 8: Umsetzg. v. Ketiminen m. Mg-MgJ_2-Gemischen u. Aluminiumamalgam[7])[1]): **293** ('60) 67-73.

Arzneimittel-Forsch. Das Verhalten v. Alkaloiden gegen versch. Lösungsmittelgemische in Papierchromatogrammen[5]): **7** ('57) 63-65.

Biochem. Z. Äthanolamine als Puffersubstanzen im Bereich pH 6-12[4]): **324** ('53) 485-94.

Chem. Ber. Farbreakt. v. Ketohexosen, 2: Blauer Farbstoff aus Fructose u. Diphenylamin-Salzsäure[4]): **85** ('52) 438-43; ∼ 3: Farbstoffe aus Fructose bzw. Oxymethylfurfurol u. versch. Aminen[7]): **87** ('54) 759-64. — Reakt. v. Grignard-Verbb. m. Schiffschen Basen, 1[7]): **89** ('56) 1918-21.

Dtsch. Apotheker-Ztg. Spektrophotometr. Best. v. Alkaloiden in pharmazeut. Zubereitungen[8]): **97** ('57) 898.

Dtsch. Bienenwirtsch. Werdegang u. Eigensch. d. Zuckers: **2** ('51) 155f., 177f., 204f., 221-23, 241f.; **3** ('52) 46, 70f., 90-92, 104, 132-35, 143f., 165f., 210-12, 241; **4** ('53) 14, 32f.

Forsch.-Ber. Landwirtsch. Gewinng. u. Verwendg. synthet. Vitamine im Rahmen d. Lebensmittelversorgg.: **1951**, 119-33.

Naturwiss. Reagenz z. Nachw. v. Alkaloiden in Papierchromatogrammen[5]): **41** ('54) 230f. — Verbesserte Lösungsgemische f. papierchromatogr. Trennungen v. Alkaloiden[5]): **42** ('55) 462. — Photometr. Best. v. Alkaloiden in Papierchromatogrammen[5]): 486f. — Photometr. Best. v. Alkaloiden im kurzwell. UV-Bereich[5])[8]): 605. — Reaktionen Schiffscher Basen, 6: Quantitat. Auftrenng. v. Amingemischen durch Craig-Verteilg.[7])[12]): **46** ('59) 144f.; ∼ 7: Beeinflussg. d. Reakt. v. Schiffschen Basen m. Grignard-Verbb. durch Mangansalze[7])[12]): 378.

Pharmazie. Inhaltsstoffe d. Arnika, 2: Eigensch. v. Arnikawurzelextrakten[3]): **5** ('50) 119-22; ∼ 3: Org. Säuren, Kohlenhydrate u. Gerbstoffe d. Arnikawurzeln[3]): 347-51. — Inhaltsstoffe v. Arbutus unedo L., 1: Nachw. v. Arbutin in Erdbeerbaumblättern[10]): 553-55; ∼ 2: Quantitat. Best. v. Arbutin u. Gerbstoffen in Erdbeerbaumblättern[10]): **6** ('51) 169-72.

Pharmaz. Ind. Inhaltsstoffe d. Arnica montana L., 1: Chem. u. pharmakol. Unters. an Arnikablütenzubereitungen: **10** ('43) 289-94.

Pharmaz. Ztg. Gehaltsbest. v. Histamindihydrochlorid[6]): **91** ('55) 561f. — Best. kleiner Alkaloidmengen in Tabletten u. Dragees[8]): **104** ('59) 1015-17.

Scientia pharmac. Biogenese arzneil. wicht. Naturstoffe: **14** ('43) 1-7.

Vorratspflege u. Lebensmittelforsch. Best. kleinster Mengen Arsen in org. Material[2]): **2** ('39) 281-90. — Umsetzg. v. Arsenat b. d. alkohol. Gärg.[2]): 421-33.

Z. Lebensmittel-Unters. u. -Forsch. Farbreaktionen d. Ketohexosen, 1: Beitr. z. colorimetr. Best. v. Ketohexosen[9])[4]): **94** ('52) 240-45. — Verlauf d. Säurehydrolyse d. Inulins[9])[4]): **96** ('53) 41-46. — Abhängigk. d. Säurehydrolyse d. Inulins, d. Saccharose u. d. Stärke v. p_H u. Temp.[9])[4]): 83-90.

Mit: [1]) Kurtheinz Bauer; [2]) Benno Bleyer; [3]) Fritz Herrlinger; [4]) Günther Kallinich; [5]) Friedrich Wilhelm Reuther; [6]) Horst Schäfer; [7]) Helmut Schönenberger; [8]) Clemens H. Sorgenfrey; [9]) Siegfried Walter Souci; [10]) Delimir Sulç; [11]) Sofia Zauner; [12]) Kripinath Borah.

VI **Thiesing,** Heinrich Theodor Hans. Wasserversorgg. — 1929–32 Abt.Dir. Preuß. Landesanst. f. Wasser-, Boden- u. Lufthyg., Berlin-Dahlem.

*1867, Sept. 27, Bonn;

†1949, Nov. 20, Hiddessen b. Detmold.

Zum 70. Geb.tag. Gas- u. Wasserfach **80** ('37) 721.

Zum 75. Geb.tag. Gas- u. Wasserfach **85** ('42) 457.

Zum 80. Geb.tag. Gas- u. Wasserfach **88** ('47) 128.

Nekr. Gas- u. Wasserfach **91** ('50) 72 (m. Bildn.); Gesundheits-Ing. **71** ('50) 103.

MHZ. Gas- u. Wasserfach **69** ('26)–**78** ('35).

Ergebn. angew. physik. Chem. Beseitigg. u. Aufarbeitg. fester Abfallstoffe[1]): **3** ('35) 181-236.

Gas- u. Wasserfach. Zur Korrosionsfrage, 1: **75** ('32) 253-55; ~ 5: Korrosion u. Leitungsrohre: **78** ('35) 429f. — D. Wasserfachmann im Kampfe m. d. Korros.: 943-46. — Zustand d. Zürichsees u. seine allg. Eigng. z. Trinkwasserversorgg.: **86** ('43) 135.

Kleine Mitt. Mitglieder Ver. Wasser-, Boden- u. Lufthyg. O. Kröhnke†: **16** ('40) 371f.

Mit: [1]) Erich Naumann.

VI **Thiess,** Karl Georg. Chem. Technol. — 1926-45 Chefchemiker IG Farbenind. AG, Werk Hoechst; '49-55 freier wiss. Mitarb. Farbwerke Hoechst. [Eig. Mitt.]
*1880, Juni 22, Riga;
†1959, Jan. 1, Frankfurt/M.-Höchst.

Bruder d. Schriftstellers Frank Thiess.

Erf. Zahlreiche Patente auf d. Geb. d. Farbstoffchem.

S. • Ullmanns Encyklop. d. techn. Chem. (W. Foerst) **3** [3](Münch.-Bln '53) 71f.: Acridin-Farbstoffe; **4** [3]('53) 67-72: Azinfarbstoffe; 264-68: Benzo- u. Naphthochinon-Farbstoffe; 269-71: Benzochinon; **5** [3]('54) 288f.: Chinophthalone; **8** [3]('57) 748-63: Indigo u. indigoide Farbstoffe; 786f.: Indophenole, Indoaniline, Indamine.

Angew. Chem. Fortschrittsberichte üb. d. Geb. d. künstl. org. Farbstoffe: **43** ('30) 615-20.

Thiessen, Georg Heinrich. Astron. — 1932-34, '37-38 stud. U Hamburg, Leipzig, Göttingen; '39 Dr. rer. nat. U Göttingen (R. Becker); '47 Ass., '53 PDoz., '54 wiss. Rat, seit '60 apl. Prof. U Hamburg. [Eig. Mitt.]
*1914, Jan. 19, Eddelak/Dithmarschen, Schlesw.-Holst.

Ann. Astrophysique. Recherches de physique solaire, 4: La mesure du champ magnét. général du soleil: **9** ('46) 101-19.

Ann. Physik. Elementarprozesse d. Magnetisierg. im Geb. d. Anfangssuszeptibilität: (5) **38** ('40) 153-76.

Astron. Nachr. Bergedorfer Zählwerkchronograph: **279** ('51) 263f. [auch in: Mitt. Sternw. Hamburg-Bergedorf N. F. **9**, 77].

Himmelswelt. Empfindl. Anordg. z. Messg. kleinster Zeeman-Verschiebungen im Sonnenspektr.: **55** ('47) 22-26. — Probl. d. relativist. Rotverschiebg. d. Sonnenspektr.: 36-39. — Polarisat. d. Lichtes b. Durchgang durch Metallspalte: 72f. — Zusammenhänge zw. Sonnenkorona u. Zodiakallicht: 161-64. — Visuelle Messungen d. Magnetfeldes d. Sonne: **56** ('49) 139f.

Mem. Soc. astron. Ital. Center-limb variation of the slowly variable earth magnetic effective solar X-ray radiation and remarks on the structure of coronal condensations[2]): **30** ('59) 265 [auch in: Contributi Osservat. astron. Milano-Merate, Nuova Serie, Nr. 148].

Mém. Soc. Roy. Sci. Liège. Color- and light-intensity distribution in the central region of M 31: **15** ('55) 411f.

Nature [London]. Measurements of the sun's general magnetic field: **169** ('52) 147.

Naturwiss. Helligkeitsschwankungen d. Sonnengranulat.: **37** ('50) 427. — Effekt d. interstellaren Polarisat. in d. Sonnenkorona: **40** ('53) 17. — Magnet. Feldstärke in Sonnenflecken: 218f. — Synchrotronstrahlg. aus d. Crabnebel: **44** ('57) 26-29.

Observatory. The sun's magnetic field: **69** ('49) 228. — The structure of the sunspot-umbra: **70** ('50) 234f. — Polarizat. in H_α and D_3 in prominences: **71** ('51) 160. — A polarizat.-effect in resonance-lines of the star-spectr.: **72** ('52) 75. — On photoelectric polarizat. photometry: **78** ('58) 256.

Optik. Polarisat. d. Lichtes b. Durchgang durch Metallspalte: **2** ('47) 266-75.

Z. Astrophysik. Visuelle Unters. d. allg. Magnetfeldes d. Sonne: **26** ('49) 16-30 [auch in: Mitt. Hamburger Sternw. in Bergedorf **21**, 208]. — Z. Theorie d. Polarisat. v. H_α u. D_3 in Protuberanzen: **30** ('51) 8-16 [~ **21**, 221]. — Lichtelektr. Messungen d. solaren Magnetfeldes: **30** ('52) 185-99 [~ **22**, 227]. — Ein magnet. bedingter Polarisationseffekt an Resonanzlinien im Sternspektr., 1: 307-17 [~ **22**, 228]. — Feinstrukt. d. Farbenhelligkeitsdiagramms d. Sternhaufens Coma Berenices: **32** ('53) 59-63 [~ **22**, 233]. — Effekt d. interstellaren Polarisat. in d. Sonnenkorona: 173-84 [~ **22**, 234]. — Z. Sonnengranulat.: **35** ('55) 237-44 [~ **22**, 245]. — Untersuchungen an pulsierenden Sternen, 1: Überriesensyst. BM Cas: **39** ('56) 65-94 [~ **23**, 252]; ~ 2: Best. d. wahren Pulsationsgeschwindigk.: **41** ('57) 259-70 [~ **23**, 257]; ~ 3: Turbulenz- u. Rotationsgeschwindigk. v. ζ Aquilae: **46** ('58) 1-8 [~ **23**, 268]. — Farbschwankungen d. Syst. ε Aurigae: **43** ('57) 233-35 [~ **23**, 264]. — Photoelektr. Unters. an Kometen, 1: Helligkeitsschwankg. u. Sonnenaktivität b. Kometen Arend-Roland (1956 h): 260-72 [~ **23**, 265]; ~ 2: Helligkeitsverteilg., Bewegungsverhältnisse u. Lebensdauer d. leuchtenden Partikel im Schweif d. Kometen Arend-Roland (1956 h): **44** ('58) 169-82 [~ **23**, 266]. — Üb. einen Polarisationseffekt an aufgedampften Aluminiumschichten b. senkrechter Lichtinzidenz[1]): **48** ('59) 81-87 [~ **23**, 270].

Mit: [1]) Pietro Broglia; [2]) Teresita Tamburini.

VI **Thiessen,** Peter Adolf. Physikal. Chem. — 1935-45 Dir. KWInst. f. Physikal. Chem.; '45-56 in d. Sowjetunion tätig; seit '56 Prof. m. LStuhl Humboldt-U Berlin; Dir. Inst. Physikal. Chem. d. Dtsch. Akad. Wiss. Berlin; dazu seit '57 Vors. d. Forschungsrates d. DDR. — '51 Stalinpreis 1. Kl.; '56 Orden d. Roten Arbeitsbanners; '56 Staatspreis d. Sowjetunion; '58 Nationalpreis 1. Kl. DDR; '59 Dr. rer. nat. h. c. (U Greifswald). [Eig. Mitt.]
*1899, Apr. 6, Schweidnitz.

Zum 60. Geb.tag. M. Volmer, Z. physik. Chem. **210** ('59) 215-17. — Technik **14** ('59) 285 (m. Bildn.).

Bildn. Bergakademie [Freiberg] **11** ('59) 562.

Biogr. Chem. Techn. **12** ('60) 239 (m. Bildn.)

H. • Röntgenmethoden in d. Chem. Diskussionstage Berlin 1940 (Bln '40) (Tagungshefte d. Bunsen-Ges. 15).

S. ● Das Molekül u. d. Aufbau d. Materie (K. W. Wagner) (Brschw. '49) (Die Wiss. 101) 293-308: Kolloide. — ● Forschen u. Wirken. Festschr. z. 150-Jahr-Feier d. Humboldt-Univ. zu Berlin 1810-1960, **2** (Bln '60) 119-43: Chem. Wirkungen aus mechan. Ursachen (m. G. Heinicke u. K. Meyer).

W. ● Stoffe, Kräfte u. Gedanken als Träger chem. Gestaltg. (Bln '41) 27 S. (Preuß. Akad. Wiss. Vorträge u. Schriften 7). — ● Forschung u. technische Leistungssteigerg. (Bln '44) 17 S. Als Ms. gedr.

Abh. Kais.-Wilh.-Inst. physik. Chem. Elektrochem. Stoffe, Kräfte u. Gedanken als Träger chem. Gestaltg.: **28** ('41) 434-60.

Angew. Chem. Einfache oder Doppelmoleküle in krystallisierten Seifen?[16)18)]: **49** ('36) 640-42. — Wehrchem. in Dtschl. Karl Becker z. Gedächtn.: **53** ('40) 377f.

Ann. Physik. Einfl. d. Absorpt. auf d. Berechnungseffekt d. Elektronenstrahlen, 1: Messungen d. inn. Potentials an d. polaren Tetraederflächen d. Zinkblende[12)]: (5) **34** ('39) 449-60.

Ber. Dtsch. chem. Ges. Umwandlungen org. Verbb. im festen Zustand (am Beisp. langkett. Körper), 1: Stearinsäure[17)]: **71** ('38) 2103-23.

Chem. Fabrik. Herst. höchstgereinigten, elektrolytfreien Leitfähigkeitswassers[7)]: **10** ('37) 18.

Fette u. Seifen. Seifen als Kolloide: **43** ('36) 149-52.

Forsch. u. Fortschr. Übermolekularer Bau u. Eigenschaften org. Werkstoffe: **18** ('42) 256f.

Kolloid-Z. Best. d. Polarität v. Oberflächen durch polymere Adsorpt.[2)]: **89** ('39) 175-77. — Zusammenhänge v. Gestalt u. Eigenschaften kolloider Gemenge: **101** ('42) 241-48.

Naturwiss. Grundsysteme org. Micellkolloide: **24** ('36) 763. — Krystallisat. d. Kautschuks durch Druck[9)]: **26** ('38) 387-90. — Wesen u. Werkzeug d. chem. Forschg.: 729-32. — Krystallisat. v. schwach vulkanisiertem Kautschuk durch Druck[9)]: **27** ('39) 390. — Molekulare Schichten als Dielektrika hoher Durchschlagsfestigk.[3)6)]: **28** ('40) 265. — Elektr. Widerstand v. Einkrystallen langkett. Fettsäuren[3)6)]: 265. — Best. d. absol. Oberfläche feinzerteilter Körper: **32** ('44) 158f.

Physik. Z. Elektr. Nachwirkungen im erstarrten Dielektrikum[7)19)]: **37** ('36) 511-20.

Vierjahresplan. Grenzen d. Sichtbaren: **4** ('40) 503f.

Z. angew. Photogr. Wiss. Techn. Verwendg. d. Agfacolor-Neu-Filmes b. Mikroaufnahmen im polarisierten Licht[17)]: **1** ('39) 2-9.

Z. anorg. allg. Chem. Vergleich der aus Schmelze u. Lösg. gewonnenen intermetall. Verb. $AuCd_3$[8)]: **209** ('32) 325-27. — Grundsätzl. Bedingungen f. d. Darst. v. Oxydhydraten aus Äthylaten u. f. d. Nachw. d. Hydrate durch d. Aufnahme v. P-x-Kurven[11)]: **228** ('36) 57-60. — Zusammenhänge zw. Feinbau v. Krystallflächen u. d. Strukt. der auf ihnen entstehenden Reaktionsschichten[15)]: **233** ('37) 35-40. — Oxydat. d. Goldes[15)]: **243** ('39) 32-38. — Ursachen d. Dichroismus kolloider Metalle: **250** ('43) 352-56. — Kennzeichng. submikroskop. Grenzflächenbereiche verschiedenart. Wirksamk.: **253** ('47) 161-69.

Z. Elektrochem. Einf. Meth. z. Herst. v. Leitfähigkeitswasser höchsten Reinheitsgrades[7)]: **43** ('37) 66-69. – Grenzflächenvorgänge: **44** ('38) 458f. — Besetzg. u. Adhäsionsarb. v. Oberflächen fester org. Verbb.[13)]: **46** ('40) 170-81. — Röntgenmethoden in d. Chem.: 414. — Wechselseit. Adsorpt. v. Kolloiden: **48** ('42) 675-81. — Georg Grube z. 60. Geb.tag: **49** ('43) 193-98.

Z. ges. Naturwiss. Wege d. Chem. im stoffl. Neulande: **5** ('39) 255-63.

Z. physik. Chem. (A). Auffindg. u. Charakterisierg. eines neuen Typus v. Umwandlungen an Alkalisalzen höherer Fettsäuren[4)]: **165** ('33) 453-63. — Einfl. d. Genotypie auf d. Eigenschaften kolloider Zerteilungen fettsaurer Salze[4)]: 464-71. — Temperaturen u. Wärmetönungen d. genotyp. Umwandlg. v. Alkalisalzen langkett. Fettsäuren[10)]: **174** ('35) 335-58. — Feinbau u. Umwandlungen krystallisierter Alkalisalze langkett. Fettsäuren[16)]: **176** ('36) 397-426; **177** ('36) 398. — Strukt. submikroskop. Seifenbänder[5)]: **193** ('44) 367-77.

Z. physik. Chem. (B). Änderungen im Gefüge krystallisierter langkett. fettsaurer Salze an d. Schmelzpunkten v. Stammsubstanzen[4)]: **19** ('32) 299-302. — Krystalle u. Schmelze im gedehnten Kautschuk[18)]: **29** ('35) 359-62. — Ein handliches Elektronenbeugungsgerät u. seine Anwendg. z. Best. d. inneren Potentials v. Ionenkrystallgittern[14)]: **36** ('37) 195-215. — Elektronenbeugg. an natürl. Flächen org. Einkrystalle[14)]: 216-31. — Erzwungene u. spontane Änderg. d. molekularen Ordng. im gedehnten Kautschuk[18)]: **41** ('38) 33-58.

Z. techn. Physik. Gasreaktionen in d. stillen Entladg. b. Atmosphärendruck, 1: Neuart., abgeschirmte Spitzenentladg. m. Übergang einer stromstarken Entladungsform in eine stromschwächere[1)]: **16** ('35) 285-93.

Mit: 1) H. Bartel; 2) E. Beger; 3) Dietrich Beischer; 4) Eva Ehrlich; 5) Hans Erdmann; 6) H. v. Gillhausen; 7) K. Herrmann; 8) J. Heumann; 9) W. Kirsch; 10) Jürgen v. Klenck; 11) R. Köppen; 12) Kurt Molière; 13) Elfriede Schoon; 14) Th. Schoon; 15) H. Schütza; 16) Joachim Stauff; 17) Camill Stüber; 18) W. Wittstadt; 19) August Winkel.

VI **Thilo,** Erich Rudolf Julius. Chem. (anorg.). — 1939 apl. Prof. U Berlin; '43 o. Prof. U Graz; seit '46 Prof. m. LStuhl u. Dir. I. Chem. Inst. Humboldt-U Berlin; dazu seit '50 Dir. Inst. Anorg. Chem. Dtsch. Akad. Wiss., Berlin-Adlershof. — '50 Nationalpreis 3. Kl. DDR; '56 Clemens-Winkler-Medaille (Chem. Ges. DDR); '59 Dr. rer. nat. h. c. (U Leipzig). [Eig. Mitt.]
*1898, Aug. 27, Neubrandenburg.

Biogr. E. Pechmann, Chem. Techn. **3** ('50) 23f. (m. Bildn.). — Leopoldina (3) **2** ('56) 13f.

Zum 60. Geb.tag. G. Rienäcker, W. Klemm, R. Schwarz, J. A. Barth, Z. anorg. allg. Chem. **296** ('58) 1f. (m. Bildn. u. Faks.). — Nachr. Chem. u. Techn. **6** ('58) 263 (m. Bildn.).

Bildn. ● Wissenschaftler kämpfen f. d. Frieden (Bln '51) 216 (Faks. S. 225). — Mitt.-Bl. chem. Ges. DDR **1954**, 3.

Erf. Herst. v. Topas in Pulverform, DRP 708566 ('38). — Verf. z. Gewinng. v. SO_2-halt. Gasen u. Mg-silikat (m. K. G. Heintke, H.-A. Lehmann), DDR-Pat. 7965 ('53). — Verf. z. Herbeiführg. d. Zerrieselg. v. Ca_2SiO_4 oder solches enthaltenden Massen (m. H. Funk),

DDR-Pat. 11809 ('53). — Verf. z. Verhinderg. d. Zerrieselg. v. Ca_2SiO_4 od. solches enthaltenden Massen (m. H. Funk), DDR-Pat. 11992 ('53). — Verf. z. Gewinng. v. Tonerde neben Portlandzement (m. H. Funk, R. Grießbach, F. Baunack), DDR-Pat. 12059 ('55). — Verf. z. Gewinng. v. Phosphorsäure aus apatithalt. Mineralien u. Gesteinen (m. F. Wodtcke), DDR-Pat. 18456 ('60). — Verf. z. Herst. v. wasserfreien Silbersilikaten (m. F. Wodtcke), DDR-Pat. 1066192 ('60).

H. • Aktuelle Probleme d. physik. Chem. (Bln '53).

MH. • Scientia chimica **1** (Bln '49) ff.

MHZ. Z. physik. Chem. **203** ('54) ff. — Wiss. Ann. **1** ('52) - **6** ('57). — Silikattechnik **11** ('60) ff.

Ue. • R. C. Evans, Einführung in d. Kristallchem. (Lpz. '54) 8 + 307 S.

S. • Miscellanea acad. Berolinensia **1** (Bln '50) 82–94: Farbe d. Rubins. — • Wissenschaftler kämpfen f. d. Frieden (Bln '51) 217–25: Neue Ergebn. d. Silikatforschg. im Dienste friedl. Aufbaus. — • Silicium, Schwefel, Phosphate. Colloquium d. Sekt. Anorg. Chem. d. Int. Union f. reine u. angew. Chem., Münster 1954 (Weinh./Bergstr. '55) 242–53: Kondensierte Phosphate. — • Dtsch. Akad. d. Wiss. zu Berlin 1946–1956 (Red.: J. Irmscher, W. Radig) (Bln '56) 153–65: Problematik d. Konstitutionsaufklärg. nieder- u. hochmolekularer anorg. Sauerstoffsäuren u. ihrer Salze. — • Kondensierte Phosphate in Lebensmitteln. Sympos. 1957 Mainz (Bln-G.-H. '58) 242–53: Chem. u. Nomenklatur d. kondensierten Phosphate. — • Forschen u. Wirken. Festschr. z. 150-Jahr-Feier d. Humboldt-Univ. zu Berlin 1810–1960, **2** (Bln '60) 145–53: Auf- u. Abbaureaktionen hochmolekularer Verbb.

W. • Die Valenz d. Metalle Fe, Co, Ni, Cu u. ihre Verbb. m. Dioximen. Hab.schr. (Stuttg. '32) 71 S. (Sammlg. chem. u. chem.-techn. Vortr. N. F. 13). — • Anorganische Chem. in Frage u. Antwort (Lpz. '48) 118 S.; [2]('50); [3]('52); [4]('53); [5]('55); [6]('56); [7]('57); [8]('58); [9,10]('60) 133 S. — • [Chem. Untersuchungen v. Silikaten, 14: Hydrogensilikate, 1:] Über neutrale u. saure Salze niedrigmolekularer Kieselsäuren u. ihre Kondensationsprodukte (m. H. Funk u. E. M. Wichmann) (Bln '51) 60 S. (Abh. Dtsch. Akad. Wiss. 1950, 4). — • [Zur Chem. d. kondensierten Phosphate u. Arsenate, 8:] Über d. Mechanismus d. Kristallwasserabgabe aus kondensierten Phosphaten (Bln '52) 16 S. (S.-Ber. Dtsch. Akad. Wiss. 1952, 1). — • [~ 11:] Die Papierchromatogr. d. kondensierten Phosphate (m. H. Grunze) (Bln '54) 25 S. (~ 1953, 5). — • Vorlesungen üb. allg. u. anorg. exp. Chem. (Bln '55) 12 + 359 S.

Acta chim. Acad. Sci. Hung. Chem. d. kondensierten Phosphate: **12** ('57) 221–40.

Acta crystallogr. Strukt. d. Dioptas, $Cu_6(Si_6O_{18})\cdot 6H_2O$[10])[3])[36]): **8** ('55) 425–30. — Strukt. d. β-Wollastonits, d. Maddrellschen Salzes u. d. Na-polyarsenats[3])[18]): 752–54.

Angew. Chem. Wege zu einer Konstitutionschem. d. Silikate: **63** ('51) 201–06. — Aus d. Chem. d. kondensierten Phosphate: 502–11. — Konstitut. d. hochkondensierten Anionen d. Kurrolschen u. Grahamschen Salzes: **64** ('52) 510f. — Kondensierte Phosphate: **67** ('55) 141–45, 408f. — Arsen(III)-oxychlorid, ein neuer Typ polymerhomologer Verbb.[4]): **69** ('57) 754. — Z. Kenntn. d. Dichlorphosphorsäure[6]): **70** ('58) 73.

Ber. Dtsch. chem. Ges. Chem. Untersuchungen v. Silikaten, 6: Das Verhalten v. Enstatit, $MgSiO_3$, gegen schmelzende Chloride zweiwert. Metalle: **70** ('37) 2267–72; ~ 7: Üb. das b. d. therm. Zersetzg. v. Talk entstehende Mg-metasilikat: 2373–81; ~ 8: Therm. Umwandlg. d. Anthophyllits, $Mg_7Si_8O_{22}(OH)_2$. Üb. d. Polymorphie d. Mg-metasilikates u. üb. d. Mechanismus d. Umwandlg. v. Anthophyllit u. Talk b. Erhitzen[25]): **72** ('39) 341–62; ~ 10: Üb. d. Topas Al_2SiO_4 (F, OH, O)$_2$ u. seine Synth. u. üb. ein neues fluorhalt. Aluminiumoxyd[28]): **73** ('40) 1219–40; ~ 11: Üb. weitere Versuche m. d. Pyrophyllit, $Al_2(Si_4O_{10})(OH)_2$, u. d. Vergleich seiner Reaktionen m. denen d. Talkes, $Mg_3(Si_4O_{10})(OH)_2$[34]): **74** ('41) 196–204. — Reakt. v. Kaliumsulfat u. Kaliumpyrosulfat m. Schwefeltrioxyd. Kaliumdipyrosulfat, $K_2S_3O_{10}$[1]): **71** ('38) 2596–2603. — HCl-Additionsvermögen d. Metall-8-oxychinolate[2]): **72** ('39) 1048–52. — Kondensierte Phosphate u. Arsenate, 10: Mechanismus d. Wasserabgabe aus Hydraten d. Na-trimetaphosphats[38]): **86** ('53) 1213–22.

Chem. d. Erde. Über d. Farbe u. andere Eigenschaften d. Spinell-Mischkristalle d. Syst. $MgO\cdot Al_2O_3$-$MgO\cdot Cr_2O_3$[27]): **17** ('55) 165–75.

Chemiker-Ztg. Über d. Natur d. wichtigsten Arten chem. Bindg.: **63** ('39) 449–52.

Chem. Techn. Üb. d. physik.-chem. Arbeiten v. Lomonossow aus d. Jahren 1741–52: **4** ('52) 145–48. — Konstitut. d. kondensierten Phosphate: 345–51. — Chem. d. kondensierten Phosphate: **8** ('56) 251–58. — Chem. d. hochmolekularen anorg. Verbb., im bes. d. Phosphate u. Silikate: **10** ('58) 70–74.

Collect. Czechoslov. chem. Commun. Chem. hochmolekularer anorg. Verbb., im bes. d. Phosphate u. Silikate: **22** ('57) 276–87.

Forsch. u. Fortschr. Strukturchem. Untersuchungen üb. Mg-silikate: **15** ('39) 170f. — Fortschr. auf d. Geb. d. kondensierten Phosphate u. Arsenate: **24** ('50) 284–90. — Anorg. Salze hochmolekularer Anionen im gelösten u. im festen Zustand: **29** ('55) 161–69. — Die Chem. u. physikal. Chem. d. Na-silikate in gesätt. Glaubersalzlösg. Beitr. z. Problematik einer Chem. d. Silikate im eigentl. Sinn: **32** ('58) 65–72.

Helvet. chim. Acta. Über d. Konstitut. v. zwei Polyphosphorylierungsmitteln: Hydratisiertes Phosphoroxychlorid u. therm. entwässerte Phosphorsäure[26])[6])[37]): **38** ('55) 15–21.

J. angew. Chem. [russ.]. Zur Strukturchem. d. kondensierten Phosphate: **29** ('56) 1621–37.

J. prakt. Chem. Kondensierte Phosphate als Ionenaustauscher, 1: Das Verhalten v. Lösungen d. Alkaliphosphate $(Me^IPO_3)\cdot H_2O$ u. der ihnen entsprechenden Säuren $[(HPO_3)_x\cdot H_2O]$aq gegen Lösungen v. Erdalkalichloriden[34]): (4) **1** ('54) 14–32; ~ 3: Einige orientierende Beob. z. Kationenaustausch zw. Polyphosphatniederschlägen mehrwert. Kationen u. ihren Mutterlaugen[41]): **7** ('58) 46–59. — Kondensierte Phosphate u. Arsenate, 17: Verlauf u. Produkte d. Entwässerg. d. Monophosphorsäure, H_3PO_4[27]): **4** ('57) 324–48.

Liebigs Ann. Chem. Äthylester-Gemisch d. tetrameren Metaphosphorsäuren (Langheldester)[22]): **572** ('51) 173–89.

Makromolekulare Chem. Auf- u. Abbaureaktionen makromolekularer anorg. Verbb.: **34** ('59) 179–89.

Math. u. Naturwiss. neuen Schule. Die wichtigsten Arten chem. Bindg.: **2** ('50) 175-93.

Mber. Dtsch. Akad. Wiss. Kondensierte Phosphate u. Arsenate, 23: Üb. eine Meth. z. Cyclisierg. v. Triphosphat ($Na_5P_3O_{10} \cdot 6\,H_2O$) zu Trimetaphosphat ($Na_3P_3O_9 \cdot 1\,H_2O$)[6])[7]): **1** ('59) 40-42; ~ 25: Üb. d. Verteilg. d. Arsen- u. Phosphoratome in Kaliumtrimetaarsenatophosphaten[42]): 508-10; ~ 26: Unters. d. Überganges v. kristallinem Natriumtriphosphat ($Na_5P_3O_{10}$) in „$Na_5P_3O_{10}$"-Glas unt. Verwendg. v. ^{32}P[6]): 510-16.

Natur u. Techn. Modellsubst. entschleiern Silikatchem.: **3** ('49) 117f.

Naturwiss. Die Verb. NH_4AlF_4: **26** ('38) 529. — Isotypie zw. Phosphaten d. allg. Zusammensetzg. $MeLi(PO_4)$ u. d. Silikaten d. Olivin-Monticellit-Reihe: **29** ('41) 239. — Isotypie zw. Phosphaten d. allg. Zusammensetzg. $(Me_1)_3(Me_2)_2(PO_4)_3$ u. d. Silikaten d. Granatgruppe: 239. — Farbe d. Rubins[14])[35])[27]): **37** ('50) 399. — Modellsubst. u. Strukturanaloga in d. Silikatchem.: **38** ('51) 222-27. — Spuren v. Alkali als Grund f. d. Hemmg. d. β-γ-Umwandlg. d. Ca_2SiO_4[5]): **40** ('53) 241f. — Üb. d. Kristallstrukt. d. $(NaAsO_3)_x$, d. Maddrellschen Salzes u. d. Wollastonits[3])[18]): **41** ('54) 551. — Ein neuer Kettentyp in d. Kristallstrukt. d. Rhodonits $[(Mn, Ca)SiO_3]_x$[11])[18])[3]): **43** ('56) 177f. — D. kondensierten Phosphate: **46** ('59) 367-73.

Österr. Chemiker-Ztg. Die kondensierten Phosphate, ein Tor in d. Geb. d. makromolekularen anorg. Chem.: **59** ('58) 1-10.

Scientia Sinica. Die kondensierten Phosphate: **1957**, 400-03. — Strukt. u. Chem. d. Silikate: 429-41 [beide Arb. in chines. Schrift u. Sprache].

Silikattechnik. Strukturchem. Unters. v. Silikaten: **2** ('51) 357-62. — Die Systeme d. Alkali-Berylliumfluoride als Modelle f. Erdalkali-Silikat-Syst.: **3** ('52) 545-48. — Silikatforschg. im Inst. f. anorg. Chem. d. Dtsch. Akad. d. Wiss. zu Berlin in Berlin-Adlershof: **6** ('55) 185f. — Über d. glasart. Zustand: 278-80.

Technik. Hans Heinrich Franck 65 Jahre: **8** ('53) 890.

Wiadomości Chem. Wybrane dzialy z chemii skondensowanych fosforanów i krzemianów: **1958**, 651-76.

Wiss. Ann. Geom. in d. anorg. Chem.: **1** ('52) 12-27. — Die kondensierten Phosphate im Lichte neuester Forschg.: **4** ('55) 193-256.

Wiss. u. Fortschr. Geheimnisse d. Phosphorsäure: **9** ('59) 369-72.

Z. anorg. allg. Chem. Über neue Verbb. v. Ni u. Cu m. Diacetyldioxim[20]): **147** ('25) 196-216. — Chem. Untersuchungen v. Silikaten, 1: Verhalten d. Pyrophyllits gegen $MgCl_2$ u. MgO; ~ 2: Verhalten d. Pyrophyllits gegen d. Chloride d. $Co^{II}(Ni^{II}, Fe^{II})$ u. Mn^{II} u. d. Chloride u. Oxyde v. Cu^{II}, Zn, Cd u. Ca: **212** ('33) 369-84; ~ 3: Verhalten v. Talk gegen MgO u. d. Chloride v. Mg, Co u. Mn b. Erhitzen: **225** ('35) 49-63; ~ 4: Verhalten d. Pyrophyllits $Al_2(Si_4O_{10})(OH)_2$ b. Erhitzen u. Existenz eines „wasserfreien Pyrophyllits" $Al_2(Si_4O_{10})O$[31]): **230** ('37) 321-35; ~ 5: Natur d. Reaktionsprodukte d. Pyrophyllits m. schmelzendem $MgCl_2$ u. $CoCl_2$[31]): 375-80; ~ 12: (Silikatmodelle, 1): Das Syst. LiF-BeF_2 u. seine Beziehungen z. Syst. MgO-SiO_2[17]): **258** ('49) 332-55; ~ 13: Üb. einige chem. Eigenschaften d. Pektoliths, $Ca_2Na(HSi_3O_9)$, u. seine Synth.[5]): **262** ('50) 185-91; ~ 15: Hydrogensilikate, 2: Konstitut. d. wasserhalt. Na-silikate[19]): **267** ('51) 76-88; ~16: Üb. d. ausschlaggebende Bedeutg. kleiner Mengen v. Alkali bei d. β-γ-Umwandlg. d. Ca_2SiO_4[5]): **273** ('53) 28-40; ~ 17 (Silikatmodelle, 4): Die Stellg. d. γ'-Modifikat. im Syst. d. polymorphen Formen d. Na_2BeF_4[13]): **274** ('53) 72-80; ~ 18: Alkaliverbb. als Stabilisatoren f. Dicalciumsilikatmodifikationen, insb. f. d. β-Ca_2SiO_4[5]): **281** ('55) 37-43; ~ 20: Üb. d. „neutralen" Silbersilikate: Ag_4SiO_4, $(Ag_2SiO_3)_n$, $(Ag_2Si_2O_5)_n$ u. $AgAl_2[AlSi_3O_{10}](OH)_2$; ihre Herst. u. Eigenschaften. M. einer Bem. üb. d. Silbercyanwasserstoffsäure, $H[Ag(CN)_2]$[42]): **295** ('58) 247-61; ~ 23: Üb. d. Syst. $MnSiO_3$—$CaMn(SiO_3)_2$[18])[47]): **297** ('58) 213-25; ~ 24: Üb. primäre Zwischenprodukte b. d. Hydratat. v. β-Ca_2SiO_4 u. üb. d. Bildungsmechanismus d. kalkreichen, tobermoritähnl. Calciumsilicathydrates[5])[46]): **304** ('60) 12-24. — Analysen zweier Kohlenaschen: **218** ('34) 201-09. — Kondensierte Phosphate u. Arsenate, 1: Konstitut. d. Na-trimetaphosphats, $Na_3(P_3O_9)$[22]): **258** ('49) 33-57; ~ 2: Konstitut. d. Na-tetrametaphosphats u. Eigenschaften d. Tetraphosphate[22]): **260** ('49) 255-66; ~ 3: Herst. u. Eigenschaften v. Metaarsenatophosphaten u. d. Konstitut. d. Maddrellschen Salzes $(NaPO_3)_x$[21]): 297-314; ~ 4: Die Entwässerungsprodukte d. Na-dihydrogenarsenates, $NaH_2AsO_4 \cdot H_2O$[21]): 315-24; ~ 5: Üb. d. chem. unterschiedl. Verhalten d. Hydrate d. Nasalzes d. Trimetaphosphorsäure $Na_3(P_3O_9) \cdot 6\,H_2O$ u. $Na_3(P_3O_9) \cdot 1\,H_2O$[9]): **261** ('50) 324-30; ~ 6: Üb. Di- u. Triarsenatophosphate m. d. Anionen $[(As, P)_2O_7]^{4-}$ u. $[(As, P)_3O_{10}]^{5-}$[32]): **266** ('51) 34-47; ~ 7: Üb. d. Produkte d. therm. Entwässerg. d. Na-triphosphat-6-hydrates, $Na_5P_3O_{10} \cdot 6\,H_2O$, u. d. vermeintl. Bildg. eines Dimetaphosphates dabei[35]): **267** ('51) 65-75; ~ 9: Konstitut. d. Grahamschen u. Kurrolschen Salzes $(NaPO_3)$[32])[36]): **272** ('53) 182-200; ~ 12: Verteilg. d. $(AsO_3)^-$-Gruppen in d. Na-polyarsenatophosphaten $[(P, As)_nO_{3n-1}(OH)_2]Na_n$[15]): **278** ('55) 122-35; ~ 13: D. Entwässerungsverlauf d. Dihydrogenmonophosphate d. Li˙, Na˙, K˙ u. NH_4˙[6]): **281** ('55) 262-83; ~ 14: Verhalten d. Trimeta- u. Tetrametaphosphate d. Li˙, Na˙, K˙ u. NH_4˙ u. ihrer Hydrate b. Erhitzen[6]): 284-92; ~ 15: Produkte u. Verlauf d. Entwässerg. saurer Phosphate d. 2wert. Ionen d. Mg, Mn, Fe, Co, Ni, Cu, Zn, Cd u. Hg[7]): **290** ('57) 209-22; ~ 16: Üb. die sich durch therm. Entwässern an freier Atmosph. bildenden kondensierten Phosphate d. 2wert. Ionen d. Ca, Sr, Ba u. Pb u. d. 3wert. d. Al, Fe, Cr u. Bi[7]): 223-37; ~ 18: Anionenhydrolyse kondensierter Phosphate in verdünnter wäßr. Lösg.[40]): **291** ('57) 164-85; ~ 19: Bildg. u. Eigenschaften vernetzter Phosphate d. Na[41]): 186-204; ~ 20: Kondensierte Kaliumarsenate u. Kaliumarsenatophosphate u. ihre Beziehungen zu versch. Formen d. Kaliumphosphates[44]): **298** ('59) 100-15; ~ 21: Z. Konstitut. d. Grahamschen Salzes, 2[41]): 302-15; ~ 22: D. Bedeutg. d. Kationen b. d. Papierchromatogr. d. kondensierten Phosphate[45]): 316-36; ~ 24: Üb. Kaliumtrimetaarsenat $K_3[As_3O_9]$, Kaliumtrimetaarsenatophosphate $K_3[(AsP)_3O_9]$ u. eine zweite Modifikat. d. Kaliumtrimetaphosphates $K_3[P_3O_9]$ (II)[7])[44]): **302** ('59) 221-29. — Üb. einige Salze d. Dithiodiphosphorsäure, eines Oxydationsproduktes d. Monothiophosphorsäure[29]): **259** ('49) 225-32. — Üb. d. Additionsvermögen saurer Salze im festen Zustand f. gasförm. Ammoniak[12]): **260** ('49) 325-30. — Üb. aus wäßr. Lösungen zu erhaltende Zn-phosphate u. d. Synth. d. Tarbutits, Zn_2OHPO_4[33]): **265** ('51) 201-08. — Chem. Strukturbew. d. hexagonalen, leichtflücht.

Modifikat. d. Phosphor(V)-oxydes, 1: Üb. d. Äthylester d. Triphosphorsäure[22]: **272** ('53) 333-40; ~ 2: Solvolyse d. Phosphor(V)-oxydes m. Isopropyläther[43]: **277** ('54) 17-26; ~ 3: Hydrolyse d. Phosphor(V)-oxydes[40]: 27-36. — Hydrogensilikate, 3: Hydrogensilbersilikate d. Zusammensetzg. $Ag_{n+2}(H_nSi_nO_{3n+1})$ u. d. konzentrationsabhäng. Kondensat. d. $(H_3SiO_4)^-$-Ionen[42][5]: **278** ('55) 225-36; ~ 4: Ca-trihydrogenmonosilikat, $Ca[OSi(OH)_3]_2$, u. seine Umwandlg. in d. Ca-tetrahydrogensilikat, $Ca[Si_2O_3(OH)_4]$[5]: 237-48. — Farbe d. Rubins u. d. $(Al, Cr)_2O_3$-Mischkristalle[14][35]: **279** ('55) 2-17.

Zbl. Mineral. Stiepelmannit, ein neues Mineral d. Hamlinitgruppe m. Yttrium u. Seltenen Erden[23]: **1940**, 1-8.

Z. Elektrochem. Feier u. Ehrung Wilhelm Ostwalds anläßl. seines 100. Geb.tages am 2. 2. 1953 in Leipzig u. Großbothen: **57** ('53) 890. — Hydrogensilikate, 5: Üb. d. Anionengleichgewichte d. Na-silikate in schmelzendem Glaubersalz[16]: **61** ('57) 24-35; ~ 6: Üb. einige Gesetzmäßigkeiten b. d. Niederschlagsbildg. aus Na-silikatlösungen durch Zusatz v. Salzlösungen[16][42]: 1305-11.

Z. Kristallogr. (A). Chem. Untersuchungen v. Silikaten, 9: Umwandlg. v. Tremolit in Diopsid b. Erhitzen: **101** ('39) 345-50.

Z. Naturforsch. Isolierg. u. Identifizierg. d. Polyphosphate aus Acetabularia mediterranea[6][8][39]: **11b** ('56) 266-70.

Z. physik. Chem. Silikatmodelle, 2: Üb. d. Syst. $NaF-BeF_2$ u. seine Beziehungen z. Syst. $CaO-SiO_2$[30]: **197** ('51) 39-62; ~ 3: Modifikationen d. Na_2BeF_4 u. ihre Beziehungen zu denen d. Ca_2SiO_4[18]: **199** ('52) 125-41. — Walter Noddack z. 65. Geb.tag am 17. 8. 58: **209** ('58) 133. — Üb. d. hydrolyt. Verhalten u. d. Molekulargewichte v. Germanat- u. Stannationen in schmelzendem Glaubersalz[16]: 190-205.

Z. physik. u. chem. Unterr. Entdeckg. d. Neutronen, Positronen u. d. künstl. erzeugten Radioaktivität: **48** ('35) 170-79. — Künstl. Elementumwandlungen: **50** ('37) 69-77.

Mit: [1]) Paul Baumgarten; [2]) Botho Demant; [3]) Käthe Dornberger-Schiff; [4]) Peter Flögel; [5]) Herbert Funk; [6]) Herbert Grunze; [7]) Ingrid Grunze; [8]) Joachim Hämmerling; [9]) Ulrich Hauschild; [10]) Günther Heide; [11]) Waltraud Hilmer; [12]) Ingeborg Huldschinsky; [13]) Walter Jahn; [14]) Jochen Jander; [15]) Lothar Kolditz; [16]) Günther Krüger; [17]) Hans Albert Lehmann; [18]) Friedrich Liebau; [19]) Willi Miedreich; [20]) Fritz Paneth; [21]) Ilse Plaetschke; [22]) Rudi Rätz; [23]) Paul Ramdohr; [24]) Karl Heinz Rattay; [25]) Gerhard Rogge; [26]) H. Roux; [27]) Rudolf Sauer; [28]) Rolf Schober; [29]) E. Schöne; [30]) Hansjürgen Schröder; [31]) Heinz Schünemann; [32]) Günter Schulz; [33]) Ingeborg Schulz; [34]) Ulrich Schwarz; [35]) Hans Seemann; [36]) Eva Maria Thilo geb. Wichmann; [37]) M. Viscontini; [38]) Martin Wallis; [39]) Günther Werz; [40]) Wolfgang Wieker; [41]) Anneliese Winkler geb. Sonntag; [42]) Friedrich Wodtcke; [43]) Heinz Woggon; [44]) Karel Dostál; [45]) Walter Feldmann; [46]) Barbara Schreppel; [47]) Magda Sprung.

Thimm, Walter Johannes Josef. Math. — 1932-36 stud., '38-39 Ass. (E. Sperner), '41 Dr. rer. nat. U Königsberg (E. Kähler); '45-48 Ass. TH Braunschweig (R. Iglisch); '49 habil., '49-53 LBeauftr., '53 Doz., '56 apl. Prof. U Bonn. [Eig. Mitt.]
*1913, Juni 22, Königsberg/Pr.

W. • Über algebraische Relationen zw. meromorphen Funkt. in abgeschlossenen Räumen. Diss. (Königsberg '39) 44 S.

J. reine u. angew. Math. Nullstellenmengen v. Polynomidealen üb. d. Potenzreihenring: **193** ('54) 183-208.

Math. Ann. Unters. üb. Deformationen: **125** ('52) 19-31. — Üb. ausgeartete meromorphe Abb., 1: 145-64; ~ 2: 264-83; ~ 3: **127** ('54) 150-61. — Üb. meromorphe Abb. v. komplexen Mannigfaltigk.: **128** ('54) 1-48. — Strukt. d. Menge d. singulären Bildpunkte einer meromorphen Abb.: **134** ('57) 143-53. — Üb. Moduln u. Ideale v. holomorphen Funktionen mehrerer Variablen: **139** ('59) 1-13. — Untersuchungen üb. d. Spurprobl. v. holomorphen Funktionen auf analyt. Mengen: 95-114.

Math. Z. Üb. d. Menge d. singulären Bildpunkte einer meromorphen Abb.: **57** ('53) 456-80. — Meromorphe Abb. v. Riemannschen Bereichen: **60** ('54) 435-57.

Veröff. math. Inst. TH Braunschweig. Üb. eine Klasse v. Integralgleichungen, d. in d. Wahrscheinlichkeitstheorie eine Rolle spielen: Nr. **2** ('47) 22 S.

Thinius, Kurt. Chem. (org.). — 1922-27 stud., '27 Dr. sc. nat. (D. Vorländer), '27-29 Ass. U Halle; '29-45 Chemiker Dtsch. Celluloid-Fabrik, Eilenburg; '45-48 Leiter wiss. Labor. f. Kunststoffe d. sowjet. Besatzungsmacht; '48-50 Forsch.-Chemiker Labor. VEB Hydrierwerk, Rodleben; '50-54 Forsch.-Leiter Zentrallabor. VVB Lacke u. Farben u. VVB Plasta, Magdeburg; seit '54 Dir. Inst. f. Chem. u. Technol. d. Plaste (Dtsch. Akad. Wiss.), Leipzig. [Eig. Mitt.]
*1903, Jan. 27, Hertneck/Ungarn.

Erf. Zahlreiche Patente auf d. Geb. d. Kunststoffchem.

H. • Dtsch. Jahrb. f. d. Industr. d. plast. Massen 1941/42 (Bln '42).

S. • Chem. Technol. (K. Winnacker, E. Weingaertner) **4**: Org. Technol., 2 (Münch. '54) 561-642: Die Kunststoffe (m. G. Bier). — • Kunststoffe in d. Med. (R. Heinze) (Lpz. '55) 3-36: Die chem. u. physik. Grundlagen d. Anwendg. d. Plaste in d. Med.

W. • Bestimmung d. Umwandlungsprodukte polymorpher kristalliner Flüssigkeiten m. d. Roberts-Austenschen Differentialmeth. Diss. (Halle '28) 54 S. — • Wissenschaftlich-techn. Fortschrittsberichte auf d. Geb. d. nichthärtbaren Kunststoffe 1942 bis 1945 (Bln '50) 8 + 463 S. — • Hochpolymere. Herst., Eigenschaften u. Anwendg. als Kunststoffe (Lpz. '52) 11 + 343 S. — • Analytische Chem. d. Plaste (Bln-G.-H. '52) 8 + 480 S. (Chem. u. Technol. d. Kunststoffe in Einzeldarst. 3). — • Anleitung z. Analyse d. Lösungsmittel [1 u. 2](Lpz. '57) 89 S. — • Chemie, Physik u. Technol. d. Weichmacher (Bln '60) 896 S.

Chem. Techn. Neuere Arbeiten üb. Zellulosederivate: **1** ('49) 101-07. — Darst., Eigenschaften u. Verwendg. nichtvulkanisierbarer hochpolymerer Kohlenwasserstoffe: 173-78. — Löslichkeitseigenschaften einiger Eukolloide als Mittel zu ihrer Unterscheidg. u. Trenng. in Gemischen miteinander: **2** ('50) 321-30. – Chlorbest. in chlorhalt. Hochpolymeren: **3** ('51) 59-62. – Stabilität d. Polyvinylchlorids: **4** ('52) 81-86. – Methodik d. Chlorbest. v. Polymerisationsprodukten: 233. – Entzündbark. v. Schichten aus Nitrocellulose[4]): 295. – Syst. Eukolloid u. Weichmacher: 471-76. – Umsetzg. v. Hexamethylendiamin m. Aldehyden zu Harzen, Weichharzen oder Weichmachern: **5** ('53) 179-284. – Analyt. Chem. d. Plaste, 1: Analyse d. Weichmacher durch Aminolyse[6]): 611-15; ~ 2: Parachor u. Rheochor d. Weichmacher[3]): **7** ('55) 392-97; ~ 5: Analyse d. Weichmacher u. Lackrohstoffe durch Aminolyse[6]): **8** ('56) 323-30; ~ 6: Identifizierg. u. Best. v. Polyolen[6]): 395-401. – Wirksamk. einiger Subst. als Weichmacher f. Eukolloide, 1: **6** ('54) 287-93; ~ 2: 330-35. — [Cellulosetriacetat als Lack- u. Plastrohstoff, 1:] Weichmacher f. Cellulosetriacetat: **7** ('55) 147-58. – Darst. u. Eigenschaften d. Kondensationsprod. aus ε-Caprolactam u. Chloral[8]): **8** ('56) 198-200.

Dtsch. Farben-Z. Lassen sich Eukolloide durch ihre Löslichkeitseigenschaften identifizieren?: **5** ('51) 73-81. – Weichmacherwanderg.[1]): **8** ('54) 461-68. – Trikresylphosphat: **10** ('56) 287-91, 327-34.

Elektrie. Thermoplaste, moderne Werkstoffe in d. Elektroindustr.: **13** ('59) 299-304.

Farbe u. Lack. Linearpolykondensate, ihre Herst., Eigenschaften u. lacktechn. Anwendungen: **54** ('48) 227-31, 275-77, 302-06. – Verwendg. v. Wasser in Organosolen einiger hydrophober Eukolloide: **55** ('49) 107-12, 152-57. – Die Luminescenz-Analyse – ein Hilfsmittel f. d. Analyse d. Polyplaste?: **56** ('50) 3-9, 55-58.

Farben, Lacke, Anstrichstoffe. Verarbeitg. v. hochpolymeren Subst., insb. Nitrocellulose, in aktivierten Nichtlösern unt. Ausscheidg. flücht. echter Löser: **2** ('48) 97-102, 117-22, 159-63. – Analyt. Chem. d. Verarbeitungsmittel d. Hochpolymeren: **4** ('50) 113-20. – Verhalten v. Mischfilmen aus Eukolloiden gegenüb. Lösungsmitteln: 381-85.

Gummi u. Asbest. Polyvinylchlorid, seine Herst., Eigenschaften u. Verarbeitg. zu harten u. gummiähnl. Massen: **2** ('49) 262f., 287; **3** ('50) 5f., 28. – Techn. genutzte Mischpolymerisate in d. Kunststoffindustr.: 89-91, 119-21, 150.

J. prakt. Chem. Der Dampfdruck u. d. Flüchtigk. d. Weichmacher: (4) **3** ('56) 50-105.

Kautschuk u. Gummi. Linear-Polykondensate, ihre Herst., Eigenschaften u. Verwendg. in d. Industr. d. plast. Massen: **2** ('49) 13-16, 47-50, 83-86. – Polyisobutylen. Herst., Verarbeitg. u. Anwendg. als kautschukähnl. plast. Masse: **4** ('51) 53-55, 92-95, 128-31.

Kunststoffe. Neue Arb. auf d. Geb. d. Nitrocellulose: **27** ('37) 143f. – Beeinflussg. d. Viskosität v. Nitrocelluloselösungen durch Temperaturerhöhg.[2]): **32** ('42) 299-306. – Haftfestigk. zw. Schichten aus versch. Polymeren: **37** ('47) 36-38. – Anwendg. d. Linear-Polykondensate als Kunststoffrohstoffe: 215-18. – Weichmachungsmittel f. Linear-Polykondensate: **38** ('48) 108-10. – Stabilität v. Polyvinylchlorid: **40** ('50) 191-93. – Syst. Eukolloid u. Weichmacher[6]): **47** ('57) 183-90.

Nahrung. Verwendg. v. Weich-Polyvinylchlorid-Folien als Verpackungsmittel f. Lebensmittel: **2** ('58) 197-305.

Plaste u. Kautschuk. Grenzen d. Einsatzmöglichkeiten d. Plaste auf Grund ihrer physik. u. strukturellen Eigenschaften: **1** ('54) 4-7, 32-35. – Physiol. Wirksamk. d. Weichmacher: 194-98. – Z. Begriff „Weichmachungsmittel". Was sind Weichmachungsmittel, wozu dienen sie u. welche Anforderungen stellen wir an sie?: **2** ('55) 26f. – Analyt. Chem. d. Plaste, 3: Analyse d. Polyester aus Terephthalsäure[6]): 245f.; ~ 7: Stellungnahme zu zwei Normenvorschlägen d. int. Standardisierungsorganisat.[6])[9]): **4** ('57) 409-13. – Eigng. v. Tetraalkylsilikaten als Verarbeitungshilfsmittel f. Hochpolymere: **3** ('56) 3-5. – Verwendg. v. Substanzen höheren Molekulargewichtes als Weichmacher: 33-36, 54-57, 78-83. – Studien z. Alterg. v. Plasten, 1: Untersuchungen üb. d. Streuung d. Meßwerte d. Reißfestigk. u. Dehng. v. Folien[5]): 198-202; ~ 2: Wirksamk. d. Weichmacher b. d. Belichtg. u. Bewitterg. v. Plasten: **6** ('59) 169-74; ~ 4: Veränderg. d. Polymerverteilg. b. d. Alterg. v. Nitrocellulose: 175-79; ~ 5: Veränderg. d. Polymerverteilg. b. d. Alterg. v. Benzylcellulose: 180-84. – Flammpunkt v. Flüssigkeiten[4]): **3** ('56) 283-86. – Wirksamk. halogenhalt. Weichmacher f. Polyvinylchlorid[7]): **4** ('57) 48-51. – Brennbark. v. Plastfolien: 367-74. – Lösevermögen d. Weichmacher: **5** ('58) 3-5. – Probl. d. Verwendg. v. Weich-Polyvinylchlorid-Folien als Verpackungsmittel f. Lebensmittel[6]): 127-29. – Wirksamk. d. Weichmacher b. Kontakt m. Flüssigkeiten: 243-46, 295-98. – Analytik v. Cellulosemischestern: 411-15, 423. – Haftfestigk. v. Plasten, 1: Grundlagen d. Adhäs. auf Plasten u. ihre prakt. Folgerungen: 418-21; ~ 2: Haftfestigk. d. Bindemittel auf Plasten: **6** ('59) 218-27. – Herst. u. Thermostabilität verdünnter Lösungen v. Polyvinylchloriden in Cyclohexanon f. viskosimetr. Messungen: **5** ('58) 434f. – Einfl. d. Temp. auf die durch Weichmacher verursachten mech. Eigenschaften einiger Hochpolymerer: **6** ('59) 6-11. – Untersuchungen z. Stabilität d. Makromoleküls, 3: Stabilität d. Chloratoms in Mischpolymerisaten d. Vinylchlorids[6])[9]): 11-14; ~ 4: Üb. d. Abhängigk. d. Stabilität d. Benzylzellulose v. Polymerisationsgrad[11]): 543-47; ~ 5: D. therm. Stabilität v. Zellulosetriazetat u. seine Lösungen[10]): 547-49; ~ 6: Z. Kenntn. d. therm. Stabilität v. Zellulosenitratlösungen in Abhängigk. v. Rohstoff u. v. d. Polydispersität[13]): 588-91. — Cellulosetriacetat als Lack- u. Plastrohstoff, 2: Löslichkeitsverhalten v. Cellulosetriacetat: 14-19; ~ 3: Verschnittfähigkeitsuntersuchungen an Cellulosetriacetat-Lösungen: 297-304; ~ 4: Weitere Untersuchungen u. Weichmacher f. Triacetat[8]): **7** ('60) 215-20. — Polyisocyanurate, neuart. Filmmaterial aus Diisocyanaten[12]), 1: **6** ('59) 275-78; ~ 2: 375-82; ~ 3: 439f. — Weichmacherstudien, 1: Herst. oligomerer Polyacrylate u. ihre Eigng. als Polymerweichmacher: 314-21; ~ 2: Erfahrungen u. Erkenntnisse b. d. Darst. höherer Ester d. Acetessigsäure u. b. ihrer Anwendg. als Weichmacher: 383-85. – Hexahydro-1,3,5-Triacryloyltriazin z. Aufbau vernetzter Polymerisate: 322-25. – Zur Kenntn. d. Polyesteramide: 372-75.

Mit: [1]) Eva Karutz; [2]) Hermann Kech; [3]) Ernst Möbius; [4]) Parzival Runze; [5]) Joachim Schreiber; [6]) Elisabeth Schröder; [7]) Werner Schwarz; [8]) Walter Thümmler; [9]) Ursula Waurick; [10]) L. Dimter; [11]) H. Frommelt; [12]) G. v. Hintzenstern; [13]) W. Reichardt.

V,VI **Thirring,** Hans. Physik. — 1927-38 o. Prof. U Wien; '38 wiss.

Berater Elin AG, Wien, '42–45 Siemens u. Halske, Wien; seit '45 wieder o. Prof. u. Vorst. Inst. theoret. Physik U Wien.— '15 Haitinger-Preis (Österr. Akad. Wiss.); '52 Karl-Renner-Preis (Stadt Wien); '56 Grotius-Medaille (Int. Grotius-Stiftg.). [Eig. Mitt.]

*1888, März 23, Wien.

Kurzbiogr. ● Österreich 1918–1934 (Wien '35) 357 (m. Bildn.).

Zum 70. Geb.tag. L. Flamm, Acta physica Austriaca **12** ('58) 1–8 (m. Bildn.). – W. Glaser, Physik. Bl. **14** ('58) 127f.

MHZ. Acta physica Austriaca **1** ('47) ff.

S. ● Krise u. Neuaufbau in d. exakt. Wiss. (Lpz.-Wien '33) 15–40: Wandlg. d. Begriffssyst. d. Physik (Wiener Vortr. 1). – ● Alte Probleme – neue Lösungen in d. exakt. Wiss. (Lpz.-Wien '34) 29–55: Kann man in d. Weltraum fliegen? (~ 2). – ● Neuere Fortschr. in d. exakt. Wiss. (Lpz.-Wien '36) 17–66: Die physik. Entdeckungen d. letzten Jahre (~ 3). – ● Neue Wege exakt. Naturerkenntn. (Lpz.-Wien '39) 26–62: Der gegenwärt. Stand unserer Kenntn. v. d. kosm. Strahlg. (~ 4).

W. ● The Elements of the new Quantum Mechanics (m. O. Halpern) (Lond. '32) 11 + 215 S. – ● Der Schwebelauf (Wien-Lpz. '38) 102 S. – ● Photowiderstände (m. O. P. Fuchs) (Lpz. '39) 8 + 186 S. – ● Die Geschichte d. Atombombe. Mit einer elementaren Einführg. in d. Atomphysik auf Grund d. Originallit. gemeinverständl. dargest. (Wien '46) 150 S. – ● Der Weltfriede als psychol. Probl. (Wien '46) 56 S. – ● Homo sapiens. Psychol. d. menschl. Beziehungen **1** (Wien '47) 312 S.; ²('49); **2** ('49) 370 S. – ● Anti-Nietzsche, Anti-Spengler (Wien '47) 159 S. – ● Die Idee d. Relativitätstheorie ³(Wien '48) 4 + 168 S. – ● Atomkrieg u. Weltpolitik (Wien '48) 127 S. – ● Vorlesungen üb. theoret. Physik **1** (Wien '48) 8 + 148 S. – ● Stellungnahme z. Pariser Weltfriedenskongr. (Wien '49) 23 S. – ● Wissenschaftliches Denken im Alltag u. in d. Weltpolitik (Wien '51) 17 S. (Das aktuelle Weltbild 1). – ● Die Kunst d. menschl. Zusammenlebens (Wien '53) 124 S. (Unesco Schr.-R. 2/3). – ● Atomphysik in gemeinverständl. Darst. (Wien '54) 4 + 107 S. – ● Power Production. The practical Applicat. of World Energy (Lond. '56) 399 S.

Acta physica Austriaca. E. Schrödinger z. 60. Geb.tag: **1** ('47) 105–09. – A. Sommerfeld z. 80. Geb.tag: **2** ('49) 221–23. – Üb. d. mögl. Ausmaß d. radioakt. Verseuchg. durch d. Spaltprodukte d. U 235: 379–400. – Hertha Wambacher†[3]): **4** ('50) 318–20. – Fritz Kohlrausch†[2])[4]): **8** ('54) 209. – Ludwig Boltzmann. Gedenkrede b. d. Österr. Physikertagg. Innsbruck 1956: **11** ('57) 1–10.

Alm. Österr. Akad. Wiss. Naturwiss. u. Kultur: **100** ('50) 444–54.

Atomic Scientists' J. Non-weapon potentials of thermonuclear reactions: **5** ('56) 227–30.

Atomkernenergie. Das Probl. d. gesteuerten thermonuklearen Reaktionen: **1** ('56) 81–83. – Streiflichter v. d. 5. Weltkraftkonferenz: 268–70.

Elektrotechn. u. Maschinenbau. Rohstoffprobleme in d. Reaktortechn.: **72** ('55) 349–57.

Naturwiss. Rdsch. Der Fortschritt u. d. Mensch: **11** ('58) 203–07.

Nucleonics. Thermonuclear power reactors — are they feasible?: **13** ('55) 62–66.

Österr. Z. Elektrizitätswirtsch. Ausblick auf d. Energiewirtsch. d. nächsten hundert Jahre: **7** ('54) 343–47.

Physik. Bl. Felix Ehrenhaft†: **8** ('52) 371f. – Einfl. d. Eigenrotat. d. Planeten auf d. Bewegg. ihrer Trabanten: **14** ('58) 212–14.

Verh. Dtsch. physik. Ges. Neuere infrarotempfindl. Zellen u. ihre Anwendungen[1]): (3) **18** ('37) 80.

Mit: [1]) Otto Paul Fuchs; [2]) Otto Lange; [3]) Georg Stetter; [4]) Paul Urban.

Thirring, Walter Eduard. Theoret. Physik. — 1945–49 stud. U Innsbruck, Wien; '49 Dr. phil. U Wien (F. Ehrenhaft); '49–50 Dublin Inst. Advanced Studies (E. Schroedinger) u. U Glasgow; '52 Ass., '55 PDoz., '58 Prof. U Bern; '53–54 Inst. Advanced Study, Princeton/USA; '56–57 Prof. Massachusetts Inst. of Technol., Cambridge/USA u. U of Washington, Seattle/USA; '59 o. Prof. U Wien. [Eig. Mitt.]

*1927, Apr. 29, Wien.

Sohn von Hans Thirring[V–VIIa].

W. ● Einführung in d. Quantenelektrodynamik (Wien '55) 12 + 122 S.

Acta physica Austriaca. Symmetr. Quantisierg.: **4** ('50) 125–28. – Bericht üb. d. neuen Entdeckungen im Wasserstoffspektr.: 325–37.

Dtsch. zahnärztl. Z. Üb. d. Statik federnd abgestutzter Freiendsättel[8]): **7** ('52) 209–14.

Fortschr. Physik. Lorentz-invariante Gravitationstheorien: **7** ('59) 79–101.

Helvet. physica Acta. On the divergence of perturbat. theory for quantized fields: **26** ('53) 33–52. – Mehrfacherzeugg. v. Mesonen b. pseudoskalarer Kopplg.: **27** ('54) 45–56. – Z. freien Weglänge v. Neutrinos[7]): 81–88. – Coherent meson processes: 515–18. – Renormalisat. d. Meson-Paartheorie: **28** ('55) 344f. – Deutg. d. Wechselwirkg. niederenerget. π-Mesonen: 591–616.

Nuclear Physics. On the number of fundamental fields: **10** ('59) 97–106. – Three-field theory of strong interactions: **14** ('60) 565–77.

Nuovo Cimento. A search for angular correlations in τ-meson decay[11])[13]): (10) **1** ('55) 733f. – Remarks on pion nucleon scattering[6]): **2** ('55) 100–19. – Depolarizat. of stopped particles: **4** ('56) 666–68.

Philos. Magazine. On a fourth-order meson equat.: (7) **41** ('50) 653–62. – Radiative corrections in the non-relativistic limit: 1193. – Covariant formulat. of the Bloch-Nordsieck method[12]): **42** ('51) 244–49.

Physic. Rev. Regularizat. as a consequence of higher order equations: (2) **77** ('50) 570. – Quantizat. of higher order equat.: **79** ('50) 703–05. – Low-energy limits and renormalizat. in meson theory[2])[5]): **94** ('54) 711–23. – Classical limit of pseudoscalar coupling: **95** ('54) 653f. – Use of causality conditions in quantum theory[4])[5]): 1612–27. – Energy level displacements in π-mesonic atoms[2])[5])[1]): **96** ('54) 774–76. – Theory of p-wave pion-nucleon interact.[3]): **105** ('57) 1382–87.

Proc. Roy. Irish Acad. Pair creat. by mesons: **54** ('51) 205-16.

Z. Naturforsch. Massendefekt als Folge d. relativist. Feldgleichg. f. d. Zweikörperprobl.: **5a** ('50) 85-88. — Kopplungsschema d. Mesonen: **6a** ('51) 53f. — Wert d. Renormalisationskonstanten: 462f. — Nichtlineare Terme in Meson-Gleichungen: **7a** ('52) 63-66. — π-Mesonen u. quantisierte Feldtheorien[9])[10]): 213-34. — Meson-Meson-Wechselwirkg.: **9a** ('54) 804f.

Mit: [1]) K. Baumann; [2]) S. Deser; [3]) S. Fubini; [4]) M. Gell-Mann; [5]) M. L. Goldberger; [6]) U. Haber-Schaim; [7]) Fritz Georg Houtermans; [8]) Anton Hromatka; [9]) Gerhart Lüders; [10]) Reinhard Oehme; [11]) Martin Teucher; [12]) B. Touschek; [13]) H. Winzeller.

II **Thölde,** Johannes → VIIa/Suppl.

Thoma, Alfred. Physik, elektrische Nachrichtentechnik. — Stud. U Greifswald, Marburg, Breslau; 1935 Dr. phil. U Breslau (Cl. Schaefer); '34-36 Ass. Heinr.-Hertz-Inst. f. Schwingungsforschg., Berlin; '36-43 wiss. Mitarb. Labor. f. Hochfrequenztechn. u. Elektromed., Berlin-Lichterfelde; '43-45 wiss. Mitarb. Fa GEMA (Ges. f. elektro-akust. u. mech. Appar.), Berlin-Köpenick; '39 Höh. Schuldienst, seit '53 Ob.Stud.Dir., Fulda. [Eig. Mitt.]
*1908, Sept. 12, Lugnian/Kr. Oppeln.

MHZ. Arch. elektr. Übertr. **1** ('47) ff.

W. • Hort-Thoma, Die Differentialgleichungen d. Technik u. Physik (3. Aufl. v. W. Hort, Die Differentialgleichungen d. Ing.) [3](Lpz. '39) 12 + 684 S.; [4]('44); [5]('50); [6]('54); [7]('56) 12+582 S.

Ann. Physik. Leitfähigk. u. Dielektrizitätskonst. einer Elektronenströmg.[2]): (5) **32** ('38) 459-64.

Arch. Elektrotechn. Druckverhältnisse b. d. dunklen Entladg.[4]): **29** ('35) 692-701; **30** ('36) 410. — Magnet. Nachwirkg.[3]): 514-27.

Arch. elektr. Übertr. K. W. Wagner z. 65. Geb.-tag: **2** ('48) 117f. — O. Heaviside z. 100. Geb.tag: **4** ('50) 389f. — A. Sommerfeld †: **5** ('51) 353f. — K. W. Wagner †: **7** ('53) 409.

Elektr. Nachr.-Techn. Quersteuerg. eines Kathodenstrahls unt. Berücks. d. Streufelder[2]): **15** ('38) 145-53.

Elektrotechn. Z. Untersuchungen u. Probleme d. Ionosphäre: **56** ('35) 1085-87.

Hochfrequenztechn. u. Elektroakust. Dynamik quer- u. längsgesteuerter Elektronenstrahlen[2]): **49** ('37) 109-23, 145-62. — Partiell abgeschirmte Oberwellenantennen[2]): **51** ('38) 195-202. — Schwingungsanfachg. durch einen Elektronenstrahl im Felde eines Plattenkondensators m. Rücksicht auf die Wirkg. d. Streufelder[2]): **52** ('38) 94-96. — Schwingungserzeugg. durch mehrstuf. lineare Resonanzverzögerg.[2]): **57** ('41) 10-14.

Z. Physik. Kontinuierl. Absorpt. b. d. Alkalien: **94** ('35) 621-48 [Diss. 1]. — Matrixelemente d. Alkalien: **95** ('35) 539-54 [Diss. 2]. — Bahnen d. Elektrons im Magnetron unter Berücks. d. Raumladungen[1])[5]): **97** ('35) 202-10; **98** ('36) 534f.

Z. techn. Physik. Dynam. Ballistik in d. Kathodenstrahlröhre[2]): **19** ('38) 475-80.

Mit: [1]) Hans Awender; [2]) Hans Erich Hollmann; [3]) Heinrich Kindler; [4]) Mirkovich Radonjitch; [5]) David Martineau Thombs.

Thoma, Elmar. Math. — 1948-52 stud., '52 Dr. phil. nat. U Erlangen (O. Haupt); '54-59 wiss. Ass., '57 PDoz. U München. — '60 Assist. Prof. U of Washington, Seattle/USA. [Eig. Mitt.]
*1926, Okt. 9, Baden-Baden.

W. • Über d. Erweiterg. u. Vollständigk. stetiger, linearer Abb. Diss. (o. O. '52) 80 S. Masch.schr.

Arch. Math. Darst. v. vollständ. Vektorverbänden durch vollständ. Funktionenvektorverbände: **8** ('56) 11-22.

Math. Ann. Die unitären Darst. d. universellen Überlagerungsgruppe d. Bewegungsgruppe d. R^2: **134** ('58) 428-52.

Math. Z. Zur Reduktionstheorie in separablen Hilbert-Räumen: **67** ('57) 1-9. — Z. Reduktionstheorie in allg. Hilbert-Räumen: **68** ('57) 153-88 [Hab.schr.].

S.-Ber. Bayer. Akad. Wiss. Üb. vollständ. Erweiterungen linearer, stetiger Abb.: **1953** ('54) 77-80.

VI **Thoma,** Hans. Elektrotechn., Maschinenbau. — 1924-44 o. Prof. TH Karlsruhe; seit '44 in Zollikon-Zürich/Schweiz lebend. [Eig. Mitt.]
*1887, Juli 12, Dorpat.

S. • Antriebselemente (Düsseld. '53) 149-60: Hydrostat. Getriebe f. größere Leistungen (VDI-Tagungsheft 2).

Chartered mech. Engr. High-pressure hydraulic transmission: **4** ('57) 435.

Elektrotechn. Z. Parallelbetrieb u. Regelg. in Drehstromnetzen: **71** ('50) 321-23.

Forsch. Ing.-Wes. Der Heißlauf d. Gleitlager: **9** ('38) 149-58.

Z. techn. Physik. Stromstarke Glimmentladg. b. Atmosphärendruck[1]): **15** ('34) 186. — Eine mikrotherm. Theorie d. Lagerwerkstoffe: **24** ('43) 78-87.

Z. VDI. Aufzeichnungen d. Schienenbeanspruchg. unt. schnellfahrenden Zügen: **77** ('33) 873-78.

Mit: [1]) L. Heer.

VI **Thomälen,** Adolf. Elektrotechn. — 1916-34 ao. Prof. TH Karlsruhe; '34 i. R.
*1865, Okt. 4, Schwerin;
†1940, Dez. 29, Karlsruhe.

Nekr. R. Richter, Elektrotechn. Z. **62** ('41) 168f. (m. Bildn.).

Elektrotechn. Z. J. Teichmüller†: **59** ('38) 891f.

Thomann, Robert. Wasserkraftmaschinenbau. — 1892-96 stud., '96-97 Ass. ETH Zürich (F. Prášil); '97 Fa Escher Wyss, Zürich; '89-99 Fa Riva,

Monneret u. Co., Mailand (jetzt Costruzioni Meccaniche Riva); 1900–21 o. Prof. TH Stuttgart, '21–28 U Lausanne, '28–39 TH Graz; '39 em., bis '44 in Graz, später in Zürich u. Winterthur lebend. — '29 Dr.-Ing. e. h. (TH Stuttgart). [Mitt. d. Sohnes: Robert Thomann, Winterthur] [Schweiz;
*1873, Juni 1, Münchwilen/Thurgau,
†1958, Juni 18, Winterthur/Schweiz.

Nekr. G. Hutarew, Schweiz. Bau-Ztg. **76** ('58) 600f. (m. Bildn.).

W. ● Die Wasserturbinen, ihre Berechng. u. Konstrukt. (Stuttg. '08) 14 + 334 S.; 2. u. 3. Aufl. u. d. T.: Wasserturbinen u. Turbinenpumpen **1** ²('21); ³('24) 8 + 157 S.; **2** ²('31) 16 + 363 S.; franz. (m. P. Iltis) (Paris '24) 171 S. — ● Die Kraftanlagen am Walchensee (m. N. Holz, B. Gleichmann) (Münch. '16) 8 + 107 S.

Elektrotechn. u. Maschinenbau. Wicht. Punkte b. Bau u. Betrieb schnellaufender Wasserturbinen: **48** ('30) 889-97. — Wasserkraftlabor. d. Technischen u. Montanist. Hochschule Graz-Leoben: **53** ('35) 229-32, 242-48.

Schweiz. Bau-Ztg. Zusammenschaltg. v. Wasserturbinen: **87** ('26) 55-58.

Wasserkraft u. Wasserwirtsch. Entwicklg. d. Kaplan-Turbine in d. letzten 20 Jahren, 1: **31** ('35/36) 57-59; ~ 2[1]): 151f. — Drucksteigerungen in Rohrleitungen b. Betätigg. v. Absperrorganen: 109-13.

Z. Österr. Ing.-, Archit.- u. Techniker-Ver. Die hydraul. Turbomaschinen als Lehrfach an Techn. Hochschulen: **95** ('50) 157f.

Z. VDI. Das hydraul. Akkumulierwerk in Neckartenzlingen: **60** ('16) 314-23, 342-45. — F. Prášil†: **73** ('29) 401.

Mit: [1]) Hermann Grengg.

Thomas, Heinz. Math. — Stud. TH Darmstadt, U München, Göttingen, Gießen; 1934 Lehramtsprüfg., '38 Dr. rer. nat. TH Darmstadt.
*1910, Nov. 8, Darmstadt;
†1944, Sept. 12, Darmstadt (bei Luftangriff).

Nekr. H. Graf, Math. Z. **51** ('48) 196.

Math. Z. Üb. Flächen, auf denen sich besondere Arten v. Netzen geodät. Linien ausbreiten lassen: **44** ('38) 233-65 [Diss.]. — Z. Frage d. Gleichgewichts von Tschebyscheff-Netzen aus verknoteten u. gespannten Fäden: **47** ('40) 66-77. — Z. Frage d. Gleichgewichts v. Vierecksnetzen aus verknoteten u. gespannten Fäden[1]), 1: **48** ('42) 193-211; ~ 2: **51** ('48) 166-96.

Mit: [1]) Heinrich Graf.

Thomas, Herbert. Meteorol. — 1925 Dr. phil. U Berlin (P. Guthnick); '25–35 Wetterdienststelle Berlin (W. König); '35–38 Reichsamt f. Wetterdienst, Leiter Wetterwarte Magdeburg; '39–40 Forsch.-Inst. f. langfrist. Wettervorhersage, Bad Homburg; '40 Mitarb. Dtsch. Seewarte Hamburg, '45 Flugwetterwarte Schkeuditz.
*1901, Juni 14, Grünberg/Schles.;
†1945, Nov. 6, Lwow.

Nekr. Franz Baur, Z. Meteorol. **3** ('49) 373.

W. ● Kritische Darst. unseres gesamten Wissens u. unserer theoret. Vorstellungen v. d. Veränderlichen v. Miratypus. Diss. (Bln '25) 137 S. [Masch.schr.] (Auszug in: Jahrb. d. Diss. d. Phil. Fak. U Berlin 1924/25, 150-53). — ● Die langperiodischen Veränderlichen (Bln '32) 92 S. (Veröff. Univ.-Sternw. Berlin-Babelsberg 9,4).

Ann. Hydrogr. Neue Tabellen z. Redukt. der auf Schiffen beob. dreistünd. Luftdruckänderungen auf ruhenden Schiffsort: **67** ('39) 469-71.

Meteorol. Z. Üb. d. Berechng. d. Mitteltemp. einer Luftsäule: **45** ('28) 60-63. — Tabellen z. Differentialformel f. barometr. Höhenmessg.: 64-66. — Beitr. z. Erkenntn. meridional verlaufender Druckschwankungen: 305f. — Meth. d. übergreifenden Mittelbildg.: 341f. — Üb. fünftäg. geglättete Luftdruck- u. deren 24stünd. Differenzenkarten als Hilfsmittel z. Wettervorhersage: 381-85. — Unters. üb. kurzperiod. Druckwellen u. d. physik. Bedingungen f. ihr Auftreten: **46** ('29) 369-80. — Zur Prüfg. d. synopt. Vorhersagen: **50** ('33) 29-31. — Wetterkartenkatalog?: 229-31. — Nomogramme z. Best. d. Sonnenhöhe b. belieb. geogr. Breite sowie d. Äquivalenttemp. u. spezif. Feuchtigk.: 369-74. — D. Bedingungen f. starken vormittäg. Temperaturanstieg im Sommer: **51** ('34) 101-07. — Z. Mechanismus stratosphär. bedingter Druckänderungen: **52** ('35) 41-48. — Lassen sich d. großen Niederschlagsintensitäten an quasistationären Fronten im Sommer zahlenmäß. durch einf. Aufgleiten erklären?: **54** ('37) 164-69. — Üb. d. stationäre Tief v. 22. bis 29. Juli 1937: **55** ('38) 377-80. — Z. Gegenläufigkeitsgesetz, insbes. z. Gegenläufigk. zw. d. absol. u. relat. Topogr. der 500-mb-Fläche: **57** ('40) 215-19. — Neue Tabellen z. Redukt. der auf Schiffen beob. dreistündigen Luftdruckänderungen auf ruhenden Schiffsort: 312-14. — Z. Gegenläufigkeitsgesetz d. Atmosph.: **58** ('41) 185-88. — Eine einf. Formel f. d. momentane Fortpflanzungsgeschwindigk. v. Tiefdruckausläufern, Hochdruckkeilen usw.: **59** ('42) 378f.

S.-Ber. Preuß. Akad. Wiss. Zustandekommen eines Druckanstiegs v. 35 mm durch einen stratosph. Kaltlufteinbruch ohne Mitwirkg. troposphär. Vorgänge: **1934**, 222-36.

Weltall. Entstehg. d. Wetterkarte, Grundlagen d. Wettervorhersage u. die mögl. Steigerg. ihrer Zuverlässigk.: **34** ('34) 8-10.

Wetter. Üb. d. Entferng. v. Wolken in d. Nähe d. Horizontes u. perspektiv. Wirkungen b. Anblick d. Wolkenhimmels: **46** ('29) 16-18. — Winterl. Aufheiterg. im mitteldtsch. Flachlande u. ihre prognost. Anzeichen: **50** ('33) 68-77, 106-11.

Thomas, Johannes Günter. Math. — 1946–50 stud., '50 Dr. phil. U Leipzig (E. Hölder); '50 Ass., '52 Doz. Päd. H Potsdam; '56 Doz., seit '57 Prof. m. LAuftr. H Bauwesen, Leipzig. [Eig. Mitt.]
*1925, Juli 19, Berlin.

S. ● Ber. Math. Tagg. Berlin (Bln '53) 226-30: Üb. gewisse lineare Differentialgleichungssyst. m. period. Koeffizienten.

Jber. Dtsch. Math.Ver. Ein Abschätzungssatz f. Lösungen Sturmscher Differentialgleichungen: **58** ('56) 110-14.

Math. Nachr. Unters. üb. d. Eigenwertprobl.

$$\frac{d}{dx}\left(f(x)\frac{dx}{dy}\right)+\lambda g(x)y=0;$$

$$\int_a^b A(x)y\,dx=\int_a^b B(x)y\,dx=0:$$

6 ('51) 229-60 [Diss.]; **9** ('53) 379-83. — Üb. gewisse lineare Differentialgleichungssyst. m. period. Koeffizienten: 197-200. — Z. Theorie d. Elektronenbahnen in einer Elektronenschleuder (Betatron): **13** ('55) 73-128 [Hab.schr.]. — Üb. d. Existenz unendl. vieler reeller Eigenwerte b. einer gewissen Klasse Sturmscher Differentialgleichungen nebst gewissen nicht selbstadjungierten Nebenbedingungen: **14** ('56) 235-39. — Üb. eine Verallgemeinerg. d. Liouvilleschen Transformat.: **17** ('59) 273-80. — Üb. Sturmsche Differentialgleichungen m. einer Anfangs- u. einer integralen Nebenbedingg.: 281-307. — Üb. Sturmsche Differentialgleichungen m. zwei integralen Nebenbedingungen: **20** ('59) 39-52.

Wiss. Z. Päd. H Potsdam. Ein Beitr. z. Schulmath.: **2** ('55) 141. — Üb. ein Eigenwertsyst. m. einer Sturm-Liouvilleschen Differentialgleichg. u. einer integralen Nebenbedingg.: **3** ('56) 19-21.

VI **Thomas,** Karl. Physiol. Chem. — 1921-45 o. Prof. U Leipzig; '46-49 o. Prof. U Erlangen; seit '50 Hon.-Prof. U Göttingen; dazu '48-58 Dir. Med. Forschungsanst. Max-Planck-Ges. — '53 Dr. med. h. c. (U Freiburg/Br.); '58 Dr. rer. nat. h. c. (U Göttingen). [Eig. Mitt.]

*1883, Nov. 28, Freiburg/Br.

Ehrung. Karl-Thomas-Stiftung d. Fa Dr. B. Braun, Melsungen, 1958.

Zum 70. Geb.tag. Festschr.: Hoppe-Seylers Z. physiol. Chem. **295** ('53) 345 S.; darin J. Kapfhammer, VIIf. (m. Bildn. u. Faks.).

Zum 75. Geb.tag. in: ● Beitr. z. Silikoseforschg. Sonderbd **3**: Grundfragen aus d. Silikoseforschg. (Bochum '59). — H. Einbrodt, W. Koll, Mitt. Max-Planck-Ges. **1959**, 194-201 (m. Bildn.).

MHZ. Hoppe-Seylers Z. physiol. Chem. **171** ('27) ff.

S. ● Nat. u. Med. in Dtschl. 1939-46, **39** (Wiesb. '47) 1-57: Fett u. Fettstoffwechsel (m. G. Weitzel). — ● Ber. med.-wiss. Arbeitstagg. üb. Silikose, Bochum 18.-20. 10. 1951 (Bochum '52) 193-202: Beiträge z. chem. Bindg. an Quarz (m. L. Miller, U. Baumann, J. Fitzek); 211-19: Eine einf. Meth. z. Auflösg. v. Lungengewebe unt. milden Bedingungen u. z. Darst. seiner elast. Fasern (m. U. Baumann u. J. J. Einbrodt). — ● Staublungenerkrankungen **2** (K. W. Jötten, W. Klosterkötter, G. Pfefferkorn) (Darmst. '54) (Wiss. Forsch.-Ber. Naturwiss. R. Bd 63) 172-82: Isolierg. u. Eigensch. d. Fremdstäube aus Lungen (m. H. Stegemann). — ● Beiträge z. Silikoseforschg. **28** (Bochum '54) 3-30: Darst. d. Fremdstäube aus Lungen u. ihre Eigenschaften (m. H. Stegemann); ~ Sonderbd **1** ('56) 57-60: Versuch eines Nachw. v. kolloidaler Kieselsäure im Lungenaufschluß; ~ **2** ('57) 261-65: Grundfragen aus d. Silikoseforschg.

Annu. Rev. Biochem. Metabolism of creatine and creatinine: **7** ('38) 211-30. — Fifty years of biochem. in Germany: **23** ('54) 1-16.

Beih. Arch. Tierernähr. Beziehungen zw. Fettsäuren mittlerer Kettenlänge u. Hautfett[15])[10])[4]): **5** ('54) 103-09.

Ber. physik.-med. Ges. Würzburg. Grundfragen aus d. Silikoseforschg.: (N. F.) **68** ('56/57) 1-16.

Bull. Fac. Méd. Univ. Istanbul. „Entgiftg." durch Paarg. m. Glykokoll im tier. Stoffwechsel[9]): **12** ('49) 353-58.

Chem. Ber. Isolierg. v. Methylmalonsäure aus norm. menschl. Harn[11]): **90** ('57) 970-74.

Dtsch. med. Wschr. Glykokoll in d. Therap.: **60** ('34) 558-60. — Eigng. d. Kunstfettes aus Kohle als Nahrungsmittel[15]): **71** ('46) 18-21.

Experientia, Suppl. Fütterungsversuche m. synthet. Fettsäuren[15]): **1** ('53) 125-42.

Fette u. Seifen. Unser Fettverzehr — ein Wunsch oder eine Notwendigk.?: **48** ('41) 275-78.

Hoppe-Seylers Z. physiol. Chem. Untersuchungen üb. d. Herkunft d. Kreatins[6])[14]), 6: **205** ('32) 93-98; ~ 7: **214** ('33) 121-37. — Verf. z. Isolierg. v. Bernsteinsäure aus Harn[16]): **282** ('47) 170-74. — Regelmäß. Vork. d. Bernsteinsäure im menschl. Harn: 174-80. — Bernsteinsäure im Harn nach Genuß synthet. Fette[15]): 180-85. — Stoffwechselversuche m. höheren Monoalkylbernsteinsäuren[15])[8]): 192-200. — F. Knoop†: **283** ('48) 1-8. — Vork. v. Malonsäure im Harn[5]): **293** ('53) 239-44. — Vork. v. Methylmalonsäure im Harn[5])[7])[11]): **308** ('57) 213-19. — Üb. d. Herkunft d. Methylmalonsäure im Harn[11]): **313** ('58) 22-29. — Üb. d. Herkunft d. Malonsäure im Harn[11]): **315** ('59) 256-60.

Jahrb. Max-Planck-Ges. Neue biochem. Erkenntnisse auf d. Fettgeb.[15]): **1952**, 223-41.

J. Biochemistry. α-Guanidoglutaric acid. Observations on the possible precursors of creatine[1]): **25** ('37) 339-56.

J. Nutrit. Justus v. Liebig: **7** ('34) 3-12.

Klin. Wschr. M. Rubner†: **11** ('32) 926f. — Ist d. Verwendg. synthet. Fettsäuren f. Speisezwecke ungefährl.?[15]): **27** ('49) 784-86.

Liebigs Ann. Chem. Chemisorpt. v. Alkoholen an amorphem Siliciumdioxyd[13])[2]): **604** ('57) 104-10.

Mitt. Max-Planck-Ges. Max Rubner: **1954**, 63-68. — Vom Gedanken z. Experiment: **1956**, 345-52.

Nature [London]. Properties of branched aliphatic acids and their behaviour in the dog[15])[3])[16])[9]): **163** ('49) 406f.

Proc. Soc. exp. Biol. Med. Significance of creatine in progressive muscular dystrophy, and treatment of this disease with glycin[6])[14]): **29** ('32) 609-11.

S.-Ber. Sächs. Akad. Wiss. M. Gildemeister†: **96** ('44) 61-66.

Schweiz. med. Wschr. Grundfragen aus d. Silikoseforschg.: **87** ('57) 381.

Süddtsch. Apotheker-Ztg. Der derzeit. Stand d. Kunstfettprobl.[15]): **87** ('47) 255f.

Mit: [1]) Akiro Akao: [2]) G. Bauer; [3]) Annemarie Fretzdorff; [4]) Friedrich Gey; [5]) Hans Kalbe; [6]) Ade T. Milhorat; [7]) Junji Nagai; [8]) Paul Neumann; [9]) G. Savelsberg; [10]) Harald Schön; [11]) Karlheinz Stalder; [12]) W. Stöber; [14]) Fritz Techner; [15]) Günther Weitzel; [16]) Jutta Wojahn.

VI **Thomas,** Oswald Rudolf. Astron. — 1925–39 Doz. Astron. Päd. Inst. f. Lehrer d. Stadt Wien u. Prof. Math. u. Physik Bundesrealgymn. Wien; '27–28, '31–33 Leitender Astronom Zeiss-Planetarium Wien; '39 Dr. phil. habil., '41–57 Hon.-Prof. U Wien. [Eig. Mitt.]

*1882, Juli 27, Kronstadt/Siebenbürgen.

Biogr. ● Die geistige Elite Österr. (Wien '36) 912f. — Ber. u. Informat. Österr. Forsch.-Inst. f. Wirtsch. u. Politik **5** ('50) S. 14.

Zum 60. Geb.tag. Allg. Ztg. [Berlin] **1942.**

Zum 70. Geb.tag. Wiener Ztg. **1952.**

W. ● Astronomie, Tatsachen u. Probl. (Salzb. '33) 584 S.; [2]('37); [3 u. 4]('42); [5]('43); [6]('49); [7](Salzb.-Stuttg. '56) 1011 S.; holl. (Amsterdam '44). — ● Atlas d. Sternbilder (Salzb. '45); [2]('51) 156 S. — ● Fahrt z. Mond (Wien '47) 40 S. — ● Himmel u. Weltall (4. Aufl. v. Himmel u. Welt) [4](Wien-Bln-Stuttg. '51) 319 S.; [5]('53); holl. (Den Haag '56). — ● Sternzeiger (Salzb. '58).

Astron. Nachr. Bahn u. Leuchtmasse d. Meteors v. 28. Juli 1936: **263** ('37) 441–44. — Meteormeldungen 1936 bis 1938: **268** ('39) 227f.

Himmelswelt. Neuer BS-Katalog d. Yale-Observat.: **31** ('21) 21f. — Querlängentafel (q-Tafel) z. Ermittlg absol. Größen aus scheinbaren: **46** ('36) 1 Taf. +4 S. — Hindermanns Orbitoskop: 121f. — Nautilusform im Schema d. Venuslongationen: **47** ('37) 127–29. — Sternzeitschema f. 21 Uhr: **49** ('39) 31. — Diagramme z. Meteorastron.: 56–60, 137–40, 201–04. — Wiener Sternabende: **52** ('42) 65–69. — Parallaxe u. Sterndistanz: **53** ('43) 40–42.

S.-Ber. Akad. Wiss. Wien (II a). Bahn u. Leuchtvorgänge d. Meteors v. 19. Aug. 1936: **148** ('39) 297–348 [Hab.schr.].

Sterne. 50 Jahre Astron. Büro: **34** ('58) 104–13.

Vjschr. astron. Ges., Leipzig. Das Astron. Büro Wien 1934: **70** ('35) 275. — Eindeut. sphär. Transformationen in expliziten Ausdrücken: **72** ('37) 352–54. — Wien (Astron. Büro): **74** ('39) 200–03.

Ferner Arb. in Universum-Wien, Naturwiss. u. Unterr. Wien u. a.

IV–VI **Thoms,** Hermann. Chem. (org. u. pharmaz.). — 1920–27 o. Prof. U Berlin; '27 em. — '27 Gold. Flückiger-Medaille; '31 Hanbury Medal (Pharmaceut. Soc. of Great Britain).

*1859, März 20, Neustrelitz;
†1931, Nov. 28, Berlin.

Nekr. Bauer, Pharmaz. Zentralhalle **72** ('31) 785f. (m. Bildn.).

Zum 90. Geb.tag. H. Kaiser, Süddtsch. Apotheker-Ztg. **89** ('49) 178. — E. Urban, Pharmaz. Ztg. **85** ('49) 123–26.

Zum 100. Geb.tag. H. Kaiser, Arch. Pharmaz. Ber. Dtsch. pharmaz. Ges. **292/64** ('59) VII. — K. W. Merz, Pharmaz. Ztg. **104** ('59) 1051–53. — B. Reichert, Arzneimittel-Forsch. **9** ('59) 279f. (m. Bildn.). — W. E., Pharmaz. Ztg. **104** ('59) 285–87 (m. Bildn.).

VI **Thomsen,** Gerhard. Math. — 1929–34 ao. Prof. U Rostock.

*1899, Juni 23, Hamburg;
†1934, Jan. 4, Rostock.

Nekr. P. Calleri, Periodico Mat. (4) **15** ('35) 73–86. — Abh. math. Sem. Univ. Hamburg **10** ('34) 2 S. (Vorsatzbl.) (m. Bildn. u. Schr.verz. 26 Nr.).

S. ● Verh. Int. Math.-Kongr. Zürich **2** (Zürich '32) 171f.: Projekt. Differentialgeom. d. Flächen m. einer Schar v. Kegelschnitten; 185f.: Behandlung d. Elementargeom. m. einem Gruppenkalkül.

Jber. Dtsch. Math. Ver. Über eine neue Art analyt. Geom.: **42** ('32) *27–29.*

Neue Jahrb. Wiss. u. Jugendbild. Über d. Gefahr d. Zurückdrängg. d. exakt. Naturwiss. an d. Schulen u. Hochschulen: **10** ('34) 164–75.

Thomson, Paul William. Geol., Paläontol. — 1910–15 stud. U St. Petersburg; '27 Dr. rer. nat. U Riga (N. Malta); '28–37 PDoz., '38–40 Doz. U Tartu (Dorpat); '40 ao. Prof. U Königsberg; '41 o. Prof. U Posen; '48–57 Gastprof. U Bonn; dazu bis '54 Oberlandesgeologe Amt f. Bodenforschg. Nordrhein-Westf. [Eig. Mitt.]

*1892, Jan. 3, Reval/Estland;
†1957, Dez. 13, Bonn.

S. ● Baltische Lande (A. Brackmann u. C. Engel) **1** (Lpz. '39) 1–14: Übersicht üb. d. nacheiszeitl. Entwicklg. d. ostbalt. Geb. m. bes. Berücks. d. Nordwestens.

Acta Comment. Univ. Tartuensis (Dorpatensis) (A). Regionale Entwicklungsgesch. d. Wälder Estlands: **17** ('29) 87 S.

Balt. Mh. Nacheiszeitl. Entwicklg. d. Wälder im ostbalt. Geb.: **1937,** 342–50.

Beitr. Kunde Estland. Geobotan. Beob. in NW-Estland: **10** ('23) H. 2. — Geol. Alter d. Kunda- u. Pernaufunde: **14** ('28) 1–11 [Hab.schr.-Ausz.]. — Moorstratigr. Notizen aus Estland: **18** ('33) 173–75. — Austernfund im Litorinastrandwall b. Laulasmaa: 175f. — Ein v. Ancylusstrandbildungen bedecktes Torflager b. Jelgimägi: 176f. — Vorl. Bem. üb. Potentilla fructicosa L. in NW-Estland: 177f. — Linienprofil durch d. östl. Teil d. Hochmoores „Kõrgsoo" im Kirchspiel Haggers (Hageri)[2]): 179–83. — Z. Genesis d. Dryastone: **18** ('33) 183f. — Paläobotan., quartärgeol. u. florist. Notizen: **20** ('35) 151f. — Die Ornis d. Badeparks in Pärnu: Naturwiss. R. **1** ('39) 23–31. — Tabellar. Übersicht üb. d. Alluvium Estlands: 32–38. — Beitr. z. Waldgesch. d. Fischerhalbinsel in Lappland: 39–41. — Vorl. Mitt. üb. d. fossile Devonflora Estlands: 42.

Ber. Dtsch. botan. Ges. Spätglaziale Fichtenwälder in Estland: **52** ('34) 617f. — D. Flatterulme u. d. Bergulme in d. Waldgesch. d. Ostbaltikums: **60** ('42) 203–05.

Botan. Arch. Einfl. d. Gaserupt. auf d. Oberfl. d. Hochmoore: **8** ('24) 1f. — Pollenflora d. Torflager in Estland: **12** ('25) 160–62; **13** ('26) 116.

Braunkohle, Wärme u. Energie. Entstehg. v. Kohlenflözen auf Grund v. mikropaläontol.

Unters. d. Hauptflözes d. Rhein. Braunkohle: **2** ('50) 39-43. — Beitr. z. Frage d. Sedimentationsdauer v. Braunkohlenflözen: 233f. — Gliederg. d. tertiären Deckgebirges d. Rhein. Braunkohle im südl. u. mittleren Teil d. Ville-Scholle u. d. Erft-Scholle auf mikropaläontol. Grundlage[1]): **3** ('51) 131-34. — Asimina browni sp.n. Vorl. Mitt. üb. d. Flora d. Rhein. Braunkohle: **6** ('54) 314f.

Eifel. Die Rhein. Braunkohle: **45** ('50) 33f.

Eiszeitalter u. Gegenwart. Das Interglazial v. Wallensen im Hils: **1** ('51) 96-102. — Klimaschwankungen im Tertiär u. Quartär: **2** ('52) 105-08. — Beitr. z. Kenntn. arkt. Sedimente: **7** ('56) 176-78.

Erdöl u. Kohle. Die stratigr. Bedeutg. d. Sporomorphen: **5** ('52) 709.

Geol. Fören. Stockholm Förh. Pollenanalyt. Untersuchungen v. Mooren u. lacustrinen Ablagerungen in Estland: **48** ('26) 489-97. — Krit. Bemerkungeu üb. d. Datierungen d. waldgeschichtl. Perioden in Rußland v. Gerasimow: **52** ('30) 291-95. — Beitr. z. Stratigr. d. Moore u. z. Waldgesch. SW-Litauens: **53** ('31) 239-50. — Spätglaziale Waldgesch. Estlands: **57** ('35) 84-92. — Geol. Beob. aus d. Warthegeb.: **69** ('47) 195-97.

Geol. Jahrb. Zur Geol. d. rhein. Braunkohle, 1: Zur Nomenklatur u. Klassifikat. d. neogenen Sporomorphae (Pollen u. Sporen)[4])[6]): **65** ('51) 35-69; ~ 4: Mikropaläontol. Unters. eines Standardprofils d. rhein. Braunkohle in d. Grube Liblar/Bez. Köln[5]): 107-11; ~ 5: Grundsätzliches z. tertiären Pollen- u. Sporenmikrostratigr. auf Grund einer Unters. d. Hauptflözes d. rhein. Braunkohle in Liblar, Neurath, Fortuna u. Brühl: 112-26; ~ 10: D. Fazieswechsel im Hauptflöz d. rhein. Braunkohle im Geb. d. Grube Fortuna: **69** ('55) 329-38. — Z. feinstratigr. Unters. v. Braunkohlenflözen[10]): **66** ('52) 559-76. — D. Spät- u. Postglazialprofil v. Wallensen im Hils[7])[12])[13])[14]): **67** ('53) 231-41. — Entstehg. u. Alter d. Torflagers im „Seebrucher Trichter" b. Vlotho an d. Weser[8]): **70** ('55) 511-14.

Geol. Rdsch. Ergebnisse d. neueren dtsch. quartärgeol. Forschg. im Baltikum: **31** ('40) 498-500. — Kurzfrist. u. langfrist. Vegetationsänderungen im Tertiär u. ihre paläo-klimat. Deutungen: **40** ('52) 92-94. — D. Braunkohlenmoore d. jüngeren Tertiärs u. ihre Ablagerungen: **45** ('56) 62-71.

Naturwiss. Moorbildg., Tektonik u. nacheiszeitl. Waldgesch. im Warthegeb.: **33** ('46) 284f.

Neues Jahrb. Mineral., Geol. Paläontol., Mh. (B). Moorbildg. u. Tektonik: **1945/48**, 1-9. — Klima d. Jungtertiärs im Warthegeb.: 317. — Moorbildungen u. Tektonik im Warthegeb.: 318. — Beitr. z. Mikropaläontol. u. Waldgesch. d. Neogens (Jungtertiärs) v. Niedersachsen u. Schleswig-Holstein: 364-71.

Neues Jahrb. Geol. Paläontol., Abh. Die alttertiäre Braunkohle d. Tongrube Ziewel im Antweiler Graben b. Satzvey/Bl. Euskirchen[10]): **96** ('52) 1-26.

Neues Jahrb. Geol. Paläontol., Mh. Zur Geol. d. tertiären Kohlen Sardiniens[11])[12]): **1952**, 343-56.

Palaeontographica (B). Alttertiäre Elem. in d. Pollenflora d. rhein. Braunkohle u. einige stratigr. wichtige Pollenformen derselben: **90** ('49) 94-98. — Pollen u. Sporen d. mitteleurop. Tertiärs: **94** ('53) 1-138. — D. Pflanzenreste d. Tongyttjaschicht d. Flözes IV d. Grube Liblar (Bez. Köln) u. ihre ökol. Auswertg.[15])[9]): **96** ('54) 98-105.

Paläontol. Z. Beitr. z. Kenntn. d. Sporomorphenflora im Unter- u. Mitteldevon: **25** ('52) 155-59. — Z. Entstehg. u. Ausbreitg. d. Angiospermen im Mesophyticum: **27** ('53) 47-51.

S.-Ber. Naturforscher-Ges. Univ. Dorpat. Not. z. Kenntn. d. Flora u. Vegetat. Eestis: **28** ('21) 8f. — Z. Frage d. regionalen Verbreitg. u. Entstehg. d. Gehölzwiesen u. Alvartriften in Nord-Estland: **30** ('23) 45-53. — Neue Fundorte u. Verbreitungsgeb. einiger Moorpflanzen in Estland: **31** ('24) 75-79. — Üb. Konzeptakeln v. Solenopora[3]): **40** ('34) 196-201. — Beitr. z. Kenntn. d. fossilen Flora d. Mitteldevons in Estland: **45** ('40) 195-216.

Schr. physik.-ökon. Ges. Königsberg. Die Gesch. d. Wälder Estlands im Zusammenhang m. d. Gesch. d. Ostsee: **67** ('32) 84. — Einfl. d. Bruch- u. Auenwaldgürtels auf d. Pollendiagramm: **69** ('37) 283-88.

Svensk botan. T. En pollenanalytisk undersökning av Estlands mossar: **19** ('25) H. 1, 116.

Z. Dtsch. geol. Ges. Klima u. Waldentwicklg. des v. K. Orviku entdeckten Interglazials v. Ringen b. Dorpat (Estland): **93** ('41) 274-82. — Einfl. d. präquartären Untergrundes auf d. Bodenbildungen d. Warthelandes: **94** ('42) 548-50. — Ombrogene Moorbildungen in d. Rhein. Braunkohle: **104** ('52) 159.

Weitere, kleinere Arbeiten in schwed., russ. u. estn. Sprache in versch. Zeitschriften.

Mit: [1]) Hilde Grebe; [2]) G. Mechmershausen; [3]) A. Opik; [4]) Robert Potonié; [5]) Ulrich Rein; [6]) Friedrich Thiergart; [7]) Günther v. d. Brelie; [8]) Karl Fricke; [9]) Manke; [10]) H. Pflug; [11]) M. Schwarzbach; [12]) M. Teichmüller; [13]) R. Teichmüller; [14]) H. Werner; [15]) H. Weyland.

VI **Thorade,** Hermann Friedrich. Ozeanogr. — 1906–39 Stud.-Rat Hamburg; '39–45 Ob.Reg.Rat Dtsch. Seewarte Hamburg; '42 Hon.-Prof. U Hamburg. — '28 Bronzene Medaille (Dtsch. Seewarte); '38 Silb. Leibniz-Medaille (Preuß. Akad. Wiss.). [Mitt.: A. Schumacher VIIa]

*1881, Apr. 13, Lintel b. Hude/Oldenb.; †1945, Mai 15, Hamburg-Nienstedten.

Nekr. A. Schumacher, Dtsch. hydrogr. Z. **1** ('48) 42f.

S. ● Das Meer in volkstüml. Darst. (G. Wüst) **8** (Bln '40) 119-37: Entstehg. u. Größe d. Meereswellen.

W. ● Tabellen u. Tafeln f. d. Dichte d. Seewassers (m. K. Kalle) (Hamb. '40) 12 + 49 S. (Arch. Dtsch. Seewarte u. Marineobservat. 60, 2). — ● Ebbe u. Flut. Ihre Entstehg. u. ihre Wandlungen (Bln '41) 6 + 115 S. (Verständl. Wiss. 46). — ● Beziehungen zw. d. ozeanogr. Schichtungsverhältnissen u. d. Wasserschallausbreitg. (Bln '45) 31 S. (Mitt. d. Chefs d. Hydrogr. Dienstes 9).

Ann. Hydrogr. Die tiefstmögl. Temperaturen auf d. Erde: **60** ('32) 252f. — Erdgezeiten u. Meeresgezeiten: **61** ('33) 49-56. — Vereinfachg. d. Strömungslehre durch L. Prandtl: 239-41. — Verfeinerg. d. Ekmanschen Theorie: 387-89. — D. Gezeitenwelle d. Atlant. Ozeans: **62** ('34) 1-7. — Üb. Stromunruhe: 365-77. — Bem. üb. d. Halbtags-

FSC
www.fsc.org
MIX
Papier | Fördert
gute Waldnutzung
FSC® C083411

Kolibri 360 GmbH
Ferdinand-Jühlke-Straße 7
99095 Erfurt, Deutschland
produktsicherheit@kolibri360.de